普通高等教育"十二五"系列教材

电子电气基础课系列教材

U0288898

模拟电子技术基础

（第二版）

主编　韩学军　王义军

编写　邢晓敏　张光烈　王　冰　解东光

主审　刘连光　陆　达　谢志远

中国电力出版社

CHINA ELECTRIC POWER PRESS

内 容 提 要

本书为普通高等教育"十二五"系列教材。

全书共分为 9 章，涵盖了模拟电子技术的全部主要的基础知识内容。在内容编排上，力求做到入门容易、思路连贯、由浅入深、难点分散。本书由半导体基础知识讲起，逐渐过渡到电子元器件的构成，再从信号放大的基础知识，逐渐过渡到放大电路的组成原理；由分立元件基本放大电路逐渐过渡到集成放大电路；最后讲述了模拟电子电路所用的正弦波信号源和直流稳压电源。

本书可作为高等院校电气信息类及相关专业的教材，也可作为研究生考试的参考用书。

图书在版编目（CIP）数据

模拟电子技术基础/韩学军，王义军主编. —2 版. —北京：
中国电力出版社，2013.2（2022.11重印）
普通高等教育"十二五"规划教材
ISBN 978 - 7 - 5123 - 3372 - 7

Ⅰ.①模… Ⅱ.①韩… ②王… Ⅲ.①模拟电路-电子技术-高等学校-教材 Ⅳ.①TN710

中国版本图书馆 CIP 数据核字（2012）第 180885 号

中国电力出版社出版、发行
（北京市东城区北京站西街 19 号　100005　http：//www.cepp.sgcc.com.cn）
北京雁林吉兆印刷有限公司印刷
各地新华书店经售
*
2008 年 1 月第一版
2013 年 2 月第二版　　2022 年 11 月北京第十三次印刷
787 毫米×1092 毫米　16 开本　19.25 印张　469 千字
定价 35.00 元

前　言

电子技术的发展代表了现代化的进程。为了适应电子科学技术的高度、快速发展，使模拟电子技术的课堂教学与实践，更好地满足国家"十二五"发展计划要求。我们在第一版"模拟电子技术基础"的基础上，重新编写了该教材。

在编写过程中，仍然按课程教学大纲要求，保留了第一版主要内容的编排，遵循入门容易、思路连贯、由浅入深、难点分散的原则，对部分内容做了适当调整。将第一版的 10 章压缩为 9 章。在第 7 章运放应用内容中，增加了有源滤波电路。在第 8 章信号波形产生电路内容中，增加了非正弦波信号产生电路。作为附录内容，增加了在电子电路分析和设计中，如何使用 Multisim9 仿真软件 EDA 的内容。同时对部分非基础或陈旧的内容进行了删减，增减和修改了部分习题。

本书的重新编写仍力争做到加强基础、结合实际、突出重点、培养能力。每节都有复习要点，每章都有小结，以求在学习本教材时，能抓住重点，很好地理解难点。对各章配备的习题进行了认真的筛选，使习题更紧密地结合内容，通过练习加深对内容的理解。

全书由东北电力大学韩学军教授、王义军教授主编，邢晓敏副教授、王冰副教授、张光烈副教授、解东光副教授参加了各章的编写，李辉、李晓丽老师也参与了本书的编写工作。周军教授、刘晓峰高级实验师对本书内容如何与电子实验环节相结合提出了宝贵意见。张丽高级实验师担任了本书的文字及绘图工作。本书在编写中参考了一些相关文献，在此一并表示感谢。

第一版前言

为贯彻落实教育部《关于进一步加强高等学校本科教学工作的若干意见》和《教育部关于以就业为导向深化高等职业教育改革的若干意见》的精神，加强教材建设，确保教材质量，中国电力教育协会组织制订了普通高等教育"十一五"教材规划。该规划强调适应不同层次、不同类型院校，满足学科发展和人才培养的需求，坚持专业基础课教材与教学急需的专业教材并重、新编与修订相结合。本书为新编教材。

模拟电子技术基础是高等院校电气信息类专业的重要专业基础课程。为了适应现代电子技术的发展，满足教学、科研和工程设计等方面的需求，编者在多年本科模拟电子技术教学基础上编写了本书。

本书立足于加强基础，结合实际、突出重点、培养能力，并以此为基础，做一些探索和改革。全书共分为 10 章，涵盖了模拟电子技术的全部主要的基础知识内容。在内容编排上，力求做到入门容易、思路连贯、由浅入深、难点分散。

本书由半导体基础知识讲起，逐渐过渡到电子元器件的构成，再从信号放大的基础知识，逐渐过渡到放大电路的组成原理；由分立元件基本放大电路逐渐过渡到集成放大电路；最后讲述了模拟电子电路所用的正弦波信号源和直流稳压电源。通过对本书的学习，将掌握电子技术的完整、系统的基础知识，为进一步学习现代电子专业技术打下坚实的基础。为便于课堂教学和学生课后复习，本书各章均由概述开始，到主要内容，再到小节、习题，并在本书最后附有部分习题解答。

全书由东北电力大学韩学军教授主编，第 2、3、4、9 章由韩学军教授编写，第 1、8 章由王冰副教授编写，第 7、10 章由张光烈副教授编写，第 5 章及前 5 章习题解答由邢晓敏老师编写，第 6 章及后 5 章习题解答由解东光老师编写。

全书由华北电力大学刘连光教授和厦门大学陆达教授主审，大纲由华北电力大学谢志远教授审阅。在本书的编写过程中得到了东北电力大学周军教授、王义军副教授、石磊老师、李辉老师、李晓丽老师、张丽老师及赵欣、王鸿昌同志的友情帮助。本书在编写过程中参考了一些文献。在此一并感谢。

符 号 说 明

一、电压、电流符号表示采用的基本原则（以 BJT 基极电流为例）

I_B：大写字母、大写下标，表示直流量

i_B：小写字母、大写下标，表示包含直流量的瞬时值

i_b：小写字母、小写下标，表示交流量或变化量的瞬时值

I_b：大写字母、小写下标，表示交流有效值

$\dot{I}_b$：大写字母带上标点、小写下标，表示交流复数值

ΔI_b：电流变化量

二、下标符号

i：输入量	REF：参考量
o：输出量	BR：反向击穿
s：信号源量	P：夹断
u：与电压有关的量	D：二极管有关量
i：与电流有关的量	Z：稳压管有关量
m：最大值	id：差模输入量
L：负载	ic：共模输入量
th：开启	f：反馈量
on：导通	

三、半导体器件及参数

VD：二极管	r_e：BJT 发射结导通电阻
VT：三极管	g_m：BJT 高频跨导、FET 跨导
VDZ：稳压二极管	f_T：BJT 特征频率
β：BJT 电流放大系数	Q：静态工作点
$r_{bb'}$：BJT 基区体电阻	

四、频率、功率和增益

f_L：放大电路下限截止频率	A_{od}：运放开环差模电压增益
f_H：放大电路上限截止频率	$\dot{A}_u$：放大电路电压增益
f_0：振荡电路振荡频率 滤波电路特征频率	$\dot{A}_{us}$：对信号源的电压增益
f_p：有源滤波电路通带截止频率	$\dot{A}_i$：电流增益
BW：通频带	$\dot{A}_r$：互阻增益
P_{om}：最大输出功率	$\dot{A}_g$：互导增益

P_V：直流电源供给功率

P_{Vm}：直流电源供给最大功率

P_T：BJT 管耗功率

P_{Tm}：BJT 最大管耗功率

A：增益通用符号

$\dot{A}_{rf}$：电压并联负反馈互阻增益

$\dot{A}_{gf}$：电流串联负反馈互导增益

A_{ud}：差模电压增益

A_{uc}：共模电压增益

$\dot{A}_f$：有反馈时的增益

$\dot{A}_{uf}$：电压串联负反馈电压增益

$\dot{A}_{if}$：电流并联负反馈电流增益

$\dot{F}$：反馈系数通用符号

$\dot{F}_u$：电压串联负反馈反馈系数

$\dot{F}_i$：电流并联负反馈反馈系数

$\dot{F}_r$：电流串联负反馈反馈系数

$\dot{F}_g$：电压并联负反馈反馈系数

五、直流电源

V_{CC}：BJT 电路集电极回路电源

V_{EE}：BJT 电路发射极回路电源

V_{BB}：BJT 电路基极回路电源

V_{DD}：FET 电路漏极回路电源

V_{SS}：FET 电路源极回路电源

V_{GG}：FET 电路栅极回路电源

六、英文缩写

A：Amplifier　放大器

BJT：Bipoar Junction Transistor　双极结型三极管

FET：Field Eiffect Transistor　场效应三极管

JFET：Junction Field Eiffect Transistor　结型场效应三极管

MOSFET：Metal-Oxide Semiconductor Field Eiffect Transistor
　　　　金属-氧化物-半导体场效应三极管

OCL：Output Capalitorless Circuit　无输出电容功率放大电路

OTL：Output Transformerless Circuit　无输出变压器功率放大电路

LED：Light Emil Diode　发光二极管

PA：Pointer A　电流指示法

PV：Pointer Voltig　电压指示法

LPF：Low Pass Filter　低通滤波器

HPF：High Pass Filter　高通滤波器

BPF：Band Pass Filter　带通滤波器

BEF：Band Elinination Filter　带阻滤波器

目　　录

第1章 半导体及双极型半导体器件

电子器件所使用的材料多数为半导体材料，因此电子器件又称为半导体器件，电子技术又称为半导体技术。本章将从介绍半导体材料的特性入手，学习和掌握最常用的半导体器件二极管、三极管的构成原理。

半导体分为本征半导体和杂质半导体。杂质半导体又分为电子型（N型）半导体和空穴型（P型）半导体。PN结是由这两种类型的杂质半导体材料所构成的一种物理结构。PN结具有单向导电特性，是构成电子器件（如半导体二极管、三极管以及集成电路）的基础。三极管内包含了两个PN结，通过PN结内两种载流子的运动，三极管成为一种电流—电流控制器件，从而可作为放大电路的基本元件。

1.1 半 导 体 基 础

1.1.1 物质材料的导电性能分析

物质材料根据其导电能力分为导体、绝缘体和半导体。导体的导电能力最强，其电阻率 $\rho < 10^4 \, \Omega/m$；绝缘体的导电能力最弱，其电阻率 $\rho > 10^9 \, \Omega/m$；而半导体的电阻率介于两者之间，因此其导电能力低于导体，高于绝缘体。

物质材料的导电性能由构成该物质的原子结构决定。在原子结构中，原子核最外层的电子称为价电子，价电子的数量是决定物质导电能力的关键。导体一般由低价元素构成，由于价电子数量少，受原子核束缚力小，在外电场作用下，可以脱离原子核束缚成为自由电子，自由电子定向移动，从而形成电流，这体现了其导电的性能。

而绝缘体一般由高价元素构成，由于价电子数量多，受原子核的束缚力很强，即使在外加电场的作用下，也很难脱离原子核成为自由电子。由于没有可移动的电子，不能形成电流，体现了其绝缘的性能。

而半导体材料通常是由四价元素构成的，其原子核的价电子数量多于导体，少于绝缘体，所以在外力的作用下，有一部分价电子能脱离原子核的束缚，成为自由电子，但其数量少，不能形成大电流，所以其导电能力小于导体，然而它又不是绝缘体，因此定义为半导体。在现代半导体器件制造中，使用最多的半导体材料有两类，一类称为单一元素半导体，如硅（Si）和锗（Ge）。另一类属于化合物半导体，如砷化镓（GaAs）。

1.1.2 半导体的内部原子结构

硅和锗的原子系数分别为14和32，其原子结构如图1-1（a）和图1-1（b）所示，它们均属于四价元素。

为方便起见，在半导体特性分析时，一般采用其简化原子模型如图1-1（c）所示。由于原子呈中性，四价元素原子核与内层电子形成的原子，用带圈的+4符号表示，在外层轨道上，分布有4个带负电的价电子。

半导体原子间的结合为共价键结构。在共价键结构中，相邻原子的价电子不但各自围绕

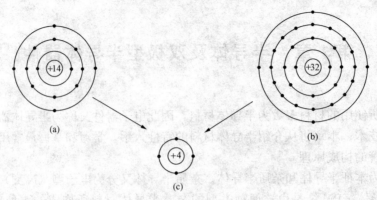

图 1-1　硅、锗原子结构及简化原子模型

（a）硅原子；（b）锗原子；（c）硅、锗简化原子模型

自身的原子核运动，而且出现在相邻原子所属的轨道上，成为相邻原子间的共有电子，靠一对共有价电子与两个原子核之间的吸引作用，把原子与原子束缚在一起，这种结合方式称为共价键。如共价键结合在一起的硅原子或锗原子的平面结构如图 1-2（a）所示。硅原子或锗原子按一定规则排列成整齐对称的点阵，这种结构称为晶格，因此，半导体又常称为晶体。

1.1.3　本征半导体及其导电性能

由纯净的四价元素组成的半导体，称为本征半导体，图 1-2（a）就是本征半导体的平面结构图。

在本征半导体中，相邻原子间的距离很小，共价键具有很强的结合力。由于每一个原子的价电子均被共价键束缚，在没有热激发的条件下，即在绝对温度 $T=0$K 时，价电子不会脱离原子核束缚而形成自由电子。因此，本征半导体是不导电的。

在常温下，即绝对温度 $T=300$K 时，由于半导体共价键内的电子并不像绝缘体束缚得那样紧，会有少数价电子挣脱共价键的束缚而成为自由电子，如图 1-2（b）所示。

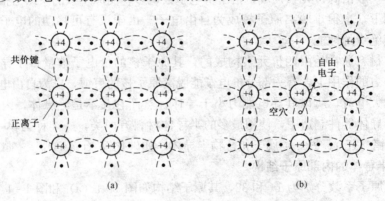

图 1-2　硅和锗的简化原子模型及其共价键结构图

（a）平面结构；（b）本征激发下的平面结构

这种常温下在本征半导体内出现自由电子的现象称为本征激发。通常把能运载电荷的粒子称为载流子，因此自由电子是带负电的载流子。

本征激发的结果不仅会产生自由电子，同时在共价键内出现了一个价电子的空位，这个空位叫做空穴。原子因为失去一个价电子而带正电，因此也可以把空穴看成是带正电的粒子。本征激发的结果是在本征半导体中产生电子空穴对。

空穴也可以看成是一种带正电的载流子，这是因为在半导体中如果有空穴存在，在外电场的作用下，价电子将按照电场的方向依次填补空穴，相对可以看成是空穴的定向移动形成了空穴电流，由于空穴带正电，因此空穴可以看成是带正电的载流子。这样在本征半导体中有两种载流子存在。由于出现了载流子，在外电场的作用下，载流子定向移动形成电流，本征半导体开始具有了导电能力。

在本征半导体中，受到热激发产生的电子和空穴成对数量很少，因此在常温下，本征半导体虽然导电，但导电能力很弱。当温度继续升高时，由于本征半导体内的载流子浓度将近似按指数规律升高，因此本征半导体对温度有较高的敏感性。这一特性使得半导体器件温度稳定性较差。但也同样可以利用这一特性制作半导体热敏器件。

1.1.4　杂质半导体及其导电性能

从 1.1.3 节看到，由纯四价元素构成的本征半导体，只有受到热激发，才产生少量的自由电子和空穴。由于载流子数量少，其导电能力很弱，且其导电性能只受环境温度变化的影响而不能进行有效控制。

要用半导体制造成半导体器件，一是要加强本征半导体的导电能力，二是要对其导电性能进行有效控制，为此设计产生了杂质半导体。所谓杂质半导体，就是在由纯四价元素构成的本征半导体中，掺入了少量的三价或五价元素，掺入三价元素的称为 P 型半导体，掺入五价元素的称为 N 型半导体。

1. N 型半导体

通过扩散工艺，在纯四价元素构成的本征半导体中，掺入少量五价元素，如磷（P），就得到了杂质半导体，这种类型的杂质半导体称为 N 型半导体。在 N 型杂质半导体中，磷原子在某些位置取代硅原子，与周围原子组成共价键。在结合中多出了一个价电子，这个多余的价电子就留在了共价键之外，成为不受共价键控制的自由电子。所以即使在没有受到热激发，绝对温度 $T=0K$ 时，在杂质半导体中也出现了自由电子，如图 1-3（a）所示。掺入的磷原子的数量决定了留在共价键外自由电子的数量。在常温下，N 型杂质半导体中的自由电子包括掺入五价元素所形成的自由电子和受到热激发产生的自由电子，自由电子的数目大于空穴的数目，因此在 N 型半导体中，电子是多数载流子，简称多子，而空穴是少数载流子，简称少子。N 型半导体导电以电子为主，所以 N 型半导体称为电子型半导体（N 表示电子带负电）。

2. P 型半导体

在本征半导体中加入少量三价元素，如硼（B）得到的杂质半导体称为 P 型半导体。在 P 型半导体中，硼原子在某些位置取代硅原子，与周围硅原子组成共价键，在结合中因为缺少一个价电子，在共价键里产生一个空穴。所以即使在没有受到热激发，绝对温度 $T=0K$ 时，在杂质半导体中也出现了空穴，如图 1-3（b）所示。这些空穴和本征激发产生的空穴加在一起，形成了 P 型半导体的多数载流子，而本征激发产生的电子是 P 型半导体中的少数载流子。P 型半导体导电以空穴电流为主，所以 P 型半导体又称为空穴型半导体（P 代表空穴带正电）。

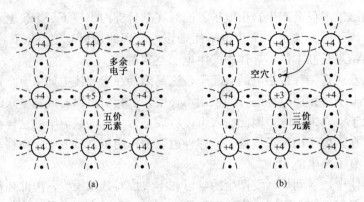

图 1-3 半导体晶体结构
(a) N 型半导体；(b) P 型半导体

复习要点

(1) 什么是本征半导体？什么是杂质半导体？什么是 N 型半导体？什么是 P 型半导体？
(2) 本征半导体在未受到热激发时是否导电？为什么？
(3) 本征半导体在室温下是否导电，导电能力如何？
(4) N 型半导体主要靠哪种载流子导电？P 型半导体主要靠哪种载流子导电？
(5) 在 N 型半导体中，哪种载流子是多子？哪种载流子是少子？

1.2 PN 结 及 其 特 性

1.2.1 PN 结的形成

采用不同的掺杂工艺，将 P 型半导体和 N 型半导体制作在同一块基片上，在两种半导体的交界面形成了一个特殊区域，这个特殊的区域叫做 PN 结，如图 1-4（a）所示，PN 结的形成是因为 P 型半导体（P 区）和 N 型半导体（N 区）存在电子和空穴的浓度差，根据物理学原理，浓度差的存在将引起运动。N 型区内电子是多子而空穴是少子，即电子浓度很高，而在 P 型区内则相反，空穴是多子而电子是少子，即空穴浓度很高。这样，电子和空穴都要从浓度高的本区向浓度低的对方区域做运动，从而使 N 区中靠近边缘的电子进入 P 区，而 P 区中靠近边缘的空穴要进入 N 型区。这种由于浓度差而产生的载流子运动称为扩散运动。扩散运动的进程使进入对方区域的电子和空穴在交界面被复合。P 区一边因为失去空穴，留下了不能移动带负电的离子；同样，在 N 区一边因为失去电子，留下了不能移动带正电的离子。离子虽然也带电，但由于不能移动，因此并不参与导电。这些不能移动的带电离子通常称为空间电荷，它们集中在 P 区和 N 区交界面附近，形成了一个很薄的空间电荷区，这个区域就称为 PN 结。在空间电荷区内，多数载流子已扩散到对方并复合掉了，或者说消耗尽了，因此空间电荷区又称为耗尽区或耗尽层，它有很高的电阻率。多数载流子浓度越高，扩散运动越强，则空间电荷区越宽。

在出现了空间电荷区以后，由于正、负电荷之间的相互作用，在空间电荷区中就形成了

一个电场 E_0，其方向是从带正电的 N 区指向带负电的 P
区。由于这个电场是由载流子扩散运动即由内部形成的，
而不是外加电压形成的，故 E_0 称为 PN 结内电场。内电
场 E_0 随着扩散的进行不断加强。但同时，因为内电场
E_0 的方向与多数载流子扩散运动的方向相反，它对扩散
运动是起阻碍作用的。内电场 E_0 的作用是将 P 区的少子
电子送回 N 区，而将 N 区的少子空穴送回 P 区，这种在
电场力的作用下，少数载流子的运动称为漂移运动。在
PN 结刚开始形成时，空间电荷区内离子数量少，内电
场弱，扩散运动强于漂移运动。但随着扩散的进行，内
电场不断加强，漂移运动也随之加强。当扩散运动搬运
多子的能力与漂移运动搬运少子的能力相等（实质处于
一种动态平衡状态）时，空间电荷区离子的数量将不再
变化，从而空间电荷区的宽度也不再变化，形成了一个
具有一定厚度的 PN 结，如图 1-4（b）所示。

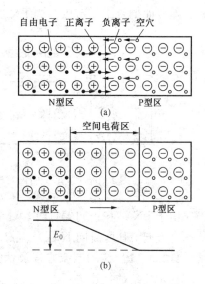

图 1-4　PN 结的形成
（a）形成过程；（b）形成 PN 结

在图 1-4（b）所示的 PN 结中，其 P 区和 N 区的杂
质浓度相等，PN 结内的正、负离子的数量也相等，这样形成的 PN 结称为对称结，而当两
边杂质浓度不同时，所形成的 PN 结称为不对称结，两种 PN 结有相同的外部特性。

1.2.2　PN 结的单向导电特性

为检测 PN 结的导电特性，需要给 PN 结外加电压。当 PN 结接入外加电压后，原来的
平衡状态将被破坏。加到 PN 结两端的电压叫做偏置电压。当 PN 结 P 端电位高于 N 端电位
时，称 PN 结为正向偏置；反之，当 PN 结 N 端电位高于 P 端电位时，称 PN 结为反向偏
置。PN 结正向偏置和反向偏置有不同的导电特性。

1. PN 结的正向偏置特性

如图 1-5 所示，PN 结的正向偏置就是在 P 型半导体一侧接外加直流电源电压 V 的正
极，而 N 型半导体一侧接 V 的负极。在正向偏置下，P 区的空穴，N 区的电子被推向空间
电荷区，使空间电荷数量变少，PN 结变薄，PN 结内电场 E_0 被削弱，有利于多数载流子的
通过，从而使扩散运动得到了加强。在外加电场的作用下，N 区的多数载流子电子流入 P
区，P 区内的多数载流子空穴流入 N 区，它们的运动在外电路形成了电流，电流方向在半
导体内是由 P 区流向 N 区。因为在外加电压的作用下，有电流流过，此时称 PN 结处于正
向导通状态。PN 结正向导通时，由于 PN 结电阻率很低，其两端电压降很小，只有零点几
伏，在电路分析时，有时可近似为零。

2. PN 结的反向偏置特性

与正向偏置相反，PN 结的反向偏置是在 P 型半导体一侧接外加直流电源电压 V 的负
极，而 N 型半导体一侧接 V 的正极，如图 1-6 所示。

PN 结在反向偏置电压的作用下，使空间电荷的数量增加，加强了内电场，PN 结变厚，
如图 1-6 所示。由于内电场得到了加强，载流子的移动以漂移运动为主，漂移运动在外电
路产生了由 N 区流向 P 区的反向电流。漂移电流由少数载流子形成，由于少子的浓度很低，
即使所有的少子都参与漂移运动，反向电流也很小，在电路分析时，常将它忽略不计。因

此，在反向偏置下，可以认为 PN 结处于截止状态。

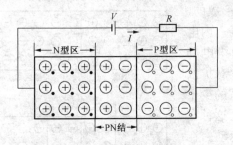

图 1-5　PN 结正向偏置

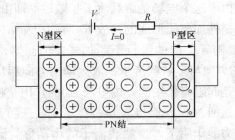

图 1-6　PN 结的反向偏置

由于 PN 结在正向偏置时，处于导通状态，而反向偏置时，处于截止状态，即电流只能从一个方向（P 区流向 N 区）流过 PN 结，这个特性称为 PN 结的单向导电性。

1. 2. 3　PN 结的电流方程及伏安特性

1. PN 结的电流方程

由半导体理论分析可知，PN 结所加偏置电压 u 与流过它的电流 i 的关系，可用公式表达为

$$i = I_S(e^{u/U_T} - 1) \tag{1-1}$$

式中：u 为 PN 结两端的外加电压；U_T 为温度的电压当量，在常温（绝对温度为 300K）下，$U_T = 26mV$；I_S 为反向饱和电流，其数值很小（为 $10^{-8} \sim 10^{-2} \mu A$），而且在温度一定时，反向饱和电流是一个常数，它不随外加电压的大小而变化。

对式（1-1）所示的 PN 结的电流方程可分析归纳如下：

（1）当 PN 结两端加正向电压时，u 为正值，当 $|u|$ 比 U_T 大几倍时，电流方程中的指数项 e^{u/U_T} 远大于 1，式（1-1）中 1 可以忽略不计，这样流过 PN 结的电流 i 与其两端正向偏置电压 u 成指数关系。

（2）当 PN 结两端加反向电压时，u 为负值，当 $|u|$ 比 U_T 大几倍时，电流方程中的指数项 e^{u/U_T} 趋近于零，这样流过 PN 结的电流 $i = -I_S$。可见，当温度不变化时，在反向偏置电压的作用下，流过 PN 结的电流是一个常数，不随外加反向电压的变化而变化。这是因为当 PN 结外加反向电压时，流过 PN 结的电流是由少数载流子所引起的漂移电流，少数载流子的浓度在温度不变时是固定的。当温度发生改变时，I_S 会相应发生改变。

2. PN 结的伏安特性

将 1.2.2 节讨论的流过 PN 结的电流随其两端电压的变化用特性曲线来表示，得到了 PN 结的伏安特性，如图 1-7 所示。

在坐标系的第一象限，表达的是 PN 结的正向偏置伏安特性，当 PN 结两端的电压大于零后，流过 PN 结的电流 i 开始按近似指数规律随电压 u 的增加而增加。在坐标系的第三象限，表达的是 PN 结的反向偏置伏安特性，流过 PN 结的电流 i 基本不随反向电压的增加而变化，是一个常数，其大小等于反向饱和电流 I_S。

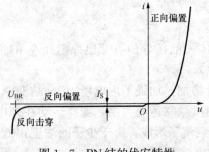

图 1-7　PN 结的伏安特性

在反向偏置伏安特性中，当反向偏置电压大于某一值 U_{BR} 后，流过 PN 结的反向电流急剧增加，此特性代表 PN 结的反向击穿特性，U_{BR} 称为 PN 结的反向击穿电压。U_{BR} 的大小与 PN 结的制造参数有关。

PN 结的反向击穿特性是半导体物理的一个重要特性，其击穿原因分为两种不同情况，一种称为雪崩击穿，另外一种称为齐纳击穿。两种击穿的物理过程完全不同，但它们都属于电击穿，其击穿过程通常是可逆的。但是，电击穿往往伴随热击穿，如果反向电流和击穿电压的乘积超过了 PN 结容许的耗散功率，就会导致热量散发不出去而使 PN 结的温度上升，直到过热使其物理结构改变而烧毁。热击穿是不可逆的。

1.2.4　PN 结的电容效应

在一定条件下，PN 结存在电容效应，根据产生的不同原因，可分为两种不同的电容效应，分别称为扩散电容和势垒电容。

1. 势垒电容 C_b

PN 结是一个空间电荷区，当外加电压变化时，空间电荷区的宽度将随之改变，即空间电荷区内的电荷量随外加电压的变化而增加或减少，这种现象与电容器的充放电过程相同，此时，可以认为 PN 结存在一个等效电容。这种由空间电荷区宽窄变化所引起的等效电容称为 PN 结的势垒电容 C_b。C_b 具有非线性，当 PN 结正向偏置时，C_b 较小，而当 PN 结反向偏置时，C_b 随外加电压的变化有很大的变化。

2. 扩散电容 C_d

当 PN 结处于正向偏置时，P 区的空穴将向 N 区扩散，而 N 区的电子向 P 区扩散，造成了电子和空穴在 PN 结边缘处的积累。当外加正向电压一定时，在 P 区靠近 PN 结的界面电子的浓度高，而在 N 区靠近 PN 结的界面空穴的浓度高。当外加电压增加时，靠近界面的载流子浓度增加，反之，当外电压减小时，靠近界面的载流子浓度也减小，这种在界面附近电荷的积累和释放过程与电容器充放电过程相同，这种电容效应可认为 PN 结存在扩散电容 C_d。在反向偏置时，由于越过 PN 结载流子的数量很少，因此所引起的扩散电容 C_d 很小。

3. 结电容

PN 结的结电容效应是扩散电容与势垒电容之和，即

$$C_j = C_b + C_d \tag{1-2}$$

结电容是一种电容效应，一般都很小，它和结面积有关，结面积小的，C_j 在 1pF 左右，结面积大的，在几十皮法至几百皮法。由于在 PN 结的等效电路中，PN 结电容是与 PN 结电阻并联，所以对低频信号，PN 结电容的影响很小，其作用可以忽略，只有在信号频率很高时，才考虑结电容的影响。

✎ 复习要点

（1）PN 结是由不能移动的空间电荷组成的，当 PN 结变宽时其电阻率是增加还是减小？

（2）PN 结正向偏置时，为什么能流过电流，反向偏置时，为什么不能流过电流？

（3）当 PN 结正向导通时，流过外电路的电流是由于载流子的扩散运动还是由于载流子的漂移运动所引起的？

（4）扩散运动和漂移运动哪一种是由浓度差所引起的，哪一种是由电场力引起的？

（5）扩散电容 C_d 和势垒电容 C_b 存在的原因。

1.3　半导体二极管

1.3.1　二极管的基本结构

半导体二极管简称二极管，是最简单的电子器件，通过一定的制造工艺，把 PN 结封装起来，并在 P 型半导体的一端和 N 型半导体的一端，各引出一条金属电极作为器件引线。P 型半导体引出的电极叫做阳极（正极），N 型半导体引出的电极叫做阴极（负极），分别用（＋）和（－）标记。由于器件具有两个电极，所以被称为二极管。

二极管内部结构分为点接触型和平面型两种。点接触型 PN 结面积较小，因此不能通过较大的电流，但其结电容较小，一般在 1pF 以下，工作频率可达 100MHz 以上，适用于高频电路。平面型结构 PN 结面积较大，能够通过较大电流。但由于其结电容大，因而只能在较低频率下工作，适用于整流电路。

平面型二极管内部结构示意图如图 1-8（a）所示，图 1-8（b）是二极管的图形符号。

半导体二极管既可以由硅材料制成，简称硅管；也可以由锗材料制成，简称锗管。二极管有玻璃封装，塑料封装和金属封装等型，常见外形如图 1-9 所示。

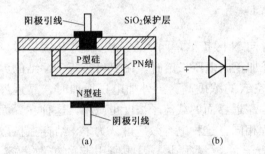

图 1-8　二极管的基本结构和电路符号

（a）内部结构示意图；（b）图形符号

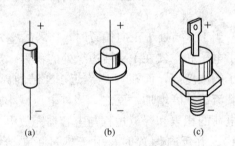

图 1-9　二极管的几种外封装形式

（a）玻璃封装；（b）塑料封装；（c）金属封装

1.3.2　二极管的伏安特性

1. 二极管伏安特性和电流方程

由于二极管就是由一个 PN 结构成的，但由于二极管在 PN 结上加了封装和金属引线，所以二极管的伏安特性和 PN 结的伏安特性略有不同，如图 1-10 所示。

（1）正向特性。当在二极管阳极加电源的正极，在阴极加电源的负极，此时，称二极管处于正向偏置。在正向偏置下，二极管处于导通状态，流过二极管的电流和二极管两端电压的变化关系由图 1-10 中的第①段。此时二极管两端电压只有零点几伏，而流过的电流相对较大，这一区域称为二极管的正向导通区。

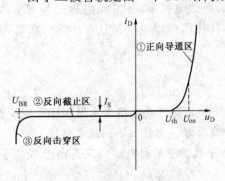

图 1-10　二极管的伏安特性

　　但是，当电压刚大于零时，即正向特性起始部分，由于电压较小时，外电场还不足以克服 PN 结的内电场，因而此时的电流为零。只有当电压大于某一个数值 U_{th}（U_{th} 称为开启电压，硅管约为 0.5V，锗管约为 0.1V），外电场克服了 PN 结的内电场，流过二极管的电流才迅速增长。二极管导通后，流过二极管的电流 i_D 可以在很大范围变化，而二极管两端正向电压 U_D 基本保持不变，对于锗二极管，约为 0.2V，对硅二极管约为 0.7V。这个数值定义为二极管的正向导通管压降，用 U_{on} 表示。

　　（2）反向特性。根据 PN 结的单向导电特性。当二极管反向偏置时是不导电的。但是，由于在 P 型半导体中的少数载流子电子和 N 型半导体中的少数载流子空穴，在反向电压的作用下，很容易通过 PN 结形成反向饱和电流 I_S。但是由于少数载流子浓度很低，反向饱和电流 I_S 很小，而且不随外加电压的增加而增加。所以，仍然称二极管反向偏置时，处于截止状态 $i_D=I_S\approx0$。反向特性如图 1 - 10 中第②段所描述，这个区域称为二极管的反向截止区。

　　（3）击穿特性。当二极管的反向偏置电压加大到一定值后，PN 结将被电击穿，电流急剧增加，如图 1 - 10 中曲线的第③段所示，这一区域称为二极管的击穿区。电击穿后，流过二极管的反向电流很大，容易使 PN 结上的功率超过它的耗散功率而过渡到热击穿，从而把二极管烧毁。

　　所以，二极管的工作区域应该是在正向导通区和反向截止区，而不能进入到击穿区。

　　二极管的电流方程与 PN 结的电流方程式（1 - 1）一致，可表示为

$$i_D = I_S(e^{u_D/U_T} - 1) \tag{1-3}$$

式中：i_D 是流过二极管的电流；u_D 为二极管两端的外加电压；U_T 为温度的电压当量，在常温下，它近似等于 26mV；I_S 为二极管的反向饱和电流，它的数值很小，通常为 $10^{-6}\sim10^{-2}$ μA。

　　2. 温度对二极管特性的影响

　　由于半导体材料受温度的影响很大，由 PN 结构成的二极管特性在温度变化时将产生变化，如图 1 - 11 所示。

　　当温度升高时，二极管的正向特性曲线向前移，而反向曲线向下移（如图 1 - 11 中虚线所示）。这说明：

　　（1）当二极管正向偏置时，在保持流过二极管的正向导通电流不变的条件下，二极管两端的导通电压 U_{on} 将随温度的升高而下降。一般在室温附近，温度每升高 1℃，U_{on} 下降 2～2.5mV。

　　（2）当二极管反向偏置时，流过二极管的反向

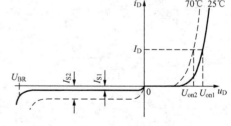

图 1 - 11　温度对二极管伏安特性的影响

饱和电流 I_S 将随温度的升高而增加，一般温度每升高 10℃，I_S 将增加约一倍。

1.3.3　二极管的主要参数及等效电路

　　1. 最大整流电流 I_F

　　I_F 是二极管长期工作时，允许通过最大正向导通电流平均值，其值大小与二极管内 PN 结的构造和面积有关，同时与其外部散热条件有关。在规定的散热条件下，流过二极管的正向平均电流若大于此值，二极管将因内部 PN 结温升过高而被损坏。

2. 反向电流 I_R

I_R 是二极管工作在反向偏置但未被击穿前流过二极管的反向饱和电流。I_R 值越小，说明二极管的单向导电性能越好。由特性曲线可以看出，I_S 值受温度变化的影响很大。

3. 最高反向工作电压 U_R

U_R 是保证二极管正常工作时，允许外加的最大反向电压。当超过此值时，二极管有可能因反向击穿而被损坏。一般最高反向工作电压 U_R 为击穿电压 U_{BR} 的一半。

1.3.4 理想二极管及其等效电路

根据 1.3.3 节分析，二极管在正向偏置时，流过二极管的电流 i_D 在很大的范围内变化，二极管两端电压 u_D 基本不变，其导通电压 U_{on} 可以近似看成一个常数，且数值很小（硅管 $U_{on} \approx 0.7V$、锗管 $U_{on} \approx 0.2V$）。而二极管在反向偏置时，流过二极管的电流为反向饱和电流 I_S，其值近似为零。根据二极管的这一特性，在二极管电路中，通常将二极管看成是理想二极管。理想二极管的特性是：正向偏置时，二极管导通，二极管两端电压降 $u_D = 0$；反向偏置时，二极管截止，流过二极管的电流 $i_D = 0$。

以图 1-12（a）二极管电路为例进行电路分析。分两种情况：一种情况是当外加电压源 V 值远远大于二极管的正向导通电压，此时二极管的正向导通电压可以忽略不计，即 $U_D = 0$，其特性曲线如图 1-12（b）所示，其等效电路如图 1-13（a）所示，此时回路电流 $I = \dfrac{V}{R}$。当 V 为负，即二极管反向偏置时，二极管视为开路，此时回路电流 $I = 0$，其等效电路如图 1-13（c）所示。另一种情况是，当外加电压源 V 值不满足远远大于二极管的正向导通电压时，二极管的正向导通电压可以确定为一定值，如硅管其值为 $U_D = U_{ON} = 0.7V$，锗管其值为 $U_D = U_{ON} = 0.2V$。此时特性曲线如图 1-12（c）所示，等效电路如图 1-13（b）所示，回路电流 $I = \dfrac{V - U_{ON}}{R}$。当 PN 反向偏置时，二极管同样看做开路，仍取反向截止电流 $I_S = 0$，其等效电路仍如图 1-13（c）所示。

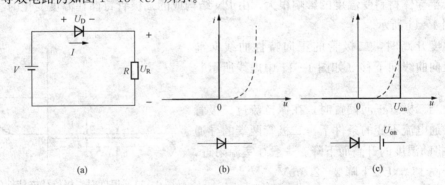

图 1-12 二极管电路及理想特性

(a) 二极管电路；(b) 情况一特性；(c) 情况二特性

【例 1-1】 二极管电路如图 1-14 所示，电路中 $U_1 = 5V$，$U_2 = 10V$，$R_1 = R_2 = 1k\Omega$。设二极管为理想二极管，试求：

(1) 开关 S 断开时的 U_{R2} 和 I_D 值；

(2) 开关 S 闭合时的 U_{R2} 和 I_D 值。

解 (1) 当开关断开时，二极管 VD 处于正向偏置而导通，因二极管为理想二极管，且

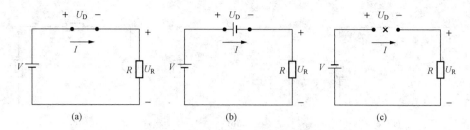

图 1-13 理想二极管电路的等效电路

（a）、（b）二极管正向导通；（c）二极管反向截止

偏置电压远大于二极管正向导通电压，所以其等效电路如图 1-15（a）所示。

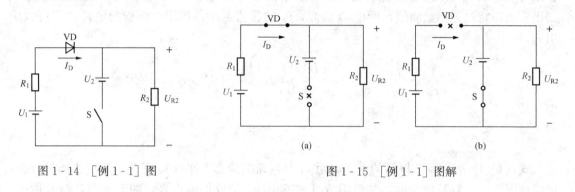

图 1-14 ［例 1-1］图   图 1-15 ［例 1-1］图解

二极管电流 I_D 等于

$$I_D = \frac{U_1}{R_1 + R_2} = \frac{5}{1+1} = 2.5(\text{mA})$$

电阻 R_2 两端电压 U_{R2} 等于

$$U_{R2} = I_D R_2 = 2.5 \times 1 = 2.5(\text{V})$$

（2）当开关闭合时，二极管处于反向偏置而截止，等效电路如例图 1-15（b），流过二极管电流 $I_D = 0$，电阻 R_2 两端电压 $U_{R2} = U_2 = 10\text{V}$。

1.3.5 二极管的小信号等效电路及动态分析

前面介绍的二极管电路中，只包含有直流电压源。在实际应用中经常有交流信号加到二极管电路中，如图 1-16（a）所示。此时二极管中既有直流电压源产生的直流电流，也有交流信号源产生的动态信号。在分析交直流同时存在的二极管电路时，通常采用先分电路计算，然后用叠加定理将两电路计算结果叠加获得最后结果。当只考虑直流电压源 V 的作用时，其等效电路如图 1-16（b）所示，该电路称为二极管电路的直流通路。对它的分析与前面二极管的电路分析相同。二极管流过的电流为 I_D，二极管两端电压为正向导通电压 U_D。I_D 与 U_D 在二极管特性曲线上的交点 Q，称为二极管的静态工作点，如图 1-17（a）所示。

当交流信号加入后，交流电压源 u 将在 Q 点的基础上沿着特性曲线产生变化。若交流电压源的值相对直流电压源很小，则在 Q 点基础上产生微小的变化量。此时则可以用以 Q 点为切点的直线来近似微小变化时的曲线，如图 1-17（a）所示：此时电压引起的电流变化关系可用一线性电阻来代替。即把二极管等效成一个动态电阻 r_d，且 $r_d = \Delta u_D / \Delta i_D$。将二极

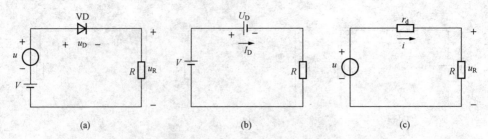

图 1 - 16　直流电压源与交流电压源同时作用的二极管电路

（a）交直流共存二极管电路；（b）直流二极管等效电路；（c）交流二极管等效电路

管用等效电阻 r_d 来代替的电路称为二极管的小信号等效电路，如图 1 - 17（b）所示。由于二极管正向特性为指数曲线，所以 Q 愈高，r_d 的数值愈小，利用二极管的电流方程可以求出 r_d

$$\frac{1}{r_d} = \frac{i}{u} \approx \frac{\mathrm{d}i}{\mathrm{d}u} = \frac{\mathrm{d}\left[I_S \left(\mathrm{e}^{\frac{u_D}{U_T}} - 1 \right) \right]}{\mathrm{d}u} \approx \frac{I_S}{U_T} \cdot \mathrm{e}^{\frac{u_D}{U_T}} \approx \frac{I_D}{U_T}$$

即

$$r_d \approx \frac{U_T}{I_D} \approx \frac{26\mathrm{mV}}{I_D} \qquad\qquad (1 - 4)$$

式（1 - 4）表明：二极管的动态电阻 r_d 与电路的静态工作点 Q 有关。通过作图的方法，可以把图 1 - 16（a）所示电路的电阻 R 上的电压 u_R 的波形画出来，如图 1 - 17（c）所示。它是根据线性电路分析中的叠加定理，在直流电压的基础上叠加上一个正弦波电压 u，该正弦波的幅值决定于 r_d 与 R 的分压。图中标注的 U_D 是直流电压源 V 单独作用时理想二极管的正向导通压降。

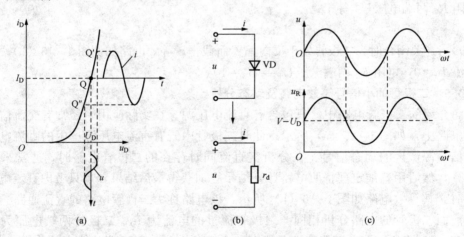

图 1 - 17　交直流共存二极管电路的分析

（a）伏安特性曲线；（b）二极管小信号等效电路；（c）U_R 波形图

复习要点

（1）二极管是怎样构成的？它的两个电极分别叫什么？

（2）二极管的主要特性是什么？

（3）二极管为什么不能进入反向击穿区？

（4）理想二极管的特性和二极管有什么不同？

（5）理想二极管有几种等效电路，其使用条件是什么？

（6）二极管的小信号等效电路为什么可以是一个电阻，其条件是什么？

1.4　特殊用途半导体二极管

1.4.1　稳压二极管及其电路

1. 稳压二极管及其特性

稳压二极管简称稳压管，是采用特殊工艺制造的半导体二极管，所以稳压管的外形和普通二极管相似。稳压二极管的伏安特性曲线和二极管也非常相似，如图 1-18（b）所示。图 1-18（a）是稳压管的图形符号。稳压二极管和普通二极管的主要区别在于反向击穿区的构造不同，其 PN 结面积较大，允许有较大的功耗。普通二极管反向电流过大而进入击穿区后，会造成 PN 结热击穿而被损毁，所以二极管通常工作在正向导通区和反向截止区，一般用做整流电路；而稳压管的反向击穿与二极管不同，稳压管在被反向击穿后，只要控制 PN 结的功率损耗在一定范围内，不要超过额定功耗，反向电击穿是允许的。击穿后的稳压管，其两端电压 U_Z 几乎

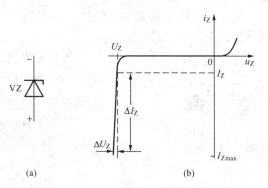

图 1-18　稳压管
（a）图形符号；（b）伏安特性

不随流过稳压管的电流的变化而变化（平行于纵轴），表现出很好的稳压特性。稳压管正是利用这个特性来实现电路中两点间的电压稳定，所以稳压管通常工作在反向击穿区。

2. 稳压管参数

（1）稳定电压 U_Z。U_Z 是在规定电流下稳压管的反向击穿电压。根据不同电路的需要，选择具有一定 U_Z 值的稳压管。不同型号的稳压管，其 U_Z 值不同。

（2）稳定电流 I_Z。I_Z 是在保证稳压管工作在稳压状态（反向击穿）时的参考电流。电流低于 I_Z 时，稳压管的稳压特性变差，甚至不稳压，从其伏安特性上看，稳压管脱离击穿区而进入了反向截止区。因此，I_Z 是保证稳压管稳压的最小电流，故也常将 I_Z 记作 I_{Zmin}。

（3）额定功率 P_{ZM}。P_{ZM} 等于稳压管的稳定电压 U_Z 与最大稳定电流 I_{ZM}（或记做 I_{Zmax}）的乘积。稳压管的功耗超过 P_{ZM} 时，会因 PN 结温度过高而损坏。

在使用稳压管时，要保证流过稳压管的电流 I_{DZ} 满足 $I_Z \leqslant I_{DZ} < I_{ZM}$，使稳压管既能起到稳压作用又不至于被损坏。一般可以通过 P_{ZM} 求出 I_{ZM} 的值。为满足以上条件，在使用稳压管构成稳压电路时，稳压管要串联一个限流电阻 R，如图 1-19 所示。

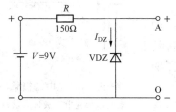

图 1-19　稳压管稳压电路

合理地选择限流电阻，可以保证稳压管既工作在稳压区，又不至于被损坏。如在图 1-19 电路中，稳压管的参数为 $U_Z = 6V$，$I_Z = 5mA$，$P_{ZM} = 180mW$。设稳压管工作在稳压区，因此电路中 A、O 两点间电压就等于稳压管的稳压值 U_Z。流过稳压管的电流 I_{DZ} 为

$$I_{DZ} = \frac{V - U_Z}{R} = \frac{9-6}{150} = 20(mA)$$

稳压管允许流过的最大电流 $I_{ZM} = \dfrac{P_{ZM}}{U_Z} = 30$ （mA），因此满足

$$I_Z < I_{DZ} < I_{ZM}$$

流过稳压管的电流大于稳压管最小稳压电流，小于最大稳压电流，因此稳压管工作在稳压区，保证 A、O 两点间电压稳定，不随外电路参数变化而变化。

1.4.2 光电二极管器件

1. 发光二极管

发光二极管通电以后会产生不同的光源。按产生光源的不同，发光二极管有可见光、不可见光、激光等不同类型。

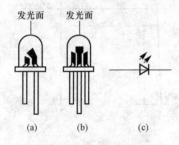

图 1-20 发光二极管

可见光发光二极管可以产生不同颜色的光，这取决于所使用的基本材料的不同。目前有红、绿、黄、橙等色，可以制成各种形状，如长方形、圆形等。发光二极管也可以做成双色发光管，其形状如图 1-20 （b）所示。图 1-20 （c）为发光二极管的电路符号。

发光二极管也具有单向导电性。只有当外加的正向电压产生正向电流，且电流足够大时才发光，发光是由于 PN 结内电子和空穴直接复合所释放能量的结果。通常流过的电流为几个毫安到十几毫安之间。发光二极管的开启电压比普通二极管的大，红色的约为 $1.6 \sim 1.8V$，黄色的约为 $2.0 \sim 2.2V$，绿色的约为 $2.2 \sim 2.4V$。正向电流愈大，发光愈强。使用时，应特别注意不要超过最大功耗、最大正向电流和反向击穿电压等极限参数。

发光二极管因其驱动电压低、功耗小、寿命长、可靠性高等优点广泛用于显示电路之中。除单个使用外，还可以做成 LED 七段显示数码管或矩阵式发光管。如很多大型显示屏都是由矩阵式发光二极管构成的。

2. 光电二极管

光电二极管是远红外线接收管，是一种光能与电能进行转换的器件。PN 结型光电二极管利用 PN 结的光敏特性，将接收到的光的变化转换成电流的变化。它也可以做成各种形状，圆形的光电二极管如图 1-21 （a）所示，符号如图 1-21 （b）所示。

图 1-22 （a）所示为光电二极管的伏安特性。在无光照时，与普通二极管一样，具有单向导电性。外加正向电压时，电流与端电压成指数关系，见特性曲线的第一象限；外加反向电压时，无光照时反向电流称为暗电流，通常小于 $0.2\mu A$。

在有光照时，特性曲线下移，它们分布在第三、第四象限内。

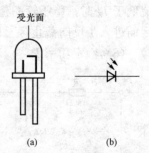

图 1-21 光电二极管

(a) 圆形光电二极管形状；

(b) 光电二极管符号

在反向电压的一定范围内，即在第三象限，特性曲线是一组横轴的平行线。光电二极管在反压下受到光照而产生的电流称为光电流，光电流受入射照度的控制。照度一定时，光电二极管可等效成恒流源。照度愈大，光电流愈大，在光电流大于几十微安时，与照度成线性关系。灵敏度这种将光信号转变为电信号的特性可用于制作光电传感器，在自动控制系统中实现对光的强度检测。图 1-22（b）是光电二极管工作在特性曲线的第三象限时的原理电路。流过电阻的电流仅决定于光电二极管受光面的入射照度，通过电阻 R 将电流的变化转换成电压的变化，$u_R = iR$。当 R 一定时，入射照度愈大，i 愈大，u_R 值也愈大。从而实现了对光信号检测。

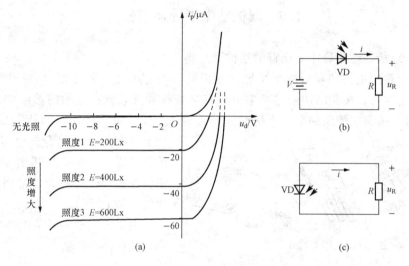

图 1-22 光电二极管的伏安特性及原理电路

（a）光电二极管伏安特性；（b）第三象限等效电路；（c）第四象限等效电路

在一定工艺下做大 PN 结的面积，在光强的作用下，可以产生较大的反向电流，如毫安级，光电二极管在第四象限时呈光电池特性。其应用电路如图 1-22（c）所示，即它可以向外电路提供一定功率的电流。

在现代工业控制系统中，往往采用光缆来远距离传送信号，在这样的系统里也要用到发光二极管和光电二极管。将发光二极管

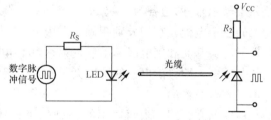

图 1-23 发光二极管及光电二极管
在光缆电路中的应用举例

接在发送回路中，将光电二极管接在接收回路中，两回路之间用光缆连接，如图 1-23 所示。

由于发光二极管和光电二极管的光电线性区较窄，传送模拟信号幅值变化范围过大会产生失真。因此在长距离信号传送系统中，通常先将模拟信号调制成数字脉冲信号再进行传送。

复习要点

（1）有特殊用途的二极管，如稳压二极管、发光二极管、光电二极管、光电耦合器件在

结构上与普通二极管有什么区别？

（2）稳压二极管在电路中的主要作用是什么？它的工作区域应在特性曲线的哪个区域？稳压管为什么可以工作在击穿区，二极管却不可以？

（3）稳压二极管实现稳压的条件。

（4）发光二极管的基本用途。如何实现电—光转换。

（5）光电二极管的基本用途。如何实现光—电转换。

（6）光电耦合器件在控制系统的基本作用，如何实现电路的抗干扰能力。

1.5　双极结型半导体三极管

1.5.1　双极结型半导体三极管的结构及分类

在电子电路中用到的双极结型半导体三极管（简称 BJT）种类很多，按照功率分，有小、中、大功率管；按照所加信号频率分，有高频管和低频管；按照内部结构分，有 NPN 管和 PNP 管；按照所使用的半导体材料分，有硅管、锗管等。从它们的外形看，BJT 的封装上都有三个引出金属电极，这就是三极管名称的由来。三极管的外部封装有塑料封装和金属封装，常用的 BJT 外形如图 1-24 所示。

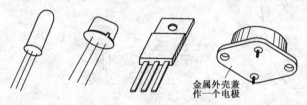

金属外壳兼作一个电极

图 1-24　BJT 的外形图

根据三极管的内部结构，BJT 分为 NPN 型和 PNP 型。

1. NPN 型 BJT

图 1-25（a）是 NPN 型 BJT 的内部结构示意图。图 1-25（b）是它的电路符号。NPN 型 BJT 是由包含两个 PN 结的三层半导体制成的。中间是一块很薄的 P 型半导体（几微米至几十微米），两边各为一块 N 型半导体。从三块半导体上各自接出的一根金属引线就是 BJT 的三个电极，它们分别叫做发射极 e、基极 b 和集电极 c，所连接的半导体分别对应称为发射区、基区和集电区。虽然发射区和集电区都是 N 型半导体，但是发射区比集电区掺入的杂质多，即自由电子的浓度大。在几何尺寸上，集电区的面积比发射区的大，因此它们并不是完全对称的。

根据前文介绍，当两块不同类型的半导体结合在一起时，它们的交界处就会形成 PN 结，因此 BJT 有两个 PN 结。发射区与基区交界处的 PN 结称为发射结，记做 Je；集电区与基区交界处的 PN 结称为集电结，记做 Jc；两个 PN 结通过很薄的基区联系着。

NPN 结构的 BJT 通常使用半导体硅材料制成。

2. PNP 型 BJT

同样，PNP 型 BJT 也是由两个 PN 结的三层半导体制成的，不同的是 PNP 型 BJT 包含两块 P 型半导体和一块 N 型半导体，中间是 N 型半导体，两边是 P 型半导体，如图 1-26（a）所示。NPN 和 PNP 型 BJT 具有几乎等同的特性，只不过在工作时各电极的电压极性和电流流向不同而已。图 1-26（b）是 PNP 型 BJT 的电路符号。

PNP 结构的 BJT 通常使用半导体锗材料制成。

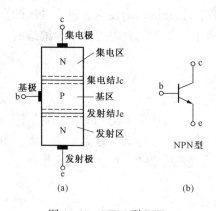

图 1 - 25　NPN 型 BJT

（a）内部结构；（b）图形符号

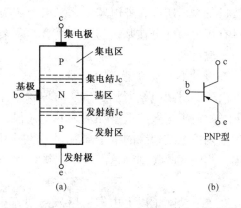

图 1 - 26　PNP 型 BJT 的内部结构和电路符号

（a）内部结构；（b）图形符号

1.5.2　BJT 的内部载流子运动及外部电流的形成

以 NPN 型 BJT 为例来了解在外加直流电源的作用下，其各电极之间的电压和内部载流子的运动过程（对于 PNP 型 BJT 的分析过程和结论相同，但分析时所需的电源电压极性与之相反）。如图 1 - 27 所示，在 BJT 的集电极 c 和发射极 e 之间，经过电阻 R_c 外加直流电源 V_{CC}，在 BJT 的基极 b 和发射极 e 之间，经过电阻 R_b 外加直流电源 V_{BB}。适当选取 V_{CC}、V_{BB}、R_c、R_b，使得 BJT 各电极之间的电位在电路中满足集电极电位高于基极电位，基极电位高于发射极电位，即 $V_C > V_B > V_E$。因此，BJT 内部的两个 PN 结都获得了偏置电压，其中发射结 Je 处于正向偏置（P 区电位高于 N 区电位），集电结 Jc 处于反向偏置（N 区电位高于 P 区电位）。下面分析在这样的外部电路条件下，BJT 内载流子的运动过程。

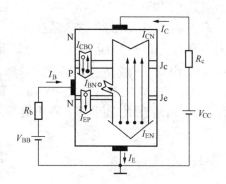

图 1 - 27　NPN 型 BJT 内部载流子
的运动过程

1. 电子由发射区扩散到基区

由于发射结外加正向偏置电压，PN 结变薄处于导通状态，这时发射区浓度很高的多数载流子电子不断通过发射结扩散到基区，这个电子流记做 I_{EN}。I_{EN} 在外电路形成发射极电流 I_E，电流方向与内部电子扩散运动方向相反。

与此同时，基区内的空穴也会向发射区扩散，但由于基区杂质浓度很低，扩散的空穴数量很少，所形成的电子流 I_{EP} 值很小，分析时可以不予考虑。

2. 电子在基区中的复合与继续扩散

由发射区通过扩散运动穿过发射结的电子进入基区，因为基区是 P 型半导体区，进入基区的电子首先会与 P 区中的空穴复合。同时接在基极的电源 V_{BB} 的正端则不断从基区拉走电子，补足被复合掉的基区空穴。电源从基区拉走的电子数目与在基区被复合掉的空穴数目相等，使基区的空穴浓度基本维持不变。基极电源 V_{BB} 从基区吸引电子所形成的电流，在外电路构成了基极电流 I_B，它的大小取决于电子在基区与空穴复合的多少。在制造工艺中，常把基区做得很薄（几微米），并使基区掺入杂质的浓度很低，因此电子在基区与空穴复合的数量很少，所以在外电路中，基极电流很小。根据以上分析，由发射区进入基区的自由电子只有很少一部分在基区与空穴复合，剩余大部分电子由于浓度差的存在，会继续向集电结方向扩散运动。

3. 集电区收集扩散过来的电子

由于此时集电结所加的是反向偏置电压，即集电结 Jc 反偏，这样 PN 结内部有很高的内电场，使集电区的电子和基区的空穴很难通过集电结，但这个内电场对由发射区进入基区并扩散到集电结边缘的电子却有很强的吸引力，可使电子很快地漂移过集电结并为集电区所收集。集电区收集到的这部分电子被外加到 BJT 集电极的电源 V_{CC} 抽出，从而形成集电极电流 I_C。

在集电结除了以上由发射区发射过来电子的漂移运动外，还存在另外一个载流子的运动，这就是集电区内少数载流子空穴向基区的漂移和基区内的少数载流子电子向集电区的漂移，这两种载流子的漂移形成了集电结另一部分漂移电流 I_{CBO}，但是由于这类载流子的数量很少，所以 I_{CBO} 的值也很小，分析时可以不予考虑。

总结以上分析可得，在外加电源的作用下，BJT 内部主要载流子的运动以及外部电流的形成是：发射区浓度很高的电子，通过扩散运动穿过发射结进入基区，这部分载流子的运动形成了发射极电流 I_E；进入基区的电子有一小部分与基区空穴复合，形成基极电流 I_B；而大部分电子通过漂移运动穿过集电结而被集电区所收集，形成集电极电流 I_C。

4. BJT 的电流放大系数和极间电流的关系

BJT 的三个电极在使用中，通常有一个极作为输入端，一个极作为输出端，而第三个极作为公共端，因此 BJT 有三种不同的接法，如图 1-28 所示。

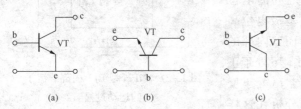

图 1-28　BJT 的三种不同接法

在图 1-28（a）中，基极 b 为 BJT 的输入端，集电极 c 为 BJT 的输出端，而发射极 e 为输入、输出的公共端，通常把 BJT 的这种连接方式称为共发射极接法。而图 1-28（b）和图 1-28（c）分别把基极 b，集电极 c 作为输入、输出的公共端，因此分别被称为共基极接法和共集电极接法。在上面讨论载流子在 BJT 内部运动时，采用的是共发射极接法，现仍在此种接法下讨论 BJT 各极间电流的关系。根据以上对 BJT 内部载流子运动的分析，由发射区向基区扩散的电子流 I_{EN} 在外电路形成了发射极电流 I_E，在基区内和空穴复合的电子 I_{BN} 运动形成了基极电流 I_B，而被集电区收集的电子 I_{CN} 形成了集电极电流 I_C。由分析可知，集电区收集的电子数加上在基区被复合的电子数等于由发射区发射的电子数，即 $I_{EN}=I_{BN}+I_{CN}$，因此在 BJT 的外电路各电流之间存在以下关系

$$I_E = I_B + I_C \qquad (1-5)$$

在一定的工艺制造条件下，到达集电区的电子数与在基区复合的电子数，其比例将是确定的，通常用 $\bar{\beta}$ 表示，即有

$$\bar{\beta} = \frac{I_C}{I_B} \qquad (1-6)$$

$\bar{\beta}$ 称为在共发射极接法下，BJT 的直流电流放大系数，其值大小主要取决于基区、集电

区和发射区的杂质浓度以及器件的几何结构。

引入 $\bar{\beta}$ 后，式（1-5）可以写成

$$I_E = I_B + \bar{\beta} I_B = (1 + \bar{\beta}) I_B \tag{1-7}$$

在以上分析中，没有考虑 BJT 内部平衡少子的作用，这是因为由它们所引起的载流子运动（I_{CBO}、I_{EP}）在常温下数量很少，对主要载流子的运动规律影响不大。但是由于它们受温度的影响很大，当温度升高时，它们的数值也显著上升，有时会对外部电路电流产生影响。通常它们对电路的影响用电流参数 I_{CEO} 来表示。I_{CEO} 称为穿透电流，在数值上等于 $(1+\bar{\beta}) I_{CBO}$，其物理意义是当把 BJT 基极开路（$I_B = 0$）时，在集电极电源 V_{CC} 的作用下，集电极与发射极之间形成的电流。因此，在考虑穿透电流时，集电极电流应表示为

$$I_C = \bar{\beta} I_B + I_{CEO} \tag{1-8}$$

当基极电流变化时，集电极电流也随之改变。

1.5.3　BJT 的伏安特性曲线

1.5.2 节分析了在外加电压作用下，BJT 内部载流子的运动及外部电流的形成过程，为了直观而全面地了解这个过程，通常是给出 BJT 的特性曲线。由于这个特性曲线描述的是 BJT 电流随外加电压的变化特性，也就是 BJT 的伏安特性曲线。从使用 BJT 的角度来看，了解它的特性尤为重要。

下面分析的是 BJT 在共发射极接法下的特性曲线。

由于 BJT 有输入回路和输出回路，因此它有两个特性曲线。表达输入电压与电流关系的特性称为 BJT 的输入特性，表达输出电压与电流关系的特性称为 BJT 的输出特性。

1. BJT 的输入特性

当为 BJT 加如图 1-29 所示的偏置电压，并保持 BJT 集电极与发射极间的电压 u_{CE} 不变的条件下，表达 BJT 基极和发射极间电压 u_{BE} 与基极电流 i_B 的关系曲线就称为 BJT 在共发射极接法下的输入特性，输入特性用函数关系可以表示为

$$i_B = f(u_{BE}) \big|_{u_{CE}=\text{常数}} \tag{1-9}$$

BJT 的输入特性曲线如图 1-30（a）所示，其中分别给出了当 $U_{CE}=0V$ 和 $U_{CE}\geqslant 1V$ 两条特性曲线。

当 $u_{CE}=0V$ 时，其特性曲线与二极管的正向输入特性曲线基本一致，它也满足 PN 结及二极管方程，即

$$i_B = I_S(e^{u_{BE}/U_T} - 1)$$

这是因为当 $u_{CE}=0$ 时，相当于两个 PN 结并联，并处于正向偏置状态，输入特性就是加到 PN 结上的电压和流过电流的关系。当 u_{CE} 增大时，集电结逐渐开始具有收集电子的能力，从发射区扩散到基区的电子，有一部分要越

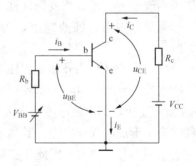

图 1-29　测试 BJT 特性曲线电路

过基区和集电结而形成集电极电流，因此在同样的发射结电压 u_{BE} 的作用下，基极电流 i_B 将减小，特性曲线将向右移。但是，当 u_{CE} 增加到等于 1V 以后，集电结的内电场已足够强，已经具有了全部收集能力，因此，即使增大 u_{CE}，如果不改变 u_{BE}，增加将发射区注入基区的电子数，i_B 也不可能明显增大，即输入特性已不再随 u_{CE} 的增加而向右移，重合成为图 1-30（a）中 $u_{CE}\geqslant 1V$ 的特性曲线。

同二极管一样，只有当偏置电压 u_{BE} 大于开启电压 U_{th} 后，BJT 的发射结才开始导通，

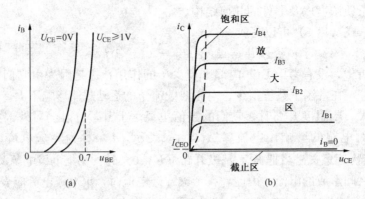

图 1-30   NPN 型 BJT 输入输出特性曲线

(a) 输入特性；(b) 输出特性

基极电流 i_B 随 u_{BE} 的增加近似按指数规律增加。发射结导通后其导通电压 u_{BE}，对于硅 BJT 约为 0.7V，对于锗 BJT 约为 0.2V。

2. BJT 输出特性曲线

BJT 的输出特性是指在基极电流 i_B 一定的条件下，集电极与发射极之间的电压 u_{CE} 与集电极电流 i_C 之间的关系曲线，用函数关系式可表示为

$$i_C = f(u_{CE})|_{I_B=常数} \tag{1-10}$$

图 1-30 (b) 给出了一个对应于不同基极电流的输出特性曲线族。它表示当基极电流 i_B 确定后，集电极电流 i_C 随集电极、发射极之间电压 u_{CE} 的变化关系。观察特性曲线，其特点是：当 u_{CE} 值较小时（$u_{CE} \leqslant 1V$），i_C 随 u_{CE} 的增加而快速增加，曲线迅速上升；当 u_{CE} 值大于 1V 后，i_C 基本上不随 u_{CE} 的变化而变化，曲线略有上升但接近于平直。这可解释为，当 $u_{CE} > 0V$ 以后，集电结开始收集电子，随着 u_{CE} 的增加，收集能力逐渐增强，因此集电极电流 i_C 也逐渐增大。但是，当 u_{CE} 增大到一定数值后，已具有全部收集能力，因此再增大 u_{CE}，如果不改变 i_B，增加将发射区注入基区的电子数，i_C 也不再增加。

通常在输出特性曲线上，为 BJT 定义三个工作区域，分别记为截止区、饱和区、放大区。

(1) 截止区。当外加电压使 BJT 的发射结电压小于开启电压 U_{th}，且 $u_{CE} > u_{BE}$，此时其基极电流 $i_B = 0$，集电极电流 $i_C = i_{CEO} \approx 0$，BJT 的集电极和发射极之间相当于断开，无论 u_{CE} 如何变化，集电极电流流向发射极的电流是一个数值很小的电流，记做 I_{CEO}。I_{CEO} 是由少数载流子形成的反向电流，其数值很小且为常数，对于小功率硅管 I_{CEO} 在 $1\mu A$ 以下，锗管的 I_{CEO} 小于几十微安，因此，在近似分析中可以认为 BJT 在截止区，其集电极电流 $i_C \approx 0$。

(2) 饱和区。如果外加偏置电压使 BJT 的发射结和集电结都处于正向偏置，即满足 $u_{BE} > U_{th}$、$u_{CE} < u_{BE}$，此时 BJT 工作在饱和区，饱和区位于输出特性曲线靠近纵轴部分。在饱和区，集电极电流 i_C 随 u_{CE} 的增加而明显的增大。当 u_{CE} 增大到等于 u_{BE} 时，即 $u_{CB} = 0$，BJT 将脱离饱和区进入放大区，因而称 BJT 处于临界饱和状态。

(3) 放大区。在 1.5.2 节讨论 BJT 内部载流子运动时，外电路所加的偏置电压为 $u_{BE} > U_{th}$，$u_{CE} > u_{BE}$，此时发射结 Je 加正向偏置电压，使发射区能发射电子，集电结 Jc 加反向偏置电压，使集电区能接收电子，且满足集电区收集的电子数，是在基区被复合电子数的 β

倍，即 $i_C = \beta i_B$，此时，称 BJT 工作在放大区。放大区位于输出特性曲线中间平坦部分。在放大区，输出特性略有上升但基本上是一条平坦的直线，表示当基极电流 i_B 确定后，集电极电流 i_C 与其端电压 u_{CE} 几乎无关。集电极电流的大小只取决于基极电流 i_B 的改变。这个特性说明 BJT 在放大区是一个电流控制器件，由 i_B 控制 i_C，属于电流控制电流源。而且当 i_B 按等差变化时，输出特性是一族等距离的直线，这表明 BJT 在放大区是一个线性器件，其集电极电流 i_C 与基极电流 i_B 成比例，比例系数就是常数 β。按照这个比例关系，基极电流 i_B 很小的变化，会引起集电极电流 i_C 发生 β 倍的变化，这体现了 BJT 的电流放大作用。

【例 1-2】 用万用表直流电压挡测得电路中 4 只 BJT 的三个电极的直流电位，如表 1-1 所示，试说明各只 BJT 的工作状态。

表 1-1 用万用表测得三个电极的直流电位

直流电位（V） \ BJT	VT1	VT2	VT3	VT4
基极 V_B	0.7	1	−0.2	0
集电极 V_C	6	0.7	−5	12
发射极 V_E	0	0	0	0
工作状态	放大	饱和	放大	截止

解 对于 VT1，其 $U_{BE} = 0.7V = U_{on}$，发射结正向偏置处于导通状态，其集电极电位 V_C 大于基极电位 V_B，集电结反向偏置，VT1 处于放大区，工作在放大状态。

对于 VT2，其 $U_{BE} = 1V > U_{on}$，发射结正向偏置处于导通状态，其集电极电位 V_C 小于基极电位 V_B，集电结也处于正向偏置而导通，因此 VT2 处于饱和区，工作在饱和状态。

对于 VT3，其直流电位均是负值，是属于 PNP 结构的 BJT，其 $|U_{BE}| = 0.2V = U_{on}$，发射结正向偏置处于导通状态，其集电极电位 $|V_C|$ 大于基极电位 $|V_B|$，集电结处于反向偏置，因此 VT3 处于放大区，工作在放大状态。

对于 VT4，其 $U_{BE} = 0 < U_{on}$，发射结零偏置处于截止状态，其集电极电位 V_C 大于基极电位 V_B，集电结处于反向偏置，因此 VT4 处于截止区，工作在截止状态。

1.5.4 BJT 的主要参数

在半导体手册和计算机辅助分析和设计时，BJT 有几十个参数，根据这些参数来合理选择和正确使用 BJT。这里主要给出几个最主要参数。

1. 共发射极接法电流放大系数 β

BJT 在共发射极接法下工作在放大区，其集电极电流和基极电流之比记做 β（忽略集电极与发射极之间的穿透电流 I_{CEO}），称为共发射极接法电流放大系数。严格讲，它分为直流电流放大系数 $\bar{\beta}$ 和交流放大系数 β，分别表示为

直流电流放大系数

$$\bar{\beta} = \frac{I_C}{I_B}$$

交流电流放大系数

$$\beta = \frac{\Delta i_C}{\Delta i_B}\bigg|_{u_{CE}=常量} \tag{1-11}$$

β 代表两个电流变化量之比，但是在一定电流变化范围内，BJT 的交流放大系数与直流放大系数差别不大，即 $\beta \approx \bar{\beta}$。因此，本教材在后续章节中，都用 β 表示。

BJT 的 β 值通常在 10～100 范围内。

2. 共基极接法电流放大系数 α

BJT 在共基极接法下，其集电极电流与发射极电流之比称为共基极接法电流放大系数，用 α 表示。同 β 相一致，α 也分为直流放大系数和交流放大系数，即

直流电流放大系数

$$\bar{\alpha} = \frac{I_C}{I_E}$$

交流电流放大系数

$$\alpha = \frac{\Delta i_C}{\Delta i_E} \bigg|_{u_{CB}=\text{常数}}$$

但在近似计算中，通常取 $\bar{\alpha} = \alpha$。

3. 特征频率 f_T

由于 BJT 内 PN 结存在电容效应，因此其电流放大系数 β 是通过 BJT 信号电压频率的函数。当信号频率高到一定程度时，β 值不再是一个常数，而是随着频率的升高而下降，其特性如图 1 - 31 所示。

当 β 值下降到 1 时，对应的信号频率 f 称为 BJT 的特征频率，记做 f_T。f_T 的大小影响放大电路的高频特性。

4. 极间反向电流 I_{CBO}、I_{CEO}

I_{CBO} 称为发射极开路时，集电结的反向饱和电流，其测量电路如图 1 - 32（a）所示。由图可以看出，I_{CBO} 实际是 PN 结的反向电流，在未被击穿前，这个电流数值很小且基本是一个常数。

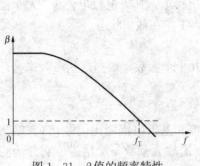

图 1 - 31　β 值的频率特性

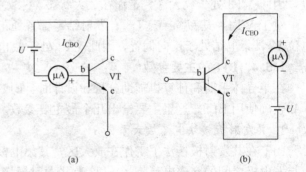

图 1 - 32　BJT 极间反向电流测量电路
(a) I_{CBO} 测量电路；(b) I_{CEO} 测量电路

I_{CEO} 称为基极开路时，集电极-发射极穿透电流，其测量电路如图 1 - 32（b）所示。I_{CEO} 与 I_{CBO} 满足

$$I_{CEO} = (1 + \beta) I_{CBO}$$

极间反向饱和电流数值很小，但受温度的影响很大。选择时其值越小越好。

5. 集电极最大允许耗散功率 P_{TM}

当给 PN 结外加电压，就有电流流过，因此在 PN 结上会消耗功率，其大小等于流过集电结的电流与集电结上电压降的乘积。BJT 内的两个 PN 结都会消耗功率，由于集电结上的电压降要远大于发射结上的电压降，因此，在集电结上耗散的功率要大得多。这个功率将使集电结温度上升，当集电结温度超过一定值后，BJT 性能下降，甚至会烧毁。为此，把这个值定义为 BJT 的集电极最大允许耗散功率 P_{TM}。当 BJT 工作时，其集电结消耗的功率 $P_C \approx i_C u_{CE}$，要小于 P_{TM}。

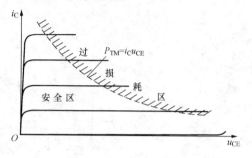

图 1 - 33　BJT 的集电极耗散功率曲线

对于给定型号的 BJT，其 P_{TM} 是一个确定值（但在使用时和散热方式及工作环境温度有关），即 $P_{TM} = i_C u_{CE}$ 是一个常数，据此，可以在输出特性中画出一条双曲线，称为最大功率损耗线，如图 1 - 33 所示。曲线上各点均满足 $P_{TM} = i_C u_{CE}$，曲线右上方为过损耗区。

复习要点

（1）BJT 分为哪两种类型，它们的内部如何构成？三个电极分别叫什么？

（2）NPN 型 BJT 和 PNP 型 BJT 工作在放大状态时，外加直流电源的极性相同吗？

（3）在截止和饱和区，集电极电流还是基极电流的 β 倍吗？

（4）在截止区，BJT 的基极电流等于零吗？

（5）BJT 属于电流控制器件还是电压控制器件；是线性器件还是非线性器件？

（6）为什么温度对 BJT 的参数和特性有很大的影响？

1.6　光 电 三 极 管

利用发光二极管和光电二极管特性，可以做成光电耦合器件，如图 1 - 34（a）所示。从图中可以看出，它是把一个发光二极管和一个光电三极管封装在一起，用发光二极管代替三极管的基极。光电三极管的基极电流由发光二极管光照产生。由于发光二极管的光照强度和流过二极管的电流 i_D 成比例，因此流过三极管的集电极电流 i_C 在一定条件下，就由二极管电流 i_D 调控。它的输出特性曲线与普通三极管的特性曲线相似，如图 1 - 34（b）所示。

差别在于 i_C 与 i_D 的线性区域较窄，只有发光二极管电流 $i_{D1} \sim i_{D8}$ 范围内变化时，i_C 才与 i_D 成比例变化。同三极管电流放大系数 β 一样，在 u_{CE} 一定的条件下，i_C 与 i_D 的变化量之比称为传输比，记做 CTR，即

$$CTR = \frac{\Delta i_C}{\Delta i_D}\bigg|_{u_{CE}}$$

但通常 CTR 的数值很小，通常在 $0.5 \sim 1.5$ 内。因此光电耦合三极管不是用做放大信号，而是以隔离传输信号为主。

通用双光电耦合器的内部结构与外形图如图 1 - 35 所示。

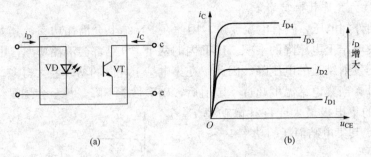

图 1 - 34　光电耦合器件及特性曲线
（a）光电耦合器件；（b）特性曲线

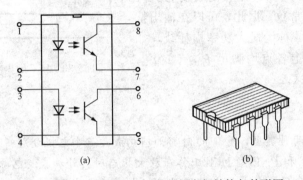

图 1 - 35　通用双光电耦合器的内部结构与外形图
（a）内部结构；（b）外形图

✐ **复习要点**

（1）光电三极管与普通 BJT 在结构上的区别。

（2）光电三极管的输入回路与输出回路通过光实现耦合，而没有直接的电路联系。

（3）在哪些场合需要使用光电三极管。

本 章 小 结

（1）电子电路又称为半导体电路，就是由于电子电路中所用的元器件是由半导体材料构成。常用的半导体材料是硅和锗，它们都是四价元素。由纯净的四价元素构成的半导体叫做本征半导体，本征半导体在常温下靠本征激发产生的电子空穴对导电，其导电能力很弱。

（2）为了提高和控制本征半导体的导电能力，制造电子器件时需要在本征半导体中加入三价元素或者五价元素而成为杂质半导体。在本征半导体内加入三价元素而获得的杂质半导体称为 P 型半导体；加入五价元素的杂质半导体称为 N 型半导体。在 N 型半导体中，自由电子的数目远大于空穴数，以自由电子导电为主，所以 N 型半导体又称为电子型半导体。在 P 型半导体中，空穴的数目远大于自由电子数目，以空穴导电为主，所以 P 型半导体又称为空穴型半导体。通过控制掺入杂质的浓度，可以控制半导体的导电能力。

（3）N 型半导体和 P 型半导体结合时，交界面形成了 PN 结。PN 结又称空间电荷区或耗尽层。当外加正向电压时 PN 结导通，当外加反向电压时 PN 结截止，这个特性称为 PN 结的单向导电特性。以 PN 结这一特性为基础，可以制造电子电路中最基本的电子器件，半导体二极管和半导体三极管。

（4）半导体二极管是由两块不同类型的半导体和其所生成的 PN 结构成，其主要特性与 PN 结一致，具有单向导电特性。稳压二极管是一种特殊二极管，它利用反向击穿特性来实现电路中两节点之间的电压稳压。

（5）本章讨论的半导体三极管属于双极结型，简称 BJT。BJT 内部由三块半导体和两个 PN 结构成，外引三个金属电极分别称为基极 b，集电极 c 和发射极 e。根据内部结构，BJT 又分为 NPN 型和 PNP 型。

（6）BJT 有放大区、截止区和饱和区三个工作区域，在放大区 BJT 具有电流放大特性，其基极电流控制集电极电流，属于电流控制电流的有源器件。在模拟电子技术中，BJT 通常工作在放大区。BJT 的工作特性用输入特性和输出特性曲线来描述。

（7）由于半导体材料的导电性能有很大的热敏性，当温度变化时，BJT 的参数如电流放大系数 β，极间反向饱和电流 I_{CBO}、I_{CEO} 都会有较大变化，这些参数的变化影响到了 BJT 的输入、输出特性，在使用 BJT 时，必须充分考虑温度变化影响。

习　　题

1.1　选择合适答案填入括号内。

（1）在本征半导体中加入（　　）元素可形成 P 型半导体。

A. 三价　　　　　　　　B. 四价　　　　　　　　C. 五价

（2）本征半导体在室温下（　　）。

A. 不导电　　　　　　　B. 导电　　　　　　　　C. 导电但导电能力弱

（3）在本征半导体中形成电子空穴对的原因是（　　）。

A. 外电场的作用　　　　B. 掺入杂质　　　　　　C. 热激发

（4）N 型半导体中，自由电子的数目（　　）空穴数。

A. 大于　　　　　　　　B. 小于　　　　　　　　C. 等于

1.2　回答下列问题。

（1）以自由电子为多数载流子的半导体是 N 型半导体还是 P 型半导体？

（2）PN 结反向偏置时，PN 结是变厚还是变薄？

（3）PN 结正向偏置，是指 P 区加高电位还是 N 区加高电位？

（4）PN 结正向导通时，PN 结两端电压和流过 PN 结的电流是线性关系吗？

（5）PN 结的主要特性是什么？

1.3　选择合适答案填入括号内。

（1）二极管不能工作在（　　）。

A. 正向导通区　　　　　B. 反向截止区　　　　　C. 反向击穿区

（2）理想二极管正向导通时，其两端电压降等于（　　）。

A. 0.1V　　　　　　　　B. 0.7V　　　　　　　　C. 0V

（3）稳压管应工作在（　　）。

A. 正向导通区　　　　B. 反向截止区　　　　C. 反向击穿区

1.4　电路如图 1 - 36 所示，设二极管是理想二极管。判断二极管的状态并求输出电压值。

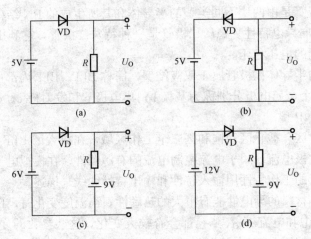

图 1 - 36　题 1.4 图

1.5　理想二极管电路如图 1 - 37（a）所示，设输入电压 u_i 为正弦交流，如图 1 - 37（b）所示，试在图 1 - 37（c）所示坐标上，绘出 u_O 对应的波形。

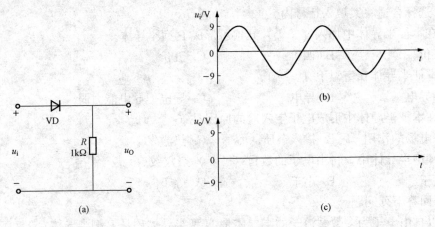

图 1 - 37　题 1.5 图

1.6　理想二极管电路如图 1 - 38（a）所示，设输入电压 u_I 为方波，如图 1 - 38（b）所示，试在图 1 - 38（c）所示坐标上，绘出 u_O 对应的波形。

1.7　二极管电路如图 1 - 39 所示，当 $u_i = 5\sin\omega t$（V）时，画出输出电压 u_o 的波形。设二极管导通压降 $U_{ON} = 0.7V$，反向饱和电流 $I_S = 0$。

1.8　二极管电路如图 1 - 40 所示，电路参数为 $U_1 = 3V$，$U_2 = 9V$，$R_1 = 1k\Omega$，$R_2 = R = 1.5k\Omega$，二极管正向导通压降为 $U_D = 0.7V$，反向截止电流 $I_R \approx 0$。试求：开关 K 断开与闭合时的 U_R 值。

1.9　稳压管电路如图 1 - 41 所示，稳压管参数为 $U_Z = 6V$，$I_Z = 5mA$，$I_{Zmax} = 25mA$。试求：

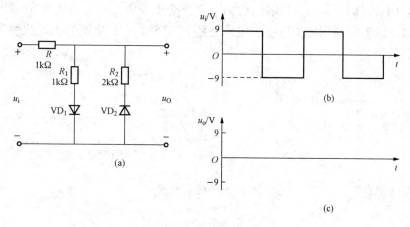

图 1-38　题 1.6 图

当 $V_1 = 12V$ 时，为保证电路中 A、O 两点间电压值等于 U_o，确定电阻 R 的取值范围。

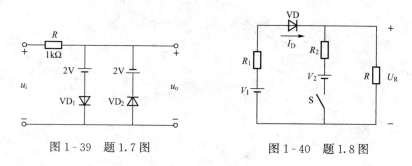

图 1-39　题 1.7 图　　　　　　　图 1-40　题 1.8 图

1.10　稳压管电路如图 1-42 所示，当输入电压 $u_i = 12\sin\omega t$（V），试画出输出电压 u_o 的波形。设稳压管稳压值 $U_Z = 6V$，并忽略稳压管正向导通电压。

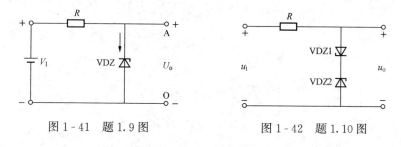

图 1-41　题 1.9 图　　　　　　　图 1-42　题 1.10 图

1.11　试用实测方法确定 BJT 的类型和各引脚的电极名称。

（1）用万用表直流电压挡测得某放大电路中 BJT 的三个电极 X、Y、Z 的对地电位分别是 $V_X = 6V$，$V_Y = 2V$，$V_Z = 1.3V$。试分析三个电极 X、Y、Z 哪个是基极 b，哪个是集电极 c，哪个是发射极 e，并说明 BJT 是 NPN 管还是 PNP 管。

（2）用万用表直流电压挡测得另一个放大电路中 BJT 的三个电极 X、Y、Z 的对地电位分别是 $V_X = -6V$，$V_Y = -6.2V$，$V_Z = -9V$。试分析三个电极 X、Y、Z 哪个是基极 b，哪个是集电极 c，哪个是发射极 e，并说明 BJT 是 NPN 管还是 PNP 管。

1.12　用万用表直流电流挡测得某放大电路中，两个 BJT 的电极电流大小及方向分别如题图 1-43 （a）、（b）所示，试确定 X、Y、Z 三个电极中，哪个是基极 b？哪个是集电极 c？哪个是发射极 e？并说明此 BJT 是 NPN 还是 PNP 管，它的电流放大系数约为多少？

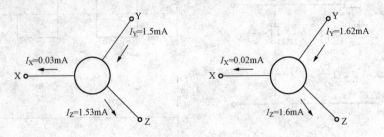

图 1-43　题 1.12 图

第2章 单管放大电路

在本章首先介绍了信号放大电路的基本概念及性能指标。然后给出了用 BJT 三极管构成的三种组态下的基本放大电路。这三种组态分别为共射组态、共集电极组态、共基极组态。并对各种组态下的放大电路的性能做了详细的分析及电路主要性能指标的计算。通过这些内容，掌握放大电路的构成原理和工作特性及分析方法。为今后分析和设计各类复杂的电子电路打下基础。

2.1 放大电路的基本概念

2.1.1 信号放大的基本概念

在模拟电子电路中，所处理的信号是随时间连续变化的电信号，如各种频率的正弦交流电压、电流信号，也可以是变化缓慢的非周期直流信号。如通过传感器所获得的与温度、压力、声音自然信号成比例变化的电信号。对信号的处理主要是对其进行放大。根据不同的用途，在电子系统中设计用不同类型的放大电路，放大电路的主要作用是把相对微弱的电信号进行放大，使其输出幅值增大，达到所要求的数值。常见的扬声器就是一个音频信号放大电路，其原理电路如图 2-1 所示。

声音首先经过话筒转变成为微弱的电信号，然后这个微弱的电信号加到放大电路的输入端，作为放大电路的输入信号。在放大器的输出端，得到了比输入信号大得多的电信号，称为放大电路的输出信号。输出信号

图 2-1 扬声器示意图

去推动扬声器，使其发出大于原声的音量，实现了扩音的目的。同时，放大电路也是组成其他模拟电子电路，如滤波电路、振荡电路、稳压电路等电子电路的基本单元电路。

2.1.2 放大电路的研究方法

对放大电路的研究包括两个方面，一是对现有的放大电路的性能进行分析，掌握其工作原理，各种性能指标，以及应用的范围；二是根据要求设计不同的放大电路，使其性能指标满足不同的需求。

1. 放大电路

放大电路的主要作用是将微弱的模拟信号进行放大处理，它必须有信号的输入端和输出端口。根据电路的定义，放大电路应该是一个双端口电路，如图 2-2 所示。

由图 2-2 看到，放大电路包括信号输入端 a、b，信号输出端 c、d。通常将输入端的 b，输出端的 d 和端子 G 连在一起，作为输入信号和输出信号的公共端，也叫地端。字符 $\dot{A}$ 代表放大电路的增益。在放大电路的输入端，接入一个内阻 R_s 的电压源 $\dot{u}_s$，这个电压源称为模拟信号源，用这个信号源去代表需被放大的各类模拟输入信号。信号源通常用正弦交流信号表示，信号源可以是电压源 u_s，如图 2-2（a）所示，也可以是电流源 i_s，如图 2-2（b）

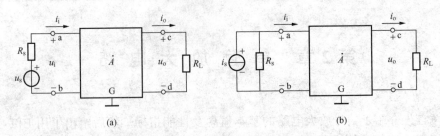

图 2 - 2　放大电路的方框图表示
（a）信号源为电压源；（b）信号源为电流源

所示。电压信号源 u_s 去掉在信号源内阻 R_s 上产生的电压降，在放大电路的输入端形成的电压用 u_i 表示，称为放大电路的输入电压 u_i。电流信号源 i_s 去掉在信号源内阻 R_s 产生的分流，送入放大电路输入端的电流用 i_i 表示，称为放大电路的输入电流 i_i。

通常在放大电路输出端要接负载，负载有各种各样的类型。在研究放大电路时一般接电阻 R_L，用 R_L 去模拟放大电路所连接的各类负载，R_L 被称为放大电路的负载电阻。输出端电压用 u_o 表示，输出回路电流用 i_o 表示。

当放大电路输出端不接 R_L 时，称放大电路处于空载状态。

2. 放大电路的模拟信号源

研究放大电路离不开信号源，通常用信号源去代表各种模拟信号，从而确定放大电路对其的放大作用。由于实际信号具有不同的特征，不可能做到逐一进行讨论，所以在研究放大电路时，一般采用正弦交流信号作为标准信号源，对模拟电子电路进行测试。这是因为正弦交流信号包含各种信号的特征参数，可以代表放大电路对各种信号源的响应。正弦交流信号可以用它的振幅、角频率和初始相角来表示，其数学表达式为

$$u = U_m \sin(\omega t + \theta) \tag{2-1}$$

其波形如图 2 - 3 所示。

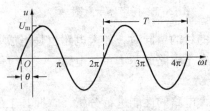

图 2 - 3　正弦信号波形

式中：u 为正弦波电压的瞬时值；U_m 为振幅值；ω 为角频率；θ 为初始相角；t 为信号周期。

这些参数能代表信号中的所有特征信息。正弦波电压信号还可以用相量形式表示为 $\dot{U}$，用有效值表示为 U。有效值和振幅值之间有固定的 $\sqrt{2}$ 倍关系，即 $U_m = \sqrt{2}U$。

2.1.3　放大电路中的直流电源

放大电路的输出信号的幅度通常要大于输入信号的幅度。这意味着经过放大电路，输出的能量增加了。根据能量守恒的原理，输出能量的增加，必须有能量的补充。而补充的能量来自于电子电路的供电电源。通常电子电路的供电电源是直流电源，直流电源提供的能量，在输入信号的控制下，转换成为与输入信号变化规律一致的电信号，输出到负载。标注了直流电源的放大电路框图如图 2 - 4 所示。

直流供电电源 V_{CC} 的正极加到电路中某一支点，而直流电源的负极通常均加到电子电路的公共端。因此，为了使电路得到简化，在电子电路图中，通常不画直流电源符号，而只标注直流电源的正极，简化了电源画法的放大电路如图 2 - 5 所示。

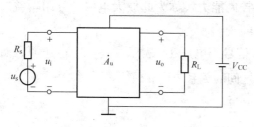 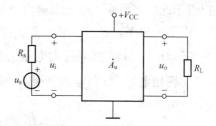

图 2-4 放大电路中的直流电源　　　　图 2-5 直流电源的简化画法

2.1.4 放大电路的性能指标

衡量一个放大电路的工作特性，通常通过以下参数作为放大电路的性能指标。

1. 增益 $\dot{A}$

电路增益是直接衡量放大电路对输入信号放大能力的重要指标，其定义为电路输出量与电路输入量之比。其比值越大，说明电路的放大能力越强，或电路输入信号对输出信号的控制能力越强。通常增益 $\dot{A}$ 应为相量，既有大小，也有相位。但是，在不考虑信号频率对增益的影响时，增益是一个常数 A。

用 $\dot{X}_i$ 代表输入信号 $\dot{U}_i$ 或 $\dot{I}_i$，用 $\dot{X}_o$ 代表输出信号 $\dot{U}_o$ 或 $\dot{I}_o$。在一般情况下，经过放大电路，到达负载电阻的输出信号 $\dot{X}_o$ 要大于输入信号电压 $\dot{X}_i$，因此用 $\dot{A}$ 来代表此放大电路的放大能力，称为电路的放大倍数，也叫放大电路的增益，可表达为

$$\dot{A} = \frac{\dot{X}_o}{\dot{X}_i} \tag{2-2}$$

在实际应用中，根据放大电路输入信号的条件和对输出信号的要求，可采用四种电路增益来描述放大电路输出与输入信号间的关系。

（1）电压增益 $\dot{A}_u$。如果输入信号用 $\dot{U}_i$ 表示，而应用中只需考虑输出电压 $\dot{U}_o$ 与 $\dot{U}_i$ 的关系，则增益可以表示为

$$\dot{A}_u = \frac{\dot{U}_o}{\dot{U}_i} \tag{2-3}$$

$\dot{A}_u$ 表示此电路的电压放大能力，常称为电压放大倍数，电压增益为无量纲数值。

（2）电流增益 $\dot{A}_i$。如果输入信号用电流 $\dot{I}_i$ 表示，是一个电流源，而应用中只需考虑输出电流 $\dot{I}_o$ 与输入电流 i_i 信号之间的关系，则有

$$\dot{A}_i = \frac{\dot{I}_o}{\dot{I}_i} \tag{2-4}$$

$\dot{A}_i$ 表示此电路的电流放大能力，称为放大电路的电流增益，也常称为电流放大倍数。电流增益为无量纲数值。

（3）互阻增益 $\dot{A}_r$。如果输入信号用电流 $\dot{I}_i$ 表示，是一个电流源，而应用中只需考虑输出电压 $\dot{U}_o$ 与输入电流信号 $\dot{I}_i$ 之间的关系，则有

$$\dot{A}_r = \frac{\dot{U}_o}{\dot{I}_i} \tag{2-5}$$

$\dot{A}_r$ 表示此电路的输入电流对输出电压的控制能力，称为此放大电路的互阻增益。互阻增益具有电阻的量纲。

（4）互导增益 $\dot{A}_g$。如果放大电路的输入信号用电压 $\dot{U}_i$ 表示，是一个电压源，而应用中只需考虑输出电流 $\dot{I}_o$ 与输入电压 $\dot{U}_i$ 信号之间的关系，则有

$$\dot{A}_g = \frac{\dot{I}_o}{\dot{U}_i} \tag{2-6}$$

$\dot{A}_g$ 表示此电路的输入电流对输出电压的控制能力，称为此放大电路的互导增益。互导增益有导纳的量纲。

在工程上，常用以 10 为底的对数表达电压增益 $\dot{A}_u$ 和电流增益 $\dot{A}_i$，其单位为 dB（分贝），用分贝表达的电压增益和电流增益公式为

$$电压增益 = 20\lg|\dot{A}_u|\,(dB) \tag{2-7}$$

$$电流增益 = 20\lg|\dot{A}_i|\,(dB) \tag{2-8}$$

用对数方式表达放大电路的增益的优点是当用对数坐标表达增益随某一参数的变化曲线时，可以扩大增益可观察范围；而且在计算多级放大电路的增益时，可将乘积转为加法进行运算。因而，可以简化对放大电路的分析和计算过程。

2. 输入电阻、输出电阻

由于放大电路是一个具有输入端口和输出端口的双端口电路，根据电路理论，从任一端口的电路看进去都有等效电阻存在，因此，把从输入端口向电路内看的等效电阻称为放大电路的输入电阻，用 R_i 表示。从输出端口向电路内看的等效电阻称为放大电路的输出电阻，用 R_o 表示。输入输出电阻的定义如图 2-6 所示。

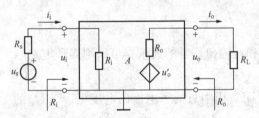

图 2-6　放大电路输入输出电阻的定义

（1）输入电阻 R_i。在图 2-6 中，输入电阻等于输入电压 u_i 与输入电流 i_i 的有效值之比，即

$$R_i = \frac{U_i}{I_i} \tag{2-9}$$

输入电阻的大小，代表了放大电路对信号源的影响。输入电阻越大，放大电路对信号源的影响越小。在理想条件下，设输入电阻 $R_i = \infty$，则有 $i_i = 0$，此时 $u_i = u_s$，即信号源电压全部加入到了电路的输入端，被电路放大。在实际应用中，当 R_i 为一确定值，则 $i_i \neq 0$，此时，$u_i = u_s - i_i R_s$。这说明，一部分输入信号被信号源内阻 R_s 消耗，真正加到放大电路输入端的信号 u_i 要小于信号源电压 u_s。

当确定放大电路的输入电阻时，在工程上可采用实际测量法，其测量电路如图 2-7 所示。

u_t 是外加到放大电路的一个正弦信号电压源，PV 是交流电压表，PA 是交流电流表，表的读数是交流电压和电流有效值 U_t 和 I_t。测量时，将电压源调到某一合适数值，则电压表 PV 和电流表 PA 的读数之比，即为该被测放大电路的输入电阻

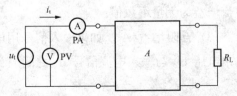

图 2-7　输入电阻测量电路

R_i，即

$$R_i = \frac{U_t}{I_t}$$

（2）输出电阻 R_o。由图 2-6 看到，按双端口网络参数的定义，放大电路的输出端可以等效成为一个具有内阻 R 的电压源，电压源的内阻 R 即为放大电路的输出电阻 R_o。u'_o 是电路空载（$R_L = \infty$）时的输出电压值，它的大小等于 $A_{uo} u_i$，A_{uo} 是放大电路空载时的电压增益。u_o 为放大电路接负载 R_L 后输出端电压值。由于输出电阻的存在，u_o 一定小于 u'_o，它们之间的关系可表达为

$$u_o = \frac{R_L}{R_o + R_L} u'_o$$

因此，输出电阻 R_o 可表达为

$$R_o = \left(\frac{u'_o}{u_o} - 1\right) R_L \tag{2-10}$$

放大电路的输出电阻 R_o 的大小决定了放大电路的带负载能力。所谓带负载能力，是指放大电路输出量随负载变化的程度。若放大电路的输出电阻小，当负载变化时，输出电压变化很小或基本不变，表示放大电路带负载能力强；反之，若放大电路的输出电阻大，当负载变化时，输出电压随之产生很大变化，则表示放大电路的带负载能力弱。

当定量分析输出电阻 R_o 时，工程上可参照求输入电阻的测量方法。首先将输入信号源 u_s 短路（保留信号源内阻 R_s），然后负载 R_L 开路，在输出端加入一个正弦信号测试电压 u_t，并接入电压表 PV 和电流表 PA，如图 2-8 所示。

电压表 PV 和电流表 PA 的读数值之比，即为电路的输出电阻 R_o 值，即

$$R_o = \frac{U_t}{I_t} \bigg|_{\substack{u_s = 0 \\ R_L = \infty}}$$

在上式中，将输入信号源 u_s 短路，是为使

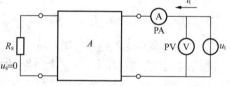

图 2-8 输出电阻测量电路

输出回路的 $u'_o = A_{uo} u_s = 0$，从而使输出回路中只保留电阻的影响。

输入电阻与输出电阻是分析电子电路在相互连接时，所产生的影响而引入的参数。通常放大电路输入、输出电阻是指放大电路在线性运用情况下的交流电阻，而不是直流电阻。

3. 通频带 BW

在放大电路中，要包含一些电抗元件，如电感元件、电容元件。同时在电子器件中，也存在着电容效应。电抗元件的特性随信号频率的变化而变化。因此，放大电路对不同频率的信号的增益也有所不同。在通常情况下，放大电路的增益会在某一信号频率范围内保持稳定，这个频率范围称作放大电路的中频区。当信号频率低于中频区或高于中频区时，放大电路的增益都会随频率的下降或升高而下降。信号低于中频区称为放大电路的低频区，信号高于中频区称为放大电路的高频区。放大电路的增益随信号频率变化的曲线如图 2-9 所示，被称为放大电路的频率特性。频率特性的纵坐标是将放大电路的电压增益的绝对值取对数再乘以 20，这样表示后，增益的单位是 dB（分贝）。横坐标为采用对数刻度的信号频率。采用这样的坐标系可以拓展增益和频率的变化范围，使放大电路的频率特性表达更全面，也更简便。综上所述，放大电路的频率特性是在输入正弦信号时，增益（输出信号）随输入信号频

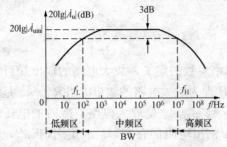

图 2-9　放大电路的频率特性

率连续变化的稳态响应。

在频率特性中，有两个重要的参数，分别记为 f_L 和 f_H。f_L 定义为放大电路的下限截止频率，f_H 定义为放大电路的上限截止频率。f_L、f_H 定义了放大电路的信号频率区，即当信号频率 $f < f_L$ 时，为低频区；当信号频率 $f_L < f < f_H$ 时，为中频区；当信号频率 $f > f_H$ 时，为高频区。在中频区，特性曲线是平坦的，表示放大电路的增益 $|\dot{A}_u|$ 基本是一个常数值 A_{um}，A_{um} 称为放大电路的中频电压增益。放大电路的中频区就定义为放大电路的通频带，即

$$BW = f_H - f_L \tag{2-11}$$

在图 2-9 所示某放大电路的频率特性，其下限截止频率 $f_L = 100Hz$，上限截止频率 $f_H = 10^7 Hz = 10MHz$，因此放大电路的通频带为

$$BW = f_H - f_L \approx f_H = 10MHz$$

由图 2-9 所示的放大电路频率特性可以看出，当信号频率脱离中频区，电路增益会衰减。当信号频率降低到 f_L，或升高到 f_H 时，增益会下降到中频时的 $1/\sqrt{2}$，即

$$|\dot{A}_{uL}| = \frac{1}{\sqrt{2}}|\dot{A}_{um}| = 0.707|\dot{A}_{um}|$$

$$|\dot{A}_{uH}| = \frac{1}{\sqrt{2}}|\dot{A}_{um}| = 0.707|\dot{A}_{um}|$$

将其用分贝（dB）表示，有

$$20\lg|\dot{A}_{uL}| = 20\lg|\dot{A}_{uH}| = 20\lg|\dot{A}_{um}| - 20\lg\sqrt{2} = 20\lg|\dot{A}_{um}| - 3$$

即当频率等于 f_L 或 f_H 时，放大电路的增益相对于通频带内的中频增益，下降了 3dB。

通频带越宽，表明放大电路对不同频率的信号的适应能力越强，对不同频率的信号保持相同的放大和处理能力，从而避免由于信号频率超越了通频带，而产生信号的失真，这种失真通常称为放大电路的线性失真。

为避免线性失真，所设计的放大电路的通频带要大于所要放大的信号频率变化范围，如医用心电图放大电路，其 BW 要满足 20Hz～20kHz，而对音频放大电路，其 BW 要满足 0.05～200Hz。

4. 非线性失真

放大电路对信号的放大和处理应该是线性的。如果用电压传输特性来描述电压放大电路输出电压和输入电压的关系，则应该为如图 2-10（a）所示的线性变化关系。

图 2-10（a）中，电压传输特性是一条直线，表明放大电路输出电压 u_o 与输入信号电压 u_i 是线性关系。直线的斜率就是放大电路的电压增益。理想放大电路的电压传输

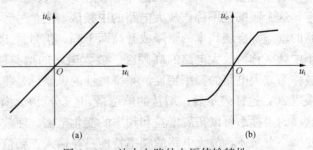

图 2-10　放大电路的电压传输特性

特性应当如此。但是，由于组成放大电路的电子器件具有非线性特征，它们的线性放大范围有一定限度，当输入信号幅值超过一定值后，电压传输特性发生弯曲，如图 2-10 (b) 所示。此时，特性曲线上各点切成斜率并不完全相同，这表明放大电路的增益不能保证在输入信号的变化范围内保持恒定。

非线性失真会使输出波形中产生高谐波分量，从而改变了输出波形随输入波形的变化规律。在设计和应用放大电路时，应尽可能使放大电路工作在线性区内，即图 2-10 (b) 所示曲线的中间直线部分。

5. 最大输出功率 P_{om}

在放大电路中，输入信号的功率通常很小，但经过放大电路的放大（实质为能量的转换）后，负载上可以获得很大功率。负载上能够获得的最大功率称为放大电路最大输出功率，记做 P_{om}，$P_{om} = U_{om} I_{om}$。

复习要点

(1) 建立信号放大的基本概念。
(2) 放大电路增益的定义，放大电路有几种增益表示？
(3) 放大电路输入、输出电阻的定义。
(4) 放大电路通频带的定义。
(5) 什么是放大电路的失真？

2.2 共射组态单管放大电路

利用三极管的电流放大作用可以构成信号放大电路，由单个三极管构成的放大电路称为单管放大电路或基本放大电路。在第 1 章 1.5 节中，介绍了 BJT 在电路中有三种不同的接法，即共射极接法，共集电极接法和共基极接法。在放大电路中，BJT 的接法决定了电路组态，它们分别是共发射极组态放大电路，共集电极组态放大电路和共基极组态放大电路。为简单起见，在后面的介绍中，直接称为共射放大电路，共集放大电路和共基放大电路。

2.2.1 共射单管放大电路的构成

由单个 BJT 构成的共射单管放大电路的原理电路如图 2-11 所示。它由单个 NPN 型 BJT、直流电源、和电阻电容组成。其中直流电源 V_{BB} 称为基极电源，它为 BJT 的发射结提供正向偏置电压。直流电源 V_{CC} 称为集电极电源，它为集电结提供反向偏置电压。V_{BB} 和 V_{CC} 提供的偏置电压保证 BJT 工作在放大区，同时，V_{CC} 还为输出信号提供能源。R_b、R_c 分别为基极回路电阻和集电极回路电阻，在电路中起电流调整作用；C_1（电容量为 C_1）、C_2（电容量为 C_2）称为隔直电容或交流信号耦合电容，电容一般容量较大，需区分正、负极的电解电容器。它们在电路中的作用是隔断直流，而使交流通过电路。R_L 是放大电路的模

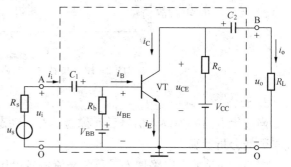

图 2-11 共射基本放大（原理）电路

拟电阻负载，被放大电路放大的交流信号将加到 R_L 上。u_s 是外加信号源，R_s 是信号源内阻。在电路分析中，通常采用正弦交流作为信号源来模拟需被放大的信号。电路包括信号输入端、输出端和公共端。需要被放大的信号作为输入信号 u_i 加到放大电路的输入端，即图中的 A、O 端。经过放大电路放大了的信号作为输出信号 u_o 从电路的输出端送出，输出端即图中的 B、O 端。O 端是放大电路的输入、输出的公共端，也叫放大电路的地端。因为在电路中，BJT 的发射极是输入信号和输出信号的公共端，因此这种结构就称为共射放大电路。

在图 2-11 中，电压和电流的标注方向均为其规定正方向。由于隔直电容 C_1、C_2 的存在，在电路中 u_i、i_i、u_o、i_o 是由信号源 u_s 产生的纯交流量，而 u_{BE}、i_B、u_{CE}、i_C、i_E 中既含有信号源产生的交流分量，也含有直流电源提供的直流分量，即

$$i_B = I_B + i_b \tag{2-12}$$

$$i_C = I_C + i_c \tag{2-13}$$

$$u_{CE} = U_{CE} + u_{ce} \tag{2-14}$$

2.2.2　放大电路的两种工作状态

放大电路可分为两种工作状态，即静态和动态，因此对放大电路的分析计算也分为静态分析和动态分析。

1. 静态

静态是指当未加输入信号或外加输入信号等于零时，放大电路的工作状态。静态分析就是求电路处于静态时，BJT 的各电极之间电压和电流值以及它们和电路参数的关系。当电路参数确定后，BJT 的各电极之间电压和电流值一般称为静态工作点，用字符 Q 表示。静态工作点包括 BJT 的基极电流 I_{BQ}、集电极电流 I_{CQ}，集电极-发射极电压 U_{CEQ}。静态工作点对放大电路的工作性能有很大的影响，必须设计合理。

放大电路的静态工作情况如图 2-12 所示，因为输入信号 u_i 等于零，再加上隔直电容 C_1、C_2 的存在，在直流电源 V_{CC} 和 V_{BB} 的作用下，BJT 各电级的电流和电压均为直流量。

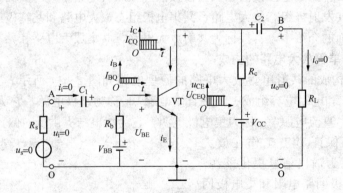

图 2-12　共射放大电路的静态工作电路

2. 动态

当放大电路外加输入信号后就称为动态，动态分析是指对加入信号后放大电路的有关性能参数的分析计算。

图 2-13 是放大电路加入了正弦交流信号电压 u_s 时电路的工作状态。

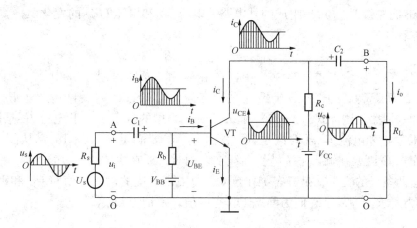

图 2 - 13　共射放大电路的动态工作电路

由图可见，当加入正弦交流信号电压 u_s 时，引起了电路中各点电压和电流发生了相应地改变。在隔直电容 C_1、C_2 之间的电路中，一方面有由直流电源引起的直流量的存在，另一方面又有由信号电压 u_s 引起的交流量的存在。即由信号引起的变化量叠加到了静态工作点上，使得在动态时，电路中交流直流量共存，这是电子放大电路的一个重要特征。

由于隔直电容 C_1、C_2 的存在，使得直流量不能进入放大电路的输入端和输出端，而交流信号可以从输入端进入，通过 C_1 被 BJT 放大后经由 C_2 送到输出端。所以，电容 C_1、C_2 在电路中起隔断直流，传输交流的作用。

2.2.3　放大电路的图解分析法

放大电路的图解分析就是通过作图的方法确定电路的静态参数和动态参数。

1. 静态分析

放大电路的静态分析是确定电路中 BJT 基极电流 I_{BQ}，集电极电流 I_{CQ}，集电极-发射极电压 U_{CEQ} 的值。

（1）直流通路

放大电路中，由直流电源引起的直流量所存在的支路全部，称为放大电路的直流通路。由于隔直电容 C_1、C_2 的存在，对于图 2 - 11 所示共射基本放大电路，直流量只能存在于如图 2 - 14 所示的电路中，图 2 - 14 即为共射基本放大电路的直流通路。静态分析是在其直流通路上进行的。

（2）基极回路分析确定 I_{BQ}

首先看 BJT 的基极回路。用虚线 ab 将基极回路分成两部分，由虚线 ab 向右看是 BJT 的基极和发射极，由虚

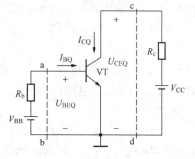

图 2 - 14　共发射极基本放大电路的
直流通路及静态工作点分析

线 ab 向左看是 V_{BB} 与 R_b 组成的外电路。由虚线 ab 向右看因为是 BJT 的输入端，所以电流 I_{BQ} 和电压 U_{BEQ} 的变化应满足 BJT 的输入 V-I 特性，即静态工作点 Q 应该在 BJT 输入 V-I 特性曲线上，它应满足关系式

$$I_B = I_S(e^{U_{BE}/U_T} - 1) \tag{2-15}$$

当 U_{BE} 为正值，且 I_S 数值很小，其特性为指数变化曲线。

由虚线 ab 向左看 V_{BB} 与 R_b 组成的外电路，电流 I_{BQ} 和电压 U_{BEQ} 的变化又应满足外电路的回路电压方程

$$U_{BEQ} = V_{BB} - I_{BQ}R_b \qquad (2-16)$$

如图 2-15（a）所示，式（2-16）中，在由 u_{BE} 和 i_B 组成的坐标系中是一条直线，它与横轴 u_{BE} 的交点为（V_{BB}，0），与纵坐标 i_B 的交点为（0，V_{BB}/R_b），斜率为 $-1/R_b$。

由于是同一回路，因此式（2-15）和式（2-16）中的电压 U_{BEQ} 和电流 I_{BQ} 是同一组值，即实际的电压 U_{BEQ} 和电流 I_{BQ} 既要满足式（2-15），又要满足式（2-16），从图 2-15（a）看，静态工作点 Q 既要在输入 V-I 特性曲线上，同时又要在由式（2-16）确定的这条直线上，显然，这两条线的交点就是静态工作点 Q。Q 点所对应的横坐标值 U_{BE}，和纵坐标所对应的值 I_B 即为所求。为表示它们为静态工作点的值，常记为 U_{BEQ}、I_{BQ}。

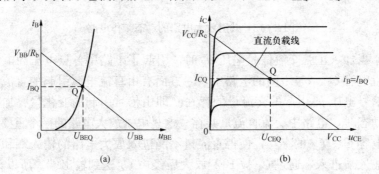

图 2-15　放大电路的静态工作点
(a) 基极回路分析法；(b) 集电极回路分析法

（3）集电极回路分析确定 I_{CQ}、U_{CEQ}

集电极回路与基极回路分析相似，在集电极回路中，用虚线 cd 将回路分成两部分（如图 2-14 所示），由虚线 cd 向左看是 BJT 的集电极和发射极，由虚线 ab 向右 cd 看是 V_{CC} 与 R_c 组成的外电路。由虚线 cd 向左看因为是 BJT 的输出端，所以电流 I_C 和电压 U_{CE} 的变化应满足 BJT 的输出特性，即静态工作点 Q 应该在对应基极电流 $i_B = I_{BQ}$ 那一条输出特性曲线上，如图 2-15（b）所示。设 BJT 的输出伏安特性可以表示为：

$$I_C = f(U_{CE})|_{i_B = I_{BQ}} \qquad (2-17)$$

同时，如图 2-14 所示，由虚线 cd 向右看 V_{CC} 与 R_c 组成的外电路，电流 I_C 和电压 U_{CE} 的变化又应满足外电路的回路电压方程

$$U_{CE} = V_{CC} - I_C R_c \qquad (2-18)$$

如图 2-15（b）所示，式（2-18）在由 u_{CE} 和 i_C 组成的坐标系上是一条直线，它与横轴的交点为（V_{CC}，0），与纵轴的交点为（0，V_{CC}/R_c），斜率为 $-1/R_c$。由于这条直线的斜率由 BJT 集电极负载电阻 R_c 确定，所以通常把此直线称为放大电路的直流负载线。

同基极回路分析一样，由于是同在集电极回路，因此式（2-17）和式（2-18）中的电压 U_{CE} 和电流 I_C 是同一组值，即实际的电压 U_{CE} 和电流 I_C 变化既要满足式（2-17），又要满足式（2-18），从图像上看，静态工作点 Q 既要在对应 $i_B = I_{BQ}$ 的那一条输出特性曲线上，同时又要在直流负载线上，显然，这两条线的交点就是静态工作点 Q。Q 点所对应的横坐标值为 U_{CEQ}，纵坐标所对应的值为 I_{CQ}，从而确定了集电极回路中的静态电压、电流值。

根据上面分析，通过作图的方法确定了放大电路静态工作点，即确定了由静态工作点 Q

代表的三个直流参数 I_{BQ}、I_{CQ}、U_{CEQ}。

2. 空载动态分析

当把一个信号电压 u_i 加入到放大电路的输入端，电路将处于动态工作情况，如图 2-13 所示。这一节假定放大电路不带负载电阻 R_L，即令放大电路输出端开路，对加入信号后电路工作情况进行分析。

通过作图的方法，可以根据输入信号电压 u_i，确定输出电压 u_o，从而可以得出 u_o 与 u_i 之间的大小和相位关系。其步骤是：先根据输入信号电压 u_i，在 BJT 输入特性上，画出 i_B 的波形，然后根据 i_B 的变化，在输出特性上画出 i_C 和 u_{CE} 的变化，而 u_{CE} 的波形就代表了输出电压 u_o 的波形。

将正弦交流信号电压 $u_i = U_{im} \sin\omega t$（V）加入放大电路。

（1）根据 u_i 在输入特性中求 i_B。由于放大电路存在着如图 2-12 所示直流量，因此，输入信号及其所引起的变化量是叠加到各支路的直流量上。如 u_i 的加入，引起了三极管发射结电压 u_{BE} 的变化，其变化如图 2-16（a）所示。

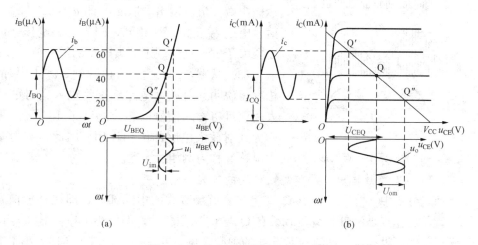

(a)   (b)

图 2-16 放大电路的动态图解分析

（a）输入特性；（b）输出特性

由于 u_i 叠加到 BJT 发射结静态电压 U_{BEQ} 上，所以依照 BJT 的输入特性，在 Q 点引起基极电流在 I_{BQ} 的大小变化。由于 u_i 的变化幅值较小，叠加到 U_{BEQ} 上，其变化是在 Q 点附近，而 Q 点附近小范围内特性曲线可近似为一段直线，所以 i_b 随 u_i 成线性比例变化，即 i_b 也同样以正弦规律变化。当 u_i 取得最大值时，i_b 也取得最大值，对应图 2-16（a）中 Q′，当 u_i 为最小值时，i_b 也取得最小值，对应图中 Q″。i_b 叠加到 I_{BQ} 上，由于 i_b 的幅值小于 I_{BQ} 值，所以其叠加后的波形没有方向的变化，属于脉动直流波形，如图 2-16（a）所示。

（2）根据 i_B 在输出特性上，求 i_C 和 u_{CE}。当 $i_b = 0$ 时，放大电路工作在 Q 点，当 i_b 变化时，$i_c = \beta i_b$ 将随之变化，i_c 的变化叠加到 I_{CQ} 上。由于放大电路的直流负载线是不变的，当 i_B 变化时，直流负载线与输出特性的交点 Q 也随之而变。当 i_B 变化到最大值时，i_C 也取得最大值，而工作点 Q 会沿着直流负载线上升到 Q′，此时对应的 u_{CE} 为最小值。当 i_B 变化到最小值时，i_C 也取得最小值，而工作点 Q 会沿着直流负载线下降到 Q″，此时对应的 u_{CE} 为最大值。即在外加信号电压 u_i 的作用下，其工作点是沿着直流负载线在 Q′ 与 Q″ 之间移动。只要 Q' 与 Q'' 不超过 BJT 的放大区，u_{CE} 将随 i_C 的变化而成线性比例变化，即 u_{CE} 和输入信号电压 u_i 同样按正弦规律变化，但其幅值被放大，如图 2-16（b）所示。

根据以上图解分析，可总结如下几点：

（1）当没有输入信号时，BJT 管各个电极都是恒定的直流电流和电压（I_{BQ}、I_{CQ}、U_{CEQ}），当外加输入信号电压 $u_i = U_{im} \sin\omega t$（V）后，在 BJT 各电极产生的变化量（$i_b$，$i_c$，$u_{ce}$）都是叠加到原来的直流量上。即

$$i_B = I_{BQ} + i_b$$
$$i_C = I_{CQ} + i_c$$
$$u_{CE} = U_{CEQ} + u_{ce}$$

在保证变化量的幅值不大于直流量时，其电压电流方向不会改变，均为脉动直流。

（2）经过隔直电容 C_2 后，u_{CE} 中的交流分量到达输出端，形成输出电压 u_o，即 $u_o = u_{ce}$。u_o 与输入信号电压 u_i 变化规律相同，同为正弦电压，但其幅度要大于 u_i。这体现了放大电路的信号放大作用。

（3）从图 2-17 中还可以看到，u_o 与 u_i 的相位相反，说明共射放大电路不仅将输入信号的幅度放大，而且将输入信号的相位移动了 180°，这种现象称为共射放大电路的倒相作用。因此，共射基本放大电路又称为倒相放大器。

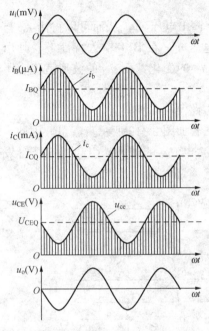

图 2-17　放大电路中各点波形

3. 静态工作点对信号输出波形非线性失真的影响

在以上动态分析中，静态工作点 Q 设置在直流负载线的中间部分，即在外加信号电压 u_i 的作用下，其工作点是沿着直流负载线在 Q' 与 Q'' 之间移动，即始终工作在 BJT 管的放大区域。若静态工作点没有设置在直流负载线的中间，偏上或者偏下，则在同样大小不等的输入信号作用下，可能会脱离 BJT 的放大区，而进入其截止区或饱和区。而一旦进入饱和区或截止区，信号就要产生畸变，不能按输入信号的变化规律而变化，这种现象称为放大电路波形的非线性失真。

在图 2-18（a）中，静态工作点过低，在输入信号的负半周进入了截止区，因此，产生了输出波形正半周的截止失真。在图 2-18（b）中，静态工作点过高，在输入信号的正半周进入了饱和区，因此，产生了输出波形负半周的饱和失真。放大电路在不失真的条件下，能向负载输出的信号电压幅值称为最大不失真输出电压，记做 U_{om}。与图 2-16（b）输出波形相比，图 2-18 的输出波形其 U_{om} 值减小了。因此，为了获得最大不失真信号输出电压幅度，通常在设计时，都要将静态工作点 Q 选择在直流负载线的中央。

4. 放大电路的交流通路和交流负载线

以上分析是放大电路处于空载情况。现在放大电路输出端都要接上负载 R_L，电路分析如下：

放大电路接上负载 R_L，当考虑交流信号时，在 BJT 集电极回路里就不只是集电极电阻 R_c，而是集电极电阻 R_c 和负载电阻 R_L 并联，如图 2-19 所示。图 2-19（a）称为图 2-11

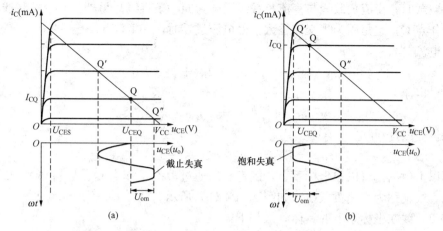

图 2-18　静态工作点对波形非线性失真的影响

（a）静态工作点过低；（b）静态工作点过高

所示共射放大电路的交流通路。所谓交流通路，就是由放大电路中交流信号所能通过的全部支路组成的电路。在交流通路中，由于电容器（C_1、C_2）的交流容抗很小而忽略不计，所以 C_1、C_2 在电路中被短路。又由于直流电源的交流内阻也很小，也可以忽略不计，因此，直流电源 V_{BB} 和 V_{CC} 被视为短路。在交流通路中，不含有直流成分，图 2-19 中的电压和电流都是交流成分。此时，放大电路的负载电阻为集电极电阻 R_c 和负载电阻 R_L 的并联，记做 R'_L，R'_L 称为放大电路的交流负载电阻，即

$$R'_L = R_c \mathbin{/\mkern-5mu/} R_L = \frac{R_c R_L}{R_c + R_L} \qquad (2-19)$$

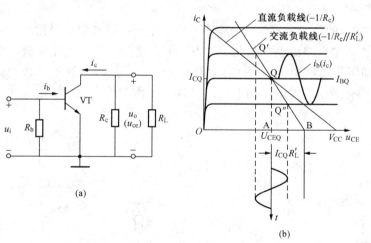

图 2-19　放大电路带负载及其交流通路

（a）交流通路；（b）曲线图

在交流通路中，放大电路的输出电压是 BJT 集电极电流在交流负载电阻 R'_L 上产生的电压。所以与所确定的直线斜率应为 $-1/R'_L$，而不是空载时的 $-1/R_c$。前面已经把由斜率 $-1/R_c$ 定出的负载线称为直流负载线，它由直流通路决定；这里把由斜率为 $-1/R'_L$ 定出的负载线称为交流负载线，它由交流通路决定。交流负载线表示动态时工作点移动的轨迹，当

放大电路空载时，交流负载线与直流负载线重合为同一条直线。另外，交流负载线也一定通过静态工作点 Q。这是因为当交流输入信号电压过零时，BJT 满足

基极电流

$$i_B = I_{BQ} + i_b = I_{BQ} + 0 = I_{BQ}$$

集电极电流

$$i_C = I_{CQ} + i_c = I_{CQ} + 0 = I_{CQ}$$

集电极-发射极间电压

$$u_{CE} = U_{CEQ} + u_{ce} = U_{CEQ} + 0 = U_{CEQ}$$

根据以上讨论，可以在坐标系上，确定一条通过静态工作点 Q、且斜率为 $-1/R'_L$ 的直线，这条直线就称为交流负载线，如图 2-19（b）所示。

交流负载线在坐标系上的具体画法如下：

在图 2-19（b）中，对于直角三角形 QAB，已知直角边 QA 大小为 I_{CQ}，斜边斜率为 $-1/R'_L$，因而另外一直角边 AB 为 $I_{CQ}R'_L$，所以交流负载线与横坐标的交点坐标 B 为 $(U_{CEQ} + I_{CQ}R'_L, 0)$。确定 B 点后，连接 B 点与 Q 点并向上延长，即得到放大电路的交流负载线。

由于交流负载线的斜率大于直流负载线的斜率，使得带负载后，在同样的输入信号电压 u_i，输出电压 u_o 的幅值变小。也就是说，电路的电压放大倍数降低，同时电路的最大不失真输出电压 U_{om} 也变小。

图解法的特点是直观、全面形象地反映 BJT 的工作状况，但作图比较繁琐，定量分析时误差较大。图解法一般多用于分析 Q 点位置的选择，信号波形失真情况和最大不失真输出电压 U_{om} 的估算。

2.2.4　放大电路的等效电路计算方法

1. 实用共射单管放大电路及其习惯画法

在图 2-11 所示的共射单管放大电路中，由于基极回路和集电极回路各采用独立的直流电源 V_{BB} 和 V_{CC}，一个电路两个电源在实用中很不方便。为简化电路构成，在实用中一般选取 $V_{BB} = V_{CC}$，即用集电极电源 V_{CC} 代替基极电源 V_{BB}，并适当选取基极电阻 R_b 值（$R_b > R_c$），同样可获得合适的偏置电压和电流，使 BJT 工作在放大区。单电源共射放大电路如图 2-20（a）所示。

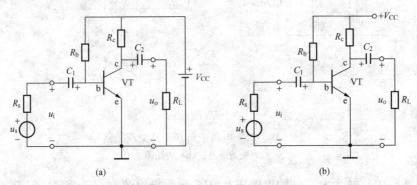

图 2-20　实际共射放大电路画法

(a) 电路图；(b) 习惯画法

为了使图 2-20（a）所示的共射放大电路图使用时更加方便，在习惯上通常采用图 2-

20（b）所示的习惯画法。在图 2 - 20（b）中没有把直流电源 V_{CC} 的电路符号画出，而仅在直流电源 V_{CC} 的正极与电路的连接点标以"$+V_{CC}$"，用以表示在此节点与电路的地端加入直流电源 V_{CC}。习惯画法使电路更加清晰，读图更加方便。

2. 静态工作点的估算法

对于图 2 - 20 所示的基本放大电路，在计算静态工作点时，首先画出其直流通路，然后在其直流通路上计算静态工作点参数。直流通路如图 2 - 21（a）所示。

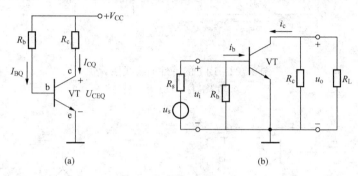

图 2 - 21　共射放大电路直流通路、交流通路

(a) 直流通路；(b) 交流通路

BJT 工作在放大区时，其发射结压降 u_{BE} 等于 PN 结导通压降 U_{on}，即硅管（一般为 NPN 结构）约为 0.7V，锗管（一般为 PNP 结构）约为 0.2V。因此，在估算静态工作点的计算中，可以把 u_{BE} 作为给定参数，利用已知条件，电路的静态工作点可以估算如下

$$I_{BQ} = \frac{V_{CC} - U_{BE}}{R_b} \approx \frac{V_{CC}}{R_b} \qquad (2 - 20)$$

$$I_{CQ} = \beta I_{BQ} \qquad (2 - 21)$$

$$U_{CEQ} = V_{CC} - I_{CQ} \cdot R_c \qquad (2 - 22)$$

3. 交流参数的计算

本章主要介绍放大电路三个主要交流参数：电压增益 $\dot{A}_u$（电压放大倍数），输入电阻 R_i，输出电阻 R_0。放大电路的交流参数应在图 2 - 21（b）所示的交流通路上进行分析计算。

（1）BJT 的小信号等效电路（BJT 的线性模型）。

对图 2 - 21（b）所示的交流通路上进行分析计算的复杂性在于 BJT 特性曲线的非线性。BJT 属于非线性器件，使得不能直接运用求解线性电路的方法来进行参数的解析运算。但是，BJT 的特性曲线包括有很大范围的直线部分，如图 2 - 22 所示。

如果在设计放大电路时将工作点设计在特性曲线的线性段，并使信号变化不超出线性部分，就可以在满足这样的条件下，把 BJT 这个非线性器件看做是一个线性器件，由 BJT 所构成的非线性电路便转化为线性电路，从而可以运用求解线性电路的方法来进行参数的解析运算，使电路分析计算得以简化。

图 2 - 23 是 BJT 的线性等效电路。由于这个等效电路是在限制信号变化范围不超过特性曲线的线性部分，因此把这个等效电路称为 BJT 的小信号等效电路。

1）输入回路的等效。在等效电路中，把 BJT 的基极、发射极回路等效成为一个电阻 r_{be}，这是因为从 BJT 输入特性曲线上看，如果 BJT 工作时，Q 点的变化轨迹在 Q'、Q'' 之

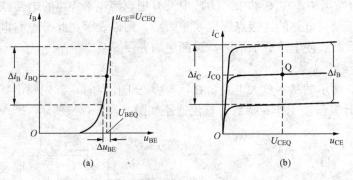

图 2-22　BJT 的特性曲线线性等效

（a）输入特性；（b）输出特性

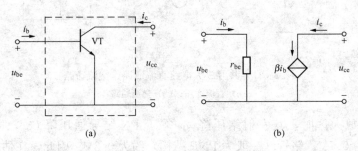

图 2-23　BJT 小信号线性等效电路

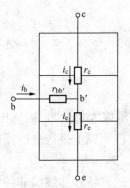

图 2-24　BJT 的内部电阻

间，u_{be} 和 i_b 的比值就可近似看做是一个常数，称为 BJT 的输入电阻，记做 r_{be}。r_{be} 的计算可参考图 2-24 所示 BJT 的内部电阻结构。图 2-24 中，在 BJT 的基区内选定一点 b′，则 r_{be} 就由 $r_{bb'}$ 和 r_e 共同决定。$r_{bb'}$ 是 BJT 基区体电阻，它的大小与基区的掺杂浓度和制造材料及工艺都有关系，对于小功率的 BJT，其值约为几十欧至几百欧。

r_e 是发射结 Je 电阻，即 PN 结的正向导通电阻，它的大小与流过 PN 结的电流有关。根据 1.2.3 节介绍的 PN 结的伏安特性和电流方程，可以推导出在常温下发射结电阻 $r_e = U_T/I_{EQ}$。I_{EQ} 是 BJT 静态时的发射极电流，U_T 是温度的电压当量，在常温（$T=300K$）时，$U_T=26mV$。

但在 BJT 内，$r_{bb'}$ 与 r_e 流过的并不是同一个电流，因此不能直接相加。流过 r_e 的电流是发射极电流，流过 $r_{bb'}$ 是基极电流，两者相差 $(1+\beta)$ 倍，在 b、e 间列回路电压方程为

$$u_{be} = i_b r_{bb'} + i_e r_e = i_b r_{bb'} + (1+\beta)i_b r_e = i_b[r_{bb'} + (1+\beta)r_e] \tag{2-23}$$

可以获得 r_{be} 在常温下的计算公式为

$$r_{be} = \frac{u_{be}}{i_b} = r_{bb'} + (1+\beta)r_e = r_{bb'} + (1+\beta)\frac{26(mV)}{I_{EQ}(mA)} \tag{2-24}$$

2）输出回路的等效。在等效电路中，把 BJT 的集电极和发射极回路用一个受控电流源 βi_b 来等效。这是由于在 BJT 特性曲线的放大区，集电极电流 i_c 与集电极-发射极电压 u_{ce} 的

变化无关，其值大小由基极电流 i_b 控制，因此可以把输出回路等效成为一个电流控制的电流源，其大小等于 βi_b。

由于在 BJT 的小信号等效电路中，只包含电阻和受控电流源，因此这个电路是一个线性电路。要指出的是，图 2-23 所示 BJT 的线性等效电路是一个简化的等效电路，它忽略了一些不重要的参数，但在工程使用上，简化的等效电路已经能够满足电路分析的需要。

（2）用 BJT 小信号线性等效电路分析共射基本放大电路。

首先，用 BJT 的小信号线性等效电路取代图 2-25（a）所示交流通路中的 BJT，而获得了放大电路的小信号线性等效电路，如图 2-25（b）所示。

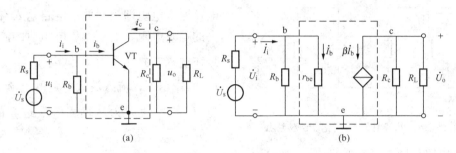

图 2-25　共射放大电路小信号等效电路

（a）交流通路；（b）等效电路

由于图 2-25（b）所示的等效电路在小信号范围内可以看成是线性电路，因此可用求解线性电路的方法求解放大电路的动态参数。

1）基本共发射放大电路的电压增益 $\dot{A}_u$（电压放大倍数）。电压增益的定义为放大电路输出电压 $\dot{U}_o$ 与输入电压 $\dot{U}_i$ 的比值。代表了放大电路放大输入信号的能力。在电路中，输出电压 $\dot{U}_o$ 可表示为

$$\dot{U}_o = -\dot{I}_c \cdot R'_L \tag{2-25}$$
$$R'_L = R_c \mathbin{/\mkern-5mu/} R_L$$

输出电压 $\dot{U}_o$ 是负值，表示其实际方向与参考方向相反，而输入电压 $\dot{U}_i$ 可表示为

$$\dot{U}_i = \dot{I}_b r_{be} \tag{2-26}$$

由此可得电压增益

$$\dot{A}_u = \frac{\dot{U}_o}{\dot{U}_i} = \frac{-\dot{I}_c R'_L}{\dot{I}_b r_{be}} = \frac{-\beta \dot{I}_b R'_L}{\dot{I}_b r_{be}} = -\beta \frac{R'_L}{r_{be}} \tag{2-27}$$

电压增益是一个负值，表示输出电压和输入电压极性相反。这和前面图解分析法的结果一致。

当放大电路空载时，其电压增益为

$$\dot{A}_{uo} = -\beta \frac{R_c}{r_{be}} \tag{2-28}$$

显然，放大电路空载时的电压增益要大于带负载时的电压增益。

由于信号源具有不同的内阻，因此同一放大电路对不同信号源的放大能力也不同，通常

把放大电路对具体信号源的放大能力称为放大电路的源电压增益，用 $\dot{A}_{us}$ 表示，即 $\dot{A}_{us} = \dfrac{\dot{U}_o}{\dot{U}_s}$。

求解本放大电路的源电压增益的过程如下

$$\dot{A}_{us} = \frac{\dot{U}_o}{\dot{U}_s} = \frac{\dot{U}_o}{\dot{U}_i} \cdot \frac{\dot{U}_i}{\dot{U}_s} = \frac{r_{be} /\!/ R_b}{R_s + r_{be} /\!/ R_b} \left(-\frac{\beta R'_L}{r_{be}} \right) \approx -\frac{\beta R'_L}{R_s + r_{be}} \tag{2-29}$$

在上式中，考虑了基极回路偏置电阻 R_b 值远大于 BJT 的输入电阻 r_{be} 值。

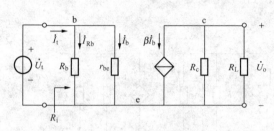

图 2-26　求共射放大电路的输入电阻

2）共射放大电路的输入电阻 R_i。放大电路输入电阻即为从放大电路输入端口看进去的等效电阻。而获得该电阻值的测量方法是在输入端加入一个测试电压 $\dot{U}_t$，检测在 $\dot{U}_t$ 的作用下，流入放大电路的电流 $\dot{I}_t$。$\dot{U}_t$ 与 $\dot{I}_t$ 的比值即为从输入端看进去的电阻，即放大电路的输入电阻。求共射放大电路输入电阻的电路如图 2-26 所示。

根据基尔霍夫电流定律（KCL），对于图 2-26 中 b 点列电流方程

$$\dot{I}_t = \dot{I}_{R_b} + \dot{I}_b = \frac{\dot{U}_t}{R_b} + \frac{\dot{U}_t}{r_{be}}$$

$$\frac{\dot{I}_t}{\dot{U}_t} = \frac{1}{R_b} + \frac{1}{r_{be}}$$

$$R_i = \frac{\dot{U}_t}{\dot{I}_t} = R_b /\!/ r_{be} \approx r_{be}（因 R_b \gg r_{be}） \tag{2-30}$$

R_i 在数值上接近于 r_{be}，但两者的概念是不同的，r_{be} 代表 BJT 的输入电阻，而 R_i 代表放大电路的输入电阻。

当放大电路的输入电阻 R_i 远大于信号源内阻 R_s 时有

$$\dot{A}_{us} = \frac{R_i}{R_s + R_i} \dot{A}_u \approx \dot{A}_u \tag{2-31}$$

即放大电路的源电压增益 $\dot{A}_{us}$ 与增益 $\dot{A}_u$ 基本相等，这意味着当放大电路输入电阻很大时，它对各种信号源的放大能力都是一致的。

由式（2-31）可知，同一个放大电路对不同信号源的放大能力不一样，它取决于放大电路的输入电阻和信号源的内阻。对于同一个信号源，放大电路输入电阻越大，对信号的放大能力也越强。

（3）共射放大电路输出电阻 R_o。根据定义，图 2-26 所示放大电路的输出电阻，就是从该放大电路输出端看进去的等效电阻。测试输出电阻的方法是：将负载电阻开路，在输出端

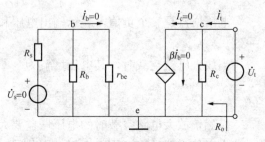

图 2-27　求共射放大电路的输出电阻

外加测试电压 $\dot{U}_t$，同时令信号源电压 $\dot{U}_s=0$（但保留信号源内阻 R_s），如图 2 - 27 所示。

在 $\dot{U}_t$ 的作用下，产生相应的测试电流 $\dot{I}_t$，$\dot{U}_t$ 和 $\dot{I}_t$ 的比值就代表了输出电阻，即 $R_o = \dfrac{\dot{U}_t}{\dot{I}_t}\bigg|_{\substack{\dot{U}_S=0 \\ R_L=\infty}}$，而 $\dot{I}_t = \dfrac{\dot{U}_t}{R_c}$，因此输出电阻为

$$R_o = \frac{\dot{U}_t}{\dot{I}_t} = R_c \tag{2 - 32}$$

应当指出，输出电阻 R_o 与负载电阻 R_L 无关。

【例 2 - 1】 由硅三极管 3DG6 组成的单管共射放大电路及电路参数如图 2 - 28（a）所示，3DG6 的参数 $\beta=50$，$r_{bb'}=200\Omega$。试用计算法求解该电路。

解 电路求解分为静态工作点的估算和动态参数的计算

静态工作点的估算要在图 2 - 28（b）所示直流通路上进行，而动态参数的计算要在图 2 - 28（d）所示小信号线性等效电路进行，图 2 - 28（d）是放大电路的交流通路。

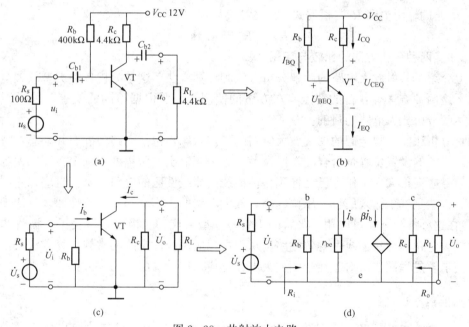

图 2 - 28 共射放大电路

（a）放大电路；（b）直流通路；（c）交流通路；（d）小信号线性等效电路

（1）静态工作点的估算

由图 2 - 28（b）可得

$$I_{BQ} = \frac{V_{CC} - U_{BEQ}}{R_b} \approx \frac{V_{CC}}{R_b} = \frac{12\text{V}}{400\text{k}\Omega} = 30(\mu\text{A})$$

$$I_{CQ} = \beta I_{BQ} = 50 \times 30\mu\text{A} = 1.5(\text{mA}) \approx I_{EQ}$$

$$U_{CEQ} = V_{CC} - I_{CQ}R_C = 12\text{V} - 1.5\text{mA} \times 4\text{k}\Omega = 6(\text{V})$$

（2）交流参数的计算。首先，画出放大电路的交流信号通路，如图 2 - 28（c）所示，再把 BJT 的小信号线性模型代入 BJT 而获得了放大电路的小信号线性等效电路，如图 2 - 28（d）所示，利用求解线性电路的方法，求以下交流参数。

1) 电路的电压增益 $\dot{A}_\mathrm{u}$。

首先求 BJT 的输入电阻 r_be，根据式（2-24）和式（2-27）得

$$r_\mathrm{be} = r_\mathrm{bb'} + (1+\beta)r_\mathrm{e} = 200 + (1+50) \times \frac{26}{1.5} = 1084\Omega \approx 1(\mathrm{k}\Omega)$$

$$\dot{A}_\mathrm{u} = -\frac{\beta R'_\mathrm{L}}{r_\mathrm{be}} = -\frac{\beta(R_\mathrm{c} /\!/ R_\mathrm{L})}{r_\mathrm{be}} = -\frac{50 \times (4.4 /\!/ 4.4)}{1} = -110$$

当放大电路空载时，根据式（2-28），其电压增益为

$$\dot{A}_\mathrm{uo} = -\frac{\beta R_\mathrm{C}}{r_\mathrm{be}} = -\frac{50 \times 4.4}{1} = -220$$

放大电路带负载时，根据式（2-29），对信号源的电压增益为

$$\dot{A}_\mathrm{us} = -\frac{\beta R'_\mathrm{L}}{R_\mathrm{s} + r_\mathrm{be}} = -\frac{50 \times 2.2}{0.1+1} = -100$$

2) 电路的输入电阻 R_i，根据式（2-30）得

$$R_\mathrm{i} = R_\mathrm{b} /\!/ r_\mathrm{be} \approx r_\mathrm{be} = 1\mathrm{k}\Omega$$

3) 电路的输出电阻 R_o，根据式（2-32）得

$$R_\mathrm{o} = R_\mathrm{c} = 4.4\mathrm{k}\Omega$$

2.2.5　两种分析方法的比较与应用

以上介绍了共射放大电路的图解分析方法和计算方法，这是分析各种类型放大电路的基本方法。这两种方法有各自的特点。在方法的使用上，要根据不同的要求，采用不同的方法，以达到分析放大电路的目的。

图解分析法能直观全面的展现放大电路的工作状态，包括电路中静态和动态，特别对讨论静态工作点的设置位置是否合理，以及最大不失真输出电压幅度的确定，可以做到一目了然。当信号幅度很大，工作点已延伸到特性曲线的非线性区的电路分析，也应采用图解法。

计算方法是基于输入信号电压幅度小，放大电路的工作点局限于特性曲线直线部分（放大区）。在这种情况下，可以用三极管的小信号模型去代替三极管，解决了三极管非线性问题，使放大电路成为一个线性等效电路。从而可以应用线性电路的常规计算方法去计算电路参数，使求解过程简化。对于复杂的放大电路，应采用计算的方法来分析。

复习要点

（1）共射放大电路以 BJT 的哪个电极作为输入端，哪个电极作为输出端，哪个电极作为输入、输出公共端。

（2）什么叫做放大电路的静态，什么叫做放大电路的动态，静态分析和动态分析内容一样吗？

（3）为什么放大电路要设置静态工作点？

（4）在单管共射放大电路的直流通路中，偏置电流 I_B 由哪些参数决定？

（5）为什么在放大电路中要有隔直电容，它在电路中的作用是什么？

（6）建立 BJT 的小信号模型的前提条件是什么？

（7）在 BJT 的输入特性曲线上，如何求 BJT 的输入电阻 r_be？

（8）BJT 集电极电流为什么可以用一个受基极电流控制的电流源来等效？

（9）在放大电路的交流通路中，直流电源如何处理？

(10) 共射放大电路的电压增益为何是负值?

(11) 放大电路的输入电阻是否包括信号源内阻 R_s,输出电阻是否包括负载电阻 R_L?

(12) 采用图解的方法分析放大电路有什么优缺点,常用图解法分析放大电路的哪方面的问题。

(13) 直流负载线是怎么做出来的,它的斜率由电路中哪些参数决定?

(14) 静态工作点为什么是直流负载线和输出特性曲线的交点?

(15) 交流负载线和直流负载线有什么区别,交流负载线过静态工作点吗? 交流负载线的斜率比直流负载线的斜率大还是小,在什么情况下,两条负载线重合?

(16) 通过波形分析,掌握输出电压波形和输入电压波形倒相的原因。

(17) 静态工作点的选择和波形失真的关系。为了能输出最大不失真信号,静态工作点应位于负载线的哪个位置?

2.3 共射放大电路的频率特性

在 2.2 节分析 BJT 共射放大电路的交流参数时,所给出的交流等效电路中,没有包括隔直电容,这是基于这样一种假设,即放大电路所放大的交流信号的频率足够高,因此,在隔直电容上产生的信号压降可以忽略不计。但是,如果交流信号的频率很低,满足不了前面的假设条件,隔直电容对电路的影响就必须要予以考虑。另一方面,BJT 本身存在着 PN 结电容效应,即当通过 BJT 的信号频率足够高时,BJT 的 PN 结电容作用就突显出来。在前面所给出的交流等效电路中,没有包含 PN 结电容,同样也是基于假设交流信号的频率没有高到使 BJT 的结电容效应出现。因此,在前面所分析的交流等效电路,只适用于信号频率的中间某个范围,也称为中频段,因此所给出的小信号等效电路应该称为小信号中频等效电路,所求出的动态参数(如电压增益)属于中频参数。由于在中频范围内,隔直电容和 PN 结电容的影响都被忽略不计,中频参数与信号频率没有关系,而只和放大电路的参数有关。但是,当考虑隔直电容和 PN 结电容后,电路动态参数(如电压增益)就将和信号频率有直接关系,即放大电路的电压增益是信号频率的函数,研究放大电路的电压增益随信号频率的变化特性即被称为放大电路的频率特性分析。

2.3.1 共射单管放大电路的低频特性分析

当考虑隔直电容对放大信号的影响时,图 2-20 所示共射放大电路的小信号等效电路如图 2-29 所示,它称为放大电路的低频小信号等效电路。

由于等效电路存在着 C_1(电容量为 C_1)、C_2(电容量为 C_2)两个隔直电容,电路分析较为复杂。为简化分析过程,这里分别考虑电容 C_1 和 C_2 对电路的影响,然后,再将其影响综合起来。

1. 单独考虑 C_1 时对放大电路频率特性的分析

当单独考虑 C_1 对电路的影响时,C_2 对电

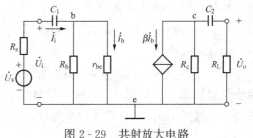

图 2-29 共射放大电路
低频小信号等效电路

路的影响可忽略，在这样的假定下，电路的低频等效电路如图 2 - 30 所示。

在等效电路中，考虑到电阻 R_b 的值，通常比电阻 r_{be} 的值大很多，为简化分析，将电阻 R_b 对电路的影响忽略不计。图 2 - 30 所示电路为一阶 RC 高通电路，根据此等效电路，对低频信号的电压增益可表示为

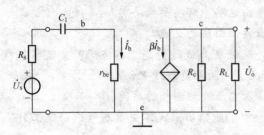

图 2 - 30　单独考虑 C_1 时低频等效电路

$$\dot{A}_{usL} = \frac{\dot{U}_o}{\dot{U}_s} = \frac{-\beta \dot{I}_b R_L'}{\dot{I}_b \left(R_s + r_{be} + \dfrac{1}{j\omega C_1}\right)}$$

$$= \frac{-\beta R_L'}{R_s + r_{be} + \dfrac{1}{j\omega C_1}} \qquad (2 - 33)$$

式中：ω 为输入信号角频率，有 $\omega = 2\pi f$。

从式（2 - 33）可以看出，电压增益是信号频率的函数。

令 $f_{L1} = \dfrac{1}{2\pi(R_s + r_{be})C_1}$，代入式（2 - 33）并对其进行整理得

$$\dot{A}_{usL} = \frac{1}{1 + \dfrac{1}{j\omega(R_s + r_{be})C_1}}\left(-\frac{\beta R_L'}{R_s + r_{be}}\right) = \frac{1}{1 - j\dfrac{f_{L1}}{f}}\dot{A}_{usm} \qquad (2 - 34)$$

将增益 $\dot{A}_{usL}$ 的幅值随信号频率的变化称为放大电路的幅频特性，增益的相位随信号频率的变化称为放大电路的相频特性。

用对数形式表示的幅频特性和相频特性分别为

$$20\lg|\dot{A}_{usL}| = 20\lg|\dot{A}_{usm}| - 20\lg\sqrt{1 + (f_{L1}/f)^2} \qquad (2 - 35)$$

$$\varphi = -180° - \arctan(-f_{L1}/f) = -180° + \arctan(f_{L1}/f) \qquad (2 - 36)$$

对幅频特性和相频特性做频率分段分析：

（1）当 $f \gg f_{L1}$ 时，如 $f = 10f_{L1}$，

$$20\lg|\dot{A}_{usL}| = 20\lg|\dot{A}_{usm}| - 20\lg\sqrt{1 + (1/10)^2} \approx 20\lg|\dot{A}_{usm}| \qquad (2 - 37)$$

$$\varphi = -180° - \arctan(-1/10) = -180 + \arctan(1/10) \approx -180° \qquad (2 - 38)$$

即当信号频率 f 远远高于 f_{L1} 时，放大电路的增益等于中频段时的电路增益，而且不产生附加相移，仍然等于中频段时的 $-180°$。

（2）当 $f \ll f_{L1}$ 时，如 $f = 0.1f_{L1}$，则

$$20\lg|\dot{A}_{usL}| = 20\lg|\dot{A}_{usm}| - 20\lg\sqrt{1 + (1/0.1)^2} \approx 20\lg|\dot{A}_{usm}| - 20\lg(1/0.1)$$

此时，幅频特性可表示为

$$20\lg|\dot{A}_{usm}| - 20\lg|f_{L1}/f| \qquad (2 - 39)$$

相频特性为

$$\varphi = -180° - \arctan(-1/0.1) = -180 + \arctan(1/0.1) \approx -90° \qquad (2 - 40)$$

即当信号频率 f 远远低于 f_{L1} 时，信号频率每降低 10 倍，放大电路的增益相对中频段时的增益要衰减 20dB，而且产生 90°的超前相移，使放大电路的相移由中频段的 $-180°$ 变成为 $-90°$。

(3) 当 $f = f_{L1}$ 时,

$$20\lg|\dot{A}_{usL}| = 20\lg|\dot{A}_{usm}| - 20\lg\sqrt{1 + (1/1)^2} \approx 20\lg|\dot{A}_{usm}| - 20\lg\sqrt{2} \qquad (2\text{-}41)$$

$$\varphi = -180° - \arctan(-1/1) = -180 + \arctan(1/1) \approx -135° \qquad (2\text{-}42)$$

即当信号频率 f 等于 f_{L1} 时, 放大电路的增益相对于中频段时的增益要衰减 $20\lg\sqrt{2} \approx 3\text{dB}$。
而且产生 $45°$ 的超前相移, 使放大电路的相移由中频段的 $-180°$ 变成为 $-135°$。

按以上分析, 画出放大电路的幅频和相频特性曲线, 如图 2-31 所示。

在图 2-31 中, 虚线所表达的特性是按上述
公式所描绘出的实际特性曲线, 实线所表达的特
性是用折线代替实际特性曲线的近似特性曲线。
从实际特性曲线 (虚线) 可以看出, 当信号频率
等于 f_{L1} 时, 增益下降到了中频增益的 70%, 即
下降了 3dB, 但在近似特性曲线 (实线) 中, 当
信号频率等于 f_{L1} 时, 增益刚开始下降, 即忽略
了实际已经下降了 3dB 这一部分。在工程中, 通
常用折线特性来表达实际的特性, 也就是说, 当
信号频率等于 f_{L1} 时, 电路的增益开始下降, 下
降的速率是频率每降低 10 倍, 增益下降 20dB。

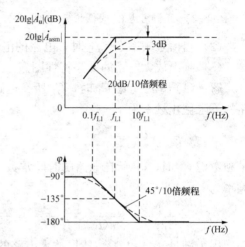

图 2-31 基本共射放大电路低频段频率特性

从相频特性上看, 当信号频率等于 f_{L1} 时,
放大电路相对于中频信号时, 已经产生了超前
$45°$ 的附加相移。因为基本共射电路在中频时输出电压相对于输入电压已经存在于 $-180°$ 的
相移, 所以, 在相频特性上, 当 $f = f_{L1}$ 时, 放大电路的总相位移是 $\varphi = -135°$。在相频特性
表达上, 通常也用近似特性曲线 (实线) 来代表实际特性曲线 (虚线)。由隔直电容 C_1 所产
生的最大低频附加相位移为 $90°$。

f_{L1} 是一个重要的频率参数, 定义为放大电路由隔直电容 C_1 所确定的下限截止频率,
f_{L1} 是由电容 C_1 所在 RC 电路的时间常数 τ_{L1} 确定, 即

$$f_{L1} = \frac{1}{2\pi(R_s + r_{be})C_1} = \frac{1}{2\pi\tau_{L1}}$$

$$\tau_{L1} = (R_s + r_{be})C_1$$

2. 单独考虑 C_2 时对放大电路频率特性的分析

上面的分析过程和结论可以推广到单独考虑隔直电容 C_2 存在时, 放大电路的低频特性
分析。

单独考虑 C_2 时放大电路的低频等效电路如图 2-32 所示, 由于其等效电路也是由一阶
RC 高通电路组成, 所以, 隔直电容 C_2 的存在也使放大电路存在一个低频截止频率 f_{L2}。按
上一节的结论, f_{L2} 由 C_2 所在的电路的时间常数 τ_{L2} 所决定, 即

$$f_{L2} = \frac{1}{2\pi\tau_{L2}} = \frac{1}{2\pi(R_c + R_L)C_2}$$

$$\tau_{L2} = (R_c + R_L)C_2$$

其幅频特性相频特性曲线与图 2-31 一致, 只是其下限截止频率应为 f_{L2}。

3. 同时考虑 C_1 和 C_2 时, 放大电路的低频特性分析

当同时考虑 C_1 和 C_2 时, 其低频等效电路如图 2-29 所示。根据以上分析, 放大电路应

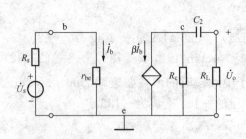

图 2 - 32　单独考虑 C_2 时低频等效电路

具有两个低频截止频率 f_{L1} 和 f_{L2}。当信号频率由中频段逐渐降低时，当降低到两个截止频率中数值较大的截止频率时，放大电路的增益开始下降，因此，当两个截止频率值相差 4 倍以上时，则取其大者为放大电路的下限截止频率 f_L。

【**例 2 - 2**】　单管共射放大电路如图 2 - 28（a）所示，设耦合电容 $C_1 = 1\mu F$，$C_2 = 4.7\mu F$。试求：

（1）该放大电路的下限截止频率 f_L；

（2）当信号频率 $f = f_L$ 时，电路的电压增益、输出电压与输入信号电压的相位差；

（3）画出放大电路的低频特性图。

解　（1）单独考虑 C_1 时，C_1 所在电路的时间常数 $\tau_{L1} = (R_s + r_{be})C_1$，由 C_1 所确定的电路的下限截止频率为

$$f_{L1} = \frac{1}{2\pi\tau_{L1}} = \frac{1}{2\pi(R_s + r_{be})C_1} = \frac{1}{2\pi(0.1+1)\times 10^3 \times 1 \times 10^{-6}} \approx 145(\text{Hz})$$

单独考虑 C_2 时，C_2 所在电路的时间常数 $\tau_{L2} = (R_c + R_L)C_2$，由 C_2 所确定的电路的下限截止频率为

$$f_{L2} = \frac{1}{2\pi\tau_{L2}} = \frac{1}{2\pi(R_c + R_L)C_2} = \frac{1}{2\pi(4.4+4.4)\times 10^3 \times 4.7 \times 10^{-6}} \approx 3.8(\text{Hz})$$

因为满足 $f_{L1} > 4f_{L2}$，所以放大电路的下限截止频率为

$$f_L = f_{L1} = 145(\text{Hz})$$

（2）当信号频率 $f = f_L$ 时，电路的电压增益是中频时的 $\frac{1}{\sqrt{2}} = 0.707$ 倍，由［例 2 - 1］答案，放大电路的中频源电压增益 $\dot{A}_{usm} = -100$，因此当信号频率等于下限截止频率时电压增益为 $\dot{A}_{usL} = \frac{1}{\sqrt{2}}\dot{A}_{usm} = 0.707 \times (-100) = -70.7$。

由于当信号频率 $f = f_L$ 时，相对于中频段又产生了超前 $45°$ 的相移，所以此时输出电压与输入信号电压的相位差是 $\varphi = -180° + 45° = -135°$，即输出电压落后输入电压 $135°$。

（3）该放大电路的低频特性如图 2 - 33 所示。

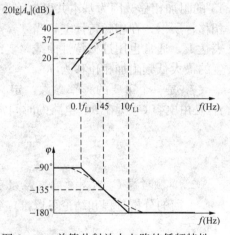

图 2 - 33　单管共射放大电路的低频特性

2.3.2　BJT 的高频小信号等效电路

1. 高频小信号等效电路的提出

在前面章节介绍 BJT 的小信号等效电路（BJT 的线性模型）时，没有考虑 PN 结的电容效应，这是因为在信号的中频段，信号频率不是太高，PN 结的电容效应不明显，其作用被忽略不计。这种没有考虑结电容影响的小信号等效电路以后统称为 BJT 的低频小信号等效电路。但是，当信号频率足够高，超出了中频段，进入所谓的高频段，PN 结的电容作用对电路的影响就不能被忽略，因此引出 BJT 的高频小信号等效电路如图 2 - 34所示。

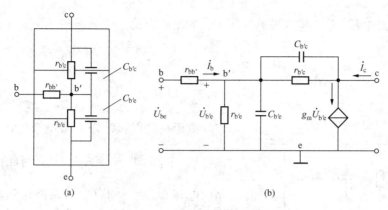

图 2 - 34　BJT 的高频小信号等效电路

(a) 结构；(b) 等效电路

等效结电容 $C_{b'c}$、$C_{b'e}$：在图 2 - 34 中，把 PN 结电容的影响考虑到了等效电路中，其中 $C_{b'c}$ 是 BJT 的集电结电容，$C_{b'e}$ 是 BJT 的发射结电容。

跨导 g_m：由于受到结电容的影响，当信号频率高到一定程度时，电流放大系数 β 不再是一个常数，而是随着频率的升高而下降。因此在 BJT 的高频等效电路中，受控电流源不再用 $\beta \dot{I}_b$ 表示，而是引用了一个新的参数跨导 g_m，受控电流源用 $g_m \dot{U}_{b'e}$ 来表示。根据半导体物理的分析，BJT 的集电极电流 $\dot{I}_c$ 与发射结电压 $\dot{U}_{b'e}$ 呈线性关系，而且与信号频率无关。因此，在 BJT 的高频等效电路中，受控电流源用 $g_m \dot{U}_{b'e}$ 来表示，即 $\dot{I}_c = g_m \dot{U}_{b'e}$，即由发射结上的电压 $\dot{U}_{b'e}$ 控制受控电流源。g_m 称为 BJT 的互导或跨导，代表发射结电压对集电极电流的控制能力，g_m 的量纲为西门子。

内部电阻 $r_{b'e}$、$r_{b'c}$：$r_{b'e}$ 是从 BJT 基极内部某一点与发射极之间的等效电阻。$r_{b'c}$ 是从基极内部某一点与集电极之间的等效电阻。由于 BJT 在放大区工作时，其集电结处于反向偏置，因此 $r_{b'c}$ 的电阻值很大，通常可视为开路，这样等效电路可简化成图 2 - 35 (a)。

在图 2 - 35 (a) 所示的等效电路中，结电容 $C_{b'c}$ 连接在共发射组态的 BJT 的输入回路与输出回路之间，使构成的放大电路分析起来较为困难。为使放大电路的分析简化，可根据密勒定理将 $C_{b'c}$ 分别等效折算 b′ 点对公共端、c 点对公共端的等效电容，即将连接输入、输出回路的电容分别折算到了输入回路和输出回路中。折算后的等效电路如图 2 - 35 (b) 所示。

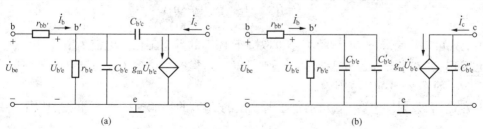

图 2 - 35　单向化的高频小信号等效电路

(a) 等效电路；(b) 折算后的等效电路

等效折算到输入回路的电容为 $C_{b'c}'$，折算到输出回路的电容为 $C_{b'c}''$，折算后的电容值的大小和输出回路电压 $\dot{U}_{ce}$、输入回路电压 $\dot{U}_{b'e}$ 的比值有关。设 $\dot{K} = \dfrac{\dot{U}_{ce}}{\dot{U}_{b'e}}$，则有

$$C'_{b'c} = (1 + |\dot{K}|) C_{b'c} \tag{2-43}$$

$$C''_{b'c} = \left(\frac{1}{\dot{K}} - 1\right) C'_{b'c} \tag{2-44}$$

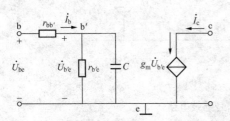

图 2-36　简化的 BJT 高频小信号等效电路

由于在共射接法下，集电极电压 $\dot{U}_{ce}$ 远大于基极电压 $\dot{U}_{b'e}$，即 $\dot{K} = \dfrac{\dot{U}_{ce}}{\dot{U}_{b'e}} \gg 1$，因此折算到输入回路的电容 $C'_{b'c}$ 远大于 $C_{b'c}$，而折算到输出回路的电容 $C''_{b'c}$ 与 $C_{b'c}$ 近似相等。等效折算后，输入回路总电容为 $C = C_{b'e} + C'_{b'c}$，输出回路电容为 $C''_{b'c} \approx C_{b'c}$。比较这两个电容的大小可以看出，输入回路的电容要远大于输出回路的电容，因此放大电路的高频特性主要由输入回路的电容 C 决定，通常在分析时，输出回路的电容 $C''_{b'c}$ 可以忽略不计。只考虑输入回路电容 C 的影响，简化 BJT 高频小信号等效电路如图 2-36 所示。

2. 元件参数的获得

电阻 $r_{bb'}$：基极、集电极间电阻 $r_{bb'}$ 可在半导体器件手册上查到，对高频小功率 BJT，其数值约为几十至几百欧。

电阻 $r_{b'e}$：基极、发射极间等效电阻 $r_{b'e}$ 是 BJT 在输入回路的等效电路，设发射结正向导通电阻为 r_e，其大小和流过发射结的静态工作点电流 I_{EQ} 大小有关，即 $r_e = \dfrac{U_T}{I_{EQ}}$。由于流过 r_e 的电流即有基极回路的基极电流 $\dot{I}_b$，也有流过集电极回路的电流 $\dot{I}_c$，当把它折算到基极回路时，为保持等效其阻值应扩大 $(1+\beta)$ 倍，有

$$r_{b'e} = (1+\beta) r_e = (1+\beta) \frac{U_T}{I_{EQ}} \tag{2-45}$$

跨导 g_m：虽然受控电流源在高频和低频时的表述方法不同，但是它们所表示的是同一个物理量，即 $g_m \dot{U}_{b'e} = \beta \dot{I}_b$，且 $\dot{U}_{b'e} = \dot{I}_b r_{b'e}$，将后式代入前式，并考虑到 $\beta \gg 1$，则获得跨导 g_m 的计算公式为

$$g_m = \frac{\beta}{r_{b'e}} \approx \frac{I_{EQ}}{U_T} \approx \frac{I_{EQ}(\text{mA})}{26(\text{mV})} \tag{2-46}$$

由上式可知，跨导 g_m 的数值大小也取决于 BJT 的静态工作点电流 I_{EQ}。

电容 $C_{b'c}$：在半导体器件手册中，通常可以查到集电结电容 $C_{b'c}$ 的值（手册中通常标成为 C_{ob}），一般在 $2 \sim 10\text{pF}$ 范围内。

电容 $C_{b'e}$：发射结电容 $C_{b'e}$ 可通过手册给出的 BJT 的特征频率 f_T，并按照以下公式计算得到

$$C_{b'e} \approx \frac{g_m}{2\pi f_T} \tag{2-47}$$

3. BJT 高频等效电路在加入低频信号时的等效电路

根据在 BJT 高频等效电路中元件参数的分析，当在 BJT 高频等效电路中加入低频信号

时，其等效电路和前面给出的 BJT 低频等效电路是一致的，因为加入低频信号时，PN 结电容的影响消失，其等效电路如图 2 - 37（a）所示。

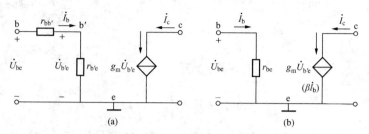

图 2 - 37　高频等效电路加入低频信号时的等效电路

(a) 等效电路；(b) 低频等效电路

在图 2 - 37（a）中，由于没有 $C_{b'e}$，基极和发射极间的电阻为 $r_{bb'}$ 和 $r_{b'e}$ 之和，这就是低频小信号等效电路中 BJT 的输入电阻 r_{be}，即

$$r_{be} = r_{bb'} + r_{b'e} = r_{bb'} + (1+\beta) \frac{U_T(\text{mV})}{I_{EQ}(\text{mA})}$$

受控电流源 $g_m \dot{U}_{b'e} = \dfrac{I_{EQ}}{U_T} \dot{I}_b r_{b'e} = \dfrac{I_{EQ}}{U_T} \dot{I}_b (1+\beta) \dfrac{U_T}{I_{EQ}} \approx \beta \dot{I}_b$

由此可见，两个等效电路在低频时参数是一致的。

2.3.3　共射单管放大电路的高频特性分析

在分析放大电路高频特性时，要将 BJT 的高频小信号模型代入其交流等效电路，即得到放大电路的高频小信号等效电路。对于图 2 - 29 所示的共射单管放大电路的高频小信号等效电路如图 2 - 38 所示。

分析图 2 - 38 所示电路的电压增益频率特性，首先利用戴维南定理将 C 左侧电路作等效变换，在变换中由于电阻 R_b 值远大于其并联支路阻抗，为简化分析将其忽略。等效变换后的电路如图 2 - 39 所示。

$$\dot{U}'_s = \frac{r_{b'e}}{R_s + r_{be}} \dot{U}_s$$

$$R \approx (R_s + r_{bb'}) /\!/ r_{b'e}$$

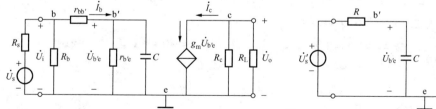

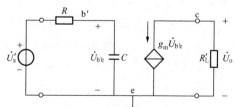

图 2 - 38　单管共射放大电路高频小信号等效电路　　　　图 2 - 39　戴维南等效变换电路

此时，等效电路的输入回路由电阻和电容组成了低通电路，电路的电压增益可以表示成为

$$\dot{A}_{usH} = \frac{\dot{U}_o}{\dot{U}_s} = \frac{\dot{U}_o}{\dot{U}_{b'e}} \frac{\dot{U}_{b'e}}{\dot{U}_s} \frac{\dot{U}_s}{\dot{U}_s} = (-g_m R'_L) \cdot \frac{\frac{1}{j\omega C}}{R + \frac{1}{j\omega C}} \frac{r_{b'e}}{R_s + r_{be}}$$

式中：$r_{be} = r_{bb'} + r_{b'e}$。

令 $\dfrac{r_{b'e}}{R_s + r_{be}}(-g_m R'_L) = \dot{A}_{usm}$，并整理上式有

$$\dot{A}_{usH} = \frac{1}{1 + j\omega RC} \dot{A}_{usm} \qquad (2-48)$$

$\dot{A}_{usm}$ 是放大电路的中频电压增益，将其表达式中的跨导用其低频小信号参数代替，即 $g_m = \dfrac{\beta}{r_{b'e}}$，则 $\dot{A}_{usm}$ 可表示为

$$\dot{A}_{usm} = \frac{r_{b'e}}{R_s + r_{be}}\left(-\frac{\beta R'_L}{r_{b'e}}\right) = -\frac{\beta R'_L}{R_s + r_{be}}$$

其结果和本章上一节的放大电路的交流参数计算是一致的。

令 $f_H = \dfrac{1}{2\pi RC}$，$\omega = 2\pi f$，代入式（2-48）并对其进行整理，放大电路的高频电压增益表达式为

$$\dot{A}_{usH} = \frac{1}{1 + j\omega RC} \dot{A}_{usm} = \frac{1}{1 + j\dfrac{f}{f_H}} \dot{A}_{usm} \qquad (2-49)$$

用对数形式表示增益的幅频特性和相频特性分别为

$$20\lg|\dot{A}_{usH}| = 20\lg|\dot{A}_{usm}| - 20\lg\sqrt{1 + (f/f_H)^2} \qquad (2-50)$$

$$\varphi = -180° - \arctan(f/f_H) \qquad (2-51)$$

对幅频特性和相频特性做频率分段分析：

（1）当 $f \ll f_H$ 时，如 $f = 0.1f_H$，则

$$20\lg|\dot{A}_{usH}| = 20\lg|\dot{A}_{usm}| - 20\lg\sqrt{1 + (0.1/1)^2} \approx 20\lg|\dot{A}_{usm}| \qquad (2-52)$$

$$\varphi = -180° - \arctan(-0.1/1) \approx -180° \qquad (2-53)$$

即当信号频率远低于 f_H 时，放大电路的电压增益近似等于中频段的电压增益。同时不产生附加相位移，放大电路的相位移仍然是中频段的 $-180°$。

（2）当 $f \gg f_H$ 时，如 $f = 10f_H$，则

$$20\lg|\dot{A}_{usL}| = 20\lg|\dot{A}_{usm}| - 20\lg\sqrt{1 + (10/1)^2} \approx 20\lg|\dot{A}_{usm}| - 20\lg 10$$

幅频特性

$$20\lg|\dot{A}_{usL}| = 20\lg|\dot{A}_{usm}| - 20\lg|f/f_H| \qquad (2-54)$$

相频特性

$$\varphi = -180° - \arctan(10/1) \approx -180° - 90° = -270° \qquad (2-55)$$

即当信号频率 f 高于 f_H 后，信号频率每增加 10 倍，放大电路的增益要衰减 20dB；同时，放大电路产生了 90° 的滞后相移，使放大电路的相移相对中频段时的 $-180°$ 变成为 $-270°$。

（3）当 $f = f_H$ 时，则

幅频特性

$$20\lg|\dot{A}_{usH}| = 20\lg|\dot{A}_{usm}| - 20\lg\sqrt{1+(1/1)^2} \approx 20\lg|\dot{A}_{usm}| - 20\lg\sqrt{2} \qquad (2-56)$$

相频特性

$$\varphi = -180° - \arctan(1/1) = -180° - 45° = -225° \qquad (2-57)$$

即当信号频率 f 等于 f_H 时，放大电路的增益相对于中频段时的增益要衰减 $20\lg\sqrt{2} = 3\mathrm{dB}$。同时产生了附加 $45°$ 的滞后相移，使放大电路的相移由中频段的 $-180°$ 变成为 $-225°$。

按以上分析，画出放大电路的高频段频率特性曲线，如图 2-40 所示。

在图 2-40 中，同放大电路的低频特性相同，虚线所表达的特性是按上述公式所描绘出的实际特性曲线，实线所表达的特性是用折线代替实际特性曲线的近似特性曲线。从实际特性曲线（虚线）可以看出，当信号频率等于 f_H 时，增益下降到了中频增益的 70%，即下降了 3dB，在近似特性曲线（实线）中，当信号频率等于 f_H 时，增益刚开始下降，即忽略了实际已经下降了 3dB 这一部分，即当信号频率等于 f_H 时，电路的增益才开始下降，下降的速率是频率每升高 10 倍，增益下降 20dB。

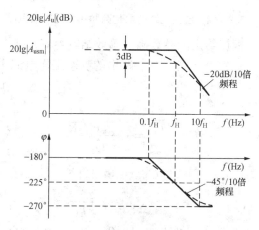

图 2-40　单管共射放大电路高频段频率特性曲线

从相频特性上看，当信号频率等于 f_H 时，放大电路相对于中频信号时，已经产生了滞后 $45°$ 的附加相移。因为基本共射电路在中频时输出电压相对于输入电压已经存在于 $-180°$ 的相移，所以，在相频特性上，当信号频率等于 f_H 时，放大电路的总相位移是 $\varphi = -225°$。由结电容 $C'_{b'e}$ 所产生的最大高频附加相位移为 $-90°$。

f_H 定义为放大电路的上限截止频率，由 f_H 的表达式 $f_H = \dfrac{1}{2\pi RC}$ 可以看出，它是由 BJT 高频等效电路中的结电容所在 RC 电路的时间常数 τ 所决定，即

$$f_H = \frac{1}{2\pi RC} = \frac{1}{2\pi\tau_H} \qquad (2-58)$$

$$\tau_H = RC$$

2.3.4　放大电路的波特图及通频带

前面章节分别对放大电路的低频特性和高频特性做了分析，将两部分的分析结果综合到一起，就得到了放大电路完整的频率响应特性，这个频率特性曲线图称为放大电路的波特图，如图 2-41 所示。

在波特图上，可以得到放大电路的通频带，即

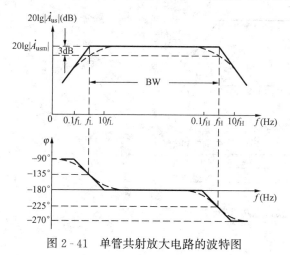

图 2-41　单管共射放大电路的波特图

$$\mathrm{BW} = f_H - f_L$$

在通频带范围内，放大电路对不同频率的信号具有相同的放大和处理能力，对一般的信号放大电路，通常希望通频带宽一些。

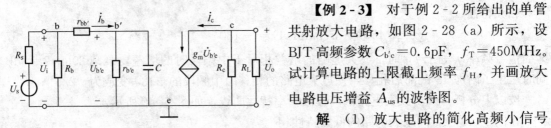

图 2-42　放大电路的简化高频小信号等效电路

【例 2-3】　对于例 2-2 所给出的单管共射放大电路，如图 2-28（a）所示，设 BJT 高频参数 $C_{b'c}=0.6\text{pF}$，$f_T=450\text{MHz}$。试计算电路的上限截止频率 f_H，并画放大电路电压增益 $\dot{A}_{us}$ 的波特图。

解　（1）放大电路的简化高频小信号等效电路如图 2-42 所示。

根据给定的参数确定等效结电容 C。

首先由 [例 2-2] 解出的静态工作电流 $I_{EQ}=1.5\text{mA}$，求出跨导 g_m。

$$g_m = \frac{I_{EQ}}{U_T} = \frac{1.5}{26} = 0.058(\text{s})$$

$$\dot{K} = \frac{\dot{U}_{ce}}{\dot{U}_{b'e}} = \frac{-g_m\dot{U}_{b'e}R'_L}{\dot{U}_{b'e}} = -g_mR'_L = -0.058 \times 2.2 \times 10^3 = -127.6$$

$$C'_{b'c} = (1 + |\dot{K}|)C_{b'c} = (1+127.6) \times 0.6 \approx 77(\text{pF})$$

$$C_{b'e} \approx \frac{g_m}{2\pi f_T} = \frac{0.058}{2 \times 3.14 \times 450 \times 10^6} \approx 13.5(\text{pF})$$

由 [例 2-2] 可知，$r_{bb'}=200\Omega$，$r_{b'e}=884\Omega$。

由以上获得输入回路的等效电阻和等效电容分别为

$$R = (R_s \mathbin{/\mkern-5mu/} R_b + r_{bb'}) \mathbin{/\mkern-5mu/} r_{b'e} = (0.1 \mathbin{/\mkern-5mu/} 400 + 0.2) \mathbin{/\mkern-5mu/} 0.88 \approx 0.22(\text{k}\Omega)$$

$$C = C_{b'e} + C'_{b'c} = 13.5 + 77 = 90.5(\text{pF})$$

根据 $\tau=RC$ 求得上限截止频率

$$f_H = \frac{1}{2\pi\tau_H} = \frac{1}{2\pi RC} = \frac{1}{2 \times 3.14 \times 0.22 \times 10^3 \times 90.5 \times 10^{-12}} \approx 8(\text{MHz})$$

（2）根据所计算出来的 $\dot{A}_{usm}$、f_L、f_H 画出放大电路波特图，如图 2-43 所示。

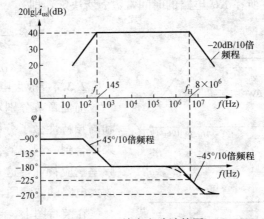

图 2-43　放大电路波特图

复习要点

（1）放大电路使低频信号和高频信号电压增益降低的原因是什么？

（2）影响放大电路的低频特性是电路中的耦合电容，影响放大电路的高频特性是放大电路中 BJT 的 PN 结电容。

（3）放大电路的上限截止频率 f_H 和下限截止频率 f_L 取决于电容所在回路的时间常数 τ，对共射基本放大电路，τ_H、τ_L、f_H、f_L 分别是多少？

（4）放大电路的通频带是如何定义的，在通频带内放大电路的电压增益变化吗？

2.4　静态工作点稳定共射放大电路

2.4.1　温度对静态工作点设置的影响

在前面讨论的单管共射电路中，静态工作点参数通常会受到外界因素的影响，例如温度变化。静态工作点会随温度的变化而改变。在常温下，通常静态工作点设置在 BJT 的放大区负载线的中点，如图 2-44 所示，当温度等于 20℃时，静态工作点位于 Q 点。

但是，当温度变化时，Q 点的位置发生变化。当温度升高至 40℃时，静态工作点沿着负载线向下移动到 Q′点；当温度降低至 0℃时，静态工作点沿着负载线向下移动到 Q″点。当温度变化范围较大时，Q 点的移动范围也加大，甚至移到靠近饱和区或截止区，使输出信号产生失真，放大电路无法正常工作。

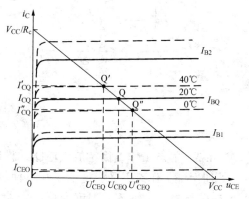

图 2-44　Q 点在不同环境温度下的变化

2.4.2　温度对 BJT 参数及特性的影响

放大电路静态工作点受温度变化的影响，其主要原因是由于 BJT 的参数受温度变化的影响。因此，了解温度对 BJT 参数的影响是很重要的。

1. 温度对 I_{CBO}、I_{CEO} 的影响

I_{CBO} 是集电结的反向饱和电流，它是在集电结反偏时，少数载流子漂移运动形成的，所以当温度升高时，会有更多的价电子在热激发下，挣脱共价键的束缚而成为自由电子，因此参与漂移运动的价电子数目增多，从外电路看，就是 I_{CBO} 增大。实验证明，温度每升高10℃，I_{CBO} 增加约 1 倍。

由于穿透电流 $I_{CEO}=(1+\beta)I_{CBO}$，所以 I_{CEO} 也会随温度的升高而增加。

2. 温度对 β 的影响

当温度升高时，在 BJT 内，发射区载流子的扩散运动加强，通过基区的速度加快，使电子在基区与空穴复合的几率减小，有更多的自由电子被集电结收集而漂移到集电区，因此使两者的比例系数加大，即电流放大系数 β 随温度的上升而加大。温度每升高 1℃，β 增加 $0.5\%\sim1\%$。

3. 温度对输入特性的影响

如图 2-45 (a) 所示, 当温度升高时, 输入特性曲线将向左移, 这表示在基极电流 i_B 保持不变时, 发射结压降 u_{BE} 将下降, 当温度升高 1℃, u_{BE} 将下降 2~2.5mV。换一角度看, 若保持 u_{BE} 不变, 则当温度升高时, 基极电流 i_B 将增加。

4. 温度对输出特性的影响

由于温度升高时, BJT 的 β、I_{CEO} 的增加, 结果导致其输出特性曲线族向上移动, 而且各条曲线的间距也加大了, 如图 2-45 (b) 所示。在图中可以看到, 当保持 $U_{CE}=6V$, 基极电流 $I_B=40\mu A$, 当温度由 25℃升高至 60℃时, 集电极电流 I_C 由 2mA 升至 3mA, 即 BJT 的 β 值由 50 升至 75。

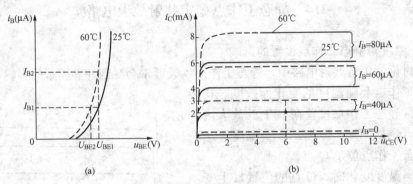

图 2-45 温度对 BJT 输入、输出特性的影响
(a) 输入特性; (b) 输出特性

2.4.3 静态工作点稳定放大电路的构成

如何保证工作点不受温度的影响, 使放大电路在温度变化时也能正常工作, 要求集电极电流 I_C 能维持恒定, 不受温度变化的影响。基本想法是在温度升高时, 电路能自动地减小基极电流 I_B, 从而使集电极电流 I_C 不发生变化, 实现静态工作点稳定。

静态工作点稳定放大电路及其直流通路如图 2-46 所示。从电路结构看, 输入信号 $\dot{U}_i$ 加到 BJT 的基极, 输出信号 $\dot{U}_o$ 从 BJT 的集电极送出, 而发射极作为输入、输出信号的公共极, 因此, 放大电路共射接法, BJT 工作在共射状态。

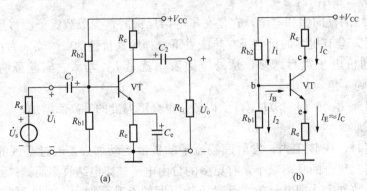

图 2-46 静态工作点稳定放大电路
(a) 放大电路; (b) 直流通路

与基本共射放大电路相比，该放大电路的最大优点是静态工作点稳定，基本不受温度变化和 BJT 参数变化的影响，属于静态工作点稳定电路。

通过前面章节的讨论已知，静态工作点 Q 的设置对放大电路是很重要的，它不仅影响电压增益，也关系到最大不失真输出电压以及输出波形的失真。所以，在设计或调试放大电路时，为获得较好的电路性能，必须首先设置一个合适的静态工作点。但是，在基本共射放大电路中，设计好的静态工作点在工作环境发生改变时而产生变化。例如，当环境温度发生改变时，基本共射放大电路的静态工作点会随温度的变化而变化，从而导致在常温下正常工作的放大电路，在温度大幅度升高或降低时不能正常工作。再比如，当放大电路更换 BJT 时，由于 BJT 参数不同，放大电路的静态工作点也要重新调整。本节介绍的静态工作点稳定电路可以很好地解决这类问题，它可以使外界条件发生改变时，放大电路的静态工作点保持稳定。

2.4.4　静态工作点稳定电路分析

由于 BJT 参数受温度影响是一个不变的事实，所以，要稳定放大电路的静态工作点，就要改变放大电路的设计，静态工作点稳定电路的设计可以有效地解决这一问题。

1. 静态工作点稳定电路稳定静态工作点的原理

由图 2-46（b）所示静态工作点稳定放大电路的直流通路，分析其稳定工作点的原理如下：

电路在静态（$\dot{U}_i=0$）时，如果 $I_1 \gg I_B$，就可以忽略基极电流，则 BJT 基极电位 V_B 基本由电阻 R_{b1} 和 R_{b2} 组成的分压器所决定，即

$$V_B = \frac{R_{b1}}{R_{b1}+R_{b2}}V_{CC} \tag{2-59}$$

V_B 值只取决于电路参数，而不受温度的影响，即放大电路工作时，V_B 值是固定的。当温度上升时，$I_C(I_E)$ 会随温度的上升而增加。$I_C(I_E)$ 的增加，在 R_e 电阻上的压降 V_E 也要增加。V_E 的增加导致 BJT 基极与发射极之间电压 U_{BE} 减小（因为 V_B 是固定的，而 $U_{BE}=V_B-V_E$），U_{BE} 的减小使 I_B 自动减小（由 BJT 输入特性曲线），结果牵制了 I_C 的增加，从而保证了 I_C 的基本恒定。这个自动调节过程是属于一种负反馈，这个过程可简写为

$$T(℃)\uparrow \rightarrow I_C\uparrow(I_E\uparrow) \rightarrow V_E\uparrow \rightarrow U_{BE}\downarrow \rightarrow I_B\downarrow$$
$$I_C\downarrow \longleftarrow \qquad\qquad\qquad\qquad\qquad$$

当温度降低时，各物理量向相反方向变化。

在实际情况中，为获得最佳的调节效果，I_1 越大于 I_B，以及 V_B 越大于 U_{BE} 越好，但为兼顾其他性能指标，对于硅管，一般可选取 $I_1=(5\sim10)I_B$，$V_B=(3\sim5)U_{BE}$。

2. 静态工作点稳定电路的静态分析

静态工作点的计算采用近似估算法，在图 2-46（b）所示的直流通路中，由式（2-59）得，BJT 的基极电位近似等于

$$V_B = \frac{R_{b1}}{R_{b1}+R_{b2}}V_{CC}$$

$$I_{CQ} \approx I_{EQ} = \frac{V_B-U_{BEQ}}{R_e} \approx \frac{V_B}{R_e} \tag{2-60}$$

$$U_{CEQ} = V_{CC}-I_{CQ}R_c-I_{EQ}R_e \approx V_{CC}-I_{CQ}(R_c+R_e) \tag{2-61}$$

$$I_{BQ} = \frac{I_{CQ}}{\beta} \qquad\qquad (2-62)$$

3. 静态工作点稳定电路的动态分析

首先画出图 2-47（a）电路的交流通路，如图 2-47（a）所示。

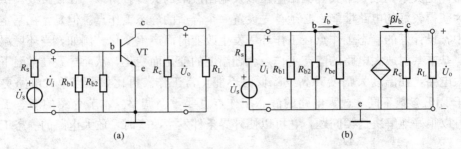

图 2-47　静态工作点稳定电路的交流通路和小信号等效电路
(a) 交流通路；(b) 小信号等效电路

然后用 BJT 小信号模型代替图中的 BJT，得到放大电路的中频小信号等效电路如图 2-47（b）所示。由于电容 C_e 对交流信号的影响接近于短路，因此在放大电路的交流通路和小信号等效电路中，可看成发射极直接接地，所以 C_e 又称为发射极旁路电容，它在直流电路中保留了发射极电阻 R_e 的负反馈作用，又在交流通路中消除了 R_e 对交流分量的影响，使电压增益不致下降。

由中频小信号等效电路对电路参数进行分析计算。

（1）放大电路中频电压增益 $\dot{A}_{um}$、$\dot{A}_{usm}$。由图 2-47（b）电路可知，输出电压 $\dot{U}_o$ 可表示为

$$\dot{U}_o = -\beta\dot{I}_b R'_L$$
$$R'_L = R_c \mathbin{/\mkern-5mu/} R_L$$

输入电压 $\dot{U}_i$ 可表示为

$$\dot{U}_i = \dot{I}_b r_{be}$$

因此，电压增益 $\dot{A}_{um}$ 为

$$\dot{A}_{um} = \frac{\dot{U}_o}{\dot{U}_i} = \frac{-\beta\dot{I}_b R_{L'}}{\dot{I}_b r_{be}} = -\frac{\beta R'_L}{r_{be}}$$

从 $\dot{A}_{um}$ 表达式看，虽然有发射极电阻 R_e 的接入，但是由于电容 C_e 的存在，相对基本共射放大电路，电压增益并没有改变。对信号源的电压增益为

$$\dot{A}_{usm} = \frac{\dot{U}_o}{\dot{U}_s} = \frac{R_i}{R_s + R_i}\dot{A}_{um}$$

（2）电路输入电阻 R_i。从图 2-47 输入端看进去的电阻应为电阻 R_{b1}、R_{b2}、r_{be} 的并联值，因此，静态工作点稳定电路的输入电阻为

$$R_i = R_{b1} \mathbin{/\mkern-5mu/} R_{b2} \mathbin{/\mkern-5mu/} r_{be} \qquad\qquad (2-63)$$

（3）电路输出电阻 R_o。按求输出电阻的定义，静态工作点稳定电路的输出电阻为

$$R_o = R_c$$

4. 静态工作点稳定电路的频率特性分析

（1）下限截止频率 f_L。静态工作点稳定放大电路的低频小信号等效电路如图 2-48 所示。

图 2-48 中 $R_b = R_{b1} // R_{b2}$。为简化电路分析做一些合理的近似。首先假设 R_b 值远大于与之并联支路的电阻值，其对电路的影响可以忽略不计，在电路中可令 R_b 开路；其次假设发射极电容 C_e 的值足够大，它的容抗远远小于 R_e 的值，即

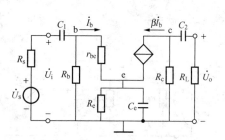

$$R_e \gg X_{C_e} = \frac{1}{\omega C_e}$$

以致 R_e 对电路的影响可以忽略不计，在电路中可令 R_e 开路。作了以上近似后的简化等效电路，如图 2-49（a）所示。

图 2-48　静态工作点稳定放大电路的低频小信号等效电路

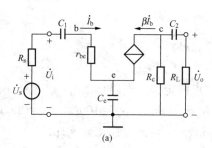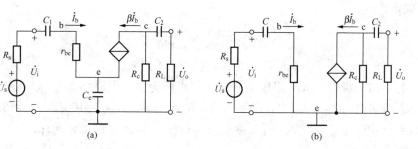

(a)　　　　　　　　　　　　　　　(b)

图 2-49　静态工作点稳定电路的简化低频小信号等效电路

（a）令 R_b、R_e 开路；（b）将 C_e 折算到输入、输出回路

由于电容 C_e 连接在输入、输出回路中，须将它分别折算到输入、输出回路中去。折算到输入回路中去的等效电容 C'_e 的容抗应该是发射极电容 C_e 的（$1+\beta$）倍，即

$$X_{C_e} = (1+\beta)X_{C_e}$$

$$\frac{1}{\omega C'_e} = (1+\beta)\frac{1}{\omega C_e}$$

则折算到输入回路的电容为

$$C'_e = \frac{C_e}{1+\beta} \tag{2-64}$$

折算到输入回路的电容 C'_e 与电路中的耦合电容 C_1（电容量为 C_1）串联，因此输入回路的等效总电容为

$$C = \frac{C_1 C'_e}{C_1 + C'_e} = \frac{C_1 C_e}{(1+\beta)C_1 + C_e} \tag{2-65}$$

由于流过 C_e 的电流就是输出回路的电流，C_e 对输出回路无需折算。而且一般有 $C_e \gg C_2$，因而其对输出回路的作用可以忽略，在电路中视为短路。作了以上近似的简化低频小信号等效电路如图 2-49（b）所示。

按放大电路的频率特性分析，折算到输入回路的电容 C 确定一个下限截止频率 f_{L1}，其值为

$$f_{L1} = \frac{1}{2\pi\tau_{L1}} = \frac{1}{2\pi(R_s + r_{be})C}$$

输出回路电容 C_2 确定一个下限截止频率 f_{L2}，其值为

$$f_{L2} = \frac{1}{2\pi\tau_{L2}} = \frac{1}{2\pi(R_L + R_c)C_2}$$

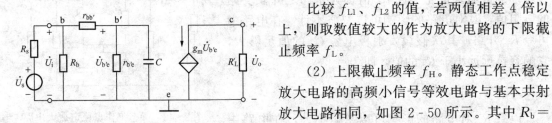

图 2-50　静态工作点稳定电路
的高频小信号等效电路

比较 f_{L1}、f_{L2} 的值，若两值相差 4 倍以上，则取数值较大的作为放大电路的下限截止频率 f_L。

（2）上限截止频率 f_H。静态工作点稳定放大电路的高频小信号等效电路与基本共射放大电路相同，如图 2-50 所示。其中 $R_b = R_{b1} /\!/ R_{b2}$。

其上限截止频率由 C 所在输入回路的时间常数 τ_H 确定。

$$f_H = \frac{1}{2\pi\tau_H} = \frac{1}{2\pi R C'_{b'e}}$$

$$R = (R_s /\!/ R_b + r_{bb'}) /\!/ r_{b'e}$$

【例 2-4】　由三极管 3DG6 组成的静态工作点稳定放大电路如图 2-47（a）所示。已知电路参数 $R_{b1} = 20\text{k}\Omega$，$R_{b2} = 40\text{k}\Omega$，$R_c = 2\text{k}\Omega$，$R_e = 3.3\text{k}\Omega$，$R_s = 100\Omega$，$R_L = 2\text{k}\Omega$，$C_1 = C_2 = 10\mu\text{F}$，$C_e = 50\mu\text{F}$，$V_{CC} = 12\text{V}$。BJT 参数 $\beta = 50$，$r_{bb'} = 200\Omega$，$C_{b'c} = 1\text{pF}$，$f_T = 500\text{MHz}$。试分析此电路。

解　（1）静态分析。其直流通路如图 2-46（b）所示。

$$V_B = \frac{R_{b1}}{R_{b1} + R_{b2}} V_{CC} = \frac{20}{20 + 40} \times 12 = 4(\text{V})$$

$$I_{CQ} \approx I_{EQ} = \frac{V_B - U_{BEQ}}{R_e} = \frac{4 - 0.7}{3.3} = 1(\text{mA})$$

$$I_{BQ} = \frac{I_{CQ}}{\beta} = \frac{1}{50} = 20(\mu\text{A})$$

$$U_{CEQ} = V_{CC} - I_{CQ}R_c - I_{EQ}R_e \approx 12 - 1 \times (2 + 3.3) = 6.7(\text{V})$$

（2）动态分析

1）放大电路中频电压增益 $\dot{A}_u$

BJT 输入电阻 r_{be}

$$r_{be} = r_{bb'} + (1 + \beta)\frac{U_T}{I_{EQ}} = 200 + (1 + 50) \times \frac{26}{1} \approx 1.5(\text{k}\Omega)$$

$$\dot{A}_u = \frac{\dot{U}_o}{\dot{U}_i} = -\frac{\beta R'_L}{r_{be}} = -\frac{50 \times 2 /\!/ 2}{1.5} = -33.3$$

2）电路输入电阻 R_i

$$R_i = R_{b1} /\!/ R_{b2} /\!/ r_{be} = 20 /\!/ 40 /\!/ 1.5 \approx 1.5(\text{k}\Omega)$$

3）电路输出电阻 R_o

$$R_o \approx R_c = 2(\text{k}\Omega)$$

4) 电路下限截止频率 f_L

折算到输入回路的电容

$$C'_e = \frac{C_e}{1+\beta} = \frac{50}{1+50} \approx 1(\mu F)$$

输入回路的总电容

$$C = \frac{C_1 C'_e}{C_1 + C'_e} = \frac{1 \times 1}{1+1} = 0.5(\mu F)$$

按放大电路的频率特性分析，输入回路的电容 C 确定一个下限截止频率 f_{L1}，其值为

$$f_{L1} = \frac{1}{2\pi\tau_{L1}} = \frac{1}{2\pi(R_s + r_{be})C} = \frac{1}{2 \times 3.14 \times (0.1 + 1.5) \times 10^3 \times 0.5 \times 10^{-6}} \approx 200(Hz)$$

输出回路电容 C_2 确定一个下限截止频率 f_{L2}，其值为

$$f_{L2} = \frac{1}{2\pi\tau_{L2}} = \frac{1}{2\pi(R_L + R_c)C_2} = \frac{1}{2 \times 3.14 \times (2+2) \times 10^3 \times 10 \times 10^{-6}} \approx 40(Hz)$$

比较 f_{L1}、f_{L2} 的值，两值相差 4 倍以上，则取数值较大的 f_{L1} 作为放大电路的下限截止频率 f_L，即

$$f_L = f_{L1} = 20(Hz)$$

5) 放大电路的上限截止频率 f_H

$$g_m = \frac{I_{EQ}}{U_T} = \frac{1}{26} = 0.038(S)$$

$$\dot{K} = \frac{\dot{U}_{ce}}{\dot{U}_{b'e}} = -g_m R'_L = -0.038 \times 1 \times 10^3 = -38$$

$$r_{b'e} = (1+\beta)\frac{U_T}{I_{EQ}} = (1+50) \times \frac{26}{1} \approx 1.3(k\Omega)$$

$$C_{b'e} \approx \frac{g_m}{2\pi f_T} = \frac{0.038}{2 \times 3.14 \times 500 \times 10^6} \approx 12(pF)$$

$$C'_{b'c} = (1+|\dot{K}|)C_{b'c} = (1+38) \times 1 = 38(pF)$$

则高频等效电路中，等效电阻 R 和等效电容 C 分别为

$$R = (R_s \parallel R_{b1} \parallel R_{b2} + r_{bb'}) \parallel r_{b'e} = (0.1 \parallel 20 \parallel 40 + 0.2) \parallel 1.3 \approx 0.28(k\Omega)$$

$$C = C_{b'e} + C'_{b'c} = 12 + 38 = 50(pF)$$

则放大电路的上限截止频率为

$$f_H = \frac{1}{2\pi\tau_H} = \frac{1}{2\pi RC} = \frac{1}{2 \times 3.14 \times 0.28 \times 10^3 \times 50 \times 10^{-12}} \approx 11(MHz)$$

复习要点

（1）放大电路的静态工作点受哪些因素的影响，为什么基本共射放大电路的静态工作点不稳定？

（2）静态工作点稳定放大电路的静态工作点为什么能稳定，叙述其稳定过程？

（3）计算静态工作点稳定电路的静态工作点是先计算 I_{BQ} 还是先计算 I_{CQ}。

（4）发射极电容 C_e 在静态工作点稳定放大电路中的作用。

2.5　共基组态单管放大电路

2.5.1　共基放大电路的构成及静态工作点

1. 共基放大电路的交流通路

共基基本放大电路构成如图 2-51（a）所示，图 2-51（b）是其交流通路。

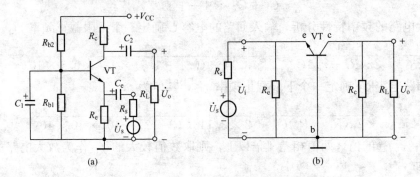

图 2-51　共基单管放大电路及交流通路
(a) 放大电路；(b) 交流通路

从共基单管放大电路的交流通路看到，输入交流信号 $\dot{U}_i$ 加入 BJT 的发射极，输出信号 $\dot{U}_o$ 取自于 BJT 的集电极，而基极则为信号输入、输出的公共端。因此称为共基组态，BJT 在电路中处于共基接法。

2. 共基放大电路的静态分析

共基放大电路的直流通路和静态工作点稳定电路的直流通路是一致的，如图 2-46（b）所示。因此其静态工作点的计算过程也是相同的，详见 2.4.4 节中静态工作点稳定电路的静态分析。

2.5.2　共基放大电路的动态分析

图 2-52 为共基放大电路的小信号等效电路，在等效电路上求动态参数。

1. 共基放大电路的电压增益 $\dot{A}_u$

在等效电路中，输入信号电压可表示为

$$\dot{U}_i = -\dot{I}_b r_{be}$$

而输出电压 $\dot{U}_o$ 可表示为

$$\dot{U}_o = -\beta \dot{I}_b R'_L$$

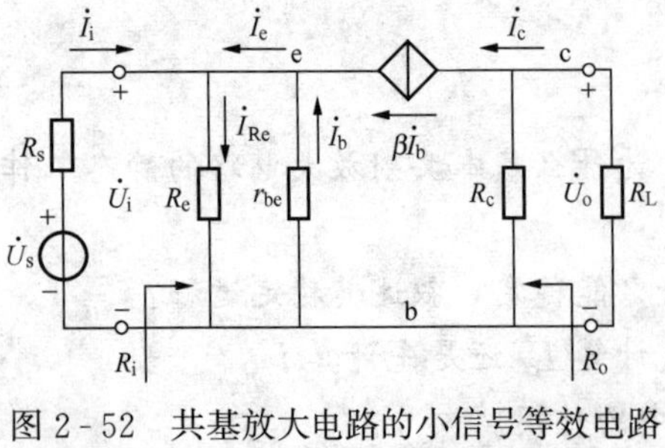

$$R'_L = R_c /\!/ R_L$$

则电压增益

$$\dot{A}_u = \frac{\dot{U}_o}{\dot{U}_i} = \frac{-\beta \dot{I}_b R'_L}{-\dot{I}_b r_{be}} = \frac{\beta R'_L}{r_{be}} \quad (2-66)$$

分析式（2-66）所给出的共基基本放大电路电压增益的表达式，可见：共基放大电路的电压增益与共射放大电路的电压增益大小相同，但是一个

图 2-52　共基放大电路的小信号等效电路

正值，表示共基放大电路的输出电压 $\dot{U}_\text{o}$ 与输入电压 $\dot{U}_\text{i}$ 相位相同，属于同相放大电路。

2. 共基放大电路的输入电阻

从图 2 - 52 放大电路的输入端看，其电压和电流满足以下关系

$$\dot{I}_\text{i} = \dot{I}_\text{Re} - \dot{I}_\text{e} = \dot{I}_\text{Re} - (1+\beta)\dot{I}_\text{b}$$

$$\dot{I}_\text{Re} = \frac{\dot{U}_\text{i}}{R_\text{e}}$$

$$\dot{I}_\text{b} = -\frac{\dot{U}_\text{i}}{r_\text{be}}$$

因此，共基放大电路的输入电阻可表达为

$$R_\text{i} = \frac{\dot{U}_\text{i}}{\dot{I}_\text{i}} = \frac{\dot{U}_\text{i}}{\dfrac{\dot{U}_\text{i}}{R_\text{e}} - (1+\beta)\dfrac{-\dot{U}_\text{i}}{r_\text{be}}} = \frac{1}{\dfrac{1}{R_\text{e}} + \dfrac{1+\beta}{r_\text{be}}} = R_\text{e} \mathbin{/\mkern-5mu/} \frac{r_\text{be}}{1+\beta}$$

在一般情况下，$\dfrac{r_\text{be}}{1+\beta} \ll R_\text{e}$，因此有共基放大电路的输入电阻 $R_\text{i} \approx \dfrac{r_\text{be}}{1+\beta}$。结果表明，共基基本放大电路的输入电阻比共射放大电路的输入电阻还要小。

3. 共基放大电路的输出电阻

从图 2 - 52 等效电路的输出端看，共基放大电路输出电阻为

$$R_\text{o} \approx R_\text{c}$$

上式说明，共基放大电路的输出电阻与共射放大电路的输出电阻相同，都近似等于集电极电阻 R_c。

4. 共基放大电路的高频特性

为分析共基放大电路的高频特性，根据图 2 - 51（b）共基电路的交流通路，首先画出其高频小信号等效电路如图 2 - 53 所示，图中将 BJT 用其高频小信号等效模型去代替。

由于基极电流 $\dot{I}_\text{b}$ 比集电极电流 $\dot{I}_\text{c}$ 和发射极电流 $\dot{I}_\text{e}$ 小很多，而且基区电阻 $r_\text{bb'}$ 数值很小，在其上产生的交流压降可以忽略不计，因此有 $\dot{V}_\text{b'} \approx \dot{V}_\text{b} = 0$，这样在简化的等效电路中就可以去掉基区电阻 $r_\text{bb'}$，简化后的高频小信号等效电路如图 2 - 54（a）所示。

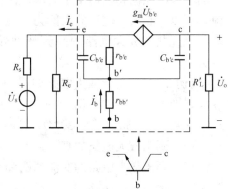

图 2 - 53 共基放大电路的高频小信号等效电路

在图 2 - 54（a）中，集电结电容 $C_\text{b'c}$ 接在输出端口，因而不会像共射放大电路那样存在密勒效应。但在图中受控电流源 $g_\text{m}\dot{U}_\text{b'e}$ 连接在输入和输出端，需对它进行单向化处理。由图 2 - 54（a）可以写出

$$\dot{I}_\text{e} = \dot{U}_\text{b'e}\left(\frac{1}{r_\text{b'e}} + g_\text{m} + j\omega C_\text{b'e}\right)$$

$$= \dot{U}_\text{b'e}\left[\frac{1}{(1+\beta)r_\text{e}} + \frac{1}{r_\text{e}} + j\omega C_\text{b'e}\right]$$

$$\approx \dot{U}_\text{b'e}\left(\frac{1}{r_\text{e}} + j\omega C_\text{b'e}\right)$$

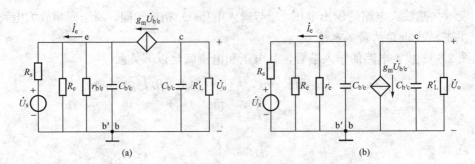

图 2-54　简化电路和等效电路

(a) 简化电路；(b) 单向化等效电路

由上式可得，从 BJT 发射极看进去的输入导纳为

$$\frac{\dot{I}_e}{\dot{U}_e} = \frac{1}{r_e} + j\omega C_{b'e}$$

于是得到了单向化的等效电路如图 2-54 (b) 所示。由图 2-54 (b) 可知，在输入回路发射结电容 $C_{b'e}$ 和在输出回路集电结电容 $C_{b'c}$ 各确定一个上限截止频率，分别表示为

$$f_{H1} = \frac{1}{2\pi(R_s \ /\!/ \ R_e \ /\!/ \ r_e)C_{b'e}} \tag{2-67}$$

$$f_{H2} = \frac{1}{2\pi R_L' C_{b'c}} \tag{2-68}$$

由于没有密勒效应，输入回路只有电容 $C_{b'e}$，再加上 BJT 的发射结正向电阻很小，因此 f_{H1} 很高，又由于 $C_{b'c}$ 很小，f_{H2} 也很高，因此共基放大电路具有很好的高频响应特性。

综上分析可以看出，共基放大电路具有和共射放大电路相同的电压放大能力，且输出电压与输入电压同相。但由于其输出回路电流是集电极电流，其输入回路电流是发射极回路电流，所以，它没有电流放大能力。另外，其输入电阻最低，并且在高频时不存在密勒折算电容，因此共基放大电路的高频特性较好，有很宽的通频带，常用于高频或宽频带的信号放大。

【例 2-5】　单管放大电路如图 2-55 所示，电路参数和 BJT 参数与 [例 2-4] 电路完全相同，即 $R_{b1} = 20\text{k}\Omega$，$R_{b2} = 40\text{k}\Omega$，$R_c = R_L = 2\text{k}\Omega$，$R_e = 3.3\text{k}\Omega$，$R_s = 100\Omega$，$V_{CC} = 12\text{V}$。BJT 参数为 $\beta = 50$，$r_{bb'} = 200\Omega$，$C_{b'c} = 1\text{pF}$，$f_T = 500\text{MHz}$。试求：

(1) 画出放大电路的直流通路，计算电路的静态工作点；

(2) 画出放大电路的交流通路和小信号等效电路；

(3) 求放大电路的 $\dot{A}_u$、R_i、R_o；

(4) 求放大电路的上限截止频率 f_H。

解　(1) 图 2-55 只是图 2-51 (a) 所示共基基本放大电路的另外一种画法，其电路结构完全相同，所以其直流通路也是一样的，如图 2-56 所示，其静态工作点的计算过程也是相同的。由于电路参数与 [例 2-4] 完全相同，因此结果也相同，即

$$I_{CQ} \approx I_{EQ} = 1(\text{mA})$$

$$I_{BQ} = 20(\mu\text{A})$$

$$U_{CEQ} = 6.7(\text{V})$$

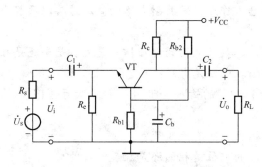

图 2-55 共基单管放大电路

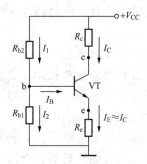

图 2-56 共基单管放大电路的直流通路

（2）放大电路的交流通路，小信号等效电路分别如图 2-51（b）和图 2-52 所示。

（3）由式（2-66），共基放大电路的电压增益 $\dot{A}_u$ 大小与［例 2-4］静态工作点稳定放大电路相同，但相位是同相。

$$\dot{A}_u = \frac{\beta R'_L}{r_{be}} = \frac{50 \times (2 \mathbin{/\mkern-5mu/} 2)}{1.5} \approx 33.3$$

由式（2-67）得，共基放大电路的输入电阻

$$R_i = R_e \mathbin{/\mkern-5mu/} \frac{r_{be}}{1+\beta} = 3.3 \mathbin{/\mkern-5mu/} \frac{1.5}{1+50} \approx 29.4(\Omega)$$

由式（2-68）得，共基放大电路输出电阻为

$$R_o \approx R_c = 2(\mathrm{k}\Omega)$$

（4）简化高频小信号等效电路如图 2-54（b）所示。由于电路参数和 BJT 的参数与［例 2-4］电路相同，因此，下面的计算结果是一致的，即

$$g_m = 0.038(\mathrm{S})$$

$$r_e = \frac{U_T}{I_{EQ}} = \frac{26}{1} = 26(\Omega)$$

$$C_{b'e} \approx 12(\mathrm{pF})$$

由输入回路时间常数确定 f_{H1}，由输出回路时间常数确定 f_{H2}，即

$$f_{H1} = \frac{1}{2\pi(R_s \mathbin{/\mkern-5mu/} R_e \mathbin{/\mkern-5mu/} r_e)C_{b'e}} = \frac{1}{2 \times 3.14 \times 20.6 \times 12 \times 10^{-12}} \approx 644(\mathrm{MHz})$$

$$f_{H2} = \frac{1}{2\pi R'_L C_{b'c}} = \frac{1}{2 \times 3.14 \times 1 \times 10^3 \times 1 \times 10^{-12}} \approx 159(\mathrm{MHz})$$

因此，放大电路的上限截止频率约为 159MHz。与［例 2-4］共射放大电路相比较，在电路参数和 BJT 参数完全一致的条件下，共基放大电路的上限截止频率比共射放大电路的上限截止频率（11MHz）要高很多，即共基电路的通频带很宽。

复习要点

（1）共基电路把 BJT 的哪个电极作为输入端，哪个电极作为输出端，哪一个电极作为输入、输出公共端？

（2）共基放大电路与哪一种组态电路的电压增益大小相等，极性相反。

（3）共基放大电路能放大电流吗？

（4）比较共基放大电路的直流通路和静态工作点稳定共射电路的直流通路以及静态工作点的计算方法。

（5）与静态工作点稳定共射放大电路相比，共基电路的电压增益是大、是小还是相同？

（6）与共射放大电路相比，共基电路的输入电阻是大还是小？

（7）共基放大电路的输入电阻一般是小于 BJT 的输入电阻 r_{be}，还是大于 BJT 的输入电阻 r_{be} 或者是等于 BJT 的输入电阻 r_{be}？

（8）与共射放大电路相比，共基电路的输出电阻有无改变？

（9）共基放大电路的输出电压与输入电压的相位是相同还是相反？

（10）BJT 在共基接法下，其结电容 $C_{b'e}$，$C_{b'c}$ 在放大电路中的位置和在共射接法下，其结电容的位置有何差别，哪一种接法对电路参数的影响更大？

（11）为什么共基放大电路的高频特性比共射电路的高频特性要好？

2.6　共集组态单管放大电路

2.6.1　共集放大电路构成

共集基本放大电路的构成如图 2-57（a）所示，图 2-57（b）是其交流通路。

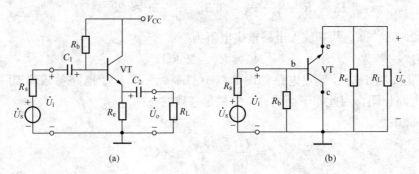

图 2-57　共集单管放大电路及交流通路

（a）放大电路；（b）交流通路

电路中各元件的作用与共射放大电路相同。静态时电源 V_{CC} 通过电阻 R_b，R_e 向 BJT 提供偏置电流，建立静态工作点。

输入交流信号 $\dot{U}_i$ 加入 BJT 的基极，而输出信号 $\dot{U}_o$ 取自于 BJT 的发射极，集电极则为信号输入、输出的公共端。因此称为共集组态，这一点从图 2-57（b）看得更清楚。由于输出信号从发射极输出，所以共集电路又常称为射极输出器。

2.6.2　共集放大电路的静态分析

共集放大电路的直流通路如图 2-58（a）所示。

在基极回路列回路电压方程如下

$$V_{CC} - U_{BEQ} = I_{BQ}R_b + I_{EQ}R_e = I_{BQ}R_b + (1+\beta)I_{BQ}R_e$$

由上式得静态工作点

$$I_{BQ} = \frac{V_{CC} - U_{BEQ}}{R_b + (1+\beta)R_e} \approx \frac{V_{CC}}{R_b + (1+\beta)R_e} \tag{2-69}$$

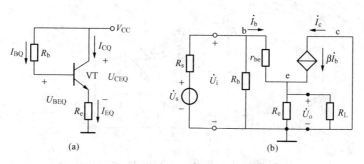

图 2-58 共集电路直流道路和小信号等效电路

(a) 直流通路；(b) 小信号等效电路

$$I_{CQ} = \beta I_{BQ} \tag{2-70}$$

$$U_{CEQ} = V_{CC} - I_{EQ}R_e \approx V_{CC} - I_{CQ}R_e \tag{2-71}$$

2.6.3 共集放大电路的动态分析

图 2-58（b）为共集放大电路的小信号等效电路，在等效电路上求动态参数。

1. 共集放大电路的电压增益 $\dot{A}_u$

在等效电路中，在输入回路按 KVL 列回路电压方程，则输入信号电压可表示为

$$\dot{U}_i = \dot{I}_b r_{be} + \dot{I}_b(1+\beta)R'_L = \dot{I}_b[r_{be} + (1+\beta)R'_L]$$

$$R'_L = R_e \ /\!/ \ R_L$$

而输出电压 $\dot{U}_o$ 可表示为

$$\dot{U}_o = (\dot{I}_b + \beta\dot{I}_b)R'_L = \dot{I}_b(1+\beta)R'_L$$

则电压增益

$$\dot{A}_u = \frac{\dot{U}_o}{\dot{U}_i} = \frac{\dot{I}_b[(1+\beta)R'_L]}{\dot{I}_b[r_{be} + (1+\beta)R'_L]} = \frac{(1+\beta)R'_L}{r_{be} + (1+\beta)R'_L} \tag{2-72}$$

分析式（2-72）所给出的共集基本放大电路电压增益的表达式，可见有以下两点：

（1）电压放大倍数是一个正值，表示共集放大电路的输出电压 $\dot{U}_o$ 与输入电压 $\dot{U}_i$ 相位相同，共集放大电路属于同相放大。

（2）一般情况下，$\beta \gg 1$，$\beta R'_L \gg r_{be}$，则有

$$\dot{A}_u = \frac{(1+\beta)R'_L}{r_{be} + (1+\beta)R'_L} \approx 1 \tag{2-73}$$

这表示输出电压略小于输入电压，近似相等。

基于共集放大电路输出电压与输入电压大小接近相等，且相位一致，即输出电压基本上随输入信号电压的变化而变化。所以，共集放大电路又常称为电压跟随器。

2. 共集放大电路的输入电阻

求共集电路输入电阻的电路如图 2-59 所示。

根据输入电阻的定义，输入电阻应是从输入端看进去的电阻。根据前面的分析有 $R_i = R_b \ /\!/ \ R'_i$。R'_i 在图 2-59 中是从虚线 aa' 两端看进去的电阻。求 R'_i 可以把测试电压 $\dot{U}_t$ 从 aa' 两端加入电路，产生相应测试电流 $\dot{I}_t$，$\dot{I}_t$ 就等于基极电流 $\dot{I}_b$，在基极回路根据 KVL 列方程有

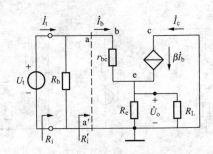

图 2-59　求共集电路输入电阻的测试电路

$$\dot{U}_t = I_b[r_{be} + (1+\beta)R'_L] = I_t[r_{be} + (1+\beta)R'_L]$$

式中：$R'_L = R_e /\!/ R_L$。

根据定义有

$$R'_i = \frac{\dot{U}_t}{R_t} = r_{be} + (1+\beta)R'_L$$

因此，共集放大电路的输入电阻为

$$R_i = R_b /\!/ R'_i = R_b /\!/ [r_{be} + (1+\beta)R'_L] \qquad (2-74)$$

由式（2-74）看，共集基本放大电路的输入电阻比共射放大电路的输入电阻要高。

3. 共集放大电路的输出电阻

求共集放大电路输出电阻的测试电路如图 2-60 所示。

测试电压 $\dot{U}_t$ 从放大电路的输出端发射极加入，产生相应的测试电流 $\dot{I}_t$ 为

$$\dot{I}_t = \dot{I}_{R_e} + \dot{I}_b + \beta\dot{I}_b \qquad (2-75)$$

$$\dot{I}_{R_e} = \frac{\dot{U}_t}{R_e} \qquad (2-76)$$

$$I_b = \frac{\dot{U}_t}{r_{be} + R'_s} \qquad (2-77)$$

其中　　　　　　　　　$R'_s = R_s /\!/ R_b$

将 $\dot{I}_{re}$、$\dot{I}_b$ 代入 $\dot{I}_t$，根据定义

$$R_o = \frac{\dot{U}_t}{\dot{I}_t} = \frac{1}{\dfrac{1}{R_e} + \dfrac{1+\beta}{R'_s + r_{be}}} = R_e /\!/ \frac{R'_s + r_{be}}{1+\beta} \qquad (2-78)$$

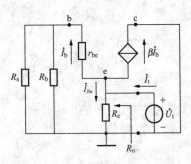

图 2-60　求共集电路输出
电阻的测试电路

输出电阻的计算公式说明，共集基本放大电路的输出电阻为发射极回路电阻 R_e 与基极回路的电阻（$R'_s + r_{be}$）折算到发射极回路的等效电阻组成。由于发射极回路的电流是基极回路电流的（$1+\beta$）倍，为了保持等效，基极回路的电阻折算到发射极回路要除以（$1+\beta$）。

通常有

$$R_e \gg \frac{R'_s + r_{be}}{1+\beta}$$

所以

$$R_{\mathrm{o}} \approx \frac{R'_{\mathrm{s}} + r_{\mathrm{be}}}{1 + \beta} \tag{2-79}$$

当信号源内阻很小时，即 $r_{\mathrm{be}} \gg R'_{\mathrm{s}}$，共集基本放大电路的输出电阻为

$$R_{\mathrm{o}} \approx \frac{r_{\mathrm{be}}}{1 + \beta} \tag{2-80}$$

式（2-80）表明，共集放大电路的输出电阻通常是很小的，一般在几十欧到几百欧的范围内。

共集极放大电路的频率特性请参阅有关文献。

综上分析可以看出，共集放大电路不具有电压放大能力，但其输出回路电流是发射极电流，其输入回路电流是基极回路电流，所以，它仍然具有电流放大能力。另外，其输入电阻大于共射电路，输出电阻小于共射电路，所以共集电路具有对信号源影响小、带负载能力强等优点，常作为多级放大电路的输入、输出级。

【例 2-6】 由 PNP 结构的 BJT 构成的单管共集放大电路如图 2-61（a）所示，电路参数 $R_{\mathrm{b}} = 200\mathrm{k}\Omega$，$R_{\mathrm{e}} = 3\mathrm{k}\Omega$，$R_{\mathrm{L}} = 6\mathrm{k}\Omega$，$R_{\mathrm{s}} = 100\Omega$，$V_{\mathrm{CC}} = -6\mathrm{V}$，BJT 参数 $\beta = 50$，$r_{\mathrm{be}} = 1\mathrm{k}\Omega$。试求：

（1）电路的静态工作点；

（2）放大电路的 $\dot{A}_{\mathrm{u}}$、R_{i}、R_{o}。

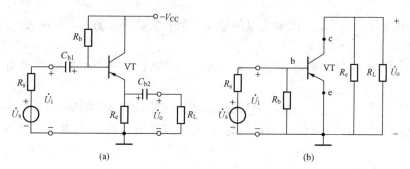

图 2-61 共集放大电路

（a）放大电路；（b）交流通路

解 （1）静态工作点为

$$I_{\mathrm{BQ}} = \frac{V_{\mathrm{CC}} - U_{\mathrm{BEQ}}}{R_{\mathrm{b}} + (1+\beta)R_{\mathrm{e}}} \approx \frac{V_{\mathrm{CC}}}{R_{\mathrm{b}} + (1+\beta)R_{\mathrm{e}}} \approx 17(\mu\mathrm{A})$$

$$I_{\mathrm{CQ}} = \beta I_{\mathrm{BQ}} = 850(\mu\mathrm{A})$$

$$U_{\mathrm{CEQ}} = V_{\mathrm{CC}} - I_{\mathrm{EQ}}R_{\mathrm{e}} \approx V_{\mathrm{CC}} - I_{\mathrm{CQ}}R_{\mathrm{e}} \approx -3.45(\mathrm{V})$$

（2）动态参数为

$$\dot{A}_{\mathrm{u}} = \frac{(1+\beta)R'_{\mathrm{L}}}{r_{\mathrm{be}} + (1+\beta)R'_{\mathrm{L}}} = \frac{(1+50) \times (3 \times 10^3 /\!/ 6 \times 10^3)}{1 \times 10^3 + (1+50) \times (3 \times 10^3 /\!/ 6 \times 10^3)} \approx 0.99$$

$$R_{\mathrm{i}} = R_{\mathrm{b}} /\!/ R'_{\mathrm{i}} = R_{\mathrm{b}} /\!/ [r_{\mathrm{be}} + (1+\beta)R'_{\mathrm{L}}]$$

$$= 200 \times 10^3 /\!/ [1 \times 10^3 + (1+50) \times (3 \times 10^3 /\!/ 6 \times 10^3)] \approx 68(\mathrm{k}\Omega)$$

$$R_{\mathrm{o}} = R_{\mathrm{e}} /\!/ \frac{R'_{\mathrm{s}} + r_{\mathrm{be}}}{1 + \beta} = 3 \times 10^3 /\!/ \frac{100 /\!/ 200 \times 10^3 + 1 \times 10^3}{1 + 50} \approx 21.6(\Omega)$$

复习要点

（1）共集放大电路能放大电压吗？

（2）共集电路把 BJT 的哪个电极作为输入端，哪个电极作为输出端，哪一个电极作为输入、输出公共端。

（3）共集放大电路的输入电阻为什么比共射放大电路的大？

（4）共集放大电路的输出电阻一般要比 r_{be} 大还是小？

（5）共集放大电路为什么又叫电压跟随器？

2.7 三种组态放大电路的性能比较

通过前三节的介绍可知，单管放大电路的三种基本组态从性能上看，有各自的特点。现归纳总结如下：

从电压增益看，共射组态和共基组态有相同的电压放大能力，但是共射组态是属于反相放大，而共基组态属于同相放大。共集电组态没有电压放大能力。

从电流增益看，共射组态和共集电组态有相同的电流放大能力，而共基组态没有电流放大能力。

从输入电阻看，共基组态的输入电阻最小，而共集电组态输入电阻最大，共射组态输入电阻居中。

从输出电阻看，共集组态输出电阻最小，而共射组态和共基组态具有相同的输出电阻。

从频率特性看，共基组态具有最好的高频特性，即具有最宽的通频带。

根据以上特性，在实际应用中，设计者选择不同组态的放大电路以满足不同的性能需求。

三种组态放大电路的性能比较见表 2-1。

表 2-1　　　　　　　　　　　放大电路三种基本组态的比较

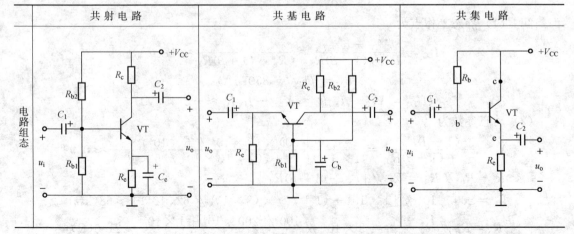

	共射电路	共基电路	共集电路
静态工作点	$V_B = \dfrac{R_{b1}}{R_{b1}+R_{b2}}V_{CC}$ $I_{CQ} \approx I_{EQ} \approx \dfrac{V_B}{R_e}$ $I_{BQ} = I_{CQ}/\beta$ $U_{CEQ} \approx V_{CC} - I_{CQ}(R_c + R_e)$	$V_B = \dfrac{R_{b1}}{R_{b1}+R_{b2}}V_{CC}$ $I_{CQ} \approx I_{EQ} \approx \dfrac{V_B}{R_e}$ $I_{BQ} = I_{CQ}/\beta$ $U_{CEQ} \approx V_{CC} - I_{CQ}(R_c + R_e)$	$I_{BQ} = \dfrac{V_{CC}}{R_b + (1+\beta)R_e}$ $I_{CQ} = \beta I_{BQ}$ $U_{CEQ} \approx V_{CC} - I_{CQ}R_e$
小信号等效电路			
$\dot{A}_u$	$-\dfrac{\beta R_c}{r_{be}}$	$\dfrac{\beta R_c}{r_{be}}$	$\dfrac{(1+\beta)R_e}{r_{be}+(1+\beta)R_e}$
R_i	$R_b \parallel r_{be}$	$R_e \parallel \dfrac{r_{be}}{1+\beta}(R_s = 0)$	$R_b \parallel [r_{be}+(1+\beta)R_e]$
R_O	R_c	R_c	$R_e \parallel \dfrac{r_{be}}{1+\beta}(R_s = 0)$
用途	无特殊要求的放大电路	高频或宽频带电路及恒流源电路	输入级、输出级或缓冲级

复习要点

(1) 三种接法单管放大电路各自结构特点，确定掌握其信号输入端、信号输出端、公共端。

(2) 三种接法单管放大电路分析方法的共同点及不同点。

(3) 三种接法单管放大电路主要性能参数的计算过程。

(4) 三种接法单管放大电路主要性能参数的对比。

(5) 如何根据放大电路的性能参数，确定其应用范围。

本 章 小 结

(1) 电子系统分为模拟电子系统和数字电子系统。模拟电子系统是针对模拟信号进行放大和处理的，所以放大电路是模拟电子技术所研究的主要电路。

(2) 放大电路的主要作用是将微弱的小信号进行放大处理后，去带动各类负载。根据输入信号的种类和负载对信号的要求，放大电路可以实现电压放大，电流放大，互阻放大和互导放大。

(3) 放大电路的性能指标主要有增益、输入电阻、输出电阻、通频带、非线性失真和最大输出功率。

(4) 模拟电子技术主要是对模拟信号的放大和处理技术。模拟电子电路的重要电路是信号放大电路，也就是放大器。放大电路分为四种类型，分别是电压放大、电流放大、互阻放大和互导放大。其中电压放大是本章讨论的重点。

(5) 放大电路的主要指标是电路增益（也叫放大倍数）、输入电阻、输出电阻以及频率特性，它们是衡量放大电路品质优劣的标准，也是设计放大电路的依据。

(6) 放大电路工作时，要给 BJT 设置合适的静态工作点，使 BJT 工作在其特性曲线的放大区。BJT 工作在放大状态的条件是发射结正向偏置，集电结反向偏置。

(7) 放大电路的分析可以采用图解法和小信号等效电路法。图解法分析直观全面，常用来分析静态工作点的设置。小信号等效电路法是在信号幅值较小的条件下，把 BJT 的非线性特性线性化，并给出 BJT 的小信号线性模型，然后用线性电路的分析计算方法去求解放大电路。

(8) 放大电路的分析内容包括静态分析、动态分析和频率特性分析。静态分析是计算 BJT 的静态工作点 I_{BQ}，I_{CQ} 和 V_{CEQ}。动态分析是计算放大电路中频段交流参数，包括电压增益 $\dot{A}_V$，输入电阻 R_i，输出电阻 R_o 等。频率特性分析是确定放大电路的上限截止频率 f_H，下限截止频率 f_L 以及通频带 BW，并能画出放大电路的波特图（幅频特性和相频特性）。

(9) BJT 参数受外界温度变化的影响很大，当温度升高时，BJT 的发射结压降 U_{BE} 要减小而穿透电流 I_{CEO} 和电流放大系数 β 要增大。

(10) 由于 BJT 参数受温度影响，而以 BJT 作为核心器件的放大电路的性能也必将受到温度的影响。影响主要反映在静态工作点上。对于基本共射放大电路，其静态工作点随温度和外界条件的变化而变化。

(11) 静态工作点稳定放大电路利用电路结构特点，克服了 BJT 参数变化对静态工作点的影响，属于静态工作点稳定的放大电路。

(12) 共集放大电路具有输入电阻高、输出电阻低等特点，常用来做多级放大电路的输入级或输出级。共集放大电路虽然没有电压放大能力，但有电流放大能力，共集放大电路又叫电压跟随器和射极输出器。

(13) 共基放大电路输入电阻低，在高频等效电路中 BJT 的结电容效应小，所以其高频特性好，常用做高频放大电路中。

习　　题

2.1　某放大电路输入端外加信号电压 u_i，其波形如图 2-62 所示。试给出：u_i 的振幅值 U_{im}，周期值 T，频率值 f。

2.2　某放大电路输入端外加图 2-63 (a) 给出的输入信号电压 u_i，在放大电路输出端获得输出电压 u_o 的波形如图 2-63 (b) 所示。试解答下列问题：

(1) 给出 u_i、u_o 的数学表达式；

(2) 求该放大电路的电压增益 $\dot{A}_u$；

(3) 说明输出电压 u_o 与输入电压 u_i 的相位关系。

2.3　某放大电路输入端外加图 2-64 给出的输入信号电压 u_i，在放大电路输出端获得输出电压 u_o 的波形如

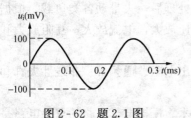

图 2-62　题 2.1 图

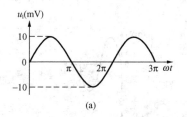
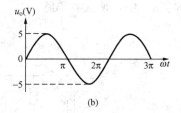

图 2 - 63 题 2.2 图

图 2 - 64 所示。试解答下列问题：

(1) 给出 u_o 的数学表达式；

(2) 求该放大电路的电压增益 $\dot{A}_u$；

(3) 说明输出电压 u_o 与输入电压 u_i 的相位关系。

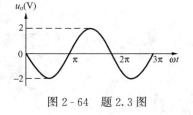

图 2 - 64 题 2.3 图

2.4 某放大电路的输入、输出信号的数学表达式分别为：$u_i = 0.1\sin\omega t(\text{V})$，$u_o = 10\sin(\omega t - \pi)(\text{V})$。试求：

(1) 计算该放大电路的电压增益值 $\dot{A}_u$；

(2) 说明 u_o 与 u_i 的相位关系；

(3) 画出 u_o 与 u_i 的波形。

2.5 在放大电路的输入端加入正弦交流信号电压 u_i，测得其电压的有效值为 10mV，电流的有效值为 5μA。在放大电路的输出端接 1kΩ 电阻负载 R_L，测量到负载 R_L 两端电压有效值为 1V。试计算：

(1) 该放大电路的电压增益 $\dot{A}_u$，电流增益 $\dot{A}_i$，互阻增益 $\dot{A}_r$ 和互导增益 $\dot{A}_g$。

(2) 将求得的电压增益和电流增益换算成分贝（dB）数表示。

2.6 求习题 2.5 放大电路的输入电阻 R_i。

2.7 某一放大电路在输出端接负载电阻 $R_L = 2\text{k}\Omega$ 时，输出电压为 2V。当把负载断开，让输出端空载时，测得输电压为 2.2V。求该放大电路的输出电阻 R_o。

2.8 在两个放大电路的输入端加入同一正弦波电压信号源，改变输入信号的振幅值，测得对应输出端电压振幅值如表所示：试回答哪一放大电路在输入信号变化范围内存在非线性失真？

输入信号振幅值（mV）	10	20	50	100
放大电路 1 输出电压振幅值（V）	0.6	1.2	3	6
放大电路 2 输出电压振幅值（V）	0.6	1.2	2.8	4

2.9 某放大电路有中频区电压增益值 $\dot{A}_{um}$ 为 1000，试求对应下限截止频率 f_L 的电压增益 $\dot{A}_{uL}$ 和对应上限截止频率 f_H 的电压增益 $\dot{A}_{uH}$，电压增益用 dB 表示。

2.10 电压增益为 1000 倍的共射放大电路如图 2 - 65（a）所示，在输入端加入图 2 - 65（b）所示标准正弦波，当基极电阻 R_b 取不同值时，分别获得输出波形如图 2 - 65（c）、图 2 - 65（d）所示。试解答：

(1) 电路分别产生了什么失真；

（2）如何调整 R_b 值，使失真消除。

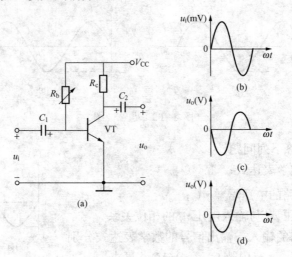

图 2-65　题 2.10 图

2.11　若将图 2-65（b）所示标准正弦信号加入图 2-66 所示由 PNP 管组成的放大电路，当 R_b 取不同值时，仍分别测得输出波形如图 2-65（c）、（d）所示。试解答电路产生的失真与图 2-65 产生的失真性质相同吗？如何调整 R_b 值，使失真消除。

2.12　用电流源向 BJT 提供基极电流，如图 2-67 所示，设 BJT 的电流放大系数 $\beta=80$，穿透电流 $I_{CEO}=0.1\text{mA}$，饱和管压降等于 0.3V。当电流源分别提供不同的基极电流时，试求 BJT 的集电极电流 i_c，集电极发射极间电压 u_{CE}，并分析在各种情况下，BJT 所处的工作区域。

（1）$i_B=0$，（2）$i_B=30\mu\text{A}$，（3）$i_B=80\mu\text{A}$。

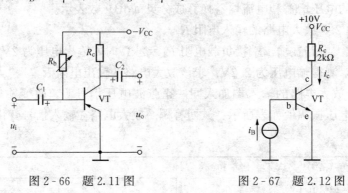

图 2-66　题 2.11 图　　　　　　图 2-67　题 2.12 图

2.13　试分析图 2-68 所示各电路对正弦交流信号有无放大作用，为什么？

2.14　共射放大电路及电路参数如图 2-69（a）所示，BJT 的输出特性如图 2-69（b）所示。忽略 BJT 的 U_{BE} 和 U_{CES}，试求：

（1）在输出特性上画出直流负载线、交流负载线，并标出静态工作点 Q；

（2）确定静态参数 I_{BQ}、I_{CQ}、U_{CEQ} 值；

（3）在特性曲线上确定 BJT 的电流放大系数 β；

（4）确定放大电路分别在空载时和带负载时的最大不失真输出电压的幅值 U_{om}。

2.15　放大电路如图 2-70（a）所示，BJT 的输出特性及该电路的直流、交流负载线如

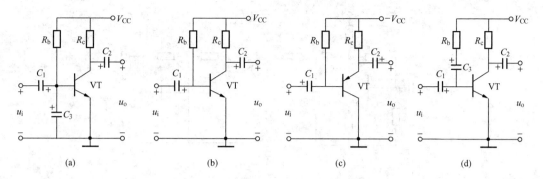

图 2-68 题 2.13 图

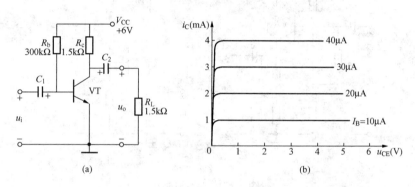

图 2-69 题 2.14 图

图 2-70（b）所示。试求：

（1）在图上标出静态工作点 Q，确定静态参数 I_{BQ}、I_{CQ}、U_{CEQ} 值；

（2）确定电源电压 V_{CC}，电阻 R_b、R_c、R_L 值；

（3）在特性曲线上确定 BJT 的电流放大系数 β；

（4）确定放大电路分别在空载时和带负载时的最大不失真输出电压的幅值 u_{om}。

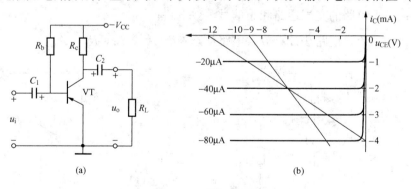

图 2-70 题 2.15 图

2.16 画出图 2-71 所示各放大电路的直流通路和小信号等效电路。

2.17 共射单管放大电路及电路参数如图 2-72 所示。设 BJT 的电流放大系数 $\beta=50$。

试求：（1）画出放大电路直流通路；

（2）估算电路静态工作点 I_{BQ}，I_{CQ}，U_{CEQ}（设 $U_{BEQ}=0$）；

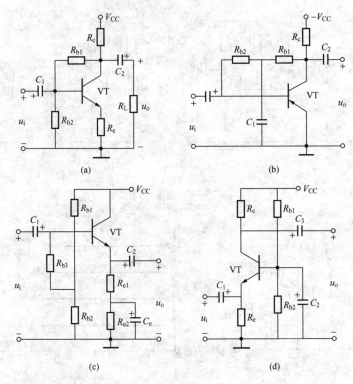

图 2-71　题 2.16 图

（3）画出放大电路的交流通路和小信号等效电路；

（4）用小信号等效电路法计算放大电路动态参数 $\dot{A}_u$，R_i，R_o，$\dot{A}_{us}$。

2.18　共射放大电路及电路参数如图 2-73 所示，BJT 的电流放大系数 $\beta=30$。试求：（1）画出放大电路直流通路；

（2）估算电路静态工作点 I_{BQ}，I_{CQ}，U_{CEQ}（设 $U_{BEQ}=0$）；

（3）画出放大电路的交流通路和小信号等效电路；

（4）用小信号等效电路法计算放大电路动态参数 $\dot{A}_u$，R_i，R_o，$\dot{A}_{us}$。

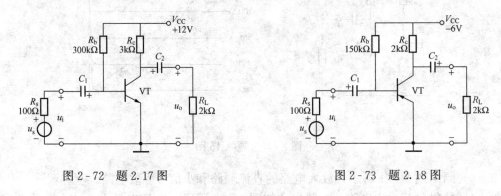

图 2-72　题 2.17 图　　　　　　　　　图 2-73　题 2.18 图

2.19　某单管放大电路的频率特性如图 2-74 所示。试解答：

（1）该电路的中频电压增益 $|\dot{A}_{um}|$，下限截止频率 f_L，上限截止频率 f_H；

（2）当输入信号的频率 f 等于 f_L 或 f_H 时，该电路的实际电压增益是多少分贝？当 $f =$ 100Hz，该电路的电压增益是多少分贝？（在幅频特性对应标出）

（3）该放大电路的中频相位移是多少？当 $f =$ f_L 和 $f = f_H$ 时，放大电路的相位移是多少？当 $f < 100$Hz 和 $f > 1000$MHz 后，放大电路的相移是多少？（所得 φ 值在相频特性上对应标出）

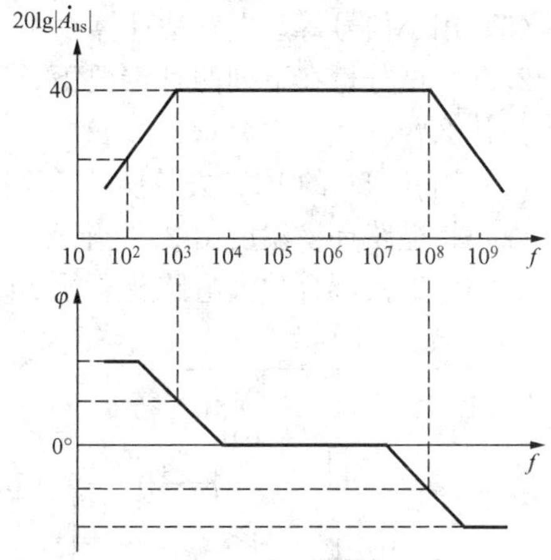

2.20 某单级放大电路的幅频特性如图 2 - 75 所示，试回答：

（1）该放大电路与信号源之间，放大电路与负载之间是否接有耦合电容；

图 2 - 74 题 2.19 图

（2）该放大电路的下限频率 f_L、上限频率 f_H、通频带 BW 分别等于多少；

（3）该放大电路的中频电压增益 $|\dot{A}_{us}|$ 为多少；

（4）对直流信号该放大电路的电压增益是多少？

2.21 某一高频 BJT，在手册上查到其特征频率 $f_T = 150$MHz、集电结电容 $C_{b'c} = 5$pF、电流放大系数 $\beta = 30$。在集电极静态电流 $I_{CQ} = 1$mA 时，测得其低频参数为 $r_{be} = 1$kΩ，试求其高频等效电路参数 g_m、$r_{bb'}$、$r_{b'e}$、$C_{b'e}$，并画出高频等效电路图。

2.22 在图 2 - 76 中，信号源内阻 $R_s = 100$Ω，基极偏置电阻 $R_b = 500$kΩ，BJT 输入电阻 $r_{be} = 900$Ω。要使放大电路的下限截止频率 $f_L < 10$Hz，电路中耦合电容 C_1 至少应选多大？

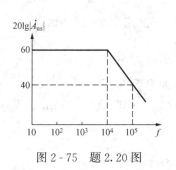

图 2 - 75 题 2.20 图

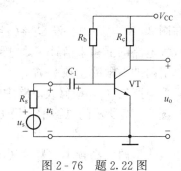

图 2 - 76 题 2.22 图

2.23 设题 2.10 给出的放大电路中，耦合电容 $C_1 = C_2 = 4.7\mu F$，BJT 结电容 $C_{b'c} = 0.6$pF，特征频率 $f_T = 100$MHz。试求：

（1）画出放大电路的低频小信号等效电路，并求下限截止频率 f_L；

（2）画出放大电路的高频小信号等效电路，并求上限截止频率 f_H；

（3）画出放大电路的波特图，并求放大电路的通频带 BW。

2.24 射极耦合放大电路及参数如图 2 - 77 所示。设 BJT 的电流放大倍数 $\beta = 80$。试求：

（1）说明发射极电容 C_3 在电路中的作用；

（2）画出放大电路直流通路；

（3）估算电路静态工作点 I_{BQ}，I_{CQ}，U_{CEQ}（设 $U_{BEQ} = 0$）；

（4）画出放大电路的交流通路和小信号等效电路；

（5）用小信号等效电路法计算放大电路动态参数 $\dot{A}_\mathrm{u}$，$\dot{A}_\mathrm{us}$，R_i，R_o。

2.25　试分析在下列两种情况下，图 2-77 所示放大电路的静态工作点是否会发生变化？为什么？

（1）用 $\beta=50$ 的 BJT 去替换题 2.1 图电路中的 BJT；

（2）将电路环境温度由 25℃ 升至 40℃。

2.26　射极耦合放大电路及参数如图 2-78 所示。设 BJT 的电流放大倍数 $\beta=100$。

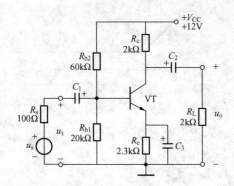

图 2-77　题 2.24 图

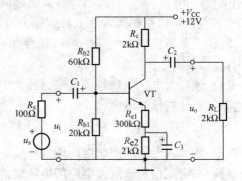

图 2-78　题 2.26 图

试求：（1）此题电路与图 2-61 电路的直流通路是否相同？静态工作点是否相同？

（2）画出放大电路的交流通路和小信号等效电路；

（3）用小信号等效电路法计算放大电路动态参数 $\dot{A}_\mathrm{u}$、$\dot{A}_\mathrm{us}$、R_i，R_o，并与题 2.1 的结果进行对比分析。

2.27　在图 2-77 电路中，设 $C_1=C_2=1\mu\mathrm{F}$，$C_3=50\mu\mathrm{F}$，$\beta=50$，试求：

（1）画放大电路的低频小信号等效电路；

（2）计算电路的下限截止频率 f_L；

（3）要降低电路的 f_L，应修改电路中哪个元件的参数。

2.28　在图 2-77 所示的电路中，设 BJT 参数 $C_{\mathrm{b'c}}=5\mathrm{pF}$，$C_{\mathrm{b'e}}=45\mathrm{pF}$，$r_{\mathrm{bb'}}=100\Omega$，$\beta=50$。试求：

（1）画出放大电路的高频小信号等效电路；

（2）计算电路的上限截止频率；

（3）取对数坐标系，与题 2.4 计算结果一起，画出放大电路的幅频特性和相频特性，并标出通频带 BW。

2.29　共集放大电路如图 2-79 所示。BJT 的参数 $\beta=100$，$r_{\mathrm{be}}=1\mathrm{k}\Omega$。试求：

（1）画出放大电路直流通路，估算电路静态工作点 I_BQ，I_CQ，U_CEQ（设 $U_\mathrm{BEQ}=0$）；

（2）若输出信号在负半周出现失真，是饱和失真还是截止失真，如何消除？

（3）画出放大电路的交流通路和小信号等效电路；

（4）用小信号等效电路法计算放大电路动态参数 $\dot{A}_\mathrm{u}$，R_i，R_o。

2.30　电路如图 2-80 所示，设 BJT 参数 $\beta=60$，$r_{\mathrm{bb'}}=200\Omega$。试求：

（1）画出电路的交流通路，判断电路的组态；

（2）计算电路静态工作点；

(3) 计算电路电压增益 $\dot{A}_\text{u}$ 和电流增益 $\dot{A}_\text{i}$;

(4) 计算电路输入、输出电阻 R_i、R_o。

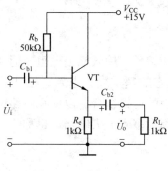

图 2-79　题 2.29 图

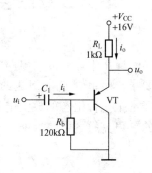

图 2-80　题 2.30 图

2.31　放大电路及电路参数如图 2-81 (a) 所示,BJT 的电流放大系数 $\beta=50$,输入电阻 $r_\text{be}=1\text{k}\Omega$。

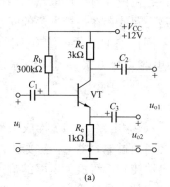

(a)

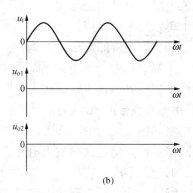

(b)

图 2-81　题 2.31 图

试求:(1) 估算电路静态工作点 I_BQ、I_CQ、U_CEQ;

(2) 求电路电压增益 $\dot{A}_\text{u1}=\dfrac{\dot{U}_\text{o1}}{\dot{U}_\text{i}}$,$\dot{A}_\text{u2}=\dfrac{\dot{U}_\text{o2}}{\dot{U}_\text{i}}$;

(3) 当外加正弦交流输入信号电压如图 2-81 (b) 所示,试定性画出对应输出电压 u_O1、u_O2 的波形。

2.32　放大电路及参数如图 2-82 所示,已知 BJT 参数为 $\beta=50$,$r_\text{bb'}=100\Omega$,$U_\text{BE}=0.7\text{V}$。试求:

(1) 判断电路组态;

(2) 画出电路直流通路,计算电路的静态工作点 I_BQ、I_CQ、U_CEQ;

(3) 画出电路的交流小信号等效电路,计算 $\dot{A}_\text{u}$、$\dot{A}_\text{us}$、R_i、R_o;

(4) 将以上分析结果与题 2.24 结果做比较。

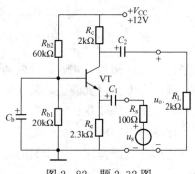

图 2-82　题 2.32 图

第3章 多管放大电路

在多数的实际应用中，对放大电路的性能，如增益、输入输出电阻、通频带、稳定性会提出多方面的要求，由单管 BJT 组成的某一种组态的基本放大电路，往往不能满足特定的要求。为此，经常把三种组态的放大电路进行适当的连接组合，以便在电路中突出各自的优点，获得更好的、更完整的电路性能，这类电路称为多管放大电路，也称为多级或组合放大电路。

3.1 采用电容耦合方式的多管放大电路

多管放大电路通常由两个及以上三极管组成。这些三极管构成的基本放大电路，可以是相同接法的放大电路，也可以是不同接法的放大电路。在设计时根据电路的用途而定。

既然是多个单管放大电路连接在一起，放大电路之间就存在连接方法的问题。放大电路之间的连接称为耦合，连接的方法称为耦合方式，不同用途的放大电路有不同的耦合方式。在实际应用中，主要的耦合方式有两种，一种称为电容耦合方式；另一种称为直接耦合方式。这一节介绍采用电容耦合方式的放大电路。

3.1.1 采用电容耦合的电路特点

两管放大电路如图 3-1 所示，VT1 构成了第一级放大电路，VT2 构成了第二级放大电路。两级均为静态工作点稳定共射放大电路。两级之间通过电容器 C_2 连接起来。电容器 C_2 称为耦合电容。通过耦合电容将放大电路的前级输出端接到后级放大电路的输入端，信号则通过电容由第一级放大后，再送到第二级进行放大，这种信号传输方式称为电容耦合方式。

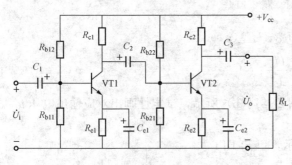

图 3-1 两级放大电路

在前两章单管放大电路的分析中，放大电路与信号源，放大电路与负载间就是采用的电容耦合方式，所以单管放大电路的分析方法也适用于电容耦合多管放大电路的分析方法。

对于电容耦合多管放大电路的静态分析：图 3-1 所示电路是采用电容 C_2 连接放大电路的前后级。从前面分析可知，由于电容 C_2 的隔直作用，前后两级放大电路的直流通路各不相通，因此两个三极管的静态工作点互相独立，所以采用电容耦合方式的多级放大电路，其静态分析实际上是对两个单管放大器进行静态分析。这使静态工作点的计算和调试过程简化。

而在对电容耦合放大电路动态分析时，隔直电容在电路中可视为短路，因此电容在电路中有传递交流的作用。对于具有一定频率的输入信号，只要电容器容量足够大，则前级的输出信号可以几乎没有衰减地传递到下一级。因此，在分立元件的交流信号放大电路中，电容耦合方式得到非常广泛的应用。

3.1.2 电容耦合两管放大电路的分析

1. 静态分析

由于采用电容耦合方式，两级放大电路的直流通路相互独立，因此其静态工作点也相互独立，它们之间没有影响。对于图 3-1 所示的放大电路，只要根据给定电路参数分别计算前一级的静态工作点参数和后一级的静态工作点参数即可。（参阅 2.4.4 节）

2. 动态分析

对于交流信号，由于耦合电容 C_1、C_2、C_3 的短路，两级放大器的交流通路是连在一起的，如图 3-2 所示。图 3-3 是其小信号等效电路。

图中 $R_{b1} = R_{b11} /\!/ R_{b12}$、$R_{b2} = R_{b21} /\!/ R_{b22}$。

（1）放大电路的电压增益

由图 3-3 所示两级放大电路的小信号等效电路中，第一级放大电路的输出电压 $\dot{U}_{o1}$ 即为第二级放大电路的输入电压 $\dot{U}_{i2}$。因此两级放大电路的电压增益，即电路的输出电压与输入电压之比，可以表示为下式

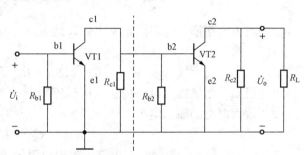

图 3-2　两管放大电路的交流通路

$$\dot{A}_u = \frac{\dot{U}_o}{\dot{U}_i} = \frac{\dot{U}_{o1}}{\dot{U}_i} \times \frac{\dot{U}_o}{\dot{U}_{o1}} = \frac{\dot{U}_{o1}}{\dot{U}_{i1}} \times \frac{\dot{U}_{o2}}{\dot{U}_{i2}} \tag{3-1}$$

上式中 $\dfrac{\dot{U}_{o1}}{\dot{U}_{i1}}$ 为第一级放大电路的电压增益，记做 $\dot{A}_{u1}$，$\dfrac{\dot{U}_{o2}}{\dot{U}_{i2}}$ 为第二级放大电路的增益，记做 $\dot{A}_{u2}$。这说明两级放大电路的增益等于第一级和第二级增益的乘积，即 $\dot{A}_u = \dot{A}_{u1} \cdot \dot{A}_{u2}$。因此求两级放大电路的增益时，可转化为求基本放大电路的增益。先分别先求出第一级和第二级的增益，然后再求两级增益的乘积即可。

在电路分析时，第二级放大电路可看成是第一级放大电路的负载，因此，求第一级放大电路的增益时，要把第二级的输入电阻 R_{i2} 作为第一级的负载电阻。

求第一级放大电路的增益 $\dot{A}_{u1}$

$$\dot{A}_{u1} = \frac{\dot{U}_{o1}}{\dot{U}_{i1}} = \frac{-\beta_1(R_{c1} /\!/ R_{i2})}{r_{be1}} \tag{3-2}$$

其中，$R_{i2} = R_{b2} /\!/ r_{be2}$

求第二级放大电路的增益 $\dot{A}_{u2}$

$$\dot{A}_{u2} = \frac{\dot{U}_{o2}}{\dot{U}_{i2}} = \frac{\beta_2(R_{c2} /\!/ R_L)}{r_{be2}} \tag{3-3}$$

求两级放大电路中的增益 $\dot{A}_u$

$$\dot{A}_u = \dot{A}_{u1} \dot{A}_{u2} \tag{3-4}$$

（2）放大电路的输入电阻

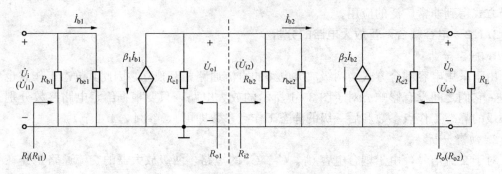

图 3-3 两级放大电路的小信号等效电路

根据放大电路输入电阻的定义可知，两级放大电路的输入电阻为第一级共射放大电路的输入电阻，即

$$R_{\mathrm{i}} = R_{\mathrm{i1}} = R_{\mathrm{b1}} /\!/ r_{\mathrm{be1}} \tag{3-5}$$

由此可知，两级放大电路的输入电阻等于第一级放大电路的输入电阻。

（3）放大电路的输出电阻

$$R_{\mathrm{o}} = R_{\mathrm{o2}} = R_{\mathrm{c2}} \tag{3-6}$$

式（3-6）表明，两级放大电路的输出电阻等于第二级放大电路的输出电阻。

【例 3-1】 两管放大电路及电路参数如图 3-4 所示，BJT 参数 $\beta_1 = \beta_2 = 60$，$r_{\mathrm{be1}} = r_{\mathrm{be2}} = 1\mathrm{k}\Omega$。试求：

（1）画出该电路的直流通路，并计算静态工作点参数 I_{C1}、I_{C2}、U_{CE1}、U_{CE2}（计算时忽略发射结压降，即令 $U_{\mathrm{BE1}} = U_{\mathrm{BE2}} = 0$）。

（2）画出该电路的交流通路、中频小信号等效电路，并计算电路的电压增益 $\dot{A}_{\mathrm{u}}$、输入电阻 R_{i}、输出电阻 R_{o}。

解 电路为共射-共集组合的两级放大电路。

（1）其直流通路如图 3-5 所示。

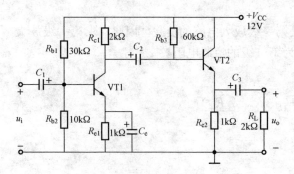

图 3-4 ［例 3-1］图

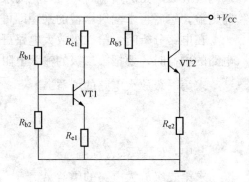

图 3-5 ［例 3-1］直流通路

静态工作点参数

$$V_{\mathrm{B1}} = \frac{R_{\mathrm{b2}}}{R_{\mathrm{b1}} + R_{\mathrm{b2}}} \times V_{\mathrm{CC}} = \frac{10}{40} \times 12 = 3(\mathrm{V})$$

$$I_{\mathrm{C1Q}} = \frac{V_{\mathrm{B1}}}{R_{\mathrm{e1}}} = \frac{3}{1} = 3(\mathrm{mA})$$

$$U_{CE1} = V_{CC} - I_{C1}(R_{C1} + R_{e1}) = 12 - 3 \times (2 + 1) = 3(V)$$

$$I_{B2} = \frac{V_{CC}}{R_{b3} + (1 + \beta)R_{e2}} = \frac{12}{60 + 61 \times 1} \approx 0.1(mA)$$

$$I_{C2} = \beta_2 \cdot I_{B2} = 60 \times 0.1 = 6(mA)$$

$$U_{CE2} = V_{CC} - I_{C2}R_{e2} = 12 - 6 \times 1 = 6(V)$$

（2）对于交流信号，由于电容器 C_2 短路，两级放大器的交流通路是连在一起的，如图 3 - 6 所示。图 3 - 7 是其小信号等效电路。

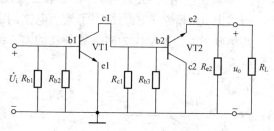

图 3 - 6　[例 3 - 1] 交流电路

放大电路的电压增益 $\dot{A}_u$：

先分别求第一级、第二级放大电路电压增益 $\dot{A}_{u1}$、$\dot{A}_{u2}$，第一级共射放大电路的增益为

$$\dot{A}_{u1} = \frac{\dot{U}_{o1}}{\dot{U}_{i1}} = \frac{-\beta_1(R_{c1} /\!/ R_{i2})}{r_{be1}} = -\frac{60 \times (2 /\!/ 25)}{1} \approx -111$$

其中：$R_{i2} = R_{b3} /\!/ [r_{be2} + (1 + \beta_2)(R_{e2} /\!/ R_L)] = 60 /\!/ [1 + 61 \times (1 /\!/ 2)] \approx 60 /\!/ 42 = 25(k\Omega)$

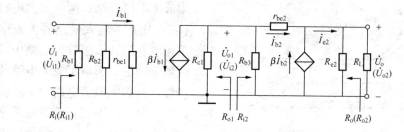

图 3 - 7　[例 3 - 1] 小信号等效电路

求第二级共集放大电路的增益

$$\dot{A}_{u2} = \frac{\dot{U}_{o2}}{\dot{U}_{i2}} = \frac{(1 + \beta_2)(R_{e2} /\!/ R_L)}{r_{be2} + (1 + \beta_2)(R_{e2} /\!/ R_L)} \approx 1$$

$$\dot{A}_u = \dot{A}_{u1}\dot{A}_{u2} \approx -111 \times 1 = -111$$

放大电路的输入电阻：

根据放大电路输入电阻的定义可知，组合放大电路的输入电阻为第一级共射放大电路的输入电阻，即

$$R_i = R_{i1} = R_{b1} /\!/ R_{b2} /\!/ r_{be1} = 30 /\!/ 10 /\!/ 1 \approx 0.88(k\Omega)$$

放大电路的输出电阻：

由于第二级放大电路是共集电极放大电路，其输出电阻与信号源内阻有关。在多级放大电路中，前一级放大电路可以看成是后一级放大电路的信号源，因此，前一级放大电路的输出电阻等同于后一级的信号源内阻。因此有

$$R_o = R_{e2} /\!/ \frac{r_{be2} + R_{s2}}{1 + \beta_2} = R_{e2} /\!/ \frac{r_{be2} + R_{o1}}{1 + \beta_2} = 1 /\!/ \frac{1 + 2}{61} \approx 0.05k\Omega = 50(\Omega)$$

式中，$R_{o1} = R_{c1}$。

根据以上计算结果分析，尽管第二级共集电级电路的电压增益近似等于 1，没有起到电压放大作用。但是其较大的输入电阻作为第一级放大电路的负载，提高了第一级对信号的放大能力。如果没有第二级放大电路，而由第一级放大电路直接带负载，电压放大倍数只有 60 倍。其输出电阻为 2kΩ。因为有了第二级共集电路，放大电路的电压放大倍数提高到 111 倍，而输出电阻降为 50Ω，提高了放大电路的带负载能力。

共集放大电路通常作为多级放大器的输入级或输出级，有时也把它们称为多级放大电路的隔离级。

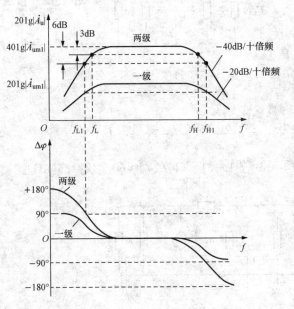

图 3-8　多级放大电路的频率响应特性

3.1.3　多级放大电路的频率响应特性

设两个基本放大电路具有相同的频率响应，$\dot{A}_{u1} = \dot{A}_{u2}$：即它们的中频电压增益 $\dot{A}_{um1} = \dot{A}_{um2}$，下限频率 $f_{L1} = f_{L2}$，上限频率 $f_{H1} = f_{H2}$。由这两个基本放大电路通过阻容耦合组成的两级放大电路的频率响应特性如图 3-8 所示。由图 3-8 可以看出，两级放大电路的通频带比组成它的基本放大电路要窄；两级放大电路的附加相移 $\Delta\varphi$ 比基本放大电路要大。这是因为在采用电容耦合多级放大电路中，耦合电容的数量增加，影响了放大电路的低频响应特性，使多级放大电路的下限截止频率升高。同时，BJT 三极管数量的增加，使得通过高频信号时，三极管的结电容效应增大，影响了放大电路的高频特性，使多级放大电路的上限截止频率降低。下限截止频率的升高、上限截止频率的下降，使多级放大电路的通频带变窄。这个结论具有普遍意义，即放大电路的级数越多，通频带越窄，所产生的附加相移也越大。

复习要点

（1）多级放大器的电压增益，等于组成它的各级放大器电压增益的乘积。即放大电路的级数越多，其电压增益也越大。因此，在计算多级放大电路的电压增益时，只要把各级放大电路的增益先计算出来，然后再计算各级增益的乘积即可。对于一个包含 N 级的放大电路，其增益的计算公式为

$$\dot{A}_u = \dot{A}_{u1} \times \dot{A}_{u2} \times \cdots \times \dot{A}_{un}$$

（2）在计算前一级放大电路的增益时，要考虑后一级放大电路对前一级的负载影响，即把后一级看成是前一级的负载。计算时要把后一级的输入电阻作为前一级的负载电阻处理。

（3）在计算后一级放大电路的增益时，要把前一级放大电路的输出作为信号源，计算时要把前一级的输出电阻作为后一级的输入信号源内阻处理。

（4）多级放大电路的输入电阻。根据放大电路输入电阻的定义可以看出多级放大电路的输入电阻就是其第一级的输入电阻，即 $R_i = R_{i1}$。

（5）多级放大电路的输出电阻。多级放大电路的输出电阻就是最后一级放大器的输出电阻，即 $R_o = R_{on}$。

（6）多级放大电路的通频带。对于多级放大电路的频率特性，通过分析可以证明，多级放大电路的通频带，一定比组成它的任何一级放大电路的通频带都窄。级数越多通频带越窄。这就是说，将几级放大电路串联起来后，总的电压增益提高了，但通频带变窄了。

3.2 采用直接耦合方式的多管放大电路

1. 采用直接耦合的电路特点

为了不影响多级放大电路的下限截止频率 f_L，也可以不通过电容耦合前后级放大电路，而采用直接连接方式。但电路与信号源、电路与负载之间仍采用隔直电容，电路如图 3-9 所示。

由于前后级没有隔直电容隔直，在静态分析时，它的直流通路前后级是相通的，计算静态工作点原则上是不能分开计算的，这使得静态分析相对复杂。但对于图 3-9 所示电路，前后级放大电路均为共射放大器，在估算静态工作点时，其基极电流可忽略不计，$I_B \approx 0$。在这样假定的条件下，静态工作点的计算可以简化。如图 3-9 所示电路，在忽略第二级三级管 VT2 的基极

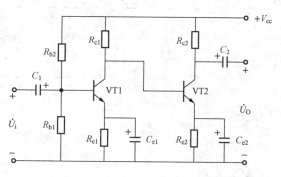

图 3-9 前后级采用直接耦合的两级放大电路

电流后，两级的直流通路又被分开，其第一级的静态工作点分析计算如同 [例 3-1]。其第二级集电级电流 $I_{c2} = \dfrac{V_{E2}}{R_{e2}} \approx \dfrac{V_{C1}}{R_{e2}}$。

采用直接耦合的放大电路其动态分析与电容耦合放大电路的动态分析相同，这是因为它们的小信号等效电路是相同的。

2. 采用直接耦合的共射-共基放大电路

图 3-9 所示两管采用直接耦合的放大电路与图 3-1 所示电容耦合放大电路相比，该电路减少了一个 RC 环节，降低了放大电路的下限截止频率 f_L，改善了电路的低频响应特性，但并没有改善电路的高频响应特性。为了提高电路的高频截止频率 f_H，两管放大电路通常采用共射-共基组合方式，电路如图 3-10 所示，虽然在电路结构上不能明显看出是一个两级放大电路，但是它仍属于两级放大电路。从如图 3-11（a）所示放大电路的交流通路可以看到，VT1 构成了第一级共射组态放大电路，VT2 构成了第二级共基放大电路。通过第一级 VT1 的集电极把信号送到第二级 VT2 的发射极。信号由第一级放大后再送到第二级进行放大，信号传输方式采用了直接耦合传送方式。

由于两级之间没有隔直电容隔离，两级放大电路直流通路是连在一起的，彼此并不独立，其直流通路如图 3-10（b）所示。所以，这种直接耦合方式放大电路计算静态工作点不

能两管分开计算，而要把整个电路作为一个电路来分析计算。

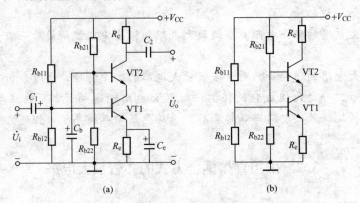

图 3 - 10　共射-共基放大电路及其直流通路

（a）交流通路；（b）直流通路

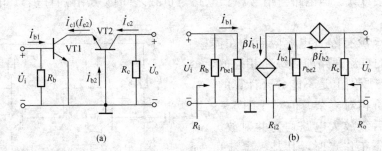

图 3 - 11　共射-共基电路的交流电路和小信号等效电路

（a）交流通路；（b）小信号等效电路

3. 放大电路的分析

（1）静态分析。图 3 - 10（b）所示是放大电路的直流通路。由于采用两级直接耦合，VT1 和 VT2 的静态工作点相互不独立，要把其直流通路作为一个整体电路求解。

在电路中，由于 VT1 和 VT2 是串联连接，因此有

$$I_{C1Q} = I_{C2Q} = \frac{V_{B1} - U_{BE1}}{R_e} \tag{3-7}$$

$$V_{B1} = \frac{R_{b12}}{R_{b11} + R_{b12}} V_{CC}$$

$$I_{B1Q} = \frac{I_{C1Q}}{\beta_1}$$

$$I_{B2Q} = \frac{I_{C2Q}}{\beta_2}$$

由于 VT1 的集电极连接到 VT2 的发射极，因此有

$$V_{E2} = V_{C1} = V_{B2} - U_{BE2}$$

$$V_{B2} = \frac{R_{b22}}{R_{b21} + R_{b22}} V_{CC}$$

所以有

$$U_{CE1Q} = V_{C1} - I_{C1Q} R_e \tag{3-8}$$

$$U_{CE2Q} = V_{CC} - I_{C2Q}R_c - V_{E2} \tag{3-9}$$

（2）动态分析。由图 3-11（b）所示的小信号等效电路，可求出放大电路的动态参数。

1）计算放大电路的电压增益。

首先求第一级放大电路的增益。由于后一级放大电路的输入电阻作为前一级的负载电阻，在本放大电路中，后一级放大电路是共基极电路，其输入电阻为 $R_{i2} = \dfrac{r_{be2}}{1+\beta_2}$，所以

$$\dot{A}_{u1} = \frac{-\beta_1 R_{i2}}{r_{be1}} = -\frac{\beta_1 r_{be2}}{(1+\beta_2)r_{be1}} \tag{3-10}$$

然后求第二级放大电路的增益

$$\dot{A}_{u2} = \frac{\beta_2 R_{c2}}{r_{be2}} \tag{3-11}$$

两级放大电路总的电压增益为

$$\dot{A}_u = \dot{A}_{u1}\,\dot{A}_{u2} = \left[-\frac{\beta_1 r_{be2}}{(1+\beta_2)r_{be1}}\right]\frac{\beta_2 R_c}{r_{be2}} \approx -\frac{\beta_1 R_c}{r_{be1}} \tag{3-12}$$

2）计算放大电路的输入电阻

$$R_i = R_{i1} = R_b \,/\!/\, r_{be1} = R_{b11} \,/\!/\, R_{b21} \,/\!/\, r_{be1} \tag{3-13}$$

3）计算放大电路的输出电阻

$$R_o = R_{o1} = R_c \tag{3-14}$$

【例 3-2】 两管组合放大电路如图 3-12 所示，BJT 参数为 $\beta_1 = 100$，$\beta_2 = 50$，$r_{bb'} = 200\Omega$，电路参数如图 3-12 所示。试完成：

（1）电路是属于哪一种组合形式？

（2）计算电路的静态工作点；

（3）计算电路的电压增益 $\dot{A}_u$；

（4）计算电路的输入电阻 R_i 和输出电阻 R_o。

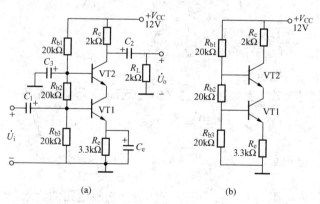

图 3-12 两管组合放大电路

(a) 放大电路；(b) 直流通路

解 （1）分析电路组态

将电容 C_1、C_2、C_3、C_e，及直流电源 V_{CC} 交流短路后，获得放大电路的交流通路如图 3-13（a）所示，其中 $R_b = R_{b1} \,/\!/\, R_{b2} \,/\!/\, R_{b3}$。从图 3-13（a）中可知，VT1 为共射组态，

VT2 为共基组态，因此电路属于采用直接耦合方式的共射－共基组合放大电路。

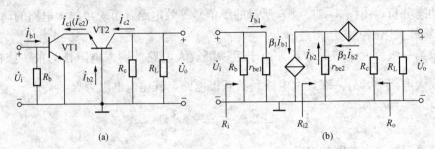

图 3 - 13　放大电路

(a) 交流通路；(b) 小信号等效电路

（2）计算放大电路的静态工作点

放大电路的直流通路如图 3 - 12（b）所示，求解该电路有

$$V_{B1} = \frac{R_{b3}}{R_{b1} + R_{b2} + R_{b3}} V_{CC} = \frac{20}{20 + 20 + 20} \times 12 = 4(V)$$

$$V_{B2} = \frac{R_{b2} + R_{b3}}{R_{b1} + R_{b2} + R_{b3}} V_{CC} = \frac{20 + 20}{20 + 20 + 20} \times 12 = 8(V)$$

$$V_{E1} = V_{B1} - U_{BE1} = 4 - 0.7 = 3.3(V)$$

$$V_{E2} = V_{C1} = V_{B2} - U_{BE2} = 8 - 0.7 = 7.3(V)$$

$$I_{C1Q} = I_{C2Q} = \frac{V_{E1}}{R_e} = \frac{3.3}{3.3} = 1(mA)$$

$$V_{C2} = V_{CC} - I_{C1Q} R_c = 12V - 1 \times 2 = 10(V)$$

$$I_{B1Q} = \frac{I_{C1Q}}{\beta_1} = \frac{1}{100} = 10(\mu A)$$

$$I_{B2Q} = \frac{I_{C2Q}}{\beta_2} = \frac{1}{50} = 20(\mu A)$$

$$U_{CE1Q} = V_{C1} - V_{E1} = 7.3 - 3.3 = 4(V)$$

$$U_{CE2Q} = V_{C2} - V_{E2} = 10 - 7.3 = 2.7(V)$$

（3）计算放大电路的电压增益

放大电路的小信号等效电路如图 3 - 13（b）所示，求解该电路得

$$r_{be1} = r_{bb'} + (1 + \beta_1) \frac{26(mV)}{I_{C1Q}} = 200 + (1 + 100) \times \frac{26}{1} = 2.8(k\Omega)$$

$$r_{be2} = r_{bb'} + (1 + \beta_2) \frac{26(mV)}{I_{C2Q}} = 200 + (1 + 50) \times \frac{26}{1} = 1.4(k\Omega)$$

共基极电路的输入电阻为 $R_{i2} = \frac{r_{be2}}{1 + \beta_2}$，它作为共射极电路的负载，所以第一级的增益为

$$\dot{A}_{u1} = \frac{-\beta_1 R_{i2}}{r_{be1}} = -\frac{\beta_1 r_{be2}}{(1 + \beta_2) r_{be1}}$$

第二级放大电路的增益为共基极电路的增益，其表达式为

$$\dot{A}_{u2} = \frac{\beta_2 R_L'}{r_{be2}}$$

$$R_L' = R_c \ // \ R_L$$

两级放大电路总的电压增益为

$$\dot{A}_u = \dot{A}_{u1} \, \dot{A}_{u2} = -\frac{\beta_1 r_{be2}}{(1+\beta_2)r_{be1}} \frac{\beta_2 R'_L}{r_{be2}} \approx -\frac{\beta_1 R'_L}{r_{be1}} = -\frac{100 \times 2 \, // \, 2}{2.8} = -35.7$$

（4）计算放大电路的输入电阻、输出电阻为

$$R_i = R_{i1} = R_b \, // \, r_{be1} = R_{b2} \, // \, R_{b3} \, // \, r_{be1} = \frac{20}{2} \, // \, 2.8 \approx 2(\text{k}\Omega)$$

$$R_o = R_c = 2\text{k}\Omega$$

✎ 复习要点

（1）共发射极组态与共基极组态组合放大电路的电路构成。

（2）由于前后级直接相连，其静态工作点不独立，因此在静态分析时要综合一起计算。

（3）组合放大电路的增益仍然为两级放大电路之积，输入电阻仍为前一级放大电路的输入电阻，输出电阻仍为后一级放大电路的输出电阻。

（4）共射-共基组合放大电路改善了电路的频率响应特性。

3.3　差分式放大电路

在 3.2 节讲述的直接耦合多级放大电路，只是去除了级间的耦合电容，使其低频响应特性有了一定的提高。但是，信号源与放大电路之间、放大电路与负载之间仍要保留隔直电容，所以仍然不能放大温度、压力这样变化缓慢的直流信号。在这一节所要讨论的放大电路将取消电路中的全部隔直电容，使其能放大和处理变化缓慢的直流信号，因此也称为直流放大器。

3.3.1　直接耦合放大电路存在的问题

在电路中取消隔直电容和耦合电容后，会带来两个问题：

（1）静态时输出端存在直流电压。

由于电路输出端与负载之间隔直电容被取消，所以输出端静态直流电压将直接加到负载上，使得静态时，负载上的电压不为零，这通常是不被允许的。

（2）零点漂移问题。

在直接耦合放大电路使用时，会出现如下一种现象，如图 3-14（a）所示。

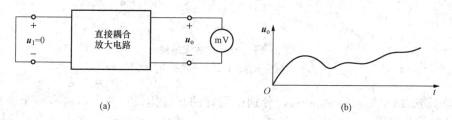

（a）　　　　　　　　　　　（b）

图 3-14　零点漂移现象

（a）直接耦合放大电路；（b）零点漂移现象

将放大电路的输入端短路，即电路没有输入信号，$u_1 = 0$，处于静态。按放大电路要求，

此时输出端电压 u_o 应该等于零。

但在实验中发现，随着外界环境的变化，输出端电压会随着时间的延长出现波动，即输出端电压不再为零。我们把这种现象称为放大电路的零点漂移，如图 3-14（b）所示。

零点漂移存在的原因是在直接耦合多级放大电路中，当前一级放大电路的静态工作点 Q，由于某种原因（如温度变化、电源电压波动）而稍有变化时，这一级的输出电压将发生微小变化，但这一级的微小变化会传到下一级，通过下一级进行了放大，放大了的信号又被送到下一级，并且被逐级放大，致使放大电路的输出端产生较大的漂移电压。当漂移电压的大小接近有效信号时，就无法分辨出是有效信号还是漂移电压，严重时漂移电压甚至把有效信号电压淹没了，致使放大电路无法正常工作。

通常用将电路输出端漂移电压 ΔU_s 折算到输入端的漂移电压大小即 $\dfrac{\Delta U_s}{\dot{A}_u}$，来衡量放大电路受温度影响的程度，这个值越大，表明放大电路的零点漂移越严重。

直接耦合放大电路的零点漂移，从某种意义上讲，就是静态工作点的漂移，因此各种能稳定静态工作点的电路，都应很好地克服零点漂移。

根据以上讨论，要获得一个性能良好的直流放大电路，必须要解决以上两个问题。

3.3.2　基本差分式放大电路

1. 基本差分式放大电路的构成

图 3-15 所示电路为基本差分式放大电路，差分式放大电路通常采用双电源。基本差分式放大电路是由两个参数、特性相同的三极管 VT1 和 VT2 组成的对称电路，即有 $\beta_1 = \beta_2 = \beta$，$U_{BE1} = U_{BE2} = U_{BE}$，$R_{c1} = R_{c2} = R_c$。电路中有两个直流电源 $+V_{CC}$ 和 $-V_{EE}$。两管的发射极连在一起，接同一个发射极电阻 R_e。

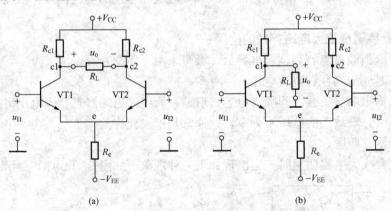

图 3-15　差分式放大电路
(a) 双端输出方式；(b) 单端输出方式

放大电路有两个输入端 u_{I1}、u_{I2}，分别由两管的基极担任；放大电路有一个输出端 u_O，u_O 可以从两管集电极 c_1、c_2 引出，如图 3-15（a）所示，这种输出方式称为双端输出。这种信号输入、输出方式称为双端输入、双端输出。u_O 也可以从 VT1 或 VT2 单独引出，和公共地构成输出端，如图 3-15（b）所示，这种输出方式称为单端输出。

2. 基本差分放大电路的静态分析

当没有输入信号电压时，即 $u_{I1} = u_{I2} = 0$。画出图 3-15（a）所示双端输出差分放大电路的直流通路如图 3-16 所示。

在直流通路中，负载电阻 R_L 被等效成开路，这是因为电路完全对称，在静态时，c_1、c_2 等电位，即 $V_{C1}=V_{C2}$，因此 R_L 中没有电流流过。

因为 BJT 的基极为零电位，所以发射极电位

$$V_{EQ} = 0 - U_{BE} = 0 - 0.7V = -0.7(V)$$

$$(3-15)$$

$$I_{EQ} = \frac{V_{EQ} - (-V_{EE})}{R_e} = \frac{V_{EE} - 0.7}{R_e}$$

$$(3-16)$$

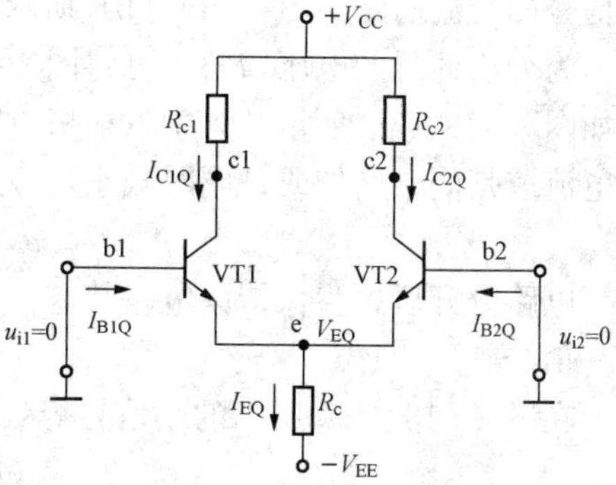

图 3-16　基本差分放大电路直流通路

$$I_{CQ} = I_{C1Q} = I_{C2Q} \approx \frac{1}{2} I_{EQ} \qquad (3-17)$$

$$I_{B1Q} = I_{B2Q} = \frac{I_{CQ}}{\beta}$$

$$U_{CE1Q} = U_{CE2Q} = V_{CC} - I_{CQ}R_{c1} - V_{EQ} \qquad (3-18)$$

3. 基本差分放大电路的动态分析

(1) 对共模信号的放大（抑制零点漂移的原理）。在差分放大电路的两个输入端加入一对大小相等、极性相同的信号 $u_{i1}=u_{i2}=u_{ic}$，u_{ic} 称为共模电压信号。

1) 双端输出方式下，输出电压取自于 VT1、VT2，加入共模输入信号的交流通路如图 3-17 (a) 所示。

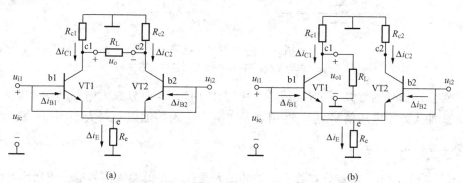

(a)　　　　　　　　　　　　　　(b)

图 3-17　加入共模信号的交流等效电路

(a) 双端输出方式下；(b) 单端输出方式下

在共模信号 u_{ic} 的作用下，电路的输出端 v_{C1}，v_{C2} 产生相同的变化（由于电路的对称性），其输出电压为 $\Delta u_O = \Delta v_{C1} - \Delta v_{C2} = 0$，这说明，在双端输出方式下，共模信号不会产生输出信号。正是因为这个特性，使得差分式放大电路能够抑制零点漂移。这是因为外界条件对电路的影响，如温度变化对两个 BJT 的影响是一致的，这就如同给电路加入了共模信号，它不会对电路的输出带来变化，从而有效抑制了在放大电路的输出端产生的漂移。

双端输出方式下，差分式放大电路对共模信号的电压增益可表达为

$$A_{uc} = \frac{u_o}{u_{ic}} = \frac{v_{c1} - v_{c2}}{u_{ic}} = 0 \qquad (3-19)$$

2) 在单端输出方式下，输出电压取自于集电极对公共地，集电极电压的变化反应到负载上，使输出电压不等于零，因此其共模电压增益将不能等于零。单端输出方式下，加入共

模信号的交流通路如图 3-17（b）所示。

　　为分析此时的电压增益，可将图 3-17（b）所示电路分成两部分，分开后的单边交流电路如图 3-18（a）所示。其中发射极电阻等效为 $2R_e$，这是因为在共模信号的作用下，两管的电流或是同时增加或是同时减小，因此有

$$v_e = i_e R_e = 2i_{e1} R_e \qquad (3-20)$$

电路分开后，为保持原电路状态，在发射极电流减小一倍的情况下，需将发射极电阻增加一倍。

　　在图 3-18（b）所示的小信号等效电路上，其共模电压增益可以表达为

$$A_{uc} = \frac{u_o}{u_{ic}} = \frac{-\beta(R_{c1} \ /\!/ \ R_L)}{r_{be} + (1+\beta)2R_e} \qquad (3-21)$$

当 β 值足够大时，有

$$A_{uc} \approx \frac{-(R_c \ /\!/ \ R_L)}{2R_e} \qquad (3-22)$$

　　由上式看出，尽管在单端输出下，放大电路的共模电压增益不等于零，但由于发射极电阻 R_e 的存在，使得其共模电压增益很小，也具有很高的抑制零漂移的作用。

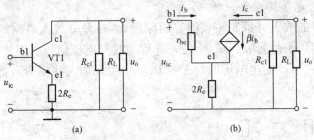

图 3-18　单端输出电路

(a) 单边交流通路；(b) 小信号等效电路

　　(2) 对差模信号的放大（对有用信号的放大作用）。在差分放大电路的两个输入端以双端输入方式加入差模电压信号 u_{id}，这相当于在两个输入端加入一对大小相等、极性相反的电压信号 $u_{i1} = -u_{i2} = \dfrac{u_{id}}{2}$。

　　1）双端输出方式。在差分式放大电路的输入端加入差模输入信号的交流通路如图 3-19（a）所示。

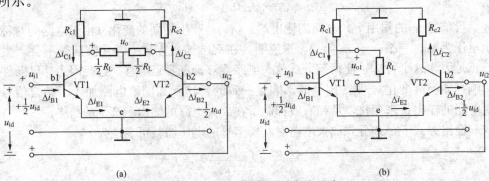

图 3-19　加入差模信号的交流通路

(a) 双端输出方式下；(b) 单端输出方式下

在等效电路中，发射极电阻 R_e 被短路，发射极直接接地。这是因为外加差模信号时，由于电路的对称性，u_{id} 加在 VT1 一边为 $+\dfrac{u_{id}}{2}$，加在 VT2 一边为 $-\dfrac{u_{id}}{2}$，它们引起的发射极电流的变化大小相等、方向相反，因此这一点的电位在差模信号的作用下不变化，相当于接公共地。

图 3-19（a）中负载电阻 R_L 被分为相等两部分，各为 $\dfrac{1}{2}R_L$。R_L 的中点等效接公共地，这是因为在加入差模信号时，集电极 c_1、c_2 两点的电位向相反方向变化，一边增量为正，另一边增量为负，并且变化量大小相等，因此负载电阻 R_L 的中点电位在外加差模信号时是不变化的，所以在等效电路中，R_L 的中点就是交流地电位。

差分放大电路的小信号等效电路如图 3-20 所示。

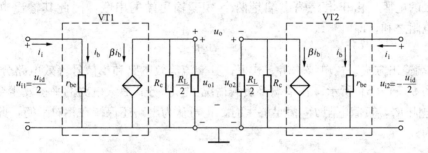

图 3-20 差分放大电路的小信号等效电路

为分析更直观，将图 3-20 改画成图 3-21。

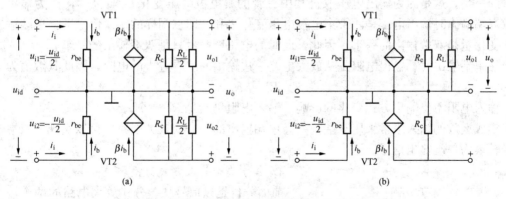

(a) (b)

图 3-21 差分放大电路的小信号等效电路另一种形式

（a）双端输出方式下；（b）单端输出方式下

①差模电压增益。在差模信号的作用下，VT1 的电流增加，而 VT2 的电流减小，在电路完全对称的条件下，i_{c1} 的增加量等于 i_{c2} 的减小量，从而引起电路输出端的变化是在 VT1 的集电极一端 V_{c1} 下降了一个增量，而 VT2 的集电极一端上升了一个增量，即 $u_o = u_{o1} - u_{o2}$ $= 2u_{o1}$。

因此，差分式放大电路对差模信号的电压增益是

$$A_{ud} = \frac{u_O}{u_{Id}} = \frac{u_{O1} - u_{O2}}{u_{I1} - u_{I2}} = \frac{2u_{O1}}{2u_{I1}} = \frac{u_{O1}}{u_{I1}}$$

上式说明差分式放大电路在双端输入，双端输出的条件下，对差模信号的电压增益与单管放大电路的电压增益相等，可见该电路是通过增加一个 BJT 来换取抑制零点漂移的能力。按图 3 - 21（a）所示单管放大电路的电压增益为

$$A_{ud} = -\frac{\beta R'_L}{r_{be}} = -\frac{\beta \left(R_c \mathbin{/\!/} \frac{1}{2} R_L \right)}{r_{be}} \tag{3-23}$$

②差模输入电阻。在差模输入的方式下，差分式放大电路的差模输入电阻是从电路的两个输入端看进去的电阻，由于电路输入端是两个 BJT 输入端的串联，因此其输入电阻为两个 BJT 输入电阻之和，即

$$R_{id} = 2r_{be} \tag{3-24}$$

③双端输出电阻。在双端输出的方式下，差分式放大电路的输出电阻是从电路的两个输出端看进去的电阻，由于电路输出端是两个 BJT 输出端的串联，因此其输出电阻为两个 BJT 输出电阻之和，即

$$R_o = 2R_c \tag{3-25}$$

2）单端输出方式。在单端输出方式下，其交流等效电路和小信号等效电路分别如图 3 - 19（b）、图 3 - 21（b）所示。在单端接负载情况下，差分式放大电路的平衡发生变化，但是在发射极电阻 R_e，负载电阻 R_L 值足够大时，仍可认为电路还保持在相对平衡，此时电压增益可表达为

$$A_{ud1} = \frac{u_o}{u_{id}} = \frac{u_{o1}}{2u_{i1}} = \frac{1}{2} A_{ud} \tag{3-26}$$

式（3 - 26）说明，在单端输出方式下，差分式放大电路的电压增益为双端输出时电压增益的一半。这是因为输出电压取自其中一管的集电极电压变化 U_{o1} 或 U_{o2}，作为输出，而不像双端输出时输出电压是两管集电极电压变化之和，即在同样的输入信号下，单端输出的电压变化量是双端输出的一半，因此，此时的电压增益也只是双端输出的一半。

在单端输出时，输出电阻是从放大电路一边输出回路看进去的电阻，因此其数值为

$$R_o = R_c \tag{3-27}$$

输入电阻不受输出方式变化的影响，输入电阻仍然是 $R_{id} = 2r_{be}$。

集成运放的输入级常采用双端输入，单端输出的差分式放大电路，用以实现将双端输入信号转换为单端输出信号。

4. 信号单端输入方式讨论

前面分析是以信号从差分式放大电路的两个输入端加入，称为双端输入方式。当采用单端输入方式时，对差模信号的放大作用是相同的，单端输入方式下的差分式放大电路交流通路如图 3 - 22 所示。

在电路完全对称的条件下，输入的信号被均匀加到两个 BJT 的输入端，一端为 $+\frac{1}{2} u_{id}$，一端为 $-\frac{1}{2} u_{id}$，形成一对差模信号。因此，其电压增益、输入电阻和输出电阻的计算与双端输入方式一致。

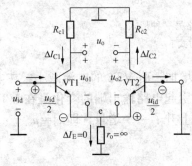

图 3 - 22　单端输入方式的差分
放大电路交流通路

综上所述，差分式放大电路在放大信号时，采用不

同的输入、输出工作方式，其交流参数也不相同。

5. 差分式放大电路的共模抑制比和抑制零点漂移的能力

前面提到的放大电路的零点漂移问题，可以归纳到放大电路对共模信号的放大作用中。因为造成零点漂移的信号具有共模信号的特征，所以只要放大电路共模电压增益越小，电路产生的零点漂移就越小，显然差分式放大电路具有这样的能力。对于差分式放大电路的评价不仅要看其对信号的放大能力，也要看其对漂移信号的抑制能力，因此一个性能优良的差分式放大电路，其差模电压增益要大，共模电压增益要小。为了评价这一性能，引入参数共模抑制比。共模抑制比用 K_{CMR} 来表示，它定义为差模电压增益 A_{ud} 对共模电压增益 A_{uc} 之比，即

$$K_{\mathrm{CMR}} = \left| \frac{A_{\mathrm{ud}}}{A_{\mathrm{uc}}} \right| \tag{3-28}$$

共模抑制比的单位有时用 dB（分贝），即

$$K_{\mathrm{CMR}} = 20\lg \left| \frac{A_{\mathrm{ud}}}{A_{\mathrm{uc}}} \right| (\mathrm{dB}) \tag{3-29}$$

根据共模抑制比的定义，其值越大，说明放大电路对信号的放大能力越强，而对漂移信号的抑制能力也越强。根据前面对差分式放大电路的分析，双端输出时，在理想条件下，差分放大电路的共模增益为零，因此其共模抑制比为无穷大。在单端输出时，其共模电压增益不等于零，因此，其共模抑制比为

$$K_{\mathrm{CMR}} = \left| \frac{A_{\mathrm{ud}}}{A_{\mathrm{uc}}} \right| = \frac{\dfrac{\beta R_{\mathrm{c}}}{2r_{\mathrm{be}}}}{\dfrac{R_{\mathrm{c}}}{2R_{\mathrm{e}}}} = \frac{\beta R_{\mathrm{e}}}{r_{\mathrm{be}}} \tag{3-30}$$

3.3.3　带恒流源的差分放大电路

由 3.3.2 节分析，差分放大电路在单端输出时，其共模抑制比不等于零，而要提高其共模抑制比，根据式（3-30），应该提高发射极电阻 R_{e}，但是，改变电阻 R_{e}，要影响电路的静态工作点，而且在集成电路又不适宜做大电阻，因此在集成电路中，常采用电流源电路代替发射极电阻 R_{e}，如图 3-23 所示。

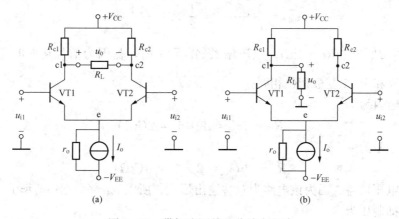

图 3-23　带恒流源的差分放大电路
（a）负载接集电极之间；（b）负载接集电极与公共端之间

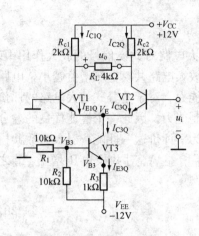

图 3 - 24　带恒流负载
的差分放大电路

在电路中，电流源输出电流 I_o 为 VT1、VT2 提供直流偏置电流，而电流源内阻 r_o 代替了发射极电阻 R_e。由于电流源的恒流性，其内阻很大，因此大大降低了电路的共模电压增益，而提高了共模抑制比。

【**例 3 - 3**】 带恒流源负载的差分放大电路及电路参数如图 3 - 24 所示，电路中 BJT 参数为：$\beta_1 = \beta_2 = 50$，$r_{be1} = r_{be2} = 1 \text{k}\Omega$，试对这个电路进行分析。

解 （1）静态分析

求静态工作点参数 I_{C1Q}、I_{C2Q}、U_{CE1Q}、U_{CE2Q}。（设 $U_{BEQ} \approx 0$）

首先求 VT3 的基极电位 V_{B3}：

前提是忽略 VT3 基极电流 I_{B3}，即令 $I_{B3} \approx 0$，

则 $V_{B3} = \dfrac{V_{EE}}{R_1 + R_2} \times R_1 = \dfrac{-12}{10 + 10} \times 10 = -6(\text{V})$

又因为 $U_{BE3Q} \approx 0$

所以 $V_{E3} = V_{B3} - U_{BE3Q} \approx V_{B3} = -6(\text{V})$

再求 VT3 的集电极电流 I_{C3Q}

$$I_{C3Q} \approx I_{E3Q} = \frac{V_{E3} - V_{EE}}{R_3} = \frac{-6 - (-12)}{1} = 6(\text{mA})$$

$$I_{E1Q} = I_{E2Q} = \frac{1}{2} I_{C3Q} = \frac{1}{2} \times 6 = 3(\text{mA})$$

因为 $I_{C1Q} \approx I_{E1Q}$，$I_{C2Q} \approx I_{E2Q}$

所以 $I_{C1Q} = I_{C2Q} = 3(\text{mA})$

故 $U_{CEQ1} = U_{CEQ2} = V_{CC} - I_{C1Q} R_{C1} - V_E = 12 - 3 \times 2 - 0 = 6(\text{V})$

（2）动态分析

1）差模电压增益。由于差分放大电路是单端输入，双端输出工作方式，所以其电压增益为

$$A_{ud} = \frac{1}{2} \frac{\beta R'_L}{r_{be}} = \frac{1}{2} \times \frac{50 \times 1}{1} = 25$$

式中 $R'_L = R_{C1} \mathbin{/\mkern-5mu/} \dfrac{1}{2} R_L = 1 \text{k}\Omega$；电压增益 A_{ud} 是正值，是因为信号从 VT2 集电极输出，而 VT2 集电极和 VT1 基极相位相同。

2）输入电阻为

$$R_i = 2r_{be} = 2 \times 1 = 2(\text{k}\Omega)$$

3）输出电阻为

$$R_o = 2R_{C1} = 2 \times 2 = 4(\text{k}\Omega)$$

4）共模电压增益。因为该电路为双端输出形式，所以 $u_{oC} = 0$。则 $A_{uc} \approx 0$。

5）共模抑制比为

$$K_{CMR} = \left| \frac{A_{ud}}{A_{uc}} \right| = \infty$$

复习要点

（1）差分式放大电路的结构特点。

（2）差分式放大电路抑制零点漂移的原理。

（3）差分式放大电路的工作原理，为什么只能放大差模信号，而不能放大共模信号。

（4）差分式放大电路采用双端输出和采用单端输出对比，有什么不同？

（5）差分式放大电路静态分析的过程，有什么特点？

（6）差分式放大电路的动态分析过程，与基本放大电路的动态分析过程有什么相同之处？

（7）差分式放大电路的增益、输入电阻、输出电阻和信号输入、输出方式有关吗？

3.4　乙类双电源互补对称电路

3.4.1　电路结构及静态分析

乙类双电源互补对称电路如图 3-25 所示。电路主要由一个 NPN 结构的 BJT 和一个 PNP 结构的 BJT 组成，两管的基极相连作为信号输入端，发射极相连作为输出端，其集电极分别接正负直流电源，即两个 BJT 分别工作在射极输出器状态。由于采用双电源供电，两个三极管又具有互补特性，因此两管发射极的连接点即为电路中点。在静态时，这一点对地电位为零，也就是输入信号 $u_i = 0$ 时，输出电压 $u_o = 0$。

在放大电路中，如果三极管在静态时没有电流流过，则这类放大电路称为乙类放大器。双电源互补对称电路就称为乙类放大电路。而前面讲的放大器，在静态时三极管的基极、集电极、发射极都有电流流过，且工作点在负载线的中点，这类电路称为甲类放大器。

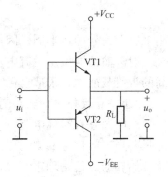

图 3-25　乙类双电源
互补对称电路

3.4.2　电路动态分析

当加入信号后，电路的工作状态分析如下：

仍以加入正弦信号为例，在信号是正半周，VT2（PNP 型）因承受反向电压而截止，没有电流流过；而 VT1（NPN 型）因承受正向电压而导通，有电流通过 VT1 流向负载 R_L。此时，电路可以等效为图 3-26（b）。这是一个射极输出器。负载 R_L 上获得输出电压 u_O 近似等于输入电压 v_i。虽然电压信号没有被放大，但是流过负载的输出电流 i_o（i_e）是输入电流 i_i（i_b）的（$1+\beta$）倍。

当信号负半周时，VT1（NPN 型）因承受反向电压而截止，没有电流流过；而 VT2（PNP 型）因承受正向电压而导通，有电流通过 VT2 流向负载 R_L。此时，电路可以等效为图 3-26（c）。这也是一个由 VT2（PNP 型）构成的射极输出器，仍然满足输出电压 $u_O \approx u_i$，输出电流 $i_O = (1+\beta) i_i$。

所以，双电源互补对称输出电路是由两个不同类型（NPN 型和 PNP 型）的 BJT 组成的射极输出器电路，采用双电源供电，NPN 型 BJT 用来放大信号正半周，而 PNP 型 BJT

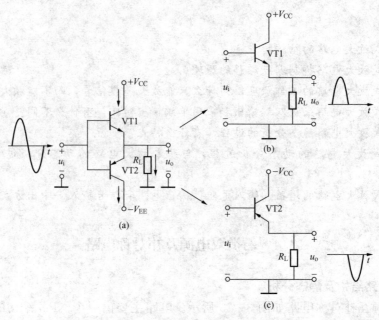

图 3 - 26　乙类双电源互补对称电路

用来放大信号的负半周，因此，扩大了信号的输出幅度，如图 3 - 27 所示。

　　射极输出器虽然没有电压放大能力，但能放大电流，同时，由于其输出电阻很小，有很高的带负载能力，很适合做放大电路的输出级。

3.4.3　互补对称电路的改进

　　双电源互补对称电路时，是在不考虑 BJT 的开启电压存在的条件下得到的结果，即认为只要当输入信号 u_i 幅度大于零，VT1 就开始导通；只要当输入信号 u_i 幅度小于零，VT2 就开始导通。这是理想情况，实际情况是只有当输入信号幅度绝对值大于 BJT 的开启电压（硅管 $U_{BE} \approx 0.5V$，锗管 $U_{BE} \approx 0.1V$）时，BJT 才开始导通。因此，在输入信号的绝对值小于 BJT 的开启电压时，输出信号并没有真实反映输入信号的变化规律，产生了信号波形的失真，这个失真称为交越失真，如图 3 - 28 所示。

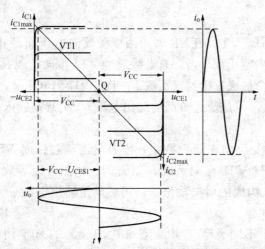

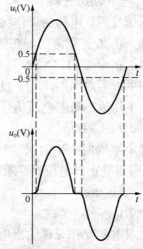

图 3 - 27　乙类双电源互补对称电路信号图解　　　图 3 - 28　乙类双电源互补对称电路的交越失真

为了克服交越失真，需对乙类双电源互补对称电路的偏置电路进行改进，使电路在静态时，VT1、VT2 处于微导通状态，使得信号幅值一旦大于零，VT1 或者 VT2 就开始导通。这种在静态时，BJT 处于微导通的工作状态，称为甲乙类状态，其静态工作点的设置如图 3-29 所示。

在 VT1 和 VT2 的基极回路中，串进了两个二极管 VD1 和 VD2。正负电源通过电阻 R_1、R_2 使 VD1 和 VD2 正向导通，其导通压降约为 $0.6+0.6=1.2\text{V}$。这个电压为 VT1、VT2 提供了一个合适的偏置电压，使其在静态时处于微导通状态。当信号变化时，VT1 和 VT2 可随时交替导通，从而消除了交越失真。这一类电路在静态时，三极管就具有一定的偏置电压，但偏置电压基本等于三极管的开启电压，即其静态工作点低于甲类放大电路、高于乙类放大电路，处于两类放大电路之间，因此将此类放大电路又称为甲乙类放大电路。

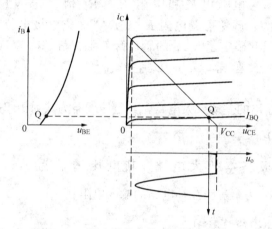

图 3-29 甲乙类状态静态工作点的设置

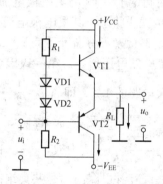

图 3-30 甲乙类双电源互补对称电路

复习要点

（1）互补对称电路的结构特点。
（2）互补对称电路的组态、工作原理。
（3）互补对称电路为什么采用双向电源供电。
（4）互补对称电路为什么存在交越失真问题，如何解决。

3.5 典型直接耦合放大电路分析

一个典型的直接耦合放大电路的原理电路如图 3-31 所示。其正负电源对称相等，即 $V_{CC}=V_{EE}$。

该电路包含有三级放大器。第一级是由 PNP 型 BJT 管 VT1、VT2 组成的差动放大电路。其静态工作点由恒流源建立。采用单端输出方式。第二级是由 NPN 型 BJT 构成的共射组态基本放大电路。第三级是由 NPN 型 BJT 管 VT4 和 PNP 型 BJT 管 VT5 组成的乙类互补放大电路。

该放大电路的特点，虽然电路采用直接耦合方式，但由于其第一级，也就是输入级采用

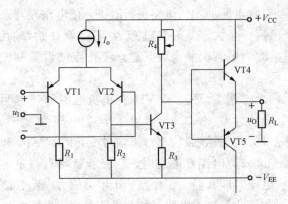

图 3-31　直接耦合放大电路的原理电路

了带恒流源的差动放大电路，所以信号的零点漂移被抑制到最小。其最后一级，也就是输出级采用了互补输出电路，在静态时，双电源可以保证电路输出端电位为零，负载上没有电压存在。

1. 电路的静态分析

在这里只对电路做定性分析。首先，VT1、VT2 的集电极电流 I_{C1}、I_{C2} 由恒流源 I_O 确定，即 $I_{C1}=I_{C2}=\dfrac{1}{2}I_O$。再根据集电极电流和电阻 R_1、R_2 值确定 VT1、

VT2 的管压降 U_{CE1}、U_{CE2}（U_{BE}、I_{B3} 忽略不计）。调整可调电阻 R_4，使 VT3 集电极电位为零，从而确定了 VT3 的集电极电流 I_{C3}，也因此确定了 VT3 的管压降 U_{CE3}。静态时 VT4、VT5 处于截止状态，其集电极电流近似为零，其管压降 $U_{CE3}=U_{CE4}=V_{CC}=V_{EE}$。

2. 电路的动态分析

（1）电路电压增益。第一级因为是单端输出的差动放大电路，其电压增益为共射极组态基本放大电路的 $1/2$，即 $A_{u1}=\dfrac{1}{2}\dfrac{\beta R_{i2}}{r_{be}}$。式中 $R_{i2}=r_{be}+(1+\beta)R_3$。

第二级为带发射极电阻的共发射极基本放大电路，其电压增益为 $A_{u2}=-\dfrac{\beta R_4\;/\!/\;R_{i3}}{r_{be}+(1+\beta)R_3}$。式中 $R_{i3}=r_{be}+(1+\beta)R_L$ 为第三级互补电路的输入电阻。

第三级互补电路因为是共集组态，其电压增益 $A_{u3}\approx1$。

因此电路总的电压增益

$$A_u=A_{u1}\cdot A_{u2}\cdot A_{u3}$$

（2）电路输入电阻。放大电路第一级是差动放大电路，其输入电阻即为放大电路的输入电阻。因此有 $R_i=2r_{be}$。

（3）电路输出电阻。放大电路最后一级是互补电路，其输出电阻即为放大电路的输出电阻，因此有 $R_o=\dfrac{R_4\;/\!/\;r_{be}}{1+\beta}$。

⍓ 复习要点

（1）多级直接耦合放大电路的构成原则，电路结构特点。

（2）多级直接耦合放大电路第一级通常采用差动放大电路，为什么？

（3）多级直接耦合放大电路能放大正弦交流信号吗？

本　章　小　结

（1）基本放大电路往往不能满足性能指标要求，因此在实际电路中，通常将多个基本放大电路进行级联，获得多级放大电路。

（2）多级放大电路的连接称为耦合。耦合方式有多种，常见的有电容耦合、直接耦合。

（3）电容耦合由于存在耦合电容，其低频响应特性差，不能放大缓慢变化的直流脉动信号，通常称为交流放大器。

（4）把两个不同组态的放大电路组合到一起，可以发挥各自的优点，获得更好的电路性能，这类电路称为组合放大电路，组合放大电路是多级放大电路的一种。

（5）直接耦合放大电路低频响应特性好，既可以放大交流信号，也可以放大变化缓慢的直流信号，也称为直流放大器。

（6）直接耦合放大电路存在零点漂移、静态输出端电压不为零的主要问题。

（7）解决零点漂移的问题是采用差分式放大电路。差分放大电路的主要特点是电路对称。

（8）采用正负对称双电源互补电路作为直接耦合放大电路的输出级，可以使静态时输出电压电位为零。

习　　题

3.1　两级电容耦合放大电路如图 3-32 所示。电路参数为 $R_1＝100\text{k}\Omega$，$R_2＝1\text{k}\Omega$，$R_3＝90\text{k}\Omega$，$R_4＝30\text{k}\Omega$，$R_5＝3\text{k}\Omega$，$R_6＝3.3\text{k}\Omega$，$R_L＝3.\text{k}\Omega$，$V_{CC}＝12\text{V}$。BJT 管 VT1 和 VT2 的参数为 $\beta_1＝\beta_2＝50$，$r_{be1}＝r_{be2}＝1\text{k}\Omega$。试求：

（1）画出这个电路的直流通路，并求 BJT 管 VT1 和 VT2 的静态工作点（I_{BQ1}、I_{CQ1}、U_{CEQ1}、I_{BQ2}、I_{CQ2}、U_{CEQ2}）；

（2）画出两级放大电路的小信号等效电路，并求放大电路的动态参数：电压增益 $\dot{A}_u$、输入电阻 R_i、输出电阻 R_o。

3.2　两级电容耦合放大电路如图 3-33 所示，电路参数与题 3.1 对应相同，即：$R_{b1}＝R_3＝90\text{k}\Omega$，$R_{b2}＝R_4＝30\text{k}\Omega$，$R_{b3}＝R_1＝100\text{k}\Omega$，$R_{e1}＝R_6＝3.3\text{k}\Omega$，$R_{e2}＝R_2＝1\text{k}\Omega$，$R_{c1}＝R_5＝3\text{k}\Omega$，$R_L＝3\text{k}\Omega$，$V_{CC}＝12\text{V}$。BJT 管 VT1 和 VT2 的参数为 $\beta_1＝\beta_2＝50$，$r_{be1}＝r_{be2}＝1\text{k}\Omega$。试求：

（1）按题 3.1 要求，对此电路进行静态分析计算和动态分析计算；

（2）比较两题分析计算结果有哪些不同？

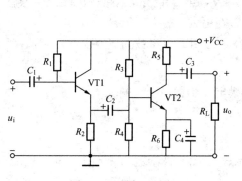

图 3-32　题 3.1 图

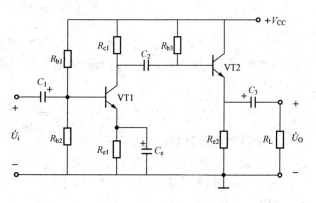

图 3-33　题 3.2 图

　　3.3　两级直接耦合放大电路如图 3-34 所示。电路中电阻 $R_1=500\text{k}\Omega$，$R_2=4\text{k}\Omega$，$R_3=1\text{k}\Omega$，$R_4=100\Omega$，$R_5=5.9\text{k}\Omega$，$V_{cc}=10\text{V}$，BJT 管的参数 $\beta_1=50$，$\beta_2=30$，$r_{be1}=r_{be2}=1\text{k}\Omega$。试求：

　　（1）画出放大电路的直流通路，并估算静态工作点参数；（设 $U_{BE}\approx 0$、$I_{B2}\approx 0$）

　　（2）画出两级放大电路的小信号等效电路；

　　（3）计算放大电路的动态参数：电压增益 $\dot{A}_u$，输入电阻 R_i，输出电阻 R_o。

　　3.4　两级直接耦合放大电路及电路参数如图 3-35 所示。三极管参数 $\beta_1=10$、$\beta_2=100$，$r_{be1}=1\text{k}\Omega$，$r_{be2}=5\text{k}\Omega$。试求：

　　（1）估算电路静态工作点（设 $U_{BE}\approx 0$、$I_{B2}\approx 0$）

　　（2）计算电路电压增益 $\dot{A}_u$、输入电阻 R_i、输出电阻 R_o。

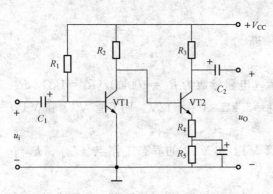

图 3-34　题 3.3 图

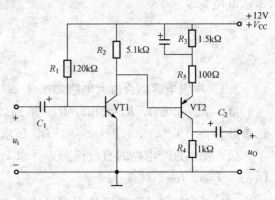

图 3-35　题 3.4 图

　　3.5　有一组合放大电路交流通路如图 3-36 所示，设 BJT 参数 $\beta_1=30$，$\beta_2=50$，$r_{be1}=1\text{k}\Omega$，$r_{be2}=1.5\text{k}\Omega$。试求：

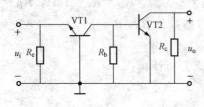

图 3-36　题 3.5 图

　　（1）画出电路的小信号等效电路；

　　（2）求电路的 $\dot{A}_u$，R_i，R_o。

　　3.6　有两个直接耦合放大电路，一个放大电路的电压增益 $\dot{A}_{u1}=100$，另一个放大电路的电压增益 $\dot{A}_{u2}=1000$。受同样温度影响，第一个放大电路输出端产生漂移电压为 $\Delta U_{O1}=0.2\text{V}$，第二个放大电路输出端产生漂移电压为 $\Delta U_{O2}=0.5\text{V}$，问这两个电路哪一个受温度的影响更大？

　　3.7　差分式放大电路及电路参数如图 3-37 所示。设 BJT 管参数为 $\beta_1=\beta_2=50$，$r_{be1}=r_{be2}=1\text{k}\Omega$。试求：

　　（1）计算放大电路的差模电压增益 $A_{ud}=\dfrac{u_O}{u_{id}}$，共模电压增益 $A_{uc}=\dfrac{u_O}{u_{ic}}$；

　　（2）计算共模抑制比 K_{CMR}；

　　（3）计算电路的输入电阻 R_i，输出电阻 R_o。

　　3.8　差分式放大电路及电路参数如图 3-38 所示。设 BJT 管参数为 $\beta_1=\beta_2=50$，$r_{be1}=r_{be2}=1\text{k}\Omega$。试求：

　　（1）计算电路的静态工作点 I_{C1Q}、I_{C2Q}、I_{C3Q}、U_{CE1Q}、U_{CE2Q}（设 $U_{BEQ}=0$）；

（2）计算放大电路的差模电压增益 $A_{ud} = \dfrac{u_o}{u_{Id}}$，共模电压增益 $A_{uc} = \dfrac{u_o}{u_{Ic}}$；共模抑制比 K_{CMR}；

（3）计算电路的输入电阻 R_i，输出电阻 R_o。

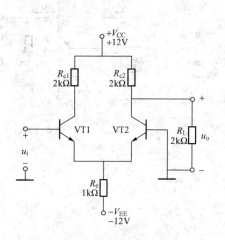

图 3 - 37　题 3.7 图

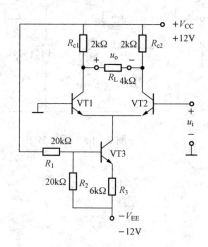

图 3 - 38　题 3.8 图

3.9　电路及电路参数如图 3 - 39 所示，设 BJT 参数 $\beta = 100$，$r_{be} = 1k\Omega$，$U_{BE} = 0.5V$，试求：

（1）电路的静态工作点 I_{BQ}、I_{CQ}、U_{CEQ}；

（2）求输出端空载和输出端带负载 $R_L = 5k\Omega$ 时的 A_{ud}；

（3）求差分放大电路的输入电阻 R_i 和输出电阻 R_o。

3.10　在题 3.7、3.8 图差分放大电路中，设输入信号电压 $u_i = 10mV$，分别求输出电压 u_o 值。

3.11　在题 3.9 图所示差分放大电路中，设输入信号电压 $u_{i1} = 10mV$，$u_{i2} = 20mV$，求带负载时输出电压 u_o 值。

3.12　三级直接耦合放大电路及电路参数如图 3 - 40 所示：其中三极管参数电流放大系数 β 均等于 50，三极管动态输入电阻 r_{be} 均等于 $1k\Omega$。试求：

（1）估算电路的静态工作点参数（忽略三极管发射结压降 U_{BE}、三极管基极电流）；

（2）计算电路的电压增益、输入输出电阻；

（3）标出输出电压的瞬时极性。

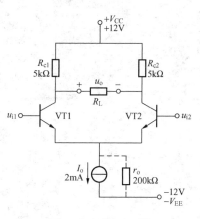

图 3 - 39　题 3.9 图

3.13　双电源互补对称放大电路如图 3 - 41 所示。试求：

（1）分析电路的工作原理；

（2）静态时负载两端电压为零吗？为什么？

（3）该电路有无电压放大能力，有无电流放大能力？

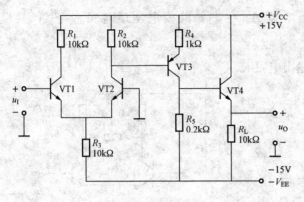

图 3 - 40 题 3.12 图

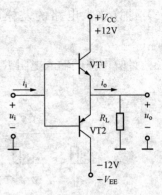

图 3 - 41 题 3.13 图

第4章　场效应三极管及其放大电路

场效应管（以下简称 FET）相对于双极结型晶体管 BJT 是另外一类半导体器件。从原理上讲，BJT 是通过基极电流来控制集电极电流，即用输入回路电流控制输出回路电流，它是一种电流控制电流的半导体器件。而 FET 是由输入回路电压控制其输出回路电流，所以是一种电压控制电流的半导体器件。这种器件具有输入阻抗高，功耗及噪声低，抗干扰能力强等优点，而且其制造工艺简单，因此 FET 构成的放大电路，应用越来越普遍，特别是应用在中、大规模集成电路。因此对 FET 的结构、工作原理、特性、参数，以及由其构成的放大电路的学习是很重要的。

场效应管通常分为两大类：结型场效应三极管（简称 JFET）和金属-氧化物-半导体场效应管（简称 MOSFET）。其中，JFET 又分为 N 沟道型和 P 沟道型，而 MOSFET 又分为 N 沟道增强型和耗尽型，P 沟道增强型和耗尽型。

4.1　结型场效应三极管（JFET）

4.1.1　JFET 的基本结构

JFET 根据制造所用的半导体基片材料的不同，又分为 N 沟道和 P 沟道两种类型。分别如图 4-1 和 4-2 所示。其中图 4-1（a）是 JFET 管内部结构示意图。图 4-1（b）是其电路符号。

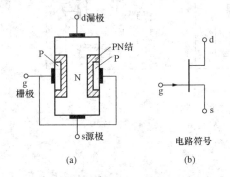

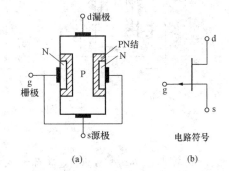

图 4-1　N 沟道 JFET 管的结构示意　　　　图 4-2　P 沟道 JFET 管的结构
　　　　图和电路符号　　　　　　　　　　　　　示意图和电路符号
（a）结构示意图；（b）电路符号　　　　　　（a）结构示意图；（b）电路符号

从图 4-1 可以看出，N 沟道 JFET 是在一块 N 型半导体上基片上，制作了两个 P 型区，这样在管子内部形成了两个 PN 结，将两个 P 型区在内部连在一起并引出作为 JFET 的一个电极，这个电极称为 JFET 的栅极，用符号 g 来代表。N 型区的上下两端分别各引出一个电极，上端电极称为漏极，用符号 d 来代表，下端称为源极，用符号 s 来代表。

而 P 沟道的 JFET 是在一块 P 型半导体上基片上，制作了两个 N 型区，将两个 N 型区在内部连在一起作为 JFET 的栅极，漏极和源极分别在 P 型区的上下两端引出。从结构上看，N 沟道 JFET 和 P 沟道 JFET 是互补对称的。

4.1.2　栅-源电压 u_{GS} 对导电沟道的控制作用

下面以 N 沟道 JFET 为例，介绍在 JFET 的栅极和源极之间外加电源 V_{GG}，栅源电压 u_{GS} 对导电沟道的控制作用。

1. 漏-源电压 $u_{DS}=0$，改变 u_{GS}

当 JFET 的栅-源电压 $u_{GS}=0$ 时，如图 4-3（a）所示。此时 N 型半导体和 P 型半导体的接触面形成 PN 结，即耗尽层。在制造时，N 区半导体掺杂浓度小于 P 区，所以 P 区用 P^+ 表示，形成 PN 结时，耗尽层基本上是向 N 区延伸。在两侧耗尽层的中间部分，留下了一条以自由电子为载流子的导电沟道。但由于 $u_{DS}=0$，沟道上没有加电压，所以没有电流流过。

当在栅源之间外加负电源 V_{GG}，形成负的栅源电压 u_{GS}。

负的栅源电压使 PN 结上的反向偏置电压增加，耗尽层将随着反向偏置电压增加而向 N 区延伸，使导电沟道变窄，如图 4-3（b）所示。导电沟道变窄，使得漏极和源极之间的电阻率增大。

当负的栅源电压的绝对值进一步增大到某一定值后，两侧耗尽层在 N 区中间合拢，沟道全部消失，如图 4-3（c）所示。此时，漏源之间的电阻将趋于无穷大，称为 JFET 的漏极和源极被夹断，此时的 $|u_{GS}|=|u_P|$，u_P 被称为 JFET 的夹断电压。

通过以上分析，在 $u_{DS}=0$ 时，改变栅源电压 u_{GS}，可以控制导电沟道的宽度，在 $u_{GS}=0$ 时，导电沟道最宽，当 $u_{GS}=u_P$ 时，导电沟道被夹断。

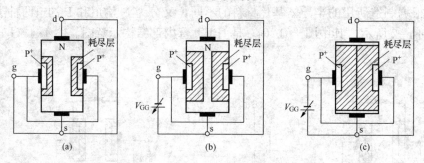

图 4-3　u_{GS} 对导电沟道的控制作用
(a) $u_{GS}=0$；(b) 加负电源；(c) 导电沟道被夹断

2. 栅源电压 $u_{GS}=0$，改变漏源电压 u_{DS}

当栅源极电压 $u_{GS}=0$，在漏极和源极之间加可调直流电源 V_{DD}，随着 u_{DS} 的增加，JFET 内的导电沟道的变化如图 4-4（a）～（c）所示。

两侧耗尽层上宽下窄，从而使导电沟道上窄下宽，这是因为 u_{DS} 在 N 型半导体区域中，产生了一个沿沟道的电位梯度，电位差从源极的零电位逐渐升高到漏极的 u_D，所以从源极到漏极的不同位置上，栅极与沟道之间的电位差是不相等的，离源极越远，电位差越大，PN 结的反向电压也越大，耗尽层向 N 区的扩展也越大，使得靠近漏极的导电沟道比靠近源极要窄，导电沟道呈楔形。

当漏极漏栅间电位差使得两侧耗尽层在沟道上部顶点相遇时，如图 4-4（b）所示，此时，导电沟道开始消失，此时称为预夹断，预夹断时 $u_{DS}=u_{DG}=|u_P|$。

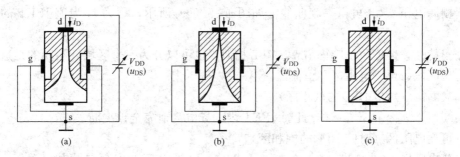

图 4-4　u_{DS} 对 JEFT 管导电性能的影响

(a) $u_{GS}=0$；(b) 预夹断；(c) u_{DS} 继续增加

沟道在顶点夹断后，继续增加 u_{DS}，夹断区的长度会随之增加，即由顶点向下延伸，如图 4-4（c）所示。

通过以上分析，在 $u_{GS}=0$ 时，改变漏源电压 u_{DS}，也可以控制导电沟道的宽度，随着 u_{DS} 的增加，导电沟道由宽变窄，当 $u_{DS}=|u_P|$ 时，导电沟道在靠近漏极处被预夹断，预夹断后，u_{DS} 的增加会使夹断区域向下向源极延伸。

4.1.3　JFET 的输出特性和转移特性

1. N 沟道 JFET 输出特性

JFET 的输出特性给出的是当栅源电压 u_{GS} 一定时，漏极电流随漏源电压 u_{DS} 的变化关系，即

$$i_D = f(u_{DS})\,\big|_{u_{GS}=常数} \tag{4-1}$$

当 $u_{GS}=0$ 时，输出特性如图 4-5（a）所示。

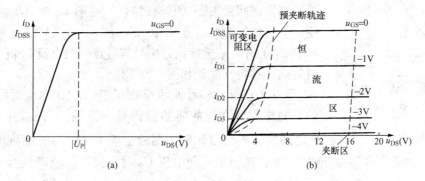

图 4-5　N 沟道 JFET 的输出特性

(a) $u_{GS}=0$；(b) 改变 u_{GS}

由特性曲线可以看出，当 $0<u_{DS}<|u_P|$，i_D 随 u_{DS} 的增加而显著增加。在这一阶段，由于 JFET 内存在导电沟道，N 区内的载流子电子在 u_{DS} 的作用下定向流动形成漏极电流，其数量会随电压的增加而增加，从而使漏极电流随漏源电压的增加而迅速增加。

当 $u_{DS}=|u_P|$，导电沟道被预夹断，之后，i_D 不再随 u_{DS} 的增加而增加。增加的电压只能使夹断区向源极方向延伸，而不能再增加参与流动的载流子的数目。由于夹段处电场强度在增强，仍然能将预夹断前流过导电沟道同样数量的电子拉过夹断区，所以漏极电流保持不变。

改变栅源电压 u_{GS}，可得一簇曲线，如图 4-5（b）所示，称为 N 沟道 JFET 的输出特性曲线。

由输出特性，JFET 的工作情况与 BJT 相似，也可以分为三个区域，不同的是这三个区域改称为夹断区、可变电阻区和恒流区。

(1) 夹断区（对应 BJT 的截止区）

在夹断区，$u_{GS} < u_P$，$i_D = 0$，此时 JFET 内的导电沟道完全被夹断。

(2) 可变电阻区（对应 BJT 的饱和区）

在可变电阻区，$U_P < u_{GS} \leqslant 0$，$u_{DS} \leqslant u_{GS} - U_P$，此时，JFET 内存在导电沟道，N 区内流动的载流子电子会随电压的增加而迅速增加，从而使漏极电流 i_D 随 u_{DS} 的增加而显著增加。对于不同的栅源电压 u_{GS}，在这一区域内，输出特性的倾斜度不同，表明漏极和源极之间的电阻不同。这如同电阻值随栅源电压的变化而变化，所以这个区域称为可变电阻区。

(3) 恒流区（对应 BJT 的放大区）

在恒流区，$U_P < u_{GS} \leqslant 0$，$u_{DS} > u_{GS} - U_P$，此时，导电沟道被预夹断，u_{DS} 的增加，只改变夹断区的长度，而不能增加漏极电流，漏极电流保持不变。

在恒流区，在 u_{DS} 不变的情况下，改变 u_{GS}，漏极电流将成比例发生变化，这体现了栅源电压对漏极电流的控制作用，如同 BJT，基极电流对集电极电流的控制。利用 FET 做放大时，应工作在恒流区。

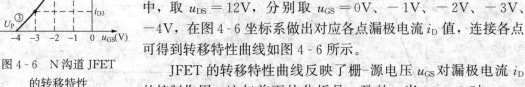

图 4-6　N 沟道 JFET 的转移特性

2. N 沟道 JFET 的转移特性

由于 FET 的输入级栅极基本上没有电流，所以讨论它的输入特性是没有意义的。讨论的重点应该是输入回路栅-源电压 u_{GS} 对输出回路漏极电流 i_D 的控制特性，即 $i_D = f(u_{GS})|_{u_{DS}=\text{常数}}$。这个特性就叫做 FET 的转移特性。在图 4-5（b）的输出特性中，取 $u_{DS} = 12V$，分别取 $u_{GS} = 0V$、$-1V$、$-2V$、$-3V$、$-4V$，在图 4-6 坐标系做出对应各点漏极电流 i_D 值，连接各点可得到转移特性曲线如图 4-6 所示。

JFET 的转移特性曲线反映了栅-源电压 u_{GS} 对漏极电流 i_D 的控制作用，这与前面的分析是一致的。当 $u_{GS} = 0$ 时，$i_D = I_{DSS}$。如图中①点。当给栅-源之间加负极性电压时，漏极电流 i_D 随 u_{GS} 的绝对值增加而减小，如图中②段。当 u_{GS} 的绝对值增加到等于夹断电压 V_P 时，漏极电流降至为零，如图中③点。由此看出，JFET 的工作区域是在特性曲线的②段。工作时可以通过控制 JFET 的栅-源之间电压 u_{GS}，来改变漏极电流 i_D。

在 $U_P \leqslant u_{GS} \leqslant 0$ 范围内，i_D 随 u_{GS} 的变化可近似表示为

$$i_D = I_{DSS}\left(1 - \frac{u_{GS}}{U_P}\right)^2 \tag{4-2}$$

复习要点

(1) JFET 的内部结构的特点，它与 BJT 的差别。

(2) 当 $u_{GS} = 0$ 时，JFET 漏极电流 i_D 也等于零吗？

(3) N 沟道的 JFET 的夹断电压 U_P 是正值还是负值？

4.2 金属-氧化物-半导体场效应管（MOSFET)

金属-氧化物-半导体场效应管（以下简称 MOSFET），又分为 N 沟道增强型、N 沟道耗尽型，P 沟道增强型、P 沟道耗尽型。

增强型与耗尽型的区别在于：

凡是当 $u_{GS}=0$ 时，漏极电流 $i_D=0$，随着 $|u_{GS}|$ 增加到一定值后，i_D 才开始出现，属于增强型；

凡是当 $u_{GS}=0$ 时，漏极电流 $i_D \neq 0$，而具有一定值。随着 $|u_{GS}|$ 增加到一定值后，i_D 减小到零，属于耗尽型。根据这一定义，上一节介绍的 JFET 应属于耗尽型。

下面以 N 沟道增强型 MOSFET 为例，介绍 MOSFET。

4.2.1 N 沟道增强型 MOSFET 内部结构

图 4-7（a）为 N 沟道增强型 MOSFET 的内部结构示意图。图 4-7（b）为其电路符号。

由图 4-7（a）可以看出，N 沟道增强型 MOSFET 是以一块 P 型硅半导体作为衬底，利用扩散的方法在 P 型硅中形成两个高掺杂的 N 区。然后在 P 型硅表面生长一层很薄的二氧化硅绝缘层。分别在两个 N 型区上引出两个金属电极作为漏极 d 和源极 s，在两个 N 型区中间二氧化硅绝缘层的上面引出一个金属电极作为栅极 g。从结构上看 MOSFET 分为三层，即金属电极（M），氧化

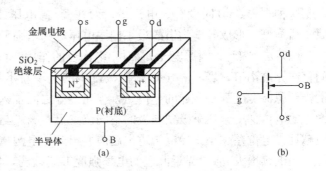

图 4-7 N 沟道增强型 MOSFET 管的内部
结构示意图及电路符号
(a) 结构示意图；(b) 图形符号

物（O），P 型半导体（S），由此把这种器件称为金属-氧化物-半导体场效应管，简称 MOS-FET。

由于栅极被安置在二氧化硅绝缘层表面上，与源极、漏极均无电接触，故其栅极是绝缘的，因此这种类型的 FET 又叫做绝缘栅型场效应管。

4.2.2 N 沟道增强型 MOSFET 工作原理

1. 栅-源电压 u_{GS}，漏源电压 u_{DS} 对漏极电流 i_D 的控制作用

（1）$u_{GS}=0$，$i_D=0$。当把栅-源极短接（即栅-源电压 $u_{GS}=0$）时如图 4-8（a）所示，在 FET 内部形成了两个背靠背的 PN 结，此时在漏-源间加正向电压 V_{DD}，则漏极 PN 结反向偏置（N 区为正，P 区为负），在漏极和源极之间不存在导电沟道。不论 u_{DS} 大小、极性如何，漏极电流 i_D 总是等于零。MOSFET 是利用其栅-源电压的大小，来改变半导体表面感生电荷的多少，从而控制漏极电流的大小。

（2）$u_{DS}=0$，栅源电压 u_{GS} 产生 N 型导电沟道。将漏极和源极短路，在栅-源之间加上正向电压 V_{GG}，如图 4-8（b）所示。在这样的偏置电压作用下，栅极和 P 型半导体相当于形成了一个以二氧化硅绝缘层为介质的平板电容器。在正的栅-源电压 u_{GS} 的作用下，介质中产

生了一个垂直于半导体表面的电场，电场方向是由栅极指向 P 型半导体。由于二氧化硅绝

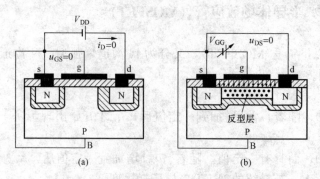

缘层很薄，即使有几伏的栅-源电压，也可以产生很强的电场。这个电场会排斥 P 型半导体中的多子空穴而吸引半导体中的少子电子。当栅-源电压达到一定数值以后，这些电子在二氧化硅绝缘层下面，P 型硅的表面形成了一个 N 型薄层，称之为反型层。反型层将漏极和源极这两个 N 型区连接起来，形成了电子型导电沟道，即 N 沟道，如图 4 - 8（b）所示。显然，栅-源电压 u_{GS} 越大，则作用于半

图 4 - 8　栅-源电压 u_{GS} 生成导电沟道
(a) $u_{GS}=0$；(b) 栅源之间加正向电压

导体表面的电场就越强，吸引到 P 型半导体表面的电子就越多，反型层越厚，则导电沟道将越宽。在外加漏源电压 u_{DS} 后，会产生较大的漏极电流 i_D。

这种在 $u_{GS}=0$ 时没有导电沟道，而在栅-源电压的作用下，才形成了导电沟道的 FET 属于增强型，形成导电沟道的最小栅源电压称为增强型 FET 的开启电压，用 U_T 表示。

（3）$u_{GS}>U_T$，漏源电压 u_{DS} 对导电沟道的作用。由于 u_{GS} 大于开启电压，因此在漏源之间存在导电沟道，当 $u_{DS}=0$ 时，栅极产生的电场对半导体是均匀分布的，所以导电沟道从漏极到源极宽度都是一样的。但是，当在漏源之间加入 u_{DS} 后，栅极电场产生了一个沿导电沟道的电位梯度，从源极到漏极的不同位置上，栅极与沟道之间的电位差是不相等的，离源极越远，电位差越小，导电沟道也趋向变窄，导电沟道开始呈楔形，如图 4 - 9（a）所示。

当继续增大 u_{DS}，靠近漏极的电场强度继续减弱，使得导电沟道在靠近漏极处消失，如图 4 - 9（b）所示，此时称为 FET 被预夹断。

沟道在靠近漏极处产生预夹断后，若继续增加 u_{DS}，夹断区的长度会随之增加，即由漏极向源极延伸，如图 4 - 9（c）所示。

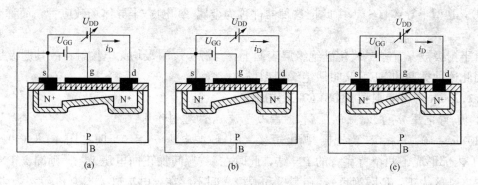

图 4 - 9　u_{DS} 对导电沟道的影响
(a) 栅源之间加入 u_{DS}；(b) FET 被预夹断；(c) 继续增加 u_{DS}

（4）保持 u_{DS} 不变，u_{GS} 对导电沟道的影响。

当栅源电压大于开启电压，在 P 型半导体表面就形成了导电沟道，此时在漏-源之间加上电压 u_{DS}，则形成了漏极电流 i_D，如图 4 - 9（a）所示。改变 u_{DS}，i_D 随之改变。此时，改

变栅-源电压 u_{GS} 即可控制漏极电流 i_D 的变化，从而体现了 MOSFET 的电压控制电流的作用。一般把在一定的外加漏-源电压作用下，使 FET 开始导电的栅-源电压 u_{GS} 叫做开启电压 U_T。

2. 输出特性和转移特性曲线

（1）N 沟道增强型 MOSFET 的输出特性

N 沟道增强型 MOSFET 的输出特性如图 4 - 10（a），（b）所示。

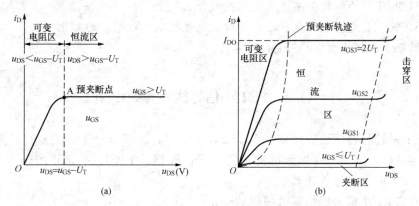

图 4 - 10　N 沟道增强型 MOSFET 输出特性曲线

（a）u_{GS} 为某一值；（b）改变 u_{GS}

N 沟道增强型 MOSFET 的输出特性与 N 沟道 JFET 的输出特性基本一致，当选定 u_{GS} 为某一值（u_{GS} 要大于开启电压 U_T）时，漏极电流随漏源电压的变化过程如图 4 - 10（a）所示。同样可分为 4 个不同的区域，即可变电阻区、恒流区、夹断区和击穿区。

在可变电阻区，当 u_{DS} 从零开始增大，但 $u_{DS} < u_{GS} - U_T$，由于此时导电沟道没有被夹断，i_D 随 u_{DS} 的增加而急剧增加。

继续增大 u_{DS}，使 $u_{DS} = u_{GS} - U_T$，FET 的导电沟道出现预夹断点，漏极电流达到最大值。

预夹断后，继续增大 u_{DS}，使 $u_{DS} > u_{GS} - U_T$，FET 进入恒流区，此后 i_D 几乎不随 u_{DS} 的增大而增大。

漏源电压 u_{DS} 也要有所限制，当 u_{DS} 超过 FET 的反向击穿电压 U_{BR} 后，漏极电流 i_D 将急剧上升，FET 被反向击穿而损毁。

改变 u_{GS} 的大小，对应可以获得一族曲线，如图 4 - 10（b）所示，这个曲线族即为 N 沟道增强型 MOSFET 的输出特性。

在输出特性中，从 $u_{GS} = 2U_T$ 所对应的输出特性曲线上看到，在恒流区时的漏极电流 i_D，记作 I_{DO}。

（2）N 沟道增强型 MOSFET 的转移特性

增强型 MOSFET 管的转移特性与耗尽型不同，它描述 u_{GS} 由零开始，正值变大时，漏极电流 i_D 的随变过程。当 u_{GS} 大于零但小于开启电压 U_T 时，由于栅极电场还不够强，导电沟道还没有完全形成，漏极电流 i_D 仍然等于零。当 u_{GS} 大于 U_T 后，导电沟道已经形成，i_D 开始随 u_{GS} 的增加而增加。i_D 可近似的表示为

$$i_D = I_{D0}\left(\frac{u_{GS}}{U_T} - 1\right)^2 \quad (u_{GS} > U_T) \tag{4-3}$$

式中　I_{D0} 是 $u_{GS} = 2U_T$ 时的 i_D 值。

复习要点

(1) MOSFET 内部结构的特点，它与 JFET 的差别是什么？

(2) MOSFET 的栅极会流过电流吗？为什么？

(3) MOSFET 是靠栅源电压，还是栅极电流控制漏极电流的变化？

(4) 增强型和耗尽型 MOSFET 的区别。

4.3　FET 小信号线性等效模型

从 FET 的转移特性和输出特性看，同 BJT 一样，FET 属于非线性器件。为电路计算分析方便，也要获得其工作在恒流区的小信号线性模型。下面以 N 沟道增强型 MOSFET 为例，建立 FET 的小信号等效模型。

4.3.1　FET 小信号线性等效模型的建立

如同获得 BJT 工作在放大区的 H 参数小信号线性等效模型相同，将 FET 也看成是一个双端口网络，栅极 g 与源极 s 作为输入端口，漏极 d 与源极 s 作为输出端口，如图 4-11(a) 所示。

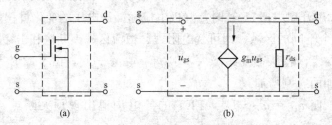

图 4-11　FET 的小信号等效模型

(a) FET 模型；(b) 小信号等效模型

由于 FET 的栅极电流为零，栅源之间只有电压存在，因此，其输入端口，即栅极和源极之间可用一个断开的支路去等效。在输出回路，由于漏极电流是栅源电压和漏源电压的函数，可以表示为

$$i_D = f(u_{GS}, u_{DS}) \tag{4-4}$$

将其用全微分形式表示为

$$di_D = \left.\frac{\partial i_D}{\partial u_{GS}}\right|_{u_{DS}} du_{GS} + \left.\frac{\partial i_D}{\partial u_{DS}}\right|_{u_{GS}} du_{DS} \tag{4-5}$$

令式 (4-5) 中

$$g_m = \left.\frac{\partial i_D}{\partial u_{GS}}\right|_{u_{DS}}$$

$$\frac{1}{r_{ds}} = \left.\frac{\partial i_D}{\partial u_{DS}}\right|_{u_{GS}}$$

并用交流量代替式中的微分量，式（4-5）可写成

$$i_{\mathrm{d}} = g_{\mathrm{m}} u_{\mathrm{gs}} + \frac{1}{r_{\mathrm{ds}}} \cdot u_{\mathrm{ds}} \tag{4-6}$$

根据上式，FET 的输出回路可以用一个电压控制的电流源 $g_{\mathrm{m}} u_{\mathrm{gs}}$ 和一个并联电阻 r_{ds} 去等效。

根据以上对 FET 的输入端口和输出端口的等效处理，可获得 FET 工作在恒流区的小信号等效模型，如图 4-11（b）所示。

4.3.2 FET 小信号模型参数的获得及物理意义

FET 小信号模型中的参数 g_{m} 和 r_{ds} 可以从图 4-12 所示的转移特性和输出特性曲线上确定。

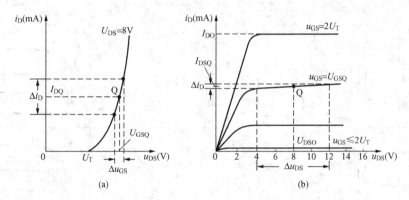

图 4-12 小信号模型参数在特性曲线上的定义

(a) 转移特性曲线；(b) 输出特性曲线

从图 4-12（a）转移特性可知，$g_{\mathrm{m}} = \left. \dfrac{\partial i_{\mathrm{D}}}{\partial u_{\mathrm{GS}}} \right|_{u_{\mathrm{DS}}}$ 是 $u_{\mathrm{DS}} = U_{\mathrm{DSQ}}$ 所对应转移特性曲线上工作点 Q 处的导数，即是以 Q 点为切点的切线斜率。在小信号条件下，可用一段切线来等效 Q 点附近的曲线，由于 g_{m} 是 i_{D} 和 u_{GS} 之比，此时，g_{m} 是一个常数，称为互导，其量纲为电导单位西门子 S 或毫西门 mS。FET 的互导 g_{m} 值一般在 $0.2 \sim 20\mathrm{mS}$ 范围内，最大的可达 100mS。

互导反映了栅源电压对漏极电流的控制能力，所以 g_{m} 是表征 FET 放大能力的一个重要参数。互导随 FET 的工作点不同而变化，Q 点越高，g_{m} 值越大。

g_{m} 除了可以在转移特性曲线上获得，也可以利用公式去估算。

对于 N 沟道增强型 MOSFET，其互导估算公式为

$$g_{\mathrm{m}} = \frac{2}{U_{\mathrm{T}}} \sqrt{I_{\mathrm{DO}} I_{\mathrm{DQ}}} \tag{4-7}$$

对于 N 沟道 JFET，其互导估算公式为

$$g_{\mathrm{m}} = -\frac{2 I_{\mathrm{DSS}} \left(1 - \dfrac{U_{\mathrm{GSQ}}}{U_{\mathrm{P}}}\right)}{U_{\mathrm{P}}} \quad (U_{\mathrm{P}} \leqslant U_{\mathrm{GSQ}} \leqslant 0) \tag{4-8}$$

【例 4-1】 已知 N 沟道 MOSFET 的开启电压 $U_{\mathrm{T}} = 4\mathrm{V}$，$I_{\mathrm{DO}} = 12\mathrm{mA}$，在电路静态时，漏极电流 $I_{\mathrm{DQ}} = 3\mathrm{mA}$，求其在此工作情况下的互导 g_{m}。

解　根据式（4 - 7）可得

$$g_{\mathrm{m}} = \frac{2}{U_{\mathrm{T}}} \sqrt{I_{\mathrm{DO}} I_{\mathrm{DQ}}} = \frac{2}{4} \sqrt{12 \times 3} = 3\mathrm{mS}$$

4.3.3　各种 FET 的性能简介及其与 BJT 的比较

1. 各种 FET 性能简介

前面章节只介绍了 N 沟道结型 JFET（耗尽型）和 N 沟道 MOSFET（增强型）两类场效应管。其实 FET 的种类很多，性能和使用方法也各有不同，现将各类 FET 的特性列于表 4 - 1，供读者学习参考。

表 4 - 1　　　　　　　　　　　　各种场效应管的特性比较

结构种类	工作方式	电路符号	偏置电压极性		转移特性 $i_{\mathrm{D}} = f(u_{\mathrm{GS}})$	输出特性 $i_{\mathrm{D}} = f(u_{\mathrm{DS}})$
			U_{P} 或 U_{T}	U_{DS}		
MOSFET N 沟道	增强型	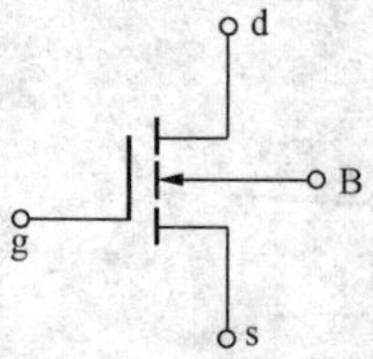	+	+	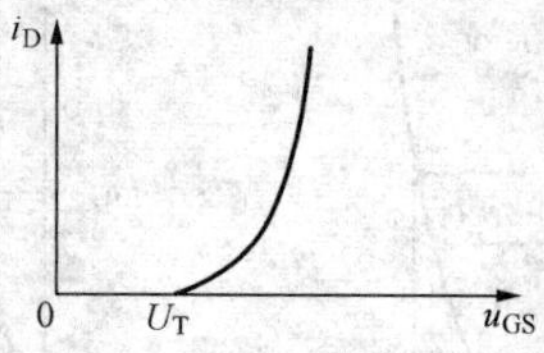	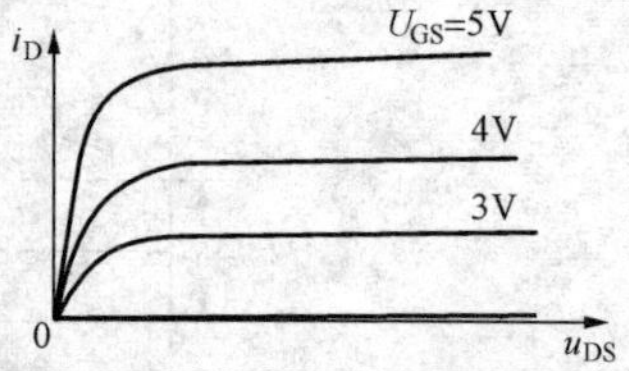
	耗尽型	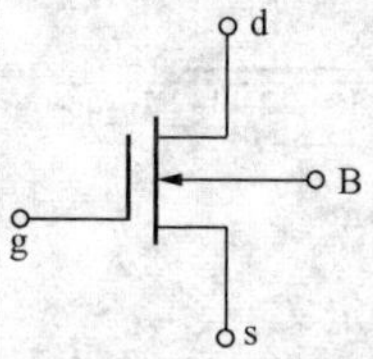	−	+	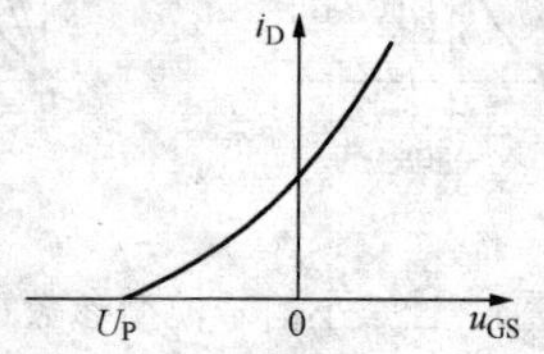	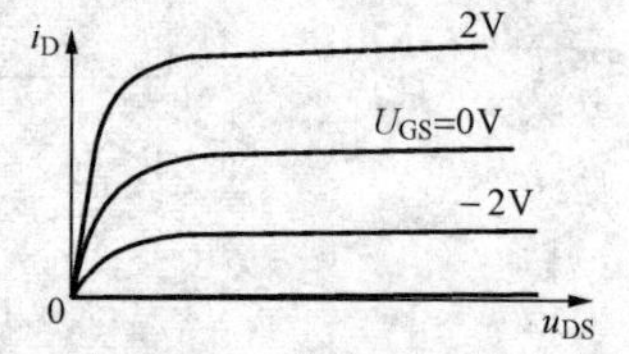
JFET N 沟道	耗尽型	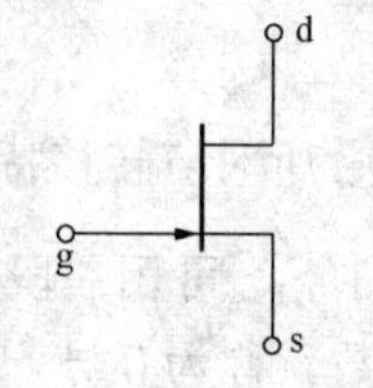	−	+	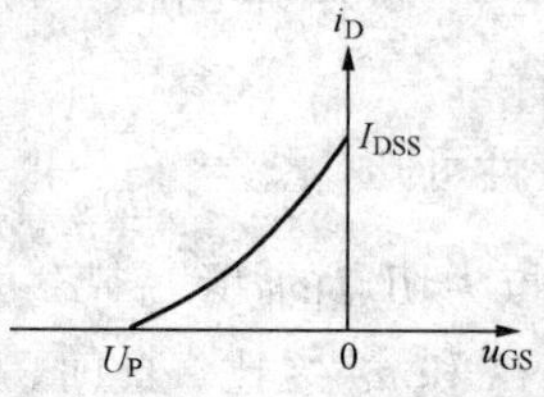	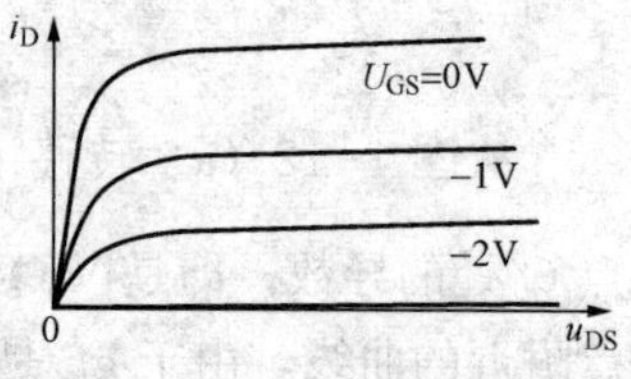
MOSFET P 沟道	增强型	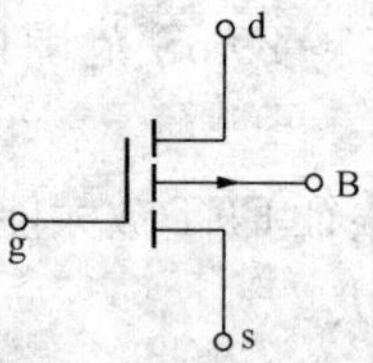	+	+	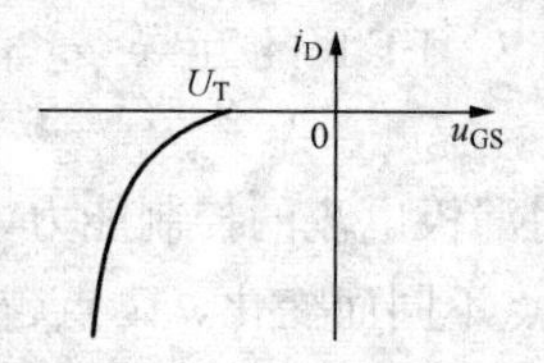	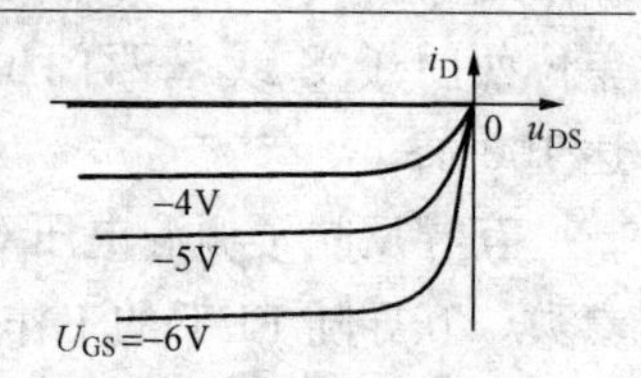
	耗尽型	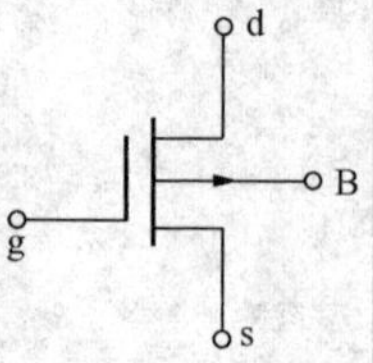	−	+	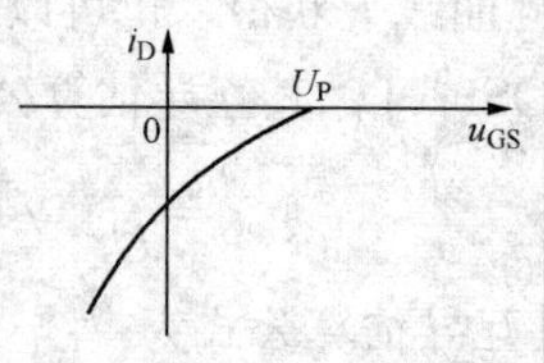	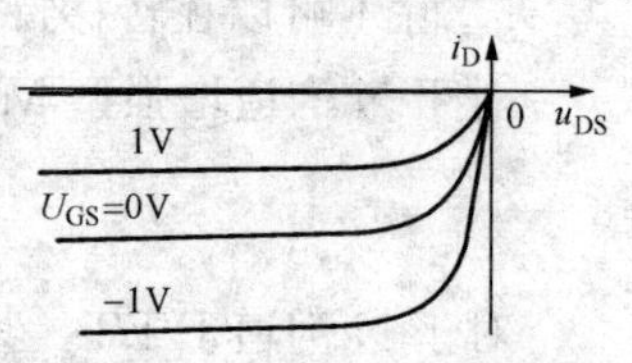
JFET P 沟道	耗尽型	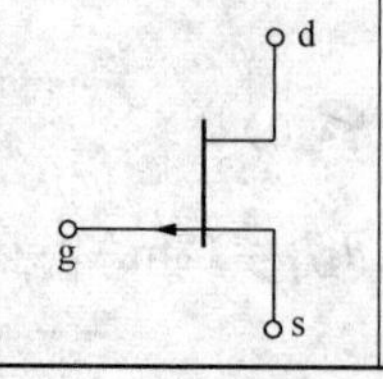	−	+	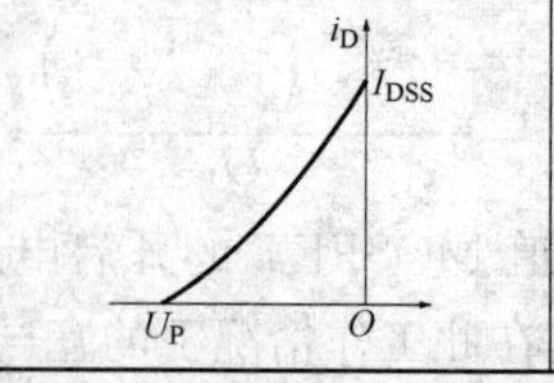	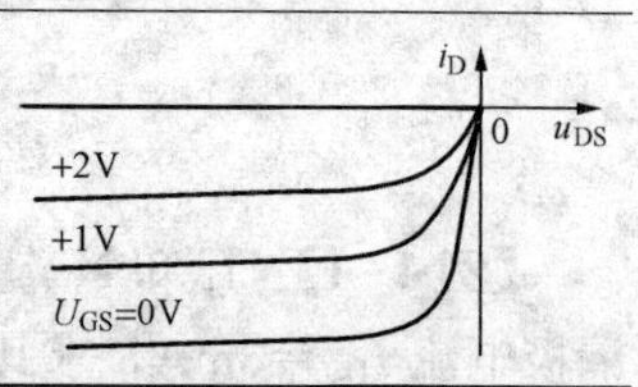

2.FET 与 BJT 的性能比较

(1) FET 的栅极 g、源极 s、漏极 d 对应于 BJT 的基极 b、发射极 e、集电极 c。

(2) BJT 属于电流控制电流器件，而 FET 属于电压控制电流器件。

(3) FET 用栅-源电压 u_{GS} 控制漏极电流 i_D，栅极基本不取电流；而 BJT 工作时基极总索取一定的电流。因此，要求输入电阻高的电路应选用 FET；而若信号源可以提供一定的电流，则可选用 BJT。

(4) FET 比 BJT 的温度稳定性好、抗辐射能力强。所在环境条件变化很大的情况下应选用 FET。

(5) FET 的噪声系数很小，所以低噪声放大器的输入级和要求信噪比较高的电路应选用 FET。

(6) FET 的漏极与源极可以互换使用，互换后特性变化不大；而 BJT 的发射极与集电极互换后特性差异很大，因此只在特殊需要时才互换。

(7) 由于 FET 制造工艺更简单，且具有耗电省、工作电源电压范围宽等优点，因此场效应三极管越来越多地应用于大规模和超大规模数字集成电路之中。

3.FET 的使用注意事项

(1) 在 MOSFET 制作时，有的产品将衬底单独引出（这种管子有四个管脚），使用者可视电路的需要任意连接。一般在使用中，P 衬底接低电位，N 衬底接高电位。但当源极电位很高或很低时，为了减轻源极与衬底间电压对管子导电性能的影响，可将源极与衬底连在一起。

(2) FET 通常制成漏极和源极可以互换，而其特性曲线（转移特性，输出特性）没有明显变化。但有些产品出厂时已将源极和衬底连在一起，这时源极和漏极不能互换使用。

(3) JFET 的栅源电压不能接反，但可以在开路状态下保存。而 MOSFET 不使用时，由于它的输入电阻非常高，需将各电极短路，以免外电场作用使管子损坏。

(4) FET 在焊接时，最好断电。电烙铁必须有外接地线，以屏蔽交流电场，防止损坏管子。

✒ **复习要点**

(1) FET 与 BJT 的小信号线性等效模型的区别是什么？

(2) 在小信号条件下，FET 的互导 g_m 是常数吗？

(3) 互导与静态工作点有关吗？

(4) BJT 是电流控制电流器件，FET 呢？

(5) FET 与 BJT 进行比较有什么优缺点？

(6) JFET 和 MOSFET 相比，哪一类输入电阻更高？

(7) FET 为什么没有输入特性，而只有转移特性？

(8) JFET 是属于增强型还是耗尽型？

(9) 哪一类 FET 的参数有夹断电压 U_P，哪一类 FET 的参数有开启电压 U_T？

4.4 FET 放大电路分析

采用 FET 构成放大电路，与 BJT 类似，也有三种基本接法，即共源极放大电路，共漏极放大电路以及共栅极放大电路。但由于共栅极放大电路很少使用，本节只对前两种接法的放大电路进行分析。

4.4.1　基本共源极放大电路的图解分析

1. 静态分析

由 N 沟道增强型 FET 构成的基本共源放大电路如图 4 - 13（a）所示。

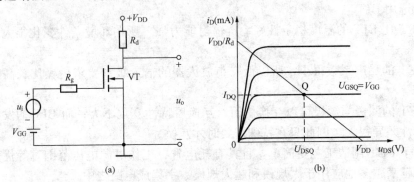

图 4 - 13　基本共源放大电路及静态工作点的设置

（a）放大电路；（b）静态工作点的设置

　　与 BJT 放大电路一样，为使电路能对信号进行不失真放大，必须设置合适的静态工作点。对于 FET 来讲，就是要保证在信号的整个周期内，FET 都应该工作在输出特性的恒流区，而不能进入可变电阻区和夹断区，为此，FET 的静态工作点应当设置在负载线的中间，恒流区的中心部分，如图 4 - 13（b）所示。

　　由于所使用的是 N 沟道增强型 FET，为使它工作在恒流区，在输入回路加入栅极电源 V_{GG}，V_{GG} 应使栅源电压 $U_{GS}=U_{GSQ}>U_T$。由漏极电源 V_{DD} 和漏极电阻 R_d 确定的直流负载线，与 BJT 组成的共射放大电路中的 V_{CC} 和 R_C 一样，其斜率等于$-1/R_d$。直流负载线与 $U_{GS}=U_{GG}$ 对应的输出特性曲线的交点，即为放大电路的静态工作点 Q，静态工作点所对应的横坐标值记为 U_{DSQ}，纵坐标所对应的值记为 I_{DQ}。

2. 动态分析

当在输入回路加入正弦信号 u_i 后，使得 u_{GS} 在 U_{GSQ} 的基础上随时间变化，导致漏极电流随之产生相应变化，使静态工作点沿负载线上下移动，漏极电压 u_{DS} 也随之产生相应的变化，如图 4 - 14 所示。

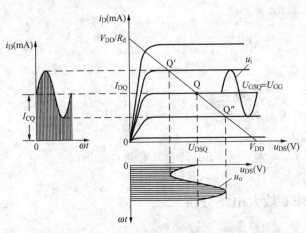

图 4 - 14　基本共源极放大电路动态图解分析

4.4.2　分压式偏置共源极放大电路

由 N 沟道增强型 MOSFET 构成的共源极放大电路如图 4 - 15 所示。由电阻 R_{g1}，R_{g2} 对电源 V_{DD} 分压建立了 FET 的静态偏置电压，故称为分压式偏置共源极放大电路。下面对该电路的静态工作点进行估算，并采用 FET 的小信号等效模型对于电路动态参数进行计算。

1. 静态工作点计算

静态时，栅极电位 V_G 是 R_g1，R_g2 对电源 V_DD 的分压，即

$$V_\mathrm{G} = \frac{R_\mathrm{g1}}{R_\mathrm{g1} + R_\mathrm{g2}} \times V_\mathrm{DD} \qquad (4\text{-}9)$$

同时漏极电流在源极电阻 R_S 上且产生压降 $V_\mathrm{S} = I_\mathrm{D}R_\mathrm{S}$。

因此，静态时加入栅－源上的电压为

$$U_\mathrm{GSQ} = V_\mathrm{G} - V_\mathrm{S} = \frac{R_\mathrm{g1}}{R_\mathrm{g1} + R_\mathrm{g2}} V_\mathrm{DD} - I_\mathrm{DQ}R_\mathrm{S}$$
$$(4\text{-}10)$$

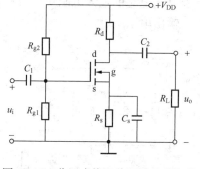

图 4-15　分压式偏置共源极放大电路

N 沟道增强型 FET 的转移特性为式

$$i_\mathrm{D} = I_\mathrm{DO}\left(\frac{U_\mathrm{GS}}{U_\mathrm{T}} - 1\right)^2$$

$$I_\mathrm{DQ} = I_\mathrm{DO}\left(\frac{U_\mathrm{GSQ}}{U_\mathrm{T}} - 1\right)^2 \qquad (4\text{-}11)$$

将方程式（4-10）与式（4-11）联立并求解，可以解出 I_DQ、U_GSQ。再利用公式即可确定漏-源电压 U_DSQ

$$U_\mathrm{DSQ} = V_\mathrm{DD} - I_\mathrm{DQ}(R_\mathrm{d} + R_\mathrm{S}) \qquad (4\text{-}12)$$

按以上方法，便可确定了电路的静态工作点 $Q(U_\mathrm{GSQ}$，I_DQ，$U_\mathrm{DSQ})$，分压式自偏压电路还适用于耗尽型 FET。

2. 动态分析

分压式自偏压共源极放大电路的交流通路和小信号等效电路分别如图 4-16（a）、（b）所示。

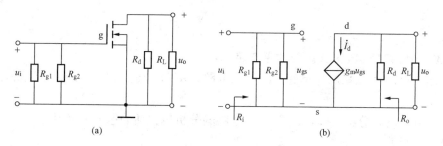

图 4-16　分压式自偏压共源极放大电路的等效电路

（a）交流通路；（b）小信号等效电路

电压增益

$$A_\mathrm{u} = \frac{u_\mathrm{o}}{u_\mathrm{i}} = \frac{-g_\mathrm{m}u_\mathrm{GS}R'_\mathrm{L}}{u_\mathrm{GS}} = -g_\mathrm{m}R'_\mathrm{L} \qquad (4\text{-}13)$$
$$R'_\mathrm{L} = R_\mathrm{d} /\!/ R_\mathrm{L}$$

输入电阻

$$R_\mathrm{i} = R_\mathrm{g1} /\!/ R_\mathrm{g2} \qquad (4\text{-}14)$$

由输入电阻的计算公式看到，相对于 BJT 共射极放大电路的输入电阻 $R_\mathrm{i} \approx r_\mathrm{be}$，FET 共

源极放大电路的输入电阻可以提高很多。

输出电阻

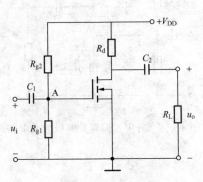

图 4 - 17 分压式偏置共源放大电路

$$R_O = R_d \qquad (4-15)$$

【**例 4 - 2**】 在图 4 - 17 所示的分压式偏置共源放大电路中，设 $V_{DD}=6V$，$R_d=10k\Omega$，$R_{g1}=40k\Omega$，$R_{g2}=60k\Omega$，$R_L=30k\Omega$。FET 参数 $U_T=1V$，$I_{DO}=0.2mA$，并已知在工作点附近的跨导 $g_m=1.34mS$。试求：

（1）计算电路静态工作点 U_{GSQ}、I_{DQ}、U_{DSQ}；

（2）用小信号等效电路法求放大电路的电压增益 $\dot{A}_u$，输入电阻 R_i，输出电阻 R_o。

解　（1）计算静态工作点

$$U_{GSQ} = \frac{R_{g1}}{R_{g1}+R_{g2}}V_{DD} = \frac{40}{40+60} \times 6 = 2.4(V)$$

$$I_{DQ} = I_{DO}\left(\frac{U_{GSQ}}{U_T}-1\right)^2 = 0.2 \times \left(\frac{2.4}{1}-1\right)^2 = 0.39(mA)$$

$$U_{DSQ} = V_{DD} - I_{DQ}R_d = 6 - 0.39 \times 10 = 2.1(V)$$

（2）在计算结果中，$U_{DSQ}=2.1$（V），大于 $U_{GSQ}-U_T=2.4-1=1.4$（V），表明 N 沟道增强型 FET 工作在恒流区。

放大电路的电压增益

$$A_u = \frac{u_o}{u_i} = -g_m R_L' = -1.34 \times \frac{10 \times 30}{10+30} = -10.05$$

输入电阻

$$R_i = R_{g1} /\!/ R_{g2} = \frac{40 \times 60}{40+60} = 24(k\Omega)$$

输出电阻

$$R_O = R_d = 10(k\Omega)$$

4.4.3　自给偏压 JFET 共源极放大电路

耗尽型的 FET 可以采用简单的自给偏压电路。由 N 沟道 JFET 构成的自给偏压放大电路如图 4 - 18 所示。

同 BJT 放大电路分析一样，FET 放大电路的分析也包括静态分析和动态分析。

1. 静态分析

自偏压电路就是在源极加入电阻 R_S。这与 BJT 射极偏置电路中电阻 R_e 作用相同。由于 JFET 栅极电流等于零，所以在栅极电阻上没有压降，栅极电位等于参考点电位，即 $U_G=0$。耗尽型 BJT 在 $U_{GS}=0$ 时，仍有漏极电流 I_D 流过电阻 R_S。因此在 R_S 上产生电压 $U_S=I_DR_S$。从而静态时，JFET 栅源间电压 V_{GSQ} 可表示为

$$U_{GSQ} = U_{GQ} - U_{SQ} = 0 - I_{DQ} \cdot R_S = -I_{DQ} \cdot R_S$$

$$(4-16)$$

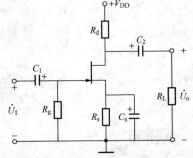

图 4 - 18 自偏压 JFET 共源极放大电路

负的 U_{GS} 可以使耗尽型 JFET 工作在恒流区，满足放大电路的工作要求。

根据 JFET 的转移特性方程式

$$I_{DQ} = I_{DSS}\left(1 - \frac{U_{GSQ}}{U_P}\right)^2 \tag{4-17}$$

在已知 JFET 的参数 I_{DSS}、U_P 的条件下，将式（4-16）和式（4-17）两个方程联立并求解，便可以解出 I_{DQ}、U_{GSQ}。而 U_{DSQ} 的计算公式为

$$U_{DSQ} = V_{DD} - I_{DQ}(R_D + R_S) \tag{4-18}$$

2. 动态分析

动态分析与 BJT 基本放大电路的分析方法基本相同，可首先建立 FET 的小信号线性模型，再将 FET 小线号线性模型代入放大电路的交流通路，得到放大电路的小信号等效电路，然后在等效电路上求解放大电路的动态参数。JFET 自偏压共源极放大电路的交流通路和小信号等效电路分别如图 4-19（a），（b）所示。

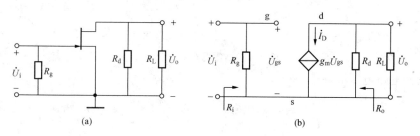

图 4-19　JFET 共源极放大电路的等效电路

（a）交流通路；（b）小信号等效电路

在等效电路中，源极电阻 R_S 被电容 C_S 所短路。从交流通路看，栅极 g 是信号输入极，漏极 d 是信号输出极，而源极 s 是输入、输出回路的公共极。这恰是共源极电路的组态形式。

将 JFET 的小信号模型代入交流通路，则得到放大电路的小信号等效电路。

（1）电路的电压增益 $\dot{A}_U$。由 FET 小信号等效电路，输出电压 $\dot{U}_O$ 是漏极电流 $\dot{I}_d$ 在 R_d 与 R_L 并联电阻上产生的电压，可表达为

$$u_O = -i_D R'_L = -g_m u_{GS} R'_L \tag{4-19}$$

式中，$R'_L = R_d /\!/ R_L$

而输入电压 $\dot{U}_i$ 即为加到栅源之间的电压，即 $u_I = u_{GS}$。

因此，电压增益为

$$A_u = \frac{u_O}{u_I} = \frac{-g_m u_{GS} R'_L}{u_{GS}} = -g_m R'_L \tag{4-20}$$

负号表示共源极放大电路输出与输入电压极性相反，属于反相放大电路。

（2）放大电路输入电阻 R_i。由图 4-19（a）所示，从 $\dot{U}_I$ 两端向电路看进去的电阻只有栅极电阻 R_g，所以放大电路的输入电阻为

$$R_i = R_g \tag{4-21}$$

一般情况下，R_g 的选值都很大。一般在兆欧姆数量级，所以 FET 共源极放大电路的输入电阻要比 BJT 共射极放大电路的输入电阻高很多倍。

（3）输出电阻 R_o。在 $\dot{U}_i=0$ 的条件下，从放大电路输出端向电路看进去的电阻只有漏极电阻 R_d，所以放大电路的输出电阻为

$$R_O = R_d \qquad\qquad (4\text{-}22)$$

【**例 4 - 3**】　在图 4 - 18 所示电路中，已知 $R_g=10\text{M}\Omega$，$R_d=30\text{k}\Omega$，$R_S=1.5\text{k}\Omega$，$R_L=10\text{k}\Omega$，$V_{DD}=12\text{V}$。JFET 参数 $U_P=-1\text{V}$，$I_{DSS}=0.5\text{mA}$，并已知在工作点附近的跨导 $g_m=2.5\text{mS}$，试求：

（1）放大电路的静态工作点；

（2）放大电路的电压增益，输入电阻和输出电阻。

解　（1）由式（4-17）得

$$I_{DQ}=I_{DSS}\left(1-\frac{U_{GSQ}}{U_P}\right)^2=I_{DSS}\left(1-\frac{-I_{DQ}R_S}{U_P}\right)^2=0.5\times\left(1-\frac{2.5I_{DQ}}{1}\right)^2$$

$$I_{DQ}\approx 0.22\text{mA}$$

从而有

$$U_{GSQ}=-I_{DQ}R_S=-1.5\times10^3\times0.22\times10^{-3}=0.33(\text{V})$$

$$U_{DSQ}=V_{DD}-I_{DQ}(R_D+R_S)=12-0.22\times10^{-3}(30+1.5)\times10^3=5.07(\text{V})$$

（2）放大电路电压增益

$$\dot{A}_u=\frac{\dot{U}_O}{\dot{U}_I}=-g_mR'_L=-2.5\times\frac{30\times10}{30+10}=-18.75$$

输入电阻

$$R_i=R_g=10(\text{M}\Omega)$$

输出电阻

$$R_O=R_d=30(\text{k}\Omega)$$

4.4.4　FET 共漏极放大电路

由一个 N 沟道增强型 MOSFET 组成的共漏极放大电路如图 4 - 20 所示。

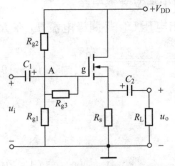

图 4 - 20　共漏极放大电路

FET 共漏极放大电路构成原理与 BJT 共集电极电路（射极输出器）相同，所以共漏极电路也称为源极输出器。它同样具有输入电阻高、输出电阻低、电压增益小于 1 而接近等于 1 的特点，其应用相当广泛。

该电路的静态分析方法与上一节分压式自偏压电路基本一致，此处不再重复。

电路的动态分析，首先画出交流通路和小信号线性等效电路如图 4 - 21（a）、图 4 - 21（b）所示。

（1）电压增益

由图 4 - 21（b）可知，输出电压为

$$\dot{U}_O=g_m\dot{U}_{gs}R'_L$$
$$R'_L=R_s\ /\!/\ R_L$$

而输入电压为

$$\dot{U}_i=\dot{U}_{gs}+\dot{U}_o=(1+g_mR'_L)\dot{U}_{gs} \qquad\qquad (4\text{-}23)$$

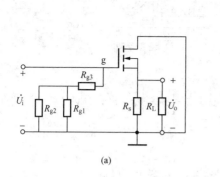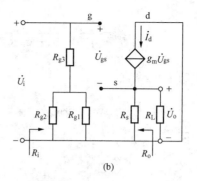

(a)

(b)

图 4-21 源极输出器的等效电路

（a）交流通路；（b）小信号线性等效电路

所以

$$A_u = \frac{u_o}{u_i} = \frac{g_m R'_L}{1 + g_m R'_L} \approx 1 \tag{4-24}$$

（2）输入电阻

$$R_i = R_{g3} + R_{g1} /\!/ R_{g2} \tag{4-25}$$

由于 R_{g3} 的值可以取很大，因此其电路输入电阻比其他电路的输入电阻的阻值高。

（3）输出电阻

源极输出器输出电阻测试电路如图 4-22 所示。

当给电路的输出端外加测试电压 u_t 后，在电路当中引起的电压和电流如图 4-22 所示，图中电压、电流均为瞬时极性，即实际方向而非规定正方向。由图可见，测试电压 u_t 直接接到了源极和栅极之间，并产生了电流 $g_m u_{gs}$，同时 u_t 也加到了源极电阻 R_s 上，并产生了电流 $I_s = \dfrac{u_t}{R_s}$。因此，u_t 在电路中引起的总电流 i_t 为这两个电流之和，即

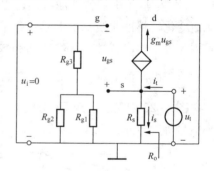

图 4-22 源极输出器输出电阻测试电路

$$i_t = g_m u_t + \frac{u_t}{R_s} = \left(g_m + \frac{1}{R_s}\right) u_t \tag{4-26}$$

根据输出电阻定义可得

$$R_o = \frac{u_t}{i_t} = \frac{1}{g_m + \dfrac{1}{R_s}} = \frac{1}{g_m} /\!/ R_s \tag{4-27}$$

即共漏极放大电路的输出电阻等于源极电阻 R_s 和跨导的倒数 $1/g_m$ 相并联，这个值通常很小，所以共漏极放大电路的输出电阻很小。

【例 4-4】 在图 4-21（b）所示源极输出器中，设 $R_S = 10\text{k}\Omega$，$R_{g1} = 47\text{k}\Omega$，$R_{g2} = 1\text{M}\Omega$，$R_{g3} = 50\text{M}\Omega$，$R_L = 5\text{k}\Omega$，并已知在工作点附近的跨导 $g_m = 10\text{mS}$，试用小信号等效电路法求放大电路的电压增益、输入电阻和输出电阻。

解 放大电路电压增益

$$\dot{A}_u = \frac{\dot{U}_o}{\dot{U}_i} = \frac{g_m R'_L}{1 + g_m R'_L} = \frac{10 \times \frac{10 \times 5}{10 + 5}}{1 + 10 \times \frac{10 \times 5}{10 + 5}} \approx 0.97$$

输入电阻

$$R_i = R_{g3} + R_{g1} /\!/ R_{g2} = 50 + \frac{0.47 \times 1}{0.47 + 1} = 50.3 (\text{M}\Omega)$$

输出电阻

$$R_O = \frac{1}{g_m} /\!/ R_S = \frac{\frac{1}{10} \times 10}{\frac{1}{10} + 10} \approx 99 (\Omega)$$

4.4.5　JFET 差分放大电路

与 BJT 差分电路相比，FET 构成差分放大电路可以进一步提高输入电阻，降低功耗。

用 N 沟道结型 FET 构成的差分式放大电路如图 4-23 所示。

在电路中，VT3 是由 JFET 组成的电流源电路，为 VT1、VT2 提供静态偏置电流。在电路中，FET 的栅源电压短接，即 $u_{GS} = 0$，根据耗尽型 FET 的输出特性，漏极电流 $I_{D3} = I_{DSS}$。由表 4-1 中的特性曲线还可以看到，只要在 $U_P < u_{DS} < U_{BR}$ 范围，i_D 基本不随 u_{DS} 的变化而变化，特性曲线基本上是一条平坦直线，表现出很好的恒流特性。电流源的动态输出电阻因为等于输出特性曲线斜率的倒数，表现出很大的数值，理想时可看成是无穷大。

由于电路的对称性，VT1、VT2 的漏极电流是电流源电流的一半，即 $I_{D1} = I_{D2} = \frac{1}{2} I_{DSS}$。

图 4-23 中 VT1，VT2 组成差分对管，和漏极电阻 R_{d1}、R_{d2} 实现对信号的差分放大，其小信号等效电路如图 4-24 所示。

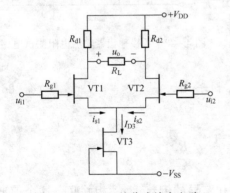

图 4-23　JFET 差分式放大电路

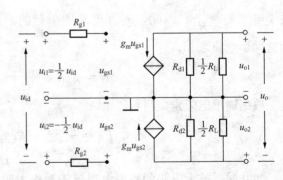

图 4-24　小信号等效电路

在双端输出，且带负载为 R_L 时，放大电路的差模电压增益 A_{ud} 为

$$A_{ud} = \frac{u_o}{u_{id}} = \frac{u_{o1} - u_{o2}}{u_{i1} - u_{i2}} = \frac{2u_{o1}}{2u_{i1}} = \frac{-g_m u_{GS1} \cdot R_{d1} /\!/ \frac{1}{2}R_L}{u_{GS1}} = -g_m \cdot R_{d1} /\!/ \frac{1}{2}R_L$$

在单端输出，且带负载为 R_L 时，放大电路的差模电压增益 A_{ud1} 或 A_{ud2} 为

$$A_{ud1} = \frac{u_{o1}}{u_{id}} = \frac{u_{o1}}{2u_{i1}} = -\frac{1}{2} g_m R_{d1} /\!/ R_L$$

$$A_{ud2} = \frac{u_{o2}}{u_{id}} = \frac{u_{o2}}{2u_{i1}} = \frac{1}{2}g_m R_{d2} /\!/ R_L$$

由于输入回路电流基本为零，通常小于 100pA，JFET 构成的差分放大电路，其输入电阻 R_i 可高达 $10^6 M\Omega$。

输出电阻 R_o 在双端输出时等于 $2R_d$，单端输出时等于 R_d。

4.4.6　FET 多级放大电路分析

一个典型的 FET 两级放大原理电路如图 4-25 所示。该电路全部由 N 沟道耗尽型 MOSFET 组成。

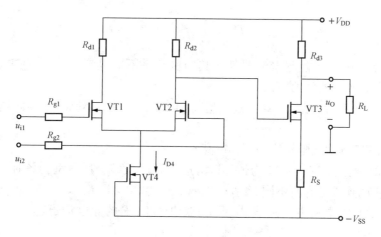

图 4-25　FET 两级放大电路

在电路中，输入级由 NMOS 管 VT1、VT2 组成的差分放大电路构成，VT4 由于将栅极和源极连接在一起，即栅源偏置电压 $u_{GS}=0$。由表 4-1 中 N 沟道耗尽型 FET 的转移特性，此时栅极管的漏极电流应该等于 I_{DSS}。此时，VT4 的作用是电流源为电路提供静态工作点。由于电路为直接耦合放大电路，适当选取电阻 R_{d1}、R_{d2}、R_{d3}，使静态时输出电压 $u_o=0$。

输入差动信号经过第一级放大后，通过单端输出方式送给由 VT3 级构成的共源放大电路进行第二级放大。电压增益 A_u

$$A_u = A_{u1} \cdot A_{u2} = \left(\frac{1}{2}g_m \cdot R_{d2}\right) \cdot (-g_m \cdot R_{d3} /\!/ R_L)$$

输入电阻　　　　　　　　　　　　$R_i = \infty$

输出电阻　　　　　　　　　　　　$R_o = R_{d3}$

✒ **复习要点**

（1）自偏压 JFET 共源极放大电路的构成和工作原理。

（2）自偏压 JFET 的静态工作点是如何建立起来的。

（3）增强型 FET 能用于自偏压电路吗？

（4）分压式偏置 MOSFET 共源极放大电路对增强型和耗尽型都适用吗？对 JFET 也适用吗？

（5）FET 分压式偏置电路分压电阻的取值为什么可以比 BJT 分压式偏置电路的分压电

阻大？

（6）画出自偏压 JFET 共源极放大电路小信号线性等效电路。

（7）推导自偏压 JFET 共源极放大电路电压增益表达式。

（8）源极输出器的输出电阻计算公式中，为什么不包括偏置回路电阻和信号源内阻 R_S。

（9）对比由 BJT 管组成的多级放大电路与由 FET 组成的多级放大电路的电路结构。

（10）对比由 BJT 管组成的多级放大电路与由 FET 组成的多级放大电路的分析过程。

本 章 小 结

（1）FET 是一种电压控制电流器件，其栅极几乎不取电流，所以 FET 器件输入阻抗高，远远大于电流控制器件 BJT。

（2）FET 有两种主要结构：结型场效应管 JFET 和金属-氧化物-半导体场效应管 MOS-FET。

（3）MOSFET 的输入阻抗比 JFET 还高。

（4）FET 的种类很多，有 N 沟道、P 沟道，有增强型、耗尽型。各种 FET 用做放大时，对偏置电压的要求也有所不同。

（5）在 FET 放大电路中，漏-源电压 u_{DS} 取决于 FET 的导电沟道。N 沟道 u_{DS} 为正，P 沟道 u_{DS} 为负。

（6）JFET 的 u_{GS} 与 u_{DS} 极性相反，MOSFET 的 u_{GS} 与 u_{DS} 同极性，耗尽型 MOSFET 的 u_{GS} 极性可正、可负。

（7）自偏压和分压式自偏压，是 FET 常用的两种偏置电路，但自偏压电路只适用于耗尽型 FET，而分压自偏压电路不仅适用于耗尽型，也适用于增强型 FET。

（8）FET 的交流分析仍采用小信号线性模型分析法，FET 的小信号线性模型中，包含一个电压控制电流源 $g_m u_{gs}$。g_m 称为 FET 的跨导，它代表 FET 栅-源电压对漏极电流的控制能力。

习 题

4.1　六种 FET 的电路符号如图 4-26 所示，试说明各电路符号分别代表哪一类 FET。

4.2　某 FET 的转移特性和输出特性分别如图 4-27（a）、图 4-27（b）图所示。试分析：

（1）该管是耗尽型还是增强型？

（2）该管是 N 沟道还是 P 沟道？

（3）从特性曲线上给出的是该管的夹断电压 U_P 还是开启电压 U_T，其值等于多少？

4.3　某 FET 的转移特性和输出特性分别如图 4-28（a）、图 4-28（b）所示。试分析：

（1）该管是耗尽型还是增强型？

（2）该管是 N 沟道还是 P 沟道？

（3）从特性曲线上给出的是该管的夹断电压 U_P 还是开启电压 U_T，其值等于多少？

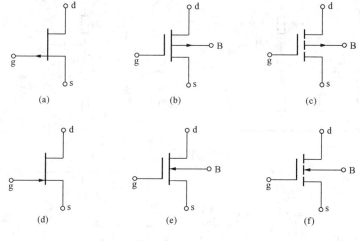

图 4 - 26 题 4.1 图

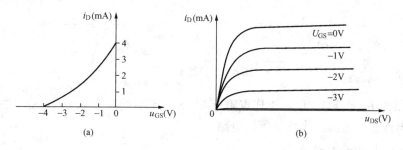

图 4 - 27 题 4.2 图

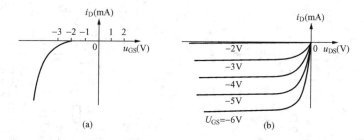

图 4 - 28 题 4.3 图

4.4 由 FET 组成的放大电路如图 4 - 29 所示。试分析各电路是否能够放大正弦交流信号，为什么？

4.5 由 N 沟道 JFET 构成的自偏压放大电路如图 4 - 30 所示。电路参数 $R_g = 20M\Omega$，$R_d = 10k\Omega$，$R_{S1} = R_{S2} = 1k\Omega$。设在工作点附近 JFET 的跨导 $g_m = 3mS$，试求：

（1）画出该放大电路的小信号等效电路；

（2）计算电路的电压增益 $\dot{A}'_u$；

（3）计算电路的输入电阻 R_i、输出电阻 R_o。

4.6 由 N 沟道 MOSFET 构成的放大电路如图 4 - 31 所示。电路参数 $R_{g1} = R_{g2} = 2M\Omega$，

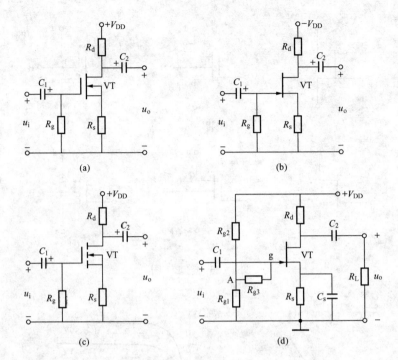

图 4-29 题 4.4 图

$R_d = R_L = 10\text{k}\Omega$，$R_S = 5\text{k}\Omega$。设在工作点附近 MOSFET 管的跨导 $g_m = 1\text{mS}$。试求：

（1）画出该放大电路的小信号等效电路；

（2）计算电路的电压增益 $\dot{A}_u$；

（3）计算电路的输入电阻 R_i、输出电阻 R_o。

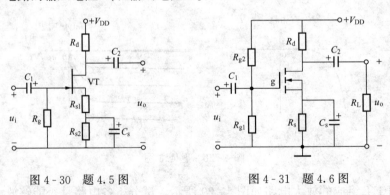

图 4-30 题 4.5 图   图 4-31 题 4.6 图

4.7 由 N 沟道 JFET 构成的自偏压放大电路如图 4-32 所示。电路参数 $R_{g1} = R_{g2} = 100\text{k}\Omega$，$R_{g3} = 10\text{M}\Omega$，$R_d = 10\text{k}\Omega$，$R_S = R_L = 20\text{k}\Omega$。设在工作点附近 JFET 的跨导 $g_m = 5\text{mS}$。试求：

（1）画出该放大电路的小信号等效电路；

（2）计算电路的电压增益 $\dot{A}_u$；

（3）计算电路的输入电阻 R_i、输出电阻 R_o。

4.8 由 N 沟道、耗尽型 JFET 组成的差分放大电路如图 4-33（a）所示。电路参数 R_d

$=5\mathrm{k}\Omega$，$R_\mathrm{g}=1\mathrm{M}\Omega$，$R_\mathrm{L}=10\mathrm{k}\Omega$。JFET 的跨导 $g_\mathrm{m}=10\mathrm{mS}$，其转移特性如图 4 - 33（b）所示。试求：

（1）静态时，JFET 各漏极电流值；

（2）电路的差模电压放大倍数 $\dot{A}_\mathrm{ud}$、共模电压放大倍数 $\dot{A}_\mathrm{uc}$；

（3）电路的输入电阻 R_id、输出电阻 R_o。

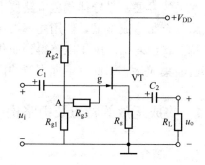

图 4 - 32　题 4.7 图

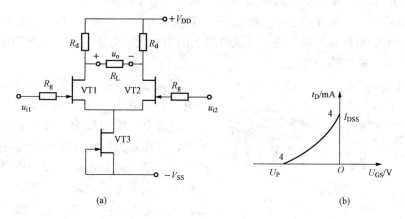

图 4 - 33　题 4.8 图

第 5 章　集成运放及功率放大电路

随着电子工艺技术和制造水平的发展，半导体集成电路技术得到了广泛的应用。与分立元件电子电路相比较，集成电路具有制造成本低，使用功率损耗小，电路抗干扰能力强等一系列优点。集成电路元件化的特点，使复杂的电子电路得到简化。目前，除了大功率电子电路外，其他的放大电路基本都已经集成化。因此，掌握本章的内容是很重要的。

5.1　集成运放的特点及电路构成

5.1.1　半导体集成电路（IC）简介

集成电路就是采用一定的制造工艺，将 BJT 或 FET 等电子元件，电阻、电容以及电路连接线所组成的具有一定完整放大电路功能的电路，制作在同一块半导体基片上，然后加以封装。封装后的电路，从外形上看，类似于一个电子器件。常见集成电路外形如图 5-1 所示，通常是采用双列直插塑料封装。集成电路上的引出线，分别为放大电路的电源端、公共端及信号的输入、输出等功能端。

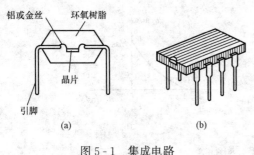

图 5-1　集成电路
(a) 内部结构；(b) 外形封装图

集成电路是把一个具有一定完整功能的电子电路，制作在一个厚约 0.2～0.25mm 的半导体基片上，通常称为集成电路的基片。在基片上，可以做出包含有数十个或更多的 BJT 或 FET，以及电阻和连接导线的电路。而分立元件构成的同类电子电路，则需要把这些元件焊接在一块电路板上，再通过导线把电路板上的元件连接起来。信号的输入和输出要通过电路板上的接线端子送出和接入。

这样比较起来，相对于分立元件电路，集成电路具有以下几方面特点：

（1）体积小。通常包含十几个 BJT 或 FET 所组成的分立元件电路，需要放置在一块若干平方厘米的电路板上，而同等规模的集成电路，仅占用一个 BJT 或 FET 的面积。

（2）功耗低。由于集成电路把所有电路元件电路都制造在基片上，因此，在工作中，集成电路所消耗的能量在远远低于相同功能的分立元件电路。

（3）无焊点、工作可靠。集成电路是采用特殊的制造工艺，将电路中各个元件连接起来，整个电路又被封装起来，而不像分立元件电路那样，把每一个元件焊接在电路板上，再通过焊接导线将各元件连接起来。所以集成电路制作工艺非常可靠，受外界的影响很小。

（4）由于集成电路是在一块半导体基片上制作一个完整的电子电路，从半导体制造工艺角度看，在基片上做半导体器件，如二极管、三极管等非常容易。但是要做电阻、电容，特别是大电阻、大电容就比较困难。这样，在集成电路的制作中，一般不使用大容量电容和大阻值电阻，而采用一些特殊的电路去替代，所以集成电路级与级的连接一般采用直接耦合方式。

5.1.2 集成运放基本电路构成

集成运算放大器（简称集成运放）是将直接耦合方式的多级放大电路集成到半导体基片上，它既是多级放大电路，也是一个半导体器件。所以对它的分析，既是对半导体器件的分析，也是对放大电路的性能分析。集成运放内放大电路与放大电路的连接并不是像分立元件放大电路那样简单，它要考虑一些特殊的问题，所以集成运放电路的构成有它与分立元件电路不同的地方。

1. 集成运放内部电路结构框图

集成运算放大器的种类很多，内部电路也不一样，但结构具有共同之处，图 5-2 是通用集成运放内部电路组成的原理框图。

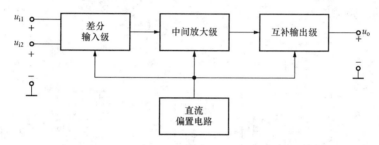

图 5-2 集成运放内部电路组成原理框图

由图 5-2 可以看到，一个集成运放由输入级、中间级、输出级以及直流偏置电路四部分组成。各级之间采用的是直接耦合方式。

2. 典型集成运放 F007 内部电路

通用型集成运放 F007 的电路如图 5-3 所示，它由 19 个 BJT 管、若干电阻电容及二极管构成。为了方便分析理解电路，分析时将电路做了一些简化，如图 5-4 所示。

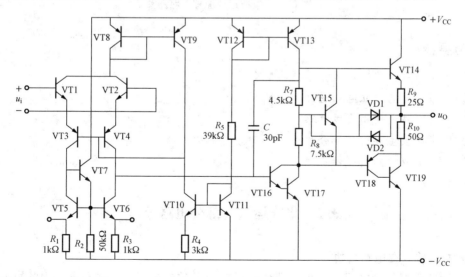

图 5-3 集成运放 F007 电路

　　电路组成分四个部分，其中 VT1、VT2、VT3、VT4、VT5、VT6、VT7 组成了输入级。由 VT1、VT2、VT3、VT4 组成了共集–共基极组合式差分放大电路，VT5、VT6、VT7 是一个恒流源电路，作为差分放大电路的负载；VT14、VT15 组成了中间级，是由复合三极管构成的共发射极放大电路；VT16、VT17、VT18 组成了输出级，是一种互补对称电路结构，以扩大信号输出幅度、减少静态功耗、降低输出电阻并提高带负载能力，各级电路采用直接耦合方式；VT8、VT9、VT10、VT11、VT12、VT13 组成了电流源结构的偏置电路，为各级放大电路提供合适的直流工作状态。偏置电路是为集成运放的各级提供合适的直流工作电流。由于集成电路的特殊性，如电路集中、体积小、不容易做较大阻值电阻，因此集成运放的直流偏置电路与分离元件放大电路的偏置电路有很大的不同，它一般是由电流源构成。另外，集成电路常用电流源去代替电阻做放大电路的有源负载，以实现用小阻值电阻获得较大的电路的增益。

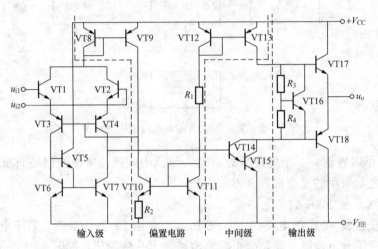

图 5 - 4　集成运放原理电路图

✒ 复习要点

　　(1) 了解集成电路的定义，掌握集成电路的工艺特点。
　　(2) 集成电路与分立电路有什么区别？
　　(3) 为什么广泛使用集成电路。
　　(4) 集成运放主要由几部分构成，各部分的名称是什么？
　　(5) 各部分电路的构成特点。

5.2　集成运放各部分电路分析

5.2.1　输入级电路分析

　　由于运放内部各级之间采用直接耦合方式，工作时存在零点漂移问题，因此集成运放的输入级通常采用差分式放大电路。使用差分式放大电路可以克服零点漂移，提高输入电阻，并能改善其他电路性能。差分式放大电路工作原理参阅第 3 章 3.3 节。

F007 的输入级电路如图 5 - 5 所示。在电路中，由 VT1～VT7 组成了带恒流源的差分式放大电路，其中 VT1、VT3 和 VT2、VT4 分别组成共集电极-共基极组合放大电路，分别作为差分式放大电路的对称电路。VT1、VT2 采用共集电极组态，有利于提高电路的输入阻抗。VT3、VT4 组成的共基极电路，以提高本级的电压增益，并改善电路的频率特性。VT5、VT6、VT7 组成改进的镜像电流源电路作为输入级的有源负载，有利于提高输入级的电压增益和提高输入级的对共模信号的抑制能力。输出信号由 VT4 集电极送出，属于单端输出，因此输入级也完成了信号由双端向单端的转换。

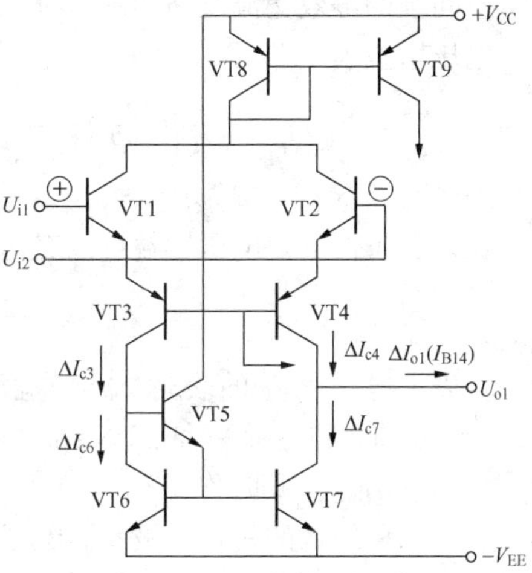

当输入信号 $U_i=0$ 时，或 $U_{i1}=U_{i2}$（共模信号）

图 5 - 5 F007 的输入级电路

时，差分输入级处于平衡状态，根据镜像电流源的特性，有 $I_{c3}=I_{c4}=I_{c6}=I_{c7}$（如图 5 - 4 所示，中间级 VT14、VT15 组成的复合管结构 β 值很大，因此其基极电流 I_{B14} 可以忽略不计），则输出电流 $I_{o1}=I_{c4}-I_{c7}=0$。

当接入差模信号时，且 VT1 输入端为正，VT2 输入端为负，则 VT3、VT6、VT7 的电流增加，增量为 Δ，而 VT4 的电流减小，减量也为 Δ。此时，输出电流 I_{o1} 的增量为 $\Delta I_{o1}=(I_{c4}-\Delta)-(I_{c6}+\Delta)=-2\Delta$。即当接入差模信号时，差分输入级的输出电流为两边输出电流变化量的总和，使单端输出的电压增益提高到近似等于双端输出的电压增益。

5.2.2 中间级电路分析

集成运放的中间级主要用来提高电压增益，它可以由一级或多级放大电路组成，放大电路多使用复合三极管，以提高三极管的电流放大倍数。

（1）中间级工作原理。集成运放的中间级通常由电压放大电路构成，主要作用是使电路获得较高的电压增益。

在图 5 - 6 所示 F007 的电路中，中间级是由 VT14、VT15 组成的共射极放大电路构成的。输入信号端取自于输入级 VT4 的集电极，输出信号由 VT14、VT15 的集电极引出，送到输出级 VT17、VT18 的基极。放大电路的集电极负载是由 VT12、VT13 电流源电路组成的有源负载，其交流电阻很大，因此输入级可以获得较高的电压增益。

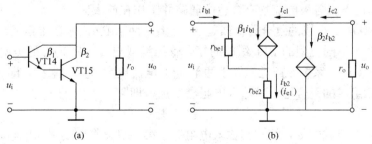

图 5 - 6 F007 中间级的电路
(a) 交流电路；(b) 小信号等效电路

中间级的等效交流通路如图 5-6（a）所示，其集电极电阻 r_o 是电流源的交流电阻。电压增益为

$$A_u = \frac{u_o}{u_i} = - \frac{i_{c2}r_o}{i_{b1}r_{be1}+(1+\beta_1)I_{b1}r_{be2}} = \frac{[\beta_1 i_{b1}+\beta_2(1+\beta_1)i_{b1}]r_o}{i_{b1}r_{be1}+(1+\beta_1)i_{b1}r_{be2}} = \frac{[\beta_1+\beta_2(1+\beta_1)]r_o}{r_{be1}+(1+\beta_1)r_{be2}}$$

一般有 $\beta_1 \gg 1$、$\beta_1\beta_2 \gg \beta_1$。

在以上条件下，电压增益可以表达为

$$A_u \approx - \frac{\beta_1\beta_2 r_o}{r_{be1}+(1+\beta_1)r_{be2}} = - \frac{\beta r_o}{r_{be}} \qquad (5-1)$$

将以上电压增益的表达式与单管结构的共射极放大电路相比较，可以把由 VT14、VT15 组成的电路看成一个 NPN 结构的 BJT，且电流放大系数为 $\beta=\beta_1\beta_2$，输入电阻为 $r_{be}=r_{be1}+(1+\beta_1)r_{be2}$。此时称 VT14、VT15 组成了复合三极管电路。

（2）四种结构的复合三极管。除了两个 NPN 型的 BJT 可以构成复合管，如图 5-7（a）所示，还可以用两个 PNP 型的 BJT 构成复合管，如图 5-7（b）所示，也可以用两个不同型的 BJT 构成复合管，如图 5-7（c）、图 5-7（d）所示。

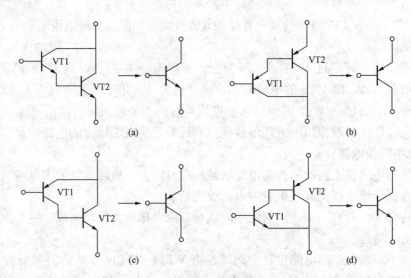

图 5-7　复合管的四种接法

构成复合管的基本原则是第一只 BJT 的集电极或发射极要作为第二只 BJT 的基极电流，且在外加电压作用下，各极电流均有合适的通路并工作在放大区。

两个 NPN 型 BJT 组成的复合管仍然是 NPN 型，两个 PNP 型 BJT 组成的复合管仍然是 PNP 型。而由两个不同类型的 BJT 组成的复合管的类型与第一只 BJT 的类型一致。

复合管的电流放大系数 β 都近似等于两个 BJT 电流放大系数的乘积，即 $\beta \approx \beta_1\beta_2$。

同类型 BJT 组成的复合管，其输入电阻会增加，即

$$r_{be} = r_{be1}+(1+\beta_1)r_{be2} \qquad (5-2)$$

不同类型 BJT 组成的复合管，其输入电阻等于第一只复合管的输出电阻，即

$$r_{be} = r_{be1} \qquad (5-3)$$

由于 F007 的中间级采用了两个同类型的 BJT 构成复合管放大电路，而且以恒流源作为集电极负载，不但提高了本级的电压增益，而且作为输入级的负载，其输入电阻的提高又使

输入级的增益得到了提高。

5.2.3　输出级电路分析

集成运放电路的最后一级，称为
输出级。F007 的输出级的简化电路如
图 5-8（a）所示，此电路为甲乙类双
电源互补对称电路，图 5-8（b）是
其基本原理电路，电路工作原理参阅
第 3 章第 3.4 节。电路主要由一个
NPN 结构的 BJT 和一个 PNP 结构的
BJT 组成，两管的基极相连作为信号
输入端，发射极相连作为输出端，其

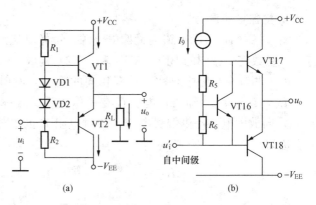

图 5-8　甲乙类双电源互补对称电路
(a) 最基本的电路；(b) 集成运放 F007 的输出级

集电极分别接正负直流电源，即两个 BJT 分别工作在射极输出器状态。

如图 5-8（a）所示，在 VT1 和 VT2 的基极回路中，串进了两个二极管 VD1 和 VD2。
正负电源通过电阻 R_1、R_2 使 VD1 和 VD2 正向导通，其导通压降约为 $0.6+0.6=1.2V$。这
个电压为 VT1、VT2 提供了一个合适的偏置电压，使其在静态时处于微导通状态，当信号
变化时，VT1 和 VT2 可随时交替导通，从而消除了交越失真。

图 5-8（b）是集成运放 F007 的输出级，它属于甲乙类双电源互补对称电路。它是在图
5-8（a）的基础上，对其偏置电路又做了进一步的改进。

图 5-8（a）电路的偏置电压是由两个二极管正向导通电压所提供，这个电压基本固定，
不易调整。而在集成运放 F007 的输出级电路中，用 VT16、R_5 和 R_6 组成的电路代替了二
极管 VD1 和 VD2，这个电路称为 U_{BE} 扩大电路。利用 U_{BE} 扩大电路，只要适当调节 R_5、R_6
的值，就可以改变 VT17、VT18 的偏置电压，使其处于最佳工作状态。U_{BE} 扩大电路的设计
原理是：流入 VT16 的基极电流远小于流过 R_5、R_6 的电流，则有

$$U_{CE16} = \left(\frac{R_5+R_6}{R_6}\right)U_{BE16} \tag{5-4}$$

因为 U_{BE16} 基本为一个固定值，调节 R_5、R_6 的比值，就可以获得 VT17、VT18 所需的
最佳偏置电压，使其处于微导通状态。

5.2.4　直流偏置电路分析（电流源）

电流源电路也称为恒流源电路，其电路符号如图 5-9（b）所示。电流源能提供稳定的
直流，同时对于变化的信号呈现很大的交流电
阻，这个电阻称为电流源的内阻，理想电流源
其交流电阻为无穷大。

在集成运放电路中，普遍使用电流源电路
作为其直流偏置电路。电流源电路电流稳定，
恒流特性好，特别是可以在不需要大电阻的情
况下，提供较小的电流，这对于集成电路尤为
重要。下面介绍几种在集成运放电路中常见的
电流源电路，以及集成运放 F007 的直流偏置电
路分析。

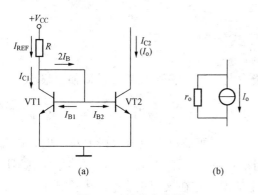

图 5-9　镜像电流源

1. 镜像电流源

图 5-9（a）所示电路为镜像电流源，镜像电流源是最简单的恒流源电路，它是由两只特性、参数完全相同的 BJT（VT1 和 VT2）构成。

由于两管在电路中对称，具有相同的基极－发射极间偏置电压（$U_{BE1}=U_{BE2}$），因此有 $I_{B1}=I_{B2}$，$I_{C1}=I_{C2}$，即两管电流存在镜像关系，故称为镜像电流源。I_{C2} 作为电流源输出电流 I_O，向放大电路提供偏置电流。流过电阻 R 的电流为电流源基准电流，记作 I_{REF}，它可以表达为

$$I_{REF}=\frac{V_{CC}-U_{BE}}{R}=I_C+2I_B=I_C+2\times\frac{I_C}{\beta} \tag{5-5}$$

其中
$$I_C=I_{C1}=I_{C2}$$
$$I_B=I_{B1}=I_{B2}$$
$$\beta=\beta_1=\beta_2$$

整理式（5-5），有

$$I_C=\frac{\beta}{\beta+2}\cdot I_{REF} \tag{5-6}$$

当 $\beta\gg2$ 时，电流源输出电流

$$I_O=I_C\approx I_{REF} \tag{5-7}$$

2. 改进的镜像电流源

在镜像电流源电路中，是在忽略了 BJT 的基极电流 $2I_B$ 的条件下，才有 $I_O=I_C\approx I_{REF}$，当 BJT 的 β 值不是很大，集电极和基极电流相差不多时，式（5-7）的误差就较大，满足不了集电极电流等于基准电流。为了解决这个问题，减少基极分流，在图 5-10 所示的电路中增加了 VT3，靠 VT3 的电流放大作用使得对集电极的分流大大减小，从而保证了镜像电流源的精度。

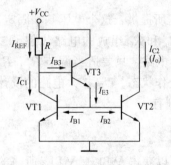

图 5-10 改进型的镜像电流源

具体计算如下

$$I_C=I_{REF}-I_{B3}=I_{REF}-\frac{I_{E3}}{1+\beta}=I_{REF}-\frac{2I_B}{1+\beta}=I_{REF}-\frac{2I_C}{(1+\beta)\beta}$$

整理上式后

$$I_C=\frac{I_{REF}}{1+\dfrac{2}{(1+\beta)\beta}}\approx I_{REF} \tag{5-8}$$

将式（5-8）与式（5-6）比较，改进后的镜像电流源无需要求 $\beta\gg2$，即使 β 很小，也能满足 $I_{REF}=I_{C1}=I_{C2}$，保持很好的镜像关系。

3. 微电流源

镜像电流源适用于较大的输出电流（毫安级），当需要输出小电流（微安级）时，就需要提高电阻 R 值。这在集成电路中相对困难。而图 5-11 所示的电流源电路，可以实现不用大电阻而提供较小的输出电流，这个电路称为微电流源，它在模拟集成电路中得到了广泛的应用。

与镜像电流源相比，微电流源在 VT2 的发射极电路接入的电阻 R_e，此时 I_{C2} 可以表示为

$$I_{C2} \approx I_{E2} = \frac{U_{BE1} - U_{BE2}}{R_e} = \frac{\Delta U_{BE}}{R_e} \tag{5-9}$$

由式（5-9）可知，利用两管发射结电压差 ΔU_{BE} 就可以控制电流 I_{C2}，由于 ΔU_{BE} 的数值小，故用阻值不大的 R_e，即可获得合适的工作电流，故称为微电流源。

4. F007 中的电流源电路分析

通用集成运放 F007 的电路中，由电流源构成的直流偏置电路如图 5-12 所示。

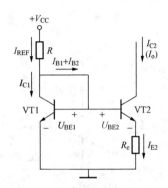

图 5-11　微电流源电路　　　　图 5-12　集成运放偏置电路中的电流源

在偏置电路中，VT8、VT9 组成镜像电流源，为输入级 VT1、VT2 提供工作电流；VT10、VT11 组成了微电流源，为输入级 VT3、VT4 提供工作电流；VT12、VT13 组成镜像电流源，为中间级 VT14、VT15 提供工作电流并作为其有源负载；同时 VT12、VT13 组成镜像电流源也为输出级 VT17、VT18 提供偏置电流。在图中，由 $+V_{CC} \rightarrow VT12 \rightarrow R_1 \rightarrow VT11 \rightarrow -V_{EE}$ 支路构成主偏置电路，它决定了基准电流 I_{REF}，其值等于

$$I_{REF} = \frac{V_{CC} - (-V_{EE}) - V_{EB12} - U_{BE11}}{R_1} \tag{5-10}$$

各级的工作电流就是由基准电流 I_{REF} 产生的镜像电流所提供。

复习要点

（1）集成运放的输入级为什么要采用差分式放大电路？差分式放大电路能克服直接耦合放大电路存在的什么问题？

（2）差分式放大电路对共模信号有放大作用吗？

（3）运放 F007 的输入级三极管的连接组态。

（4）集成运放对信号的放大主要由哪一级放大电路完成？

（5）复合管有几种结构？复合管有什么优点？

（6）集成运放的输出级采用电路结构有什么特点？为什么采用射极输出器组态。

（7）在乙类双电源互补电路产生交越失真的原因是什么？

（8）甲乙类双电源互补对称电路为什么能消除交越失真？

（9）集成运放的偏置电路为什么采用电流源电路？

（10）在集成运放中使用的电流电源电路的类型和特点。

5.3　FET 集成运算放大器

FET 集成运算放大器，通常采用由 P 沟道 MOSFET 和 N 沟道 MOSFET 组成的互补电路，简称为 CMOS 电路。CMOS 集成运放相对于 BJT 集成运放，其输入电阻高、功耗低、抗干扰能力强，且可以在宽范围电源下工作。

5.3.1　MC14573 内部电路结构

一组全部由增强型 MOSFET 组成的 CMOS 集成运算放大器 MC14573 的原理电路如图5-13（a）所示，图 5-13（b）为其电路符号。

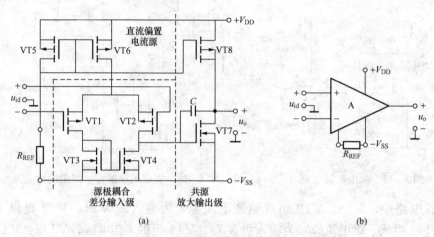

图 5-13　FET 集成运放 MC14573 电路

(a) 原理电路；(b) 图形符号

在电路中，输入级由 PMOS 管 VT1、VT2 组成的差分放大电路构成，而 NMOS 管 VT3、VT4 组成的电流源作为 VT1、VT2 的有源负载。PMOS 管 VT5、VT6 和外接电阻 R_{REF} 组成镜像电流源，为差分输入级提供直流偏置电流。NMOS 管 VT7 和 PMOS 管 VT8 组成共源结构的输出级。VT7 为放大管，而 VT8 为 VT7 的有源负载，并与 VT5、VT6 一起构成多路电流源，为 VT8 提供直流偏置电流。电容 C 为内部相位补偿电容，以提高电路的稳定性。

5.3.2　MC14573 的直流偏置电路、电流源

同 BJT 集成运放一样，FET 集成运放的静态也是由电流源电路提供。由 FET 构成的镜像电流源电路与 BJT 镜像电流源类似，如图 5-14 所示。

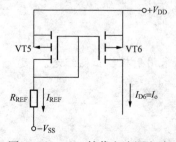

图 5-14　FET 镜像电流源电路

镜像电流源电路有两个 P 沟道增强型 MOS 管构成，由于 PMOS 管 VT5 的栅极、漏极相连，只要电源电压 V_{DD} 大于 FET 的开启电压，FET 必然运行于恒流区，其漏极电流 $I_{D5} = I_{REF}$，与电压 U_{DS} 的变化无关，呈现很好的电流源特性。若取两管的特性完全相同，VT6 管的漏极电流 $I_{D6} = I_{REF} = I_O$，I_O 即为电流源的输出电流，它为差分输入级 VT1、VT2 提供直流偏置电流 I_{D1} 和 I_{D2}。根据电路结构有

$$I_O = I_{D6} = I_{REF} = \frac{V_{DD} + V_{SS} - U_{SG}}{R_{REF}} \qquad (5\text{-}11)$$

$$I_{D1} = I_{D2} = \frac{1}{2} I_O \qquad (5\text{-}12)$$

通过增加 PMOS 管 VT8 把镜像电流源扩展，便可以获得另一路电流源 $I_O = I_{D8}$，如图 5-15 所示。I_{D8} 向输出级 NMOS 管 VT7 提供直流偏置电流，同时也作为 VT7 的有源负载。

5.3.3　MC14573 的动态分析

1. 差分输入级

MC14573 的输入级为采用电流源作为有源负载的差分式放大电路，其交流通路如图 5-16 所示。由于采用有源负载，其差模电压增益与双端输出的电压增益相同。又因为差分输入级的负载为由 VT7 构成的输出级，输出级的输入阻抗可以看成是无穷大，它对差分输入级不会产生负载效应，所以输入级的电压增益为

$$A_{ud2} = \frac{u_{o2}}{u_{id}} = g_m (r_{ds2} \ /\!/ \ r_{ds4}) \qquad (5\text{-}13)$$

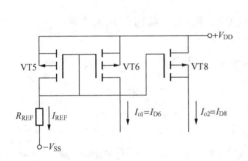

图 5-15　FET 多路电流源电路

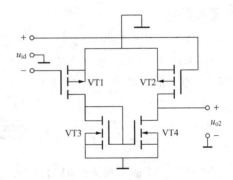

图 5-16　MC14573 差分输入级的交流通路

2. 共源输出级

MC14573 的输出级电路如图 5-17 所示。输出级是由 NMOS 管 VT7 构成的有源负载共源极放大电路，漏极负载由 PMOS 管 VT5 和 VT8 组成的电流源构成，VT8 的漏极电阻 r_{ds8} 和 VT7 本身的漏极电流 r_{ds7} 的并联值为输出级放大电路的交流负载。其小信号等效电路如图 5-18 所示。

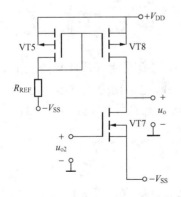

图 5-17　M14573 的输出级电路

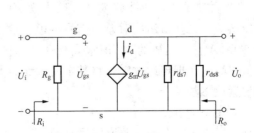

图 5-18　MC14573 输出级电路的小信号等效电路

由于电流源作为共源极放大电路的漏极负载，其负载电路电阻应为 VT7、VT8 的漏源

极电阻 r_{ds7}、r_{ds8}，因此其电压增益为

$$A_{u2} = \frac{u_o}{u_{o1}} = - g_m(r_{d7} /\!/ r_{d8}) \qquad (5-14)$$

两级总的电压增益为

$$A_{ud} = A_{u1}A_{u2}$$

从 MC14573 的差模电压增益看，相对于 BJT 运放大器，虽然它缺少了中间级放大，但是由于差分输入级的电压输出 u_{o2}，作为输出放大级 VT7 的栅级输入信号，输出级的输入电阻非常大，使得输入级的电压增益很高。而 VT7 本身为共源极放大，也具有很高的电压能力，因此，MC14573 的差模电压增益也可以达到 90dB 以上。

由于采用绝缘栅型 FET 的栅级作为输入级，所以 CMOS 集成运算放大器的输入偏置电流很小，通常在 10pA 以下，而其输入电阻可高达 $10^9 M\Omega$。

MC14573 的输出电阻 $R_o = r_{ds7} /\!/ r_{ds8}$，通常这个值很大，因而其带负载能力较差，所以，通常用在高阻抗负载的电路中，如以 FET 为负载的电路。

📝 **复习要点**

（1）CMOS 集成运放电路是由 N 沟道 FET 和 P 沟道 FET 共同组成的电路。

（2）为什么 CMOS 电路的功耗低？

（3）MC14573 是由增强型 FET，还是由耗尽型 FET 构成？

5.4　理想集成运算放大器

通过前面对集成运放的学习和讨论，集成运放实质上是一个器件化的多级放大电路，它的性能要远远优于由 BJT 分立元件组成的电路。模拟集成放大电路有很多类型，可分为通用型和专用型，分别用于不同的用途。但我们把它当成电路分析和使用时，同分析基本放大电路一样，要掌握它的几个主要参数，如电压增益、输入电阻、输出电阻、通频带等。不同的运放其参数也不尽相同，在工程研究中经常使用运放的一些理想参数，来代表它的特性，这使运放的应用过程得以简化。

5.4.1　理想集成运放参数

使用理想参数的运放，通常称为理想运放。对理想运放的参数定义如下：

1. 开环差模电压增益 A_{od}

A_{od} 是指运放工作在线性放大区，接入规定的负载，在无负反馈（开环）情况下的直流差模电压增益，也就是运放对差模信号的电压放大倍数。A_{od} 也常用分贝（dB）表示，其分贝数为 $20\lg|A_{od}|$，运放的 A_{od} 值很高，通用型的 A_{od} 通常也都在 10^5（或 100 分贝）以上。由于其值很高，在理想运放中，将其定义为无穷大。

理想运放参数 $A_{od} = \infty$。

2. 差模输入电阻 r_{id}

r_{id} 是指集成运放在输入差模信号时的输入电阻。r_{id} 越大，从信号源索取的电流越小。集成运放的 r_{id} 都很大，通常在兆欧（MΩ）级以上。由于其值很高，在理想运放中，将其定义为无穷大。

理想运放参数，$r_{id} = \infty$。

3. 输出电阻 r_o

r_o 的定义就是放大电路从输出端看进去的电阻，r_o 越小，放大电路带负载的能力越强。集成运放的 r_o 都很小，通常不会超过 200Ω。由于其值很小，在理想运放中，将其定义为 0。

理想运放参数，$r_o = 0$。

4. 开环带宽 $BW(f_H)$

由于运放是直接耦合方式，所以其下限频率 $f_L = 0$，所以其通频带 BW 就由上限频率 f_H 确定（$BW = f_H - f_L = f_H$）。由于在集成运放中，三极管的数目较多，电路复杂，因而其 PN 结电容效应和电路分布电容和寄生电容效应较大，严重地影响其上限截止频率，通用集成运放的 f_H 一般都在 $10Hz$ 以下。但是由于集成运放在线性应用时都要引入很强的负反馈，负反馈可以大大提高电路的上限截止频率，使其可以达到数百千赫以上，因此对于理想运放，其 BW 可视为无穷大，即

$$BW = \infty$$

5. 共模抑制比 K_{CMR}

由于运放采用的是差分式放大电路作为输入级，在对称条件下，其差模增益 A_{od} 很大，而共模增益 A_{oc} 很小，所以其共模抑制比很大 $\left(K_{CMR} = \dfrac{A_{od}}{A_{oc}}\right)$，共模抑制比通常用分贝表示，通用集成运放其值一般在 $100dB$ 左右。由于其值很大，在理想运放中，将其定义为无穷大。

理想运放参数，$K_{CMR} = \infty$。

5.4.2　理想集成运放的使用

集成运放的电路符号如图 5 - 19 所示。图 5 - 19（a）标了电源端的符号，图 5 - 19（b）没有标电源端的符号，通常使用图 5 - 19（b）作为集成运放的电路符号。集成运放的特点是，它多采用正、负双电源供电，以保证在没有信号输入时，运放的输出端静态电压等于零。三角符号内的字符 A 代表集成运放的电压增益。

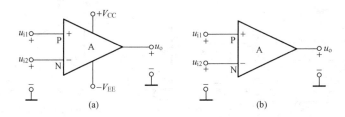

图 5 - 19　集成运放的电路符号

（a）标了电源端符号；（b）没标电源端符号

电路符号清楚地表明运放是一个由两个信号输入端、一个信号输出端组成的放大电路。标（＋）符号的输入端称为同相输入端，用 P 代表，标（－）符号的输入端称为反相输入端，用 N 代表。

因为集成运放有两个信号输入端，从两输入端可以送入信号 u_{i1} 和 u_{i2}，集成运放如何放大这两个信号，这与单输入端放大电路有所区别。研究运放的放大作用时，是研究运放对两个输入信号的差的放大和对两个输入信号的算数平均值进行放大的过程，因此引入了差模电压信号和差模电压增益、共模电压信号和共模电压增益的概念。

差模电压信号：输入信号 u_{I1} 和 u_{I2} 的差值称为差模电压信号，用 u_{ID} 表示，即

$$u_{ID} = u_{I1} - u_{I2} \tag{5-15}$$

共模电压信号：输入信号 u_{I1} 和 u_{I2} 的算数平均值称为共模电压信号，用 u_{Ic} 表示，即

$$u_{Ic} = \frac{u_{I1} + u_{I2}}{2} \tag{5-16}$$

运放对差模信号的电压增益称为差模电压增益，或差模电压放大倍数，用 A_{ud} 表示，即

$$A_{ud} = \frac{u_O}{u_{ID}} \tag{5-17}$$

运放对共模信号的电压增益称为共模电压增益，或共模电压放大倍数，用 $\dot{A}_{Ic}$ 表示，即

$$A_{uc} = \frac{u_O}{u_{Ic}} \tag{5-18}$$

5.4.3 运放信号的输入方式

（1）单端输入方式

输入信号一端接运放信号输入端，另一端接运放公共端，这种信号输入方式称为单端输入方式。

运放可以在两个输入端对公共端分别接入两个信号源 u_{S1}、u_{S2}，如图 5-20（a）所示。若 $u_{S1} = u_{S2} = u_S$，如图 5-20（b）所示，此时在运放的输入端，只存在共模信号，而无差模信号。若 $u_{S1} = -u_{S2}$，此时在运放的输入端，只有差模信号而无共模信号。若 $|u_{S1}| \neq |u_{S2}| \neq 0$，此时运放的输入端既有共模信号又有差模信号。

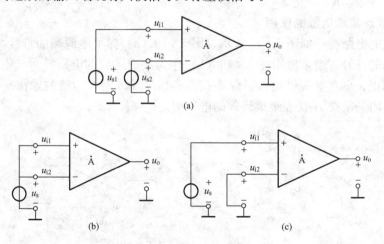

图 5-20 集成运放信号的单端输入方式

若只在一个输入端加信号，而另一个输入端接地，即 $u_{S1} = u_S$，$u_{S2} = 0$，与 $|u_{S1}| \neq |u_{S2}|$ 情况相同，此时运放的输入端存在共模信号 $u_{ic} = \frac{u_{S1} + u_{S2}}{2} = \frac{u_S}{2}$。在运放的输入端存在差模信号 $u_{id} = u_{S1} - u_{S2} = u_S$。

（2）双端输入方式

输入信号一端接运放的一个信号输入端，另一端接运放的另一个端，这种信号输入方式称为双端输入方式，如图 5-21 所示。

在双端输入方式下，由于运放内部电路的对称性，使得信号 u_S 平衡地分配到两个输入

端对公共端之间，而且相对公共端极性相反，即

$$u_{I1} = -u_{I2} = \frac{u_S}{2}$$

因此，在双端输入方式下，运放的输入端存在差
模信号，且

$$u_{Id} = u_{I1} - u_{I2} = \frac{u_S}{2} - \left(-\frac{u_S}{2}\right) = u_S \quad (5-19)$$

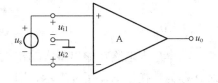

图 5-21　信号双端输入方式

在双端输入方式下，运放的输入端不存在共模信号，因为

$$u_{Ic} = \frac{u_{I1} + u_{I2}}{2} = \frac{\dfrac{u_S}{2} + \left(-\dfrac{u_S}{2}\right)}{2} = 0 \tag{5-20}$$

复习要点

（1）为什么用运算放大器可以看成是理想运算放大器？理想运放的主要参数有哪些？

（2）将运算放大器看成理想运放，会使运放电路的分析简化。

（3）运放使用时，有几种信号输入方式？

5.5　功率放大电路

5.5.1　功率放大的基本概念

放大电路的输出级，由于要带一定的负载，通常要采用功率放大电路，如集成运放的输出级，即双电源互补对称放大电路，就属于功率放大电路。

功率放大电路的主要作用不是放大信号电压，而是在保证信号不出现失真的条件下，向负载提供足够的输出电压和电流，即输出足够的输出功率，以便驱动负载。在向负载提供大幅度的电压和电流的同时，还要尽量减小直流电源能量消耗，这和对一般电压放大电路的要求有所不同。

1. 输出功率 P_o 和最大输出功率 P_{om}

功率放大电路提供给负载的信号功率称为输出功率 P_o。在给定电源下，负载所能获得的 P_o 的最大值称为最大输出功率 P_{om}。设输入信号为正弦波信号，$u_i = \sqrt{2}U_i \sin\omega t$，在保证不失真的条件下，输出功率输出电压有效值 U_o 和电流有效值 I_o 的乘积来表示，即 $P_o = U_o I_o$。它还可以用正弦波振幅值表达为

$$P_o = \frac{U_{om}}{\sqrt{2}} \frac{U_{om}}{\sqrt{2}R_L} = \frac{1}{2} \frac{U_{om}^2}{R_L} \tag{5-21}$$

当振幅达到最大值时的 P_o 即为 P_{om}。

2. 直流电源供给的功率 P_V

直流电源供给的功率 P_V 等于电源电压和电源输出电流平均值的乘积，它是直流功率。P_V 和包括负载上得到的功率和电路消耗的功率两部分。电路消耗的功率也分为电阻上消耗的功率 P_R 和晶体管消耗的功率 P_T，这些功率使电阻和晶体管发热。

在图 5-22 所示电路中，直流电源 V_{CC} 所提供的功率可表达为

$$P_{V} = \frac{V_{CC}}{2\pi} \int_{0}^{2\pi} i_{C} \, d\omega t \qquad (5-22)$$

3. 转换效率 η

功率放大电路在输出最大输出功率时，最大输出功率 P_{om} 与直流电源所提供的功率 P_{V} 之比称为转换效率，用 η 表示，即

$$\eta = \frac{P_{om}}{P_{V}} \qquad (5-23)$$

5.5.2　功率放大电路 BJT 的工作状态

根据放大电路中静态工作点的设置，可以把 BJT 在放大电路中的状态分为三类，分别为甲类、乙类和甲乙类。对应的放大电路分别称为甲类放大、甲乙类放大和乙类放大。对于图 5-23 所示共射极放大电路，调整基极偏置电阻 R_b 的值，可以使晶体管工作在不同的状态，如图 5-24 所示。

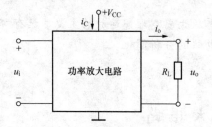

图 5-22　功率放大电路

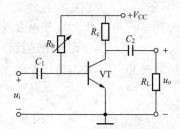

图 5-23　共射极放大电路

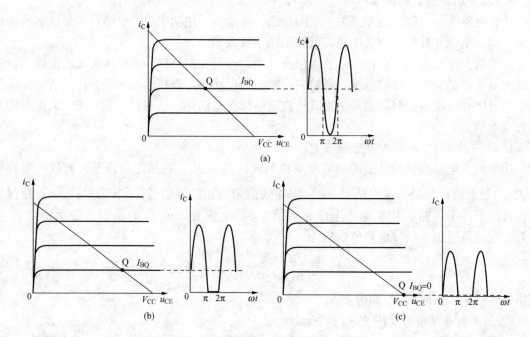

图 5-24　晶体管的三种工作状态

(a) 甲类放大；(b) 甲乙类放大；(c) 乙类放大

1. 甲类放大

当调节 R_b 为某一适当值，使 BJT 的电流 I_{BQ}、I_{CQ}、U_{CEQ} 所确定的静态工作点在负载线的中间位置，如图 5-24（a）所示。此时，BJT 在整个信号周期（$0\sim2\pi$）都导通，集电极电流随输入信号的变化而变化，称 BJT 工作在甲类状态。

增大 R_b 使基极静态电流 I_{BQ} 减少，静态工作点 Q 延着负载线下滑，如图 5-24（b）所示。此时，BJT 的导通时间小于一个信号周期，但大于半个周期，集电极电流在信号的负半周有一段时间等于零，此时称 BJT 工作在甲乙类状态。

当基极回路开路，即使 $R_b=\infty$，静态电流 $I_{BQ}=0$，静态工作点 Q 将位于横坐标轴上，如图 5-24（c）所示。此时，BJT 只在信号的正半周期导通，而在信号负半周截止，集电极电流在信号负半周为零，此时，称 BJT 工作在乙类状态。

2. 甲类共射放大电路功率参数分析

由于甲类放大电路工作点在负载线的中点，静态时直流电源提供一定数值的基极电流和集电极电流，使得 BJT 在整个信号周期内都有电流流过，信号的正负半周都可以获得有效的放大，输出波形保持输入信号波形而不发生失真。但若以图 5-25 所示共射放大电路作功率放大电路，其功率参数是否合理，现分析如下：

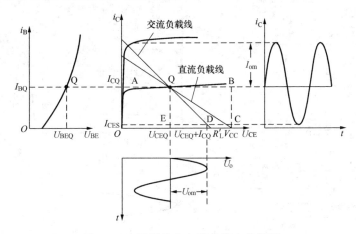

图 5-25　甲类放大电路工作点的设置

（1）静态功率损耗。在静态时，直流电源向电路提供的功率为 $P_V=P_R+P_T=V_{CC}(I_{BQ}+I_{CQ})\approx V_{CC}I_{CQ}$。在图 5-25 中，它等于矩形 ABCO 的面积，其中，集电极电阻消耗功率为 $P_R=(V_{CC}-U_{CEQ})I_{CQ}$，它等于矩形 QBCD 的面积，BJT 消耗的功率为 $P_T=U_{CEQ}I_{CQ}$，它等于矩形 AQDO 的面积。静态功耗作为电阻和 BJT 产生的热量散发出去。

（2）最大输出功率。当输入正弦信号时，其交流负载线如图 5-25 所示，其斜率为 $-\dfrac{1}{R'_L}$。为保证输出信号不失真，在最理想条件下，其集电极交流电流分量，即输出电流的最大幅值 i_{om} 等于静态集电极电流 I_{CQ}，而交流负载 R'_L 的交流电压分量最大幅值为 $U_{om}=I_{CQ}R'_L$，因此，在交流负载 R'_L 上可能获得的最大输出功率为

$$P'_{om}=\frac{U_{om}}{\sqrt{2}}\times\frac{I_{om}}{\sqrt{2}}=\frac{1}{2}I_{CQ}(I_{CQ}R'_L) \tag{5-24}$$

它等于图中三角形 QDE 的面积。

负载 R_L 上所获得的输出功率 P_o 是 P'_o 的一部分，它始终小于 P'_o。

以上分析说明，当有输入信号时，静态消耗功率中只有一小部分转换成为有用信号功率输出到负载，转换效率很低，直流电源提供的大部分功率都消耗在电路中。为了提高电路的输出功率，早期的功率放大电路通常在电路和负载间加入一个变压器，称为输出变压器。利用变压器的阻抗变换作用，增大放大电路的等效交流负载 R'_L，从而提高电路的输出功率。但是，由于变压器具有一定的体积和重量，在电路中应用不方便、不经济。目前使用输出变压器的功率放大电路已逐渐被双电源互补对称功率放大电路所取代。

5.5.3 双电源互补对称功率放大电路

1. 电路特点

为了提高效率，首先应该降低静态功耗，而乙类放大，在静态时，其集电极电流近似等于零，因此，降低了静态功耗，提高了效率。但是，在单个 BJT 构成的共射放大电路，如果 BJT 工作在乙类状态，在信号的负半周，BJT 处于截止状态，没有电流流过，输出波形将产生严重的失真。那么，能否使放大电路工作在乙类或甲乙类，静态功耗很小，输出波形又不失真。运放输出级采用的电路结构，即双电源互补对称放大电路可以解决这一矛盾，为了分析电路的这些特点，将工作在甲乙类的双电源互补对称电路及在信号正半周的工作状态表示如图 5-26 所示。

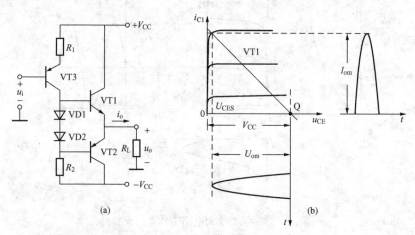

图 5-26 双电源互补对称功率放大电路
(a) 放大电路；(b) 工作状态分析曲线

由图 5-26 可以看出，由于工作在乙类或甲乙类，使其电路静态功耗很低，又由于采用了射极输出器电路结构，取消了集电极电阻，减少了在电阻上的功耗。在向负载提供功率输出信号时，两个 BJT 分别分时输出信号的正负半周，增大了电压输出的幅值，使输出电压的最大振幅值 $U_{om} = V_{CC} - U_{CES}$，从而扩大了输出功率，提高了电路的效率。

2. 功率参数的计算

(1) 输出功率和最大输出功率。设输出电压的振幅值为 U_{om}，则输出功率可表示为

$$P_o = U_o I_o = \frac{U_{om}}{\sqrt{2}} \frac{U_{om}}{\sqrt{2}R_L} = \frac{1}{2} \frac{U^2_{om}}{R_L} \tag{5-25}$$

由图可以看出，最大不失真输出电压为 $U_{om} = V_{CC} - U_{CES} \approx V_{CC}$，因此，最大不失真输出

功率为

$$P_{om} = \frac{1}{2}\frac{U_{om}^2}{R_L} = \frac{1}{2}\frac{(V_{CC}-U_{CES})^2}{R_L} \approx \frac{1}{2}\frac{V_{CC}^2}{R_L} \tag{5-26}$$

（2）BJT 管耗。由于 VT1 和 VT2 在一个信号周期内各导通了半个周期，且两管的管压降和流过的电流相同，因此，只需计算单管的损耗，在将单管损耗乘 2，即为总管耗。

设负载 R_L 上的输出电压为 $u_o = U_{om}\sin\omega t$，则 BJT 的管压降 $u_{CE} = V_{CC}-U_{om}\sin\omega t$，流过 BJT 的集电极 $i_o = \dfrac{U_{om}}{R_L}\sin\omega t$，则 BJT 的管耗为其损耗的平均功率，即

$$P_{T1} = \frac{1}{2\pi}\int_0^\pi u_{CE}i_C \, \mathrm{d}\omega t = \frac{1}{2\pi}\int_0^\pi (V_{CC}-U_{om}\sin\omega t)\frac{U_{om}}{R_L}\sin\omega t \, \mathrm{d}\omega t$$

积分结果为

$$P_{T1} = \frac{1}{R_L}\left(\frac{V_{CC}U_{om}}{\pi} - \frac{U_{om}^2}{4}\right) \tag{5-27}$$

BJT 的管耗公式说明，BJT 在工作中的损耗和输出电压的振幅值 U_{om} 有关，当输出电压很小时，BJT 的集电极电流很小，管子的损耗很小，当输出电压很高时，BJT 的管压降很小，管子损耗也很小。可见，BJT 的最大管耗即不发生在输出电压最小时，也不发生在输出电压最大时。为求其值，可将式（5-27）对 U_{om} 求导，并令导数 $\dfrac{\mathrm{d}P_T}{\mathrm{d}U_{om}}=0$，可得结果

$$U_{om} = \frac{2}{\pi}V_{CC} \approx 0.6V_{CC} \tag{5-28}$$

上式表明，当输出电压 U_{om} 为电源电压的 0.6 倍时，BJT 的管耗为最大。将 $U_{om}=\dfrac{2}{\pi}V_{CC}$ 代入管耗的计算公式，就可以获得 BJT 的最大管耗为

$$P_{Tm} = \frac{V_{CC}^2}{\pi^2 R_L} \tag{5-29}$$

（3）直流电源供给的功率。直流电源供给电路的功率本来应该包括输出到负载上的信号功率和电路本身消耗的功率，双电源互补对称电路中由于不含有集电极电阻，电路消耗的功率只剩下 BJT 的管耗，即 VT1、VT2 所消耗的功率，即

$$P_V = P_o + 2P_T \tag{5-30}$$

当 $u_o=0$ 时，P_o 和 P_T 都等于零，则 $P_V=0$，直流电源不消耗功率。

当 $u_o \neq 0$ 时，由式（5-25）和式（5-27）得

$$P_V = \frac{1}{2}\frac{U_{om}^2}{R_L} + \frac{2}{R_L}\left(\frac{V_{CC}U_{om}}{\pi} - \frac{U_{om}^2}{4}\right) = \frac{2}{\pi}\frac{V_{CC}U_{om}}{R_L} \tag{5-31}$$

上式表明，直流电源提供的功率与输出电压值成正比，输出电压幅值越高，直流电源提供的功率就越大。当输出电压幅值达到最大，即 $U_{om}=V_{CC}-U_{CES}\approx V_{CC}$ 时，则直流电源提供的功率最大，等于

$$P_{Vm} = \frac{2}{\pi}\frac{V_{CC}^2}{R_L} \tag{5-32}$$

（4）效率。根据对效率的定义，它等于输出功率和直流电源提供的功率之比，对双电源互补对称电路，由式（5-25）和式（5-31），得

$$\eta = \frac{P_o}{P_V} = \frac{\pi}{4}\frac{U_{om}}{V_{CC}} \tag{5-33}$$

当输出电压达到最大值 $U_{om} \approx V_{CC}$ 时，效率最高，其大小为

$$\eta = \frac{P_o}{P_V} = \frac{\pi}{4} = 78.5\% \qquad (5-34)$$

【例 5 - 1】 在图 5 - 26 (a) 所示电路中，输出正弦交流信号，已知 $V_{CC} = \pm 18V$，负载电阻 $R_L = 8\Omega$，在忽略 BJT 饱和管压降的条件下。试求：

(1) 电路的最大输出功率，单个 BJT 的最大管耗，直流电源供给的最大功率和效率。

(2) 当输入信号电压有效值为 10V 时，电路的输出功率，单个 BJT 的管耗，直流电源供给的功率和效率。

解 (1) $P_{om} = \dfrac{V_{CC}^2}{2R_L} = \dfrac{18^2}{2 \times 8} = 20.25$ （W）

$P_{Tm} = 0.2 P_{om} = 0.2 \times 20.25 = 4.05$ （W）

$P_{Vm} = \dfrac{2}{\pi} \dfrac{V_{CC}^2}{R_L} = \dfrac{2}{\pi} \times \dfrac{18^2}{8} \approx 25.8$ （W）

$\eta_m = \dfrac{\pi}{4} = 78.5\%$

(2) $P_o = \dfrac{U_o^2}{R_L} = \dfrac{10^2}{8} = 12.5$ （W）

$P_V = \dfrac{2}{\pi} \dfrac{V_{CC} U_{om}}{R_L} = \dfrac{2}{\pi} \times \dfrac{18 \times \sqrt{2} \times 10}{8} \approx 20.26$ （W）

$P_T = \dfrac{P_V - P_o}{2} = \dfrac{20.26 - 12.5}{2} = 3.88$ （W）

$\eta = \dfrac{P_o}{P_V} = \dfrac{12.5}{20.26} \approx 61.7\%$

3. BJT 的选择

在设计由分立元件构成的双电源互补对称功率放大电路时，选择适合的 BJT 是一个很重要的工作。由于在功率放大电路中，通常 BJT 要工作在极限参数下，如果选择不当，BJT 很容易被损坏。选择 BJT 通常要考虑以下三个参数：

(1) BJT 所承受的最大管压降 U_{CEO}。在图 5 - 26 (a) 所示电路中，VT1、VT2 在工作时，总是一个导通，一个截止。在信号的正半周，VT1 导通，VT2 截止，VT2 承受的电压是电源电压和输出电压之和，即 $u_{CE2} = V_{CC} + u_O$，当输出电压达到最大值 $U_{om} \approx V_{CC}$ 时，VT2 承受最大电压，其大小为 $u_{CE2m} \approx 2V_{CC}$。同理，当在信号的负半周时最大值时，VT1 承受同样大小的电压。因此，在电路中，VT1、VT2 承受的最大电压为 2 倍的电源电压。

(2) 集电极最大电流 I_{CM}。VT1、VT2 在工作时，流过集电极最大的电流出现在输出电压为最大值时，此时，流过的电流为

$$I_{CM} = \frac{V_{CC} - U_{CES}}{R_L} \approx \frac{V_{CC}}{R_L} \qquad (5-35)$$

(3) 最大允许管耗 P_{CM}。由式 (5 - 29) 可知，在双电源互补对称功率放大电路中，每个 BJT 的最大管耗为 $P_{Tm} = \dfrac{1}{\pi^2} \dfrac{V_{CC}^2}{R_L}$。现在将其表达为最大管耗与最大输出功率的关系。根据式 (5 - 26)，在忽略 BJT 饱和管压降 U_{CES}，最大输出功率为 $P_{om} = \dfrac{1}{2} \dfrac{V_{CC}^2}{R_L}$，比较两式则有

$$P_{Tm} = \frac{1}{\pi^2} \frac{V_{CC}^2}{R_L} = \frac{2}{\pi^2} \frac{1}{2} \frac{V_{CC}^2}{R_L} \approx 0.2 P_{om} \tag{5-36}$$

上式表明，在电路中，每个 BJT 所消耗的功率为最大输出功率的 20%。

通过以上讨论，若使 BJT 安全工作，输出最大功率，在查阅手册选择 BJT 时，其参数必须满足下列条件

$$U_{CEO} > 2V_{CC} \tag{5-37}$$

$$I_{CM} > \frac{V_{CC}}{R_L} \tag{5-38}$$

$$P_{CM} > 0.2 P_{om} \tag{5-39}$$

另外，在分立元件功率放大电路中，由于相当大的功率会消耗在 BJT 本身上，使 BJT 自身工作温度上升，所以 BJT 的散热问题是功率放大电路要考虑的重要问题。通常作为功率放大的 BJT，其集电结的面积较大，通常采用金属封装，并使集电极衬底与它的金属外壳有良好的接触。当依靠自身的金属外壳不能保证将热量散发出去的情况下，要为其加装散热片，以保证良好的散热。常见的功率 BJT 及散热片如图 5-27 所示。

【例 5-2】 已知图 5-26（a）所示电路，电源电压为 18V，负载电阻为 4Ω。设晶体管饱和压降 $|U_{CES}| = 2V$，试求：BJT 的最大集电极电流、最大管压降和集电极最大功耗各为多少？

解　电路最大不失真输出电压的峰值 $U_{om} = V_{CC} - U_{CES} = (18-2)V = 16V$，因而流过负载的电流，即 BJT 集电极最大电流为

$$I_{Cmax} \approx \frac{U_{om}}{R_L} = \frac{16}{4}A = 4A$$

BJT 最大管压降 $U_{CEmax} = V_{CC} + U_{om} = 18 + 16 = 34V$

根据式（5-36），BJT 集电极最大功耗为

$$P_{Tmax} = \frac{V_{CC}^2}{\pi^2 R_L} = \frac{18^2}{\pi^2 \times 4}W \approx 8.22W$$

5.5.4　单电源互补对称功率放大电路

在单电源供电的电子系统中，也可以采用单电源互补对称功率放大电路，电路结构如图 5-28 所示。

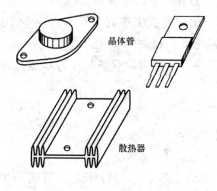

图 5-27　功放管

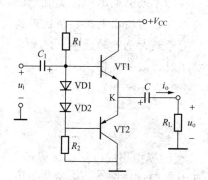

图 5-28　单电源互补对称功率放大电路

由于取消了负电源，在信号的负半周，由 VT2 构成的射极输出器将无法正常工作。为此，在电路中增加了电容 C，以代替负电源的作用。

因为电路完全对称，在静态时，VT1、VT2 的发射极 K 点电位等于电源电压的一半。由于电容 C 的隔直作用，$i_L = 0$，$u_o = 0$，因此，电容两端电压 $U_C = U_K = \dfrac{V_{CC}}{2}$。

当有信号输入时，在信号的正半周，VT1 导通，VT2 截止，电源 V_{CC} 通过 VT1 向负载 R_L 提供电流，在负载上产生了输出信号的正半周。在输出信号正半周的同时，V_{CC} 向电容 C 充电。在信号的负半周，VT1 截止，VT2 导通，以充电的电容 C 可作为电源，通过 VT2 向负载 R_L 提供电流，在负载上产生了输出信号的负半周。

为了保证电容 C 存储的电量足以满足信号负半周输出的需要，通常要选择大容量（电容量 C 为几千微法）的电解电容，使得时间常数 $R_L C$ 远大于信号周期，这样电容 C 就可以完全取代 $-V_{CC}$，使电路在单电源作用下也能正常工作。

采用单电源的互补对称功率放大电路，相对于双电源电路，每个 BJT 的工作电压不在等于 V_{CC}，而是等于 $\dfrac{V_{CC}}{2}$，这样负载上所获得的最大输出电压 $U_{om} = \dfrac{V_{CC} - U_{CES}}{2} \approx \dfrac{V_{CC}}{2}$。因此，计算 P_o、P_V、P_T、η 的公式中，要以 $\dfrac{V_{CC}}{2}$ 代替 V_{CC}。

单电源供电的互补对称功率电路，是在传统的功率放大电路中，取消了输出变压器 T，因此又称为 OTL 电路；而双电源供电的互补对称功率电路，是在 OTL 电路的基础上，取消了电容 C，因此又称为 OCL 电路。

✒ 复习要点

（1）功率放大电路的主要作用不是放大电压，而是减小电源的功耗下，向负载输出最大功率。

（2）当双电源互补功率放大电路的输入信号的振幅接近等于电源电压时，功率放大电路输出最大功率。

（3）BJT 的管耗是互补对称功率放大电路中主要的无效损耗，它使 BJT 发热。最大管耗发生在电路输出电压幅值等于 $0.6V_{CC}$ 时，其值约为最大输出功率的 20%。

（4）在功率放大电路中，直流电源提供的功率包括负载上得到的信号功率和 BJT 消耗的功率两部分，当输出电压幅值达到最大时，直流电源提供最大功率。

（5）功率放大电路的效率，定义为输出信号功率和直流电源提供功率的比值，当电路输出最大功率时，效率最高。

本　章　小　结

1. 典型的模拟集成电路是集成运算放大器，集成运放是采用特殊工艺制成的元件化电路，内部由采用直接耦合的多级放大电路组成，通常采用双电源供电。

2. 集成运放主要有两个信号输入端（分别是同相输入端和反相输入端）和一个信号输出端。其内部分主要包括四个部分，分别是电流源偏置电路、差动输入级，中间放大级和输出级。

3. 集成运放的偏置电路采用电流源电路，它为运放各级提供合适的静态工作电流，从而确定静态工作点。

4. 集成运放的输入级采用差分式放大电路。差分式放大电路是一种对称电路结构，可以抑制零点漂移的发生。

5. 集成运放的输出级采用甲乙类互补对称式电路结构，其特点静态功耗小；没有交越失真。射极输出器结构使得其具有较大的电流放大能力，且输出电阻小，输出电压线性范围大，具有功率输出的能力。

6. 在工程应用中，一般把集成运放的参数理想化，即把集成运放看成是理想集成运放，这样处理带来的误差并不大，但是对电路的分析会大大简化。

7. 功率放大电路的设计原则与电压放大电路不同，它是以消耗最少的直流电源，而向负载输出最大的信号功率为重点，因此，功率放大电路中的 BJT 通常工作在乙类或甲乙类状态，静态功耗很低。

8. 甲类工作状态中 BJT 在整个信号周期都有电流流过，处于导通状态。乙类工作状态中，BJT 只在半个信号周期有电流流过，处于导通状态，另半个周期处于截止状态。甲乙类工作状态中，BJT 在信号大于半个周期内导通，在小于半个周期内截止。

9. 双电源互补对称功率放大电路中，用 NPN 型 BJT 构成射极输出器，输出信号正半周，用 PNP 型 BJT 构成射极输出器输出信号负半周，使输出信号的最大幅值，相对于单管电路增加了一倍，提高了效率。

10. 单电源互补对称功率放大电路，用大容量电容 C 取代负电源，其工作原理与双电源电路一致。

习　　题

5.1　四种复合 BJT 管的接法如图 5 - 29 所示。试求：

（1）四种接法得到的复合管分别属于 NPN 类型还是 PNP 类型？

（2）在图中标出，在放大状态下复合管的电流方向；

（3）若 BJT 管 VT1 的电流放大系数 $\beta_1 = 30$，VT2 的电流放大系数 $\beta_2 = 50$，估算复合管的电流放大系数 β。

5.2　通用型集成运放内部包含哪几部分电路？每一部分通常采用哪种基本电路，对各部分电路的性能要求重点是什么？

5.3　镜像电流源和微电流源如图 5 - 30 所示。电路参数为 $V_{CC} = 12V$，$R = 1k\Omega$，$R_e = 50\Omega$。设 BJT 管 $U_{BEQ} = 0.7V$。试求：

（1）计算图 5 - 30 （a）所示镜像电流源电路

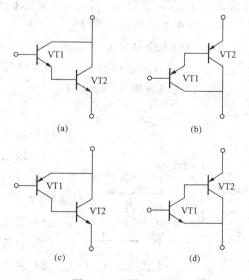

图 5 - 29　题 5.1图

中电流 I_1 值。

（2）说明图 5 - 30（b）所示微电流源电路中的电流 I_2 值小于镜像电流源电路的电流 I_1 值。

5.4　多路电流源电路如图 5 - 31 所示，已知所有 BJT 特性均相同，且 U_{BE} 均为 0.6 伏，试求电流 I_R、I_{C2}、I_{C4}。

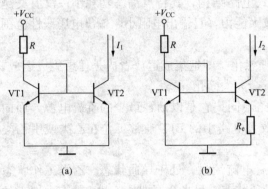
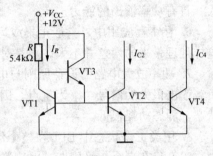

图 5 - 30　题 5.3 图　　　　　　　　图 5 - 31　题 5.4 图

5.5　乙类双电源互补对称功率放大电路如图 5 - 32 所示，BJT 的饱和导通管压降为 U_{CES}，电流放大倍数为 β。试求：

（1）给出输出电压 u_o 与输入电压 u_i，输出电流 i_o 与输入电流 i_i 的关系式；

（2）给出输出电压最大值 U_{omax} 和输出电流最大值 I_{omax} 的表达式；

（3）试分析在静态时（$u_i=0$），负载 R_L 中有无电流流过？与甲乙类双电源互补对称功放电路相比，乙类双电源互补对称电路存在什么问题？

（4）设负载电阻 $R_L=8\Omega$，输入为正弦波，$u_i=5\sin\omega t$，求此时负载获得的功率 P_o。

（5）计算放大电路的最大输出功率 P_{om}。

5.6　乙类双电源互补对称电路如图 5 - 32 所示，电源电压 $V_{CC}=12V$，BJT 饱和导通管压降 $U_{CES}=2V$，负载 $R_L=8\Omega$，在考虑和忽略 BJT 的饱和管压降 U_{CES} 的条件下，试分别求：

（1）电路最大输出功率 P_{om}；

（2）当输入信号为 $u_i=8\sin\omega t$ 时，电路输出的功率 P_o。

5.7　电路及参数同题 5.5，在忽略 BJT 饱和导通管压降 U_{CES} 条件下，给出在以下三种情况下，直流电源提供的功率 P。

（1）$u_i=0$；

（2）$u_i=\sqrt{2}\times5\sin\omega t$；

（3）输出电压幅值 U_{om} 达到最大。

5.8　电路及参数同题 5.5，在忽略 BJT 饱和导通管压降 U_{CES} 条件下，试求：

（1）每支 BJT 承受的最大电压 U_{CEm}；

（2）每支 BJT 的最大管耗 P_{Tm}；

（3）最大管耗是出现在输出电压幅值为最大时吗？

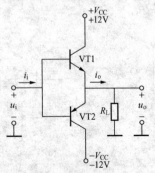

图 5 - 32　题 5.5 图

5.9　甲乙类双电源互补对称功率放大电路如图 5 - 33 所

示，设电源电压 $V_{CC}=16V$，负载 $R_L=8\Omega$，忽略 BJT 的饱和管压降 U_{CES}，试求：

(1) 电路的最大输出功率 P_{om}；

(2) BJT 的最大管耗 P_{Tm}；

(3) 直流电源提供的最大功率 P_{Vm}；

(4) 电路的最大效率 η_m。

5.10 电路及电路参数同题 5.9，设在电路输入端加入正弦信号 $u_i=10\sin\omega t$，试求：

(1) 电路的输出功率 P_o；

(2) BJT 的管耗 P_T；

(3) 直流电源提供的功率 P_V；

(4) 电路的效率 η。

5.11 甲乙类单电源互补对称功率放大电路如图 5-34 所示。忽略 BJT 饱和导通管压降 U_{CES}，试分析，当负载 $R_L=5\Omega$，要求电路最大输出功率为 10W 时，直流电源 V_{CC} 至少要选多大？

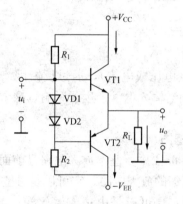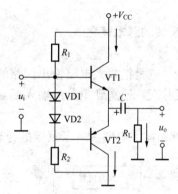

图 5-33 题 5.9 图   图 5-34 题 5.11 图

第 6 章　放大电路中的负反馈

在电子电路中，几乎都要引入各种反馈，引入反馈后，对电路的性能将产生各种影响。反馈分正反馈和负反馈，在放大电路中主要引入负反馈，用以改善放大电路的性能。负反馈又根据电路结构，分成四种不同的类型，它们对电路的影响也各不相同。本章将从反馈的基本概念和分类入手，给出反馈放大电路的方框图，推导出负反馈的基本方程式，进而分析负反馈放大电路的技术参数，特别是深度负反馈增益的分析，以及各类负反馈对电路参数的影响，为设计高质量的放大电路打下基础。

6.1　反馈的基本概念与分类

6.1.1　反馈的基本概念

1. 反馈的定义

所谓反馈，就是把放大电路输出回路的电量（电压或电流），通过反馈网络，以一定的方式（串联或并联）回送到电路的输入回路，从而对输入电量产生了影响，这个过程就称为反馈。

图 6-1 就是放大电路引入了反馈的原理结构框图。

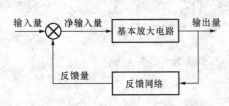

图 6-1　反馈电路的原理结构框图

在图 6-1 中，基本放大电路是前面章节介绍的不含有反馈的放大电路，它可以是分立元件构成的放大电路，也可以是由集成运放构成的放大电路。反馈网络就是为给放大电路引入反馈而设计的电路，反馈网络的输入信号取自于放大电路的输出回路，它可以把输出电量的一部分或全部形成反馈量回送到输入回路。反馈量在输出回路中对输入量进行调节，然后再把经过调节后的输入量，一般称为净输入量，输入到基本放大电路。由于反馈量影响和改变了输入量，从而使放大电路的性能发生了改变。

2. 正反馈和负反馈

反馈量在输入回路中，要对输入量进行调节，这个调节会有两个结果。一类是反馈量与输入量在输入回路中相加，使输入到基本放大电路的净输入量大于原输入量，从而使电路的输出量比没有引入反馈时有所增加，这类反馈称为正反馈。相反，如果反馈量在输入回路与输入量相减，使输入到基本放大电路的净输入量小于原输入量，从而使电路的输出量比没有引入反馈时有所减少，这类反馈称为负反馈。在放大电路中，通常引入的都是负反馈，这也是本章所介绍的内容，而正反馈在其他电子电路中也有应用。

3. 直流反馈与交流反馈

如果反馈量中只含有直流量，没有交流量，这类反馈就称为直流反馈。相反，如果反馈量中只含有交流量而没有直流量，这类反馈就称为交流反馈。但在反馈放大电路中，经常是既有直流反馈，也有交流反馈。引入直流反馈的目的是为了稳定电路的静态工作点，例如，在第 2 章中所介绍的分压式射极偏置放大电路就引入了直流负反馈，从而使该电路的静态工作点较固定偏置电路稳定。但本章的重点是讨论交流负反馈。

6.1.2 负反馈放大电路的分类

对于交流负反馈，有四种基本类型，通常称为交流负反馈的四种组态。它们分别是电压串联负反馈、电压并联负反馈、电流串联负反馈、电流并联负反馈。

根据反馈网络在输出端所取电量的不同来确定是属于电压反馈还是电流反馈，一般原则是：若反馈量取自于输出电压，则称为电压反馈，若取自于输出电流，则称为电流反馈。

根据反馈量在输入端与输入量的叠加方式的不同来确定是属于串联反馈还是并联反馈。若反馈量在输入端是以电压方式与输入电压串联相加，则称为电压反馈，若反馈量在输入端是以电流形式与输入电流并联相加，则称为并联反馈。

下面分别介绍这四种组态负反馈放大电路。以下介绍的电路中所包含的基本放大电路均采用集成运算放大器，反馈电路均为无源电阻网络。

1. 电压串联负反馈放大电路

电压串联负反馈放大电路如图 6-2 所示。

集成运放代表基本放大电路（无反馈放大电路），用 A 表示；反馈网络是由电阻 R_1 和 R_2 组成的分压电路，用 F 表示。

从图 6-2 中可以看出，反馈网络的输入量是取自于放大电路的输出电压 u_O，u_O 不仅输出到负载 R_L，同时还反送到反馈网络，作为反馈网络的输入形成反馈量。根据前面的定义，由于反馈量取自于输出电压，所以该电路属于电压反馈。

u_O 通过 R_1 和 R_2 组成的电阻分压电路，在反馈网络的输出端产生了反馈电压 u_F，即

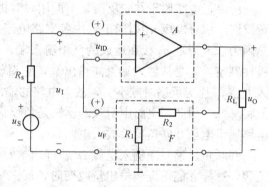

图 6-2　电压串联负反馈放大电路

$$u_F = \frac{R_1}{R_1 + R_2} u_O \tag{6-1}$$

u_F 就是电路的反馈量，它在输入回路里与输入电压 u_I 串联相加，从而实现对净输入量的调整，即

$$u_I = u_{ID} + u_F \tag{6-2}$$

所以，电路属于串联反馈。那么，该电路引入的反馈极性是正反馈还是负反馈呢？通常采用瞬时极性法进行判断。假设在放大电路的输入端接入信号电压 u_S，由它引起的电路中各结点的电位极性如图 6-2 中标示。运放输出端极性为（＋），这是因为输入信号 u_S 接在运放的同相输入端，因此 u_O 与 $u_S(u_I)$ 同极性。u_F 是 u_O 在电阻网络上的分压，因此，u_F 与 u_O 极性相同，同为（＋）。u_F 抵消了 u_I 的一部分，使加到运放两输入端的净输入电压 u_{ID} 比无反馈时减小了，因此，放大电路的输出电压 u_O 也就减少了，整个放大电路的电压增益将降低，因此，电路中引入的反馈是负反馈。综上分析，根据对反馈放大电路的定义，该电路属于电压串联负反馈放大电路。

　　串联负反馈对净输入电压 u_{ID} 进行调整时，为达到调整效果，要求外加信号源是一个恒压源，这样才能保证当输出量改变时，反馈量对输入量进行有效调整，起到负反馈的作用。

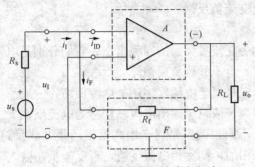

图 6 - 3　电压并联负反馈放大电路

2. 电压并联负反馈放大电路

　　电压并联负反馈放大电路如图 6 - 3 所示。

　　从图 6 - 3 中可以看出，反馈网络的输入量同样是取自于放大电路的输出电压 u_O，u_O 反送到反馈网络，形成反馈量。根据前面的定义，由于反馈量取自于输出电压，所以该电路属于电压反馈。

　　u_O 通过电阻 R_f 在输入回路引起一个电流的分流 i_F，即

$$i_F = \frac{u_I - u_O}{R_f} \tag{6-3}$$

　　i_F 就是电路的反馈量，它在输入回路里与输入电流 i_I 并联叠加，即

$$i_I = i_{ID} + i_F \tag{6-4}$$

　　所以，电路属于并联反馈。下面用瞬时极性法判断电路反馈的极性，是属于正反馈还是负反馈。信号电压 u_S 引起电路中各支路电流方向如图 6 - 3 所示。运放输出端极性为（一），是因为输入信号 u_S 接在运放的反相输入端，因此 u_O 与 $u_S(u_I)$ 极性相反。根据 u_O 与 u_S 的极性判定，i_F 是从输入端流向输出端，它对输入电流 i_I 起了一个分流作用，使运放的净输入电流 i_{ID} 比无反馈时减小了，放大电路的输出电压 u_O 也就减少了，整个放大电路的电压增益将降低，因此，电路中引入的反馈是负反馈。综上分析，根据对反馈放大电路的定义，该电路属于电压并联负反馈放大电路。

　　并联负反馈对净输入电流 i_{ID} 进行调整时，为达到调整效果，要求外加信号源是一个恒流源，这样才能保证当输出量改变时，反馈量对输入量进行有效调整，起到负反馈的作用。

3. 电流串联负反馈放大电路

　　电流串联负反馈放大电路如图 6 - 4 所示。从图 6 - 4 中可以看出，反馈网络的输入量是取自于放大电路的输出电流 i_O，i_O 反送到反馈网络，形成反馈量。根据前面的定义，由于反馈量取自于输出电流，所以该电路属于电流反馈。

　　i_O 通过电阻 R_f 在输入回路产生了一个电压 u_F，即

$$u_F = i_O \cdot R_f \tag{6-5}$$

　　u_F 就是电路的反馈量，它在输入回路里与输入电压 u_I，串联叠加，即

$$u_I = u_{ID} + u_F \tag{6-6}$$

　　所以，电路属于串联反馈。

　　用瞬时极性法判断即可，该电路的反馈极性是属于正反馈还是负反馈。

　　在放大电路的输入端接入信号电压 u_S 后引起的电路中各节点的电位极性和电流方向如图 6 - 4 所示。运放输出端极性为（＋），是因为输入信号 u_S

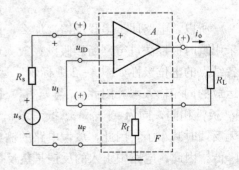

图 6 - 4　电流串联负反馈放大电路

接在运放的同相输入端，因此 u_O 与 $u_S(u_I)$ 同极性。u_F 与 u_O 极性相同，同为（＋）。u_F 抵消了 u_I 的一部分，因此运放两输出端的净输入电压 $u_{ID}＝u_I－u_F$，比无反馈时减小了，放大电路的输出电压 u_O 也就减少了，整个放大电路的电压增益将降低，因此，电路中引入的反馈是负反馈。综上分析，根据对反馈放大电路的定义，该电路属于电流串联负反馈放大电路。

4. 电流并联负反馈放大电路

电流并联负反馈放大电路如图 6-5 所示。从图 6-5 中可以看出，反馈网络的输入量是取自于放大电路的输出电流 i_O，i_O 反送到反馈网络，形成反馈量。根据前面的定义，由于反馈量取自于输出电流，所以该电路属于电流反馈。

i_O 通过电阻 R_1 和 R_2 的分流，在输入回路产生了一个电流 i_F，即

$$i_F = \frac{R_1}{R_1+R_2}i_O \qquad (6-7)$$

i_F 就是电路的反馈量，它在输入回路里与输入电流 i_I 并联叠加，即

$$i_I = i_{ID} + i_F \qquad (6-8)$$

所以，电路属于并联反馈。

下面用瞬时极性法判断电路引入的反馈极性是属于正反馈还是负反馈。信号电压 u_S 引起

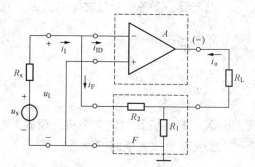

图 6-5 电流并联负反馈放大电路

电路中各支路电流方向如图 6-5 所示。运放输出端极性为（－），是因为输入信号 u_S 接在运放的反相输入端，因此 u_O 与 $u_S(u_I)$ 极性相反。i_F 是从输入端流向输出端，它对输入电流 i_I 起了一个分流作用，使运放的净输入电流 i_{ID} 比无反馈时减小了，放大电路的输出电压 u_O 也就减少了，整个放大电路的电压增益将降低，因此，电路中引入的反馈是负反馈。综上分析，根据对反馈放大电路的定义，该电路属于电流并联负反馈放大电路。

复习要点

（1）在放大电路中，为了稳定静态工作点要引入直流反馈还是交流反馈？

（2）在放大电路中，为了改善放大电路的性能要引入正反馈还是负反馈？

（3）交流负反馈有哪四种类型？

（4）串联反馈引回的反馈量是电压还是电流？并联反馈引回的反馈量是电压还是电流？

（5）电压反馈反馈量取自于输出电压还是输出电流？电流反馈反馈量取自于输出电压还是输出电流？

6.2 负反馈放大电路的方框图及增益的一般表达式

6.2.1 负反馈放大电路的框图表示

将 6.1.1 负反馈放大电路的原理结构框图重画于图 6-6。

上节所讨论的四种组态的负反馈放大电路，可用图 6-6 统一来表示，称为负反馈放大电路的一般方框图。图 6-6 中 $\dot{X}$ 表示一般正弦信号量，为了突出其相位关系，采用复数表

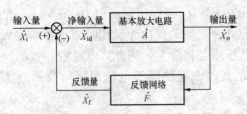

图 6-6　负反馈放大电路的一般方框图

示，$\dot{X}$ 既代表电压信号也代表电流信号。符号 $\otimes$ 代表比较环节，用来叠加反馈量和输入量。比较环节符号 $\otimes$ 旁边的"＋"、"－"符号，代表反馈的极性是负反馈，比较环节的输出为输入量与反馈量的差，即 $\dot{X}_{id} = \dot{X}_i - \dot{X}_f$。$\dot{X}_{id}$ 就是基本放大电路的净输入信号。基本放大电路代表没有引入反馈的放大电路，$\dot{A}$ 代表基本放大电路的增益，也叫开环电压增益。$\dot{F}$ 称为反馈网络的反馈系数。

6.2.2　负反馈放大电路增益的一般表达式

首先来看一下各信号量之间的关系。它们之间的关系如下

开环增益
$$\dot{A} = \frac{\dot{X}_o}{\dot{X}_{id}} \tag{6-9}$$

反馈系数
$$\dot{F} = \frac{\dot{X}_f}{\dot{X}_o} \tag{6-10}$$

我们把 $\dot{X}_o$ 与 $\dot{X}_i$ 的比值定义为负反馈放大电路的增益，也叫闭环增益，用 $\dot{A}_f$ 来表示，它代表引入负反馈后放大电路的增益。即

闭环增益
$$\dot{A}_f = \frac{\dot{X}_o}{\dot{X}_i} \tag{6-11}$$

下面来推导闭环增益与开环增益以及反馈系数之间的关系

$$\dot{A}_f = \frac{\dot{X}_o}{\dot{X}_i} = \frac{\dot{A}\dot{X}_{id}}{\dot{X}_{id} + \dot{X}_{if}} = \frac{\dot{A}\dot{X}_{id}}{\dot{X}_{id} + \dot{F}\dot{X}_o} = \frac{\dot{A}\dot{X}_{id}}{\dot{X}_{id} + \dot{F}\dot{A}\dot{X}_{id}}$$

上式经过整理，最后得到负反馈放大电路增益的一般表达式

$$\dot{A}_f = \frac{\dot{A}}{1 + \dot{A}\dot{F}} \tag{6-12}$$

表达式中，$\dot{A}\dot{F}$ 称为反馈放大电路的环路增益。$|1 + \dot{A}\dot{F}|$ 称为反馈放大电路的反馈深度。

从反馈的一般表达式中可以看出，放大电路引入反馈后，其增益改变了。引入反馈后的增益 $|\dot{A}_f|$ 的大小与反馈深度 $|1 + \dot{A}\dot{F}|$ 有关。在一般情况下，$\dot{A}$ 和 $\dot{F}$ 都是信号频率的函数，它们的幅值和相位角均随频率而变，而在中频段，它们又均为实数。

下面分三种情况讨论引入反馈后，增益的变化情况。

（1）$|1 + \dot{A}\dot{F}| > 1$，则 $|\dot{A}_f| < |\dot{A}|$，即引入反馈后，增益减小了，这种反馈一般称为负反馈。

（2）$|1 + \dot{A}\dot{F}| < 1$，则 $|\dot{A}_f| > |\dot{A}|$，即有反馈时，放大电路的增益增加，这种反馈称为正反馈。正反馈虽然可以提高增益，但使放大电路的性能不稳定，所以只有在一些专门电路中才使用。

（3）若 $|1 + \dot{A}\dot{F}| = 0$，则 $|\dot{A}_f| \to \infty$，这就是说，放大电路在没有输入信号时，也有输出信号，叫做放大电路的自激振荡。

6.2.3　四种组态负反馈电路的框图及一般分析

在本章第一节中，引用了具体电路介绍了反馈的基本概念，介绍时基本放大电路均采用运算放大器。但在实际应用中，基本放大电路既可以使用运算放大器，也可以是由分立元件构成的单级或多级放大电路，反馈电路也有各种不同的形式。为了方便分析，这一节将具体的反馈电路抽象出来，用它们的框图进行电路的特性分析。

若将负反馈放大电路的基本放大电路和反馈网络均看成两端口网络，则不同反馈组态表明两个网络的不同连接方式，下面分别进行讨论。

1. 电压串联负反馈

电压串联负反馈的方框图如图 6-7 所示。

因为是电压反馈，反馈量取自于输出电压，所以输出电量为电压，即 $\dot{X}_\mathrm{o} = \dot{U}_\mathrm{o}$；因为是串联反馈，反馈量是以电压的形式在输入回路相加，所以有 $\dot{X}_\mathrm{f} = \dot{U}_\mathrm{f}$，$\dot{X}_\mathrm{i} = \dot{U}_\mathrm{i}$，因此有如下关系

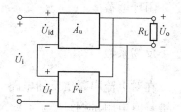

$$开环增益 \qquad \dot{A}_\mathrm{u} = \frac{\dot{U}_\mathrm{o}}{\dot{U}_\mathrm{id}} \qquad (6-13)$$

图 6-7　电压串联负反馈方框图

$$闭环增益 \qquad \dot{A}_\mathrm{uf} = \frac{\dot{U}_\mathrm{o}}{\dot{U}_\mathrm{i}} \qquad (6-14)$$

在这里增益是电压放大倍数，脚标 u 代表分子输出电压、分母输入电压，是电压和电压的比，没有量纲。

$$反馈系数 \qquad \dot{F}_\mathrm{u} = \frac{\dot{U}_\mathrm{f}}{\dot{U}_\mathrm{o}}$$

在对电压串联负反馈放大电路分析中，增益常用电压增益来表示，增益和反馈系数都是没有量纲的参数。

2. 电压并联负反馈

电压并联负反馈的方框图如图 6-8 所示。

因为是电压反馈，反馈量取自于输出电压，所以输出电量为电压，即 $\dot{X}_\mathrm{o} = \dot{U}_\mathrm{o}$；因为是并联反馈，反馈量是以电流的形式在输入回路与输入电流相叠加，所以有 $\dot{X}_\mathrm{f} = \dot{I}_\mathrm{f}$，$\dot{X}_\mathrm{i} = \dot{I}_\mathrm{i}$，因此有如下关系

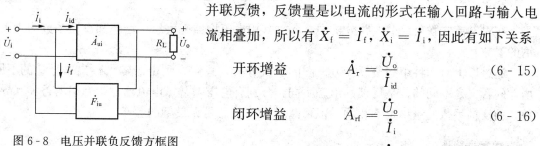

$$开环增益 \qquad \dot{A}_\mathrm{r} = \frac{\dot{U}_\mathrm{o}}{\dot{I}_\mathrm{id}} \qquad (6-15)$$

$$闭环增益 \qquad \dot{A}_\mathrm{rf} = \frac{\dot{U}_\mathrm{o}}{\dot{I}_\mathrm{i}} \qquad (6-16)$$

图 6-8　电压并联负反馈方框图

$$反馈系数 \qquad \dot{F}_\mathrm{g} = \frac{\dot{I}_\mathrm{f}}{\dot{U}_\mathrm{o}} \qquad (6-17)$$

在对电压并联负反馈电路分析中，增益常用互阻增益来表示，它具有电阻量纲，而反馈系数具有导纳量纲。

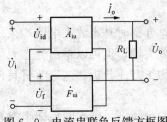

图 6-9　电流串联负反馈方框图

3. 电流串联负反馈

电流串联负反馈的方框图如图 6-9 所示。

因为是电流反馈，反馈量取自于输出电流，所以输出电量为电流，即 $\dot{X}_o = \dot{I}_o$；因为是串联反馈，反馈量是以电压的形式在输入回路相加，所以有 $\dot{X}_f = \dot{U}_f$，$\dot{X}_i = \dot{U}_i$，因此有如下关系

开环增益
$$\dot{A}_g = \frac{\dot{I}_o}{\dot{U}_{id}} \tag{6-18}$$

闭环增益
$$\dot{A}_{gf} = \frac{\dot{I}_o}{\dot{U}_i} \tag{6-19}$$

反馈系数
$$\dot{F}_r = \frac{\dot{U}_f}{\dot{I}_o} \tag{6-20}$$

在对电流串联负反馈电路分析中，增益常用互导增益来表示，它具有导纳量纲，而反馈系数具有电阻量纲。

4. 电流并联负反馈

电流并联负反馈的方框图如图 6-10 所示。

因为是电流反馈，反馈量取自于输出电流，所以输出电量为电流，即 $\dot{X}_o = \dot{I}_o$；因为是并联反馈，反馈量是以电流的形式在输入回路与输入电流相叠加，所以有 $\dot{X}_f = \dot{I}_f$，$\dot{X}_i = \dot{I}_i$，因此有如下关系

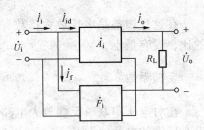

图 6-10　电流并联负反馈方框图

开环增益
$$\dot{A}_i = \frac{\dot{I}_o}{\dot{I}_{id}} \tag{6-21}$$

闭环增益
$$\dot{A}_{if} = \frac{\dot{I}_o}{\dot{I}_i} \tag{6-22}$$

反馈系数
$$\dot{F}_i = \frac{\dot{I}_f}{\dot{I}_o} \tag{6-23}$$

在对电流并联负反馈电路分析中，增益常用电流增益来表示，增益和反馈系数均为无量纲的参数。

通过以上对四种组态负反馈方框图的一般分析，我们看到由于输入输出信号量的不同，增益的含义是不同的，是反馈的组态不同，分别有电压增益、电流增益、互组增益和互导增益，而反馈系数的量纲也不相同，但环路增益 $\dot{A}\dot{F}$ 总是无量纲的。

复习要点

（1）什么是反馈放大电路的环路增益？什么是反馈放大电路的反馈深度？

（2）如何用反馈深度定义正反馈和负反馈？

（3）四种组态负反馈放大电路的增益分别用什么增益去表达？

6.3　深度负反馈放大电路增益的估算

6.3.1　深度负反馈的定义

对于负反馈放大电路，若满足条件 $|1+\dot{A}\dot{F}|\gg 1$，则称该电路属于深度负反馈。对于深度负反馈放大电路，反馈的一般表达式可简化

$$\dot{A}_{\mathrm{f}}=\frac{\dot{A}}{1+\dot{A}\dot{F}}\approx\frac{\dot{A}}{\dot{A}\dot{F}}=\frac{1}{\dot{F}} \tag{6-24}$$

因为 $\dot{A}_{\mathrm{f}}$ 是引入负反馈后的增益，即 $\dot{A}_{\mathrm{f}}=\dfrac{\dot{X}_{\mathrm{o}}}{\dot{X}_{\mathrm{i}}}$，而 $\dot{F}$ 是反馈系数，定义为 $\dot{F}=\dfrac{\dot{X}_{\mathrm{f}}}{\dot{X}_{\mathrm{o}}}$。现在 $\dot{A}_{\mathrm{f}}\approx\dfrac{1}{\dot{F}}=\dfrac{\dot{X}_{\mathrm{o}}}{\dot{X}_{\mathrm{f}}}$，说明在引入深负反馈放大后，有 $\dot{X}_{\mathrm{f}}\approx\dot{X}_{\mathrm{i}}$，可见，在分析深度负反馈放大电路时，可以忽略净输入信号（因为 $\dot{X}_{\mathrm{id}}=\dot{X}_{\mathrm{i}}-\dot{X}_{\mathrm{f}}$），抛开对基本放大电路的分析，而利用反馈系数直接获得电路的闭环增益，使电路分析得以简化。

6.3.2　由运放构成的深度负反馈放大电路增益的估算

对深度负反馈放大电路增益的估算是利用 $\dot{A}_{\mathrm{f}}\approx\dfrac{1}{\dot{F}}$。因此，分析时首先要确定反馈网络，然后再根据定义求出反馈系数，从而获得电路的闭环增益。现将 6.1.1 节由运算放大器构成的四种负反馈放大电路重画于图 6-11，现假定它们都是深度负反馈电路。

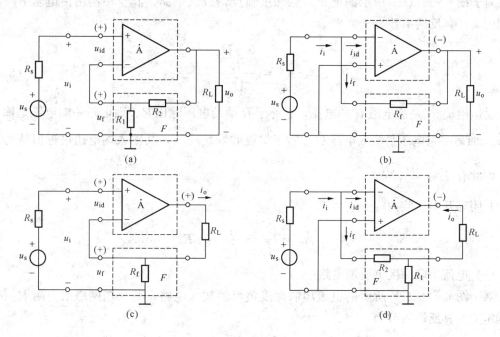

图 6-11　由运算放大器构成的深度负反馈放大电路
(a) 电压串联；(b) 电压并联；(c) 电流串联；(d) 电流并联

（1）电压串联深度负反馈电路

对于图 6 - 11（a）所示的电压串联深度负反馈放大电路，其反馈网络由电阻 R_1 和 R_2 构成，根据定义，其反馈系数为

$$\dot{F}_u = \frac{\dot{U}_f}{\dot{U}_o} = \frac{R_1}{R_1 + R_2} \tag{6-25}$$

其闭环电压增益为

$$\dot{A}_{uf} \approx \frac{1}{\dot{F}_u} = \frac{R_1 + R_2}{R_1} = 1 + \frac{R_2}{R_1} \tag{6-26}$$

若在图 6 - 11（a）所示的电路中，取 $R_1 = \infty$，$R_2 = 0$，即令 R_1 支路开路，R_2 支路短路，则电路如图 6 - 12 所示。

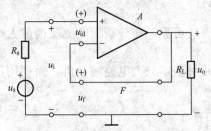

根据反馈电路结构，其输出电压全部引回输入回路，即 $\dot{U}_f = \dot{U}_o$，因此其反馈系数为

$$\dot{F}_u = \frac{\dot{U}_f}{\dot{U}_o} = 1$$

其闭环电压增益

$$\dot{A}_{uf} \approx \frac{1}{\dot{F}_u} = 1$$

图 6 - 12　电压全反馈电路

由于其电压增益等于 1，所以此电路是由运放构成的电压跟随器。

（2）电压并联深度负反馈电路

对于图 6 - 11（b）所示的电压并联深度负反馈放大电路，其反馈网络由电阻 R_f 构成，根据定义，其反馈系数为

$$\dot{F}_g = \frac{\dot{I}_F}{\dot{U}_o} = \frac{\dfrac{0 - \dot{U}_o}{R}}{\dot{U}_o} = -\frac{1}{R} \tag{6-27}$$

反馈电流 $\dot{I}_f$ 是流电阻 R 的电流，它等于 R 两端电压除以 R。而电阻一端电压是输出电压 $\dot{U}_o$，而另一端电压是输入电压 $\dot{U}_i$。对于深度并联负反馈，其输入端电压可近似认为等于零，因此有 $\dot{I}_f = \dfrac{0 - \dot{U}_o}{R}$。

其闭环互阻增益为

$$\dot{A}_{rf} = \frac{\dot{U}_o}{\dot{I}_i} \approx \frac{1}{\dot{F}_g} = -R \tag{6-28}$$

（3）电流串联深度负反馈电路

对于图 6 - 11（c）所示的电流串联深度负反馈放大电路，其反馈网络由电阻 R_1 构成，根据定义，其反馈系数为

$$\dot{F}_r = \frac{\dot{U}_f}{\dot{I}_o} = \frac{\dot{I}_o R_1}{\dot{I}_o} = R_1 \tag{6-29}$$

其闭环互导增益为

$$\dot{A}_{gf} = \frac{\dot{I}_o}{\dot{U}_i} \approx \frac{1}{\dot{F}_r} = \frac{1}{R_1} \qquad (6\text{-}30)$$

（4）电流并联深度负反馈电路

对于图 6-11（d）所示的电流并联深度负反馈放大电路，其反馈网络由电阻 R_1 和 R_2 构成，根据定义，其反馈系数为

$$\dot{F}_i = \frac{\dot{I}_f}{\dot{I}_o} = -\frac{R_2}{R_1 + R_2} \qquad (6\text{-}31)$$

反馈电流 $\dot{I}_f$ 在深度负反馈条件下（输入端电压可近似为零），是输出电流 $\dot{I}_o$ 的分流，由于 $\dot{I}_f$ 与 $\dot{I}_o$ 的规定正方向不同，所以在公式中出现负号，即

$$\dot{I}_f = -\frac{R_2}{R_1 + R_2} \times \dot{I}_o \qquad (6\text{-}32)$$

其闭环电流增益为

$$\dot{A}_{if} = \frac{\dot{I}_o}{\dot{I}_1} \approx \frac{1}{\dot{F}_i} = -\frac{R_1 + R_2}{R_2} \qquad (6\text{-}33)$$

6.3.3 由分立元件 BJT 构成的深度负反馈放大电路增益的估算

前面讨论的负反馈放大电路，其基本放大电路都是由运算放大器构成，由电路其他部分构成了反馈网络，反馈网络相对比较独立，容易识别。但如果是由分立元件构成的负反馈放大电路，反馈网络和放大电路混在一起，不容易确定，分析起来相对要困难一些，下面用几个典型电路分别进行讨论。

1. 电压串联负反馈放大电路

放大电路如图 6-13 所示。首先要判别该电路是否存在反馈，若存在反馈，是直流反馈还是交流反馈，是正反馈还是负反馈，最后确定反馈的组态。

判断电路中是否存在反馈，通常要看电路中是否有元件连接电路的输出和输入回路，这是存在反馈的必要条件。在图 6-13 中，电阻 R 一端连到了放大电路的输出回路，而另一端连接到了放大电路的输入回路，因此，这个电路存在着反馈。由于电阻 R 既能把输出回路的交流量，同时

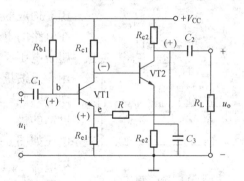

图 6-13　BJT 电压串联负反馈放大电路

也能把直流量引回到输入回路，所以这个电路既存在着交流反馈，也存在着直流反馈。对交流反馈要对它进行组态判别。电阻 R 由于直接连到了电压输出端，通过它在电阻 R_{e1} 上产生了一个电压，这个电压串联到了放大电路的输入回路中，与 BJT 的发射结电压串联相加。按照前面的讨论，电阻 R 和电阻 R_{e1} 构成了该电路的反馈网络，它把输出电压的一部分引回到输入回路，对输入回路的输入量产生了影响，所以它属于电压串联反馈。

这个反馈是否属于负反馈，还要看反馈网络引回来的反馈量是削弱了净输入量，还是加强了净输入量，前者属于负反馈，后者属于正反馈。这要通过瞬时极性法来进行正确判断。

因为是串联反馈，反馈量是以电压形式出现，$\dot{U}_o$ 在电阻 R_{e1} 上产生的电压就是反馈电压

$\dot{U}_{\mathrm{f}}$。在 BJT 放大电路中，加到其基极和发射极间的信号电压是电路的净输入电压，即 $\dot{U}_{\mathrm{ID}} = \dot{U}_{\mathrm{be}}$。因此在输入回路有

$$\dot{U}_{\mathrm{i}} = \dot{U}_{\mathrm{be}} + \dot{U}_{\mathrm{f}}$$

当在 VT1 的基极加正极性信号时，在电路各节点产生的瞬时极性如图 6-13 所示。由于引回的电压 $\dot{U}_{\mathrm{F}}$ 的极性如图 6-13 所示，在信号 $\dot{U}_{\mathrm{i}}$ 保持恒定时，当 $\dot{U}_{\mathrm{f}}$ 增加必然引起净输入量 $\dot{U}_{\mathrm{be}}$ 的减小，即反馈削弱了电路的净输入，使得电路的增益下降，所以引入的反馈为负反馈。

现在假定引入的反馈属于深度负反馈，利用深度负反馈的增益估算公式求电路的闭环电压增益。

首先求电路的反馈网络的反馈系数。根据前面的分析，是由 R 和 R_{e1} 组成了反馈网络，根据定义

$$\dot{F}_{\mathrm{u}} = \frac{\dot{U}_{\mathrm{f}}}{\dot{U}_{\mathrm{o}}} = \frac{R_{\mathrm{e1}}}{R_{\mathrm{e1}} + R} \tag{6-34}$$

则闭环电压增益

$$\dot{A}_{\mathrm{uf}} \approx \frac{1}{\dot{F}_{\mathrm{u}}} = \frac{R_{\mathrm{e1}} + R}{R_{\mathrm{e1}}} = 1 + \frac{R}{R_{\mathrm{e1}}} \tag{6-35}$$

2. 电压并联负反馈放大电路

对于图 6-14 所示的放大电路，电阻 R 一端连到了电路的输出回路（BJT 的集电极），另一端连到了电路的输入回路（BJT 的基极），因此 R 是反馈元件，它组成了反馈网络，给 BJT 构成的单管放大电路引入了反馈。由于 R 的一端直接连在电路的电压输出端，反馈网络的输入取自于输出电压，它属于电压反馈。电阻 R 在输入回路，对输入信号是起分流作用，反馈量是以电流的形式与输入电流叠加，它属于并联反馈，因此，电路的组态是电压并联反馈。用瞬时极性法判断反馈的极性。在输入信号的作用下，各支路瞬时电流和节点电压如图 6-14 所示。对于 BJT 构成的并联反馈放大电路，基极电流 $\dot{I}_{\mathrm{b}}$ 是电路的净输入信号，当反馈电流 $\dot{I}_{\mathrm{f}}$ 增加时，净输入电流 $\dot{I}_{\mathrm{b}}$ 将减小，即反馈量削弱了净输入量，因此，引入的反馈属于负反馈，即该电路引入了电压并联负反馈。

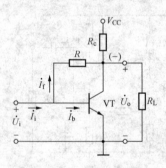

图 6-14　BJT 电压并联
负反馈放大电路

现在假定引入的反馈属于深度负反馈，利用深度负反馈的增益估算公式求电路的闭环增益。

首先求电路的反馈网络的反馈系数。根据前面的分析，是由 R 组成了反馈网络，根据定义，反馈系数为

$$\dot{F}_{\mathrm{g}} = \frac{\dot{I}_{\mathrm{f}}}{\dot{U}_{\mathrm{o}}} = \frac{\dfrac{0 - \dot{U}_{\mathrm{o}}}{R}}{\dot{U}_{\mathrm{o}}} = -\frac{1}{R} \tag{6-36}$$

则闭环互阻增益为

$$\dot{A}_{\mathrm{rf}} = \frac{\dot{U}_{\mathrm{o}}}{\dot{I}_{\mathrm{i}}} \approx \frac{1}{\dot{F}_{\mathrm{g}}} = -R \tag{6-37}$$

3. 电流串联负反馈放大电路

对于图 6-15 所示电路就是在第 2 章介绍的分压式射极偏置电路，当时主要讨论的是这种结构的电路能使静态工作点稳定。实质上这个电路是通过引入直流负反馈来稳定静态工作点的。这个电路也同样存在着交流负反馈，不过电路中并没有一个明显的元件，像前面介绍的那样一端连电路的输入端，另一端连电路的输出端。在这

个电路中，是通过电阻 R_{e} 的耦合作用，实现反馈的。因为电阻 R_{e} 既在电路的输入回路中（基极、发射极），又在电路的输出回路中（集电极、发射极），输出量的变化通过它耦合到输入回路，对净输入量进行调整。这里净输入量仍然是 BJT 的基极、发射极间电压 $\dot{U}_{\mathrm{be}}$，而反馈量是输出电流 $\dot{I}_{\mathrm{o}}$。在电阻 R_{e} 上产生的电压 $\dot{U}_{\mathrm{f}}$，在 $\dot{U}_{\mathrm{i}}$ 恒定的条件下，当 $\dot{U}_{\mathrm{f}}$ 增加时，净输入量将减小，即反馈量削弱了净输入量，所以该电路属于电流串联负反馈。

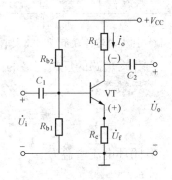

图 6-15　BJT 电流串联
负反馈放大电路

现在假定引入的反馈属于深度负反馈，利用深度负反馈的增益估算公式求电路的闭环增益。

首先求电路的反馈网络的反馈系数。根据前面的分析，是由 R_{e} 组成了反馈网络，根据定义，反馈系数为

$$\dot{F}_{\mathrm{r}} = \frac{\dot{U}_{\mathrm{f}}}{\dot{I}_{\mathrm{o}}} = \frac{\dot{I}_{\mathrm{o}} R_{\mathrm{e}}}{\dot{I}_{\mathrm{o}}} = R_{\mathrm{e}} \tag{6-38}$$

其闭环互导增益为

$$\dot{A}_{\mathrm{gf}} = \frac{\dot{I}_{\mathrm{o}}}{\dot{U}_{\mathrm{i}}} \approx \frac{1}{\dot{F}_{\mathrm{r}}} = \frac{1}{R_{\mathrm{e}}} \tag{6-39}$$

下面对这个闭环互导增益做一个讨论。

为了获得这个电路的电压增益，式（6-39）可改写为

$$\dot{A}_{\mathrm{uf}} = \frac{\dot{U}_{\mathrm{o}}}{\dot{U}_{\mathrm{i}}} \approx -\frac{\dot{I}_{\mathrm{o}} R_{\mathrm{L}}}{\dot{I}_{\mathrm{o}} R_{\mathrm{e}}} = -\frac{R_{\mathrm{L}}}{R_{\mathrm{e}}} \tag{6-40}$$

在第 2 章中，我们利用小信号等效电路求得的该电路电压放大倍数为

$$\dot{A}_{\mathrm{u}} = \frac{\dot{U}_{\mathrm{o}}}{\dot{U}_{\mathrm{i}}} = -\frac{\beta R_{\mathrm{L}}}{r_{\mathrm{be}} + (1+\beta) R_{\mathrm{e}}} \tag{6-41}$$

当 BJT 满足 $(1+\beta) R_{\mathrm{e}} \gg r_{\mathrm{be}}$，则有

$$\dot{A}_{\mathrm{u}} = -\frac{\beta R_{\mathrm{L}}}{r_{\mathrm{be}} + (1+\beta) R_{\mathrm{e}}} \approx -\frac{\beta R_{\mathrm{L}}}{(1+\beta) R_{\mathrm{e}}} \approx -\frac{R_{\mathrm{L}}}{R_{\mathrm{e}}} \tag{6-42}$$

这个结果和利用深负反馈放大电路的分析方法结论是一致的。

4. 电流并联负反馈放大电路

在电路中电阻 R 连接了放大电路的输入和输出回路，它和 R_{e} 一起构成了反馈网络。当

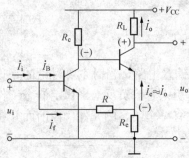

图 6-16　电流并联负反馈放大电路

在输入端加信号后，电路中各节点电位的瞬时极性和瞬时电流方向如图 6-16 所示。输出电流 $\dot{I}_o$ 的变化引起了输入回路电流 $\dot{I}_f$ 变化，当 $\dot{I}_o$ 增加，e 点电位下降，$\dot{I}_f$ 增加。在 $\dot{I}_i$ 恒定的条件下，反馈电流 $\dot{I}_f$ 的增加，使得流入 BJT 基极的电流 $\dot{I}_b$ 减小，因此，该电路是属于电流并联负反馈放大电路。

现在假定引入的反馈属于深度负反馈，利用深度负反馈的增益估算公式求电路的闭环电压增益。

首先求电路的反馈网络的反馈系数。根据前面的分析，反馈网络由 R 和 R_e 组成，根据定义，反馈系数为

$$\dot{F}_i = \frac{\dot{I}_f}{\dot{I}_o} = \frac{R_e}{R + R_e} \tag{6-43}$$

其闭环电流增益为

$$\dot{A}_{if} = \frac{\dot{I}_o}{\dot{I}_I} \approx \frac{1}{\dot{F}_i} = \frac{R + R_e}{R_e} \tag{6-44}$$

【例 6-1】　负反馈放大电路如图 6-17 所示。试分析：

（1）电路中引入了哪种组态的交流负反馈？

（2）所引入的反馈属于正反馈还是负反馈？

（3）若电路属于深度负反馈放大电路，计算电路的电压增益。

解　（1）首先，通过电阻 R_1 和 R_2 组成的反馈网络把输出电压的一部分引回到了输入回路（反馈网络直接连到了电压输出端 u_o），反馈电压 u_f 是输出电压 u_o 在电阻 R_2 上产生的电压。因此，电路引入的是电压反馈。另外，反馈量是以电压的形式串联叠加到输入回路（$u_i \rightarrow u_{be1} \rightarrow u_{be2}$

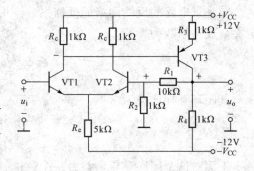

图 6-17　[例 6-1] 图

$\rightarrow u_f \rightarrow$ 公共端）因此，电路引入的是串联反馈。故交流反馈属于电压串联反馈。

（2）用瞬时极性法判断引入的反馈是正反馈还是负反馈。在假设输入电压 u_1 对地为"＋"的情况下，电路中各点上的电位如图 6-17 中所标注，在电阻 R_2 上获得反馈电压 u_f。u_f 使差分放大电路的净输入电压（即 VT1 管和 VT2 管的 u_{be1}、u_{be2}）变小，故电路中引入了负反馈。

可见，该电路中引入了电压串联负反馈。

（3）利用深负反馈放大电路的增益估算公式计算电路增益。电压串联负反馈的反馈系数为

$$\dot{F}_u = \frac{\dot{U}_f}{\dot{U}_o} = \frac{R_2}{R_1 + R_2} \tag{6-45}$$

负反馈放大电路放大电路的电压增益为

$$\dot{A}_{uf} \approx \frac{1}{\dot{F}_u} = \frac{R_1 + R_2}{R_2} = \frac{1 + 10}{1} = 11 \qquad (6 - 46)$$

复习要点

(1) 满足什么样条件的负反馈放大电路称为深度负反馈?

(2) 深度负反馈的增益在估算时仅仅取决于电路中的哪一个参数?

6.4 负反馈对放大电路性能的影响

放大电路引入负反馈后,从多方面影响了电路的性能。

6.4.1 改变电路的输入输出电阻

1. 串联反馈提高输入电阻

如果给放大电路引入串联负反馈,它将提高放大电路的输入电阻。这可以从图 6-18 所示输入电阻的测试电路来解释。

图 6-18 (a) 没有引入负反馈的电路输入端加入测试电压 $\dot{U}_i$,设流入电流为 $\dot{I}_i$,则电路的输入电阻为 $R_i = \dfrac{\dot{U}_i}{\dot{I}_i}$。$R_i$ 称为开环输入电阻。当引入串联负反馈如图 6-18 (b) 所示,此时由于负反馈电压 $\dot{U}_f$ 的作用,外加测试电压 $\dot{U}_i$ 不变的条件下,流入电路的电流 $\dot{I}_i'$ 将减小,因此电路的输入电阻 $R_{if} = \dfrac{\dot{U}_i}{\dot{I}_i'}$ 将增加,即 $R_{if} > R_i$。

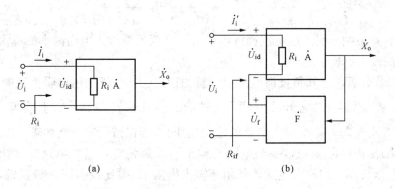

(a)   (b)

图 6-18 串联负反馈提高输入电阻的测试电路

(a) 没有引入负反馈;(b) 引入串联负反馈

R_{if} 的增加与反馈深度有关,因为,对于图 6-18 (b) 所示电路有:

$$R_{if} = \frac{\dot{U}_i}{\dot{I}_i'} = \frac{\dot{U}_{id} + \dot{U}_f}{\dot{I}_i'} = \frac{\dot{U}_{id} + \dot{A}\dot{F}\dot{U}_{id}}{\dot{I}_i'} = (1 + \dot{A}\dot{F})\frac{\dot{U}_{id}}{\dot{I}_i'} = (1 + \dot{A}\dot{F})R_i \qquad (6 - 47)$$

上式说明,引入的负反馈深度越大,串联反馈输入电阻提高得越多。但是,输入电阻的提高通常要受到反馈环外的电阻(如偏置电阻)的限制。

2. 并联负反馈减小输入电阻

如果给放大电路引入并联负反馈，它将降低放大电路的输入电阻。这可以从图 6‑19 所示输入电阻的测试电路来解释。

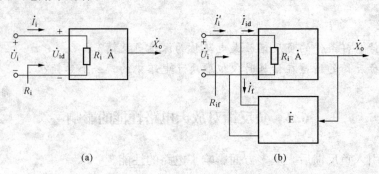

图 6‑19　并联负反馈减小输入电阻的测试电路
(a) 没有引入负反馈；(b) 引入并联负反馈

同样，图 6‑19（a）是没有引入反馈的输入电阻测试电路，输入电阻 $R_i = \dfrac{\dot U_i}{\dot I_i}$。图 6‑19

（b）是引入并联负反馈以后，输入电阻的测试电路，输入电阻 $R_{if} = \dfrac{\dot U_i}{\dot I_i'}$。测试时，外加同一

信号测试电压 $\dot U_i$，对于图 6‑19（b）所示引入并联负反馈后，反馈量 $\dot I_f$ 的加入，必然使测

试电流 $\dot I_i'$ 增大，即 $\dot I_i' > \dot I_i$，因此有 $R_{if} < R_i$。R_{if} 的减小与反馈深度有关，因为，对于图 6‑19

（b）所示电路有

$$R_{if} = \frac{\dot U_i}{\dot I_i'} = \frac{\dot U_i}{\dot I_{id} + \dot I_f} = \frac{\dot U_i}{\dot I_{id} + \dot A \dot F \dot I_{id}} = \frac{1}{1 + \dot A \dot F} \frac{\dot U_i}{\dot I_{id}} = \frac{1}{1 + \dot A \dot F} R_i \qquad (6\text{-}48)$$

式（6‑48）说明，引入的负反馈深度越大，并联反馈输入电阻减小的越多。

3. 电压反馈减小输出电阻

从 6.4.1 节分析，已知负反馈能维持增益的稳定性，对于电压串联负反馈，能维持闭环电压增益 $\dot A_{uf}$ 基本恒定，对于电压并联负反馈能维持闭环互阻增益 $\dot A_{rf}$ 基本恒定。这就是说，当输入电压 $\dot U_i$ 或电流 $\dot I_i$ 不变时，电路的输出电压 $\dot U_o$ 会保持恒定（例如输出电压不会随负载的变化而变化）。由电路知识，一个电路的输出电压越稳定，这个电路的输出电阻就越小，因此，引入电压负反馈的放大电路，其闭环输出电阻 R_{of} 要比没有引入负反馈的放大电路的开环输出电阻 R_o 要小，它们之间满足

$$R_{of} = \frac{1}{1 + \dot A \dot F} R_o \qquad (6\text{-}49)$$

式（6‑49）表明，电压负反馈引入反馈深度越大，输出电阻就越小。对于深电压负反馈放大电路，工程分析时，可认为其输出电阻等于零。

4. 电流反馈提高输出电阻

对于电流负反馈能维持输出电流的基本恒定，这就是说，当输入电压 $\dot U_i$ 或电流 $\dot I_i$ 不变时，电路的输出电流 $\dot I_o$ 会保持恒定（例如输出电压不会随负载的变化而变化）。由电路知

识，一个电路的输出电流越稳定，这个电路的输出电阻就越大，因此，引入电流负反馈的放大电路，其闭环输出电阻 R_{of} 要比没有引入负反馈的放大电路的开环输出电阻 R_o 要大，它们之间满足

$$R_{of} = (1 + \dot{A}\dot{F})R_o \tag{6-50}$$

式（6-50）表明，电流负反馈引入的反馈深度越大，输出电阻就越大。但是输出电阻的提高要受到反馈环之外的电阻的限制。

6.4.2 提高增益的稳定性

由于各种原因，例如环境温度的变化、器件的老化和更换，以及负载的变化，都能导致放大电路的增益发生改变。这是设计者不愿发生的问题，设计者希望放大电路的增益在各种条件下，应具有很好的一致性。引入负反馈后，特别是引入深负反馈后，放大电路的增益一般表达式

$$\dot{A}_f = \frac{\dot{A}}{1 + \dot{A}\dot{F}} \approx \frac{1}{\dot{F}} \tag{6-51}$$

式（6-51）说明，引入深度负反馈后，放大电路的增益只取决于反馈网络，而与基本放大电路没有关系。反馈网络一般是由一些性能比较稳定无源器件，如电阻所组成。它的参数基本不受外界条件的变化所影响，因此，由它所决定的增益是比较稳定的。为了定量说明增益稳定性的提高，可以将上式对 A 求导数得

$$\frac{\mathrm{d}A_f}{\mathrm{d}A} = \frac{(1+AF) - AF}{(1+AF)^2} = \frac{1}{(1+AF)^2}$$

将 $\mathrm{d}A$ 移到等式右侧，得

$$\mathrm{d}A_f = \frac{\mathrm{d}A}{(1+AF)^2}$$

将上式两边分别除以 $A_f = \dfrac{A}{1+AF}$，得

$$\frac{\mathrm{d}A_f}{A_f} = \frac{1}{1+AF}\frac{\mathrm{d}A}{A} \tag{6-52}$$

式中，$\dfrac{\mathrm{d}A}{A}$ 是电路无反馈时增益的相对变化量，而 $\dfrac{\mathrm{d}A_f}{A_f}$ 是电路引入反馈后的增益变化量。式（6-52）说明，引入负反馈后，增益 A_f 的相对变化量为未引入反馈时增益 A 的相对变化量的 $\dfrac{1}{1+AF}$，即增益的稳定性提高了，而且引入的负反馈越深，电路的增益稳定性越好。如某一放大电路在没有引入反馈时，其电路增益 $A=1000$，由于外界环境的变化，使增益变化了 10%，当引入反馈系数 $F=0.099$ 的负反馈后，其增益的相对变化量为

$$\frac{\mathrm{d}A_f}{A_f} = \frac{1}{1+AF}\frac{\mathrm{d}A}{A} = \frac{1}{1+1000 \times 0.099} \times 10\% = 0.1\%$$

即引入负反馈后，增益的相对变化由 10% 降到 0.1%。

6.4.3 展宽通频带

在引入负反馈后，各种原因引起的增益的变化都将减小，其中也包括因信号频率的变化引起的增益的变化。在低频区，使增益随信号频率的降低而下降的过程减缓，在高频区，同样使增益随信号频率的增高而下降的过程减缓，其结果是引入负反馈后，展宽了通频带。

将放大电路在高频区增益的频率特性代入负反馈放大电路增益的一般表达式可得到结论

$$f_H = (1 + \dot{A}_m \dot{F}) f_H \qquad (6 - 53)$$

式中 f_H 为没有引入反馈放大电路的上限频率，而 f_{Hf} 为引入反馈后的上限频率，式（6-53）表明，引入负反馈后，放大电路的上限频率增大了 $(1 + \dot{A}\dot{F})$ 倍。同理，将放大电路在低频区增益的频率特性代入负反馈放大电路增益的一般表达式可得到结论

$$f_{Lf} = \frac{f_L}{1 + \dot{A}_m \dot{F}} \qquad (6 - 54)$$

即引入负反馈后，放大电路的下限频率降低了 $1 + \dot{A}\dot{F}$ 倍。

在一般情况下，由于 $f_H \gg f_L$，$BW \approx f_H$，$f_{Hf} \gg f_{Lf}$，$BW_f \approx f_{Hf}$

因此

$$BW_f = (1 + \dot{A}\dot{F})BW \qquad (6 - 55)$$

即引入负反馈后，放大电路的通频带增加了 $1 + \dot{A}\dot{F}$ 倍。

【例 6-2】 由运放组成的电压串联负反馈放大电路如图 6-11（a）所示，已知运放中频时的开环差模电压增益 $\dot{A}_{od} = 10^6$，上限频率 $f_H = 7$ Hz，下限频率 $f_L = 0$。引入负反馈后，电压增益为 $\dot{A}_{vf} = 10^2$，试求：

（1）引入的反馈深度；

（2）负反馈放大电路的通频带。

解 （1）反馈深度 $1 + \dot{A}\dot{F} = \dfrac{\dot{A}_{od}}{\dot{A}_{vf}} = \dfrac{10^6}{10^2} = 10^4$

（2）通频带 $BW_f = (1 + \dot{A}\dot{F}) \times BW = 10^4 \times 7 = 70$（kHz）

6.4.4 减小非线性失真

在放大电路中，若输入信号为幅值较大的正弦波（如多级放大电路的输出级）时，由于半导体器件（BJT 或 FET）的非线性伏安特性，输出波形将畸变产生谐波，导致非线性失真。引入负反馈后，可以抑制谐波的产生，减少非线性失真。若用 X_0 表示没有引入反馈时，放大电路输出波形中的谐波成分，用 X_0' 表示引入负反馈后，放大电路输出波形中的谐波成分，则有

$$X_0' = \frac{X_0'}{1 + AF} \qquad (6 - 56)$$

式（6-56）表明，在输出基波幅值不变的情况下，引入负反馈的放大电路输出波形中的谐波成分是没有引入负反馈的 $\dfrac{1}{1 + AF}$。

6.4.5 放大电路中引入负反馈的一些原则

通过本章的分析可知，引入负反馈后对放大电路的性能有多方面的影响，其影响程度均与反馈深度 $1 + AF$ 有关。通常引入反馈深度越大，对于电路性能的影响越大，如增益稳定性的提高，通频带的展宽，非线性失真的减小，输入电阻的增加和输出电阻的减小。但是，反馈深度越大，对电路的增益衰减也越大，所以负反馈是以牺牲增益为代价来换取电路性能的改善。因此，应选用高增益的放大电路，如集成运算放大器。同时，对反馈电路中反馈系数的选取也应该根据实际要求而确定。另外，引入的负反馈不同对电路的性能影响也不相

同，而且为了使负反馈对电路性能提高有明显的作用，对不同的信号源和不同的负载也都有不同的要求，所以在设计负反馈放大电路时，应根据需要和目的，引入合适的负反馈，以下是设计中应掌握的一些原则。

（1）当信号源是恒压源或内阻较小的电压源时，应引入串联负反馈，而当信号源为恒流源或内阻较大的电压源时，应引入并联负反馈。这样，才能使引入的负反馈的调节作用得到充分发挥。

（2）当负载需要稳定的电压信号时，应引入电压负反馈，当负载需要稳定的电流信号时，应引入电流负反馈。

（3）当为了提高电路输入电阻时，应引入串联负反馈，当为了降低电路的输出电阻时，应引入电压负反馈。

（4）若需要将电流信号转换成电压信号时，应在放大电路引入电压并联负反馈，若需在将电压信号转换为电流信号时，应在放大电路中引入电流串联负反馈。

（5）为了稳定电路的静态工作点，应引入直流负反馈。

✒ **复习要点**

（1）引入何种负反馈可以提高电路的输入电阻？引入何种反馈可以降低电路的输出电阻？

（2）要稳定输出电压，应该引入电压负反馈还是电流负反馈？要稳定输出电流，应该引入电压负反馈还是电流负反馈？

（3）为了提高串联负反馈的作用，要求信号源是电压源还是电流源，为了提高并联负反馈的作用，要求信号源是电压源还是电流源？

6.5　负反馈放大电路的稳定性

在 6.2 节提到，当反馈放大电路中的反馈深度 $|1+\dot{A}\dot{F}|=0$，即 $\dot{A}\dot{F}=-1$ 时，则电路增益 $\dot{A}_{\mathrm{f}} \to \infty$，这就是说，当放大电路没有输入信号时，也存在输出信号，这种现象称为放大电路的自激振荡。若负反馈放大电路发生了自激振荡，将失去对信号的正常放大作用，此时，称负反馈放大电路缺失了稳定性。

6.5.1　负反馈放大电路产生自激振荡的原因

负反馈放大电路的设计，是假定其工作在中频区，没有考虑电抗元件对放大电路的影响。从电路结构设计上，使开环电路增益 $\dot{A}$ 的相移 φ_{a} 和反馈电路反馈系数的相移 φ_{f} 之和 φ（也称环路相移）为

$$\varphi = \varphi_{\mathrm{a}} + \varphi_{\mathrm{f}} = 2n \times 180°, \quad n = 0, 1, 2, \cdots$$

φ 为负反馈放大电路结构所引起的相移，称为电路固有相移。在中频区，$\varphi = \varphi_{\mathrm{a}} + \varphi_{\mathrm{f}} = 2n \times 180°$，$n = 0, 1, 2, \cdots$，意味着电路的反馈信号 $\dot{X}_{\mathrm{f}}$ 和输入信号 $\dot{X}_{\mathrm{i}}$ 相位相同，因此有放大电路的净输入信号 $\dot{X}_{\mathrm{id}}$ 是输入信号 $\dot{X}_{\mathrm{i}}$ 和反馈信号 $\dot{X}_{\mathrm{f}}$ 的代数差，净输入信号将比没有反馈时的信号将减少。

但是，当输入信号脱离中频区，进入低频区和高频区，电路中的电抗元件的作用不能再

被忽略，电路的增益 $\dot{A}$ 和反馈系数 $\dot{F}$ 都成为频率的函数，其幅值和相位都会在原有数值上发生改变。产生的相位变化称为附加相移 $\Delta\varphi$，即

$$\Delta\varphi = \Delta\varphi_{\mathrm{a}} + \Delta\varphi_{\mathrm{f}}$$

当 $\Delta\varphi$ 在某一频率 f_{π} 下达到 $180°$，使得 $\varphi + \Delta\varphi = (2n+1)\times180°$，$n=0, 1, 2, \cdots$，反馈信号与输入信号将由中频区的同相变成反相，在输入回路，它们就由相减变成了相加，使放大电路的净输入信号由中频区的减小而变成了增大，放大电路也就由负反馈变成了正反馈。当正反馈足够强，导致 $|\dot{X}_{\mathrm{f}}| = |\dot{X}_{\mathrm{id}}|$，此时即使在输入端不加输入信号，输出端也会存在频率为 f_{π} 的输出信号，即电路产生的自激振荡，f_{π} 称为负反馈放大电路的自激振荡频率。

由以上分析，负反馈放大电路产生自激振荡的条件是

$$\dot{A}\dot{F} = -1 \qquad\qquad (6\text{-}57)$$

分成幅值条件和相位条件，可表达为

$$|\dot{A}\dot{F}| = 1 \qquad\qquad (6\text{-}58)$$

$$\varphi_{\mathrm{a}} + \varphi_{\mathrm{f}} = \varphi + \Delta\varphi = (2n+1)\times180°, \quad n = 0, 1, 2, \cdots \qquad (6\text{-}59)$$

自激振荡的过程可用图 6-20 表示。当不发生振荡时，电路如图 6-20（a）所示，此时 $\dot{X}_{\mathrm{id}} = \dot{X}_{\mathrm{i}} - \dot{X}_{\mathrm{f}}$。当电路发生振荡时，电路如图 6-20（b）所示，此时 $\dot{X}_{\mathrm{id}} = \dot{X}_{\mathrm{f}}$。

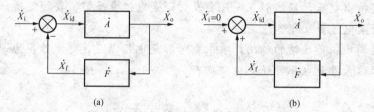

图 6-20　负反馈放大电路的自激振荡示意图
（a）不发生振荡时；（b）发生振荡时

6.5.2　负反馈放大电路的稳定判据

1. 稳定性分析

负反馈放大电路产生自激振荡或形成正反馈都属于不稳定，由产生自激振荡的条件可知，只有在环路增益 $\dot{A}\dot{F}$ 幅值条件和相位条件同时满足，放大电路才有可能进入不稳定状态。

设某两个直接耦合放大电路的环路增益的频率特性如图 6-21 所示。

在图 6-21 中，f_0 是使负反馈放大电路的环路增益 $20\lg|\dot{A}\dot{F}| = 0$，即 $|\dot{A}\dot{F}| = 1$ 所对应的频率，f_{π} 是使负反馈放大电路的环路附加相位移 $|\Delta\varphi| = |\Delta\varphi_{\mathrm{a}} + \Delta\varphi_{\mathrm{f}}| = 180°$ 所对应的频率。通过对 f_0、f_{π} 的相对大小比较，就可以判断该放大电路是否稳定。结论是：

（1）若不存在 f_{π}，即在任何频率下，环路附加相移都不会等于 $180°$，则放大电路稳定，不会产生自激振荡。

（2）若存在 f_{π}，且有 $f_{\pi} > f_0$，即当环路附加相移等于 $180°$ 时，环路增益已经小于 1，则放大电路稳定，不会产生自激振荡，如图 6-22（a）所示。

（3）若存在 f_{π}，且有 $f_{\pi} \leqslant f_0$，即当环路附加相移等于 $180°$ 时，环路增益仍然大于 1，

则放大电路不稳定，会产生自激振荡，如图 6-22（b）所示。

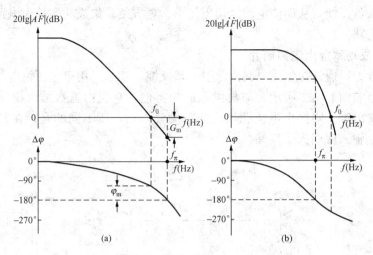

图 6-21 负反馈放大电路稳定性判别

（a）不会产生自激振荡；（b）产生自激振荡

2. 稳定裕度

对于一个稳定的负反馈放大电路，需满足 $f_0 < f_\pi$，为使其稳定具有足够的可靠性，通常还规定电路应具有一定的稳定裕度。稳定裕度包括相位稳定裕度 φ_m 和幅值稳定裕度 G_m。

（1）幅值稳定裕度 G_m

通常定义当 $f = f_\pi$ 时，所对应的 $20\lg|\dot{A}\dot{F}|$ 的值为幅值裕度 G_m，即

$$G_m = 20\lg|\dot{A}\dot{F}|_{f=f_\pi}$$

对于一个稳定的电路，$G_m < 0$，如图 6-21（b）所示。G_m 的绝对值越大，电路就越稳定，通常认为当 $|G_m| \geqslant 10\text{dB}$，电路就具有足够的幅值稳定裕度。

（2）相位稳定裕度 φ_m

通常定义当 $f = f_0$ 时，$|\Delta\varphi|$ 与 $-180°$ 的差值为相位裕度 φ_m，即

$$\varphi_m = 180° - |\Delta\varphi|_{f=f_0} \tag{6-60}$$

稳定的电路 $\varphi_m > 0$，而且 φ_m 值越大，电路越稳定，通常认为当 $\varphi_m > 45°$ 时，放大电路具有足够的相位稳定裕度。

根据以上两个判别条件，负反馈放大电路的稳定判据是

$$G_m \leqslant -10\text{dB}, \quad \varphi_m > 45° \tag{6-61}$$

✎ 复习要点

（1）负反馈放大电路在什么条件下能产生自激振荡。

（2）增益裕度和相位裕度的含义是什么。

6.6 集成负反馈放大器

集成运算放大器是不包含负反馈的多级放大电路。在线性应用时，在运放外电路需要引

入深度负反馈。而集成负反馈放大电路在内部就已经引入了深度负反馈，在做放大电路应用时，无需再引入负反馈，从而使电路应用更简单、更方便。集成功率放大电路是集成负反馈放大器的典型电路。

6.6.1　集成功率放大电路简介

集成功率放大器通常在集成电路内部引入负反馈，某一采用单电源供电的集成功率放大电路的原理电路如图 6-22 所示。与集成运放相类似，它也由三级放大电路组成，即输入级、中间级和输出级，同样由电流源作为静态偏置电路，所不同的是，在其内部通过电阻 R_5，由输出级向输入级引入了反馈。

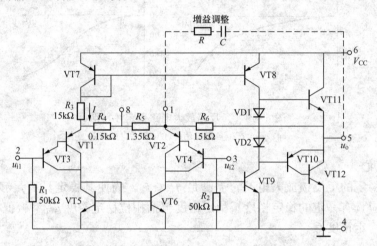

图 6-22　集成功率放大电路

输入级是差分放大电路。VT1 和 VT3、VT2 和 VT4 分别构成 PNP 型复合管作为差分放大电路的放大管，以提高输入 BJT 的电流放大倍数和输入电阻。VT5、VT6 组成镜像电流源作为 VT1、VT2 的有源负载，进一步提高输入级的电压增益。信号从 VT3 和 VT4 的基极输入，从 VT2 管的集电极输出，属于双端输入，单端输出方式。采用电流源作为差分电路的有源负载，可以提高输入级的电压增益，使其单端输出电路的电压增益近似等于双端输出电路的增益。

中间级是由 VT9 管构成的共射放大电路，以 VT7、VT8 组成的恒流源作为有源负载，使中间级的电压放大能力很强。

VT10、VT12 构成了 PNP 型的复合管，与 NPN 管 VT11 以及二极管 VD1 和 VD2 组成单电源甲乙类准互补对称的功率输出电路，准互补输出级可以使输出波形更加对称。

6.6.2　内部负反馈电路的构成

电路内部的交流负反馈是通过电阻 R_4、R_5、R_6 形成的。由于输入级差分放大电路两边对称，对交流信号而言，连接在 VT1、VT2 发射极的电阻 R_4、R_5 的中点相当于参考地电位，其交流等效电路如图 6-23 所示。在等效电路中，输入级只考虑了半边，输出级也只考虑了输出信号正半周的电路。r_{o1} 为由 VT5、VT6 组成的电流源内阻，r_{o2} 为由

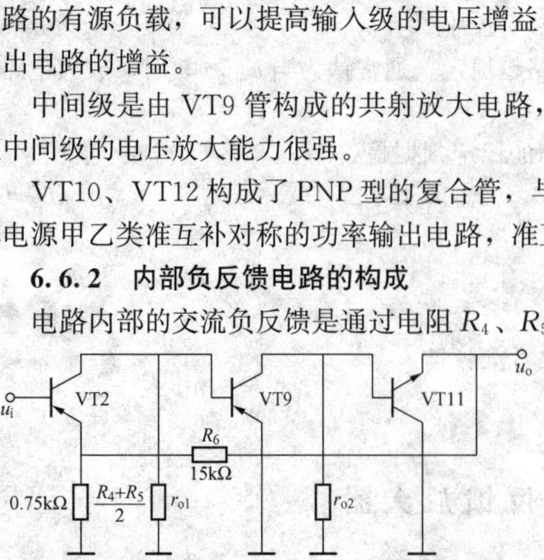

图 6-23　集成功放交流等效电路

VT7、VT8 组成的电流源内阻。通过负反馈组态判别，由 R_4、R_5、R_6 引入的反馈为电压串联负反馈，且反馈系数为

$$F = \frac{u_f}{u_o} = \frac{(R_4 + R_5)/2}{(R_4 + R_5)/2 + R_6}$$

由于输入级和中间级采用电流源作为交流负载，因此，这两级的电压增益很高，使得电路为深负反馈放大电路，其电压增益取决于反馈系数 F，即

$$A_{uf} \approx \frac{1}{F} = 1 + \frac{2R_6}{R_4 + R_5} = 1 + \frac{2 \times 15}{1.5} = 21$$

如图 6-22 所示，在集成功放的引脚 1 和引脚 5 以及在引脚 1 和引脚 8 之间，可以外加由电阻 R 和电容 C 组成的增益调整电路，通过改变电阻 R 值可以改变集成功放的增益。加在引脚 1 和引脚 5 之间的增益调整电路因为是并联在电阻 R_6 上，加强了负反馈，因此它使原增益变小；而加在引脚 1 和引脚 8 之间的增益调整电路使并联在电阻 R_5 上，削弱了负反馈，因此使原增益增大。在增益调整电路里加入电容 C，是利用电容的交流短路，直流断路的特性，来保证引入增益调整电路后，只改变交流反馈系数，而不影响电路的静态工作点。

6.6.3 集成功率放大电路的应用

由于在图 6-22 所示的集成功放电路内引入了深度电压串联负反馈，使得电路的电压增益非常稳定，并提高了电路的输入电阻，降低了输出电阻，展宽了电路的通频带，减小了非线性失真。所以，在使用该电路时，基本不用外接元件，就可以获得很好的放大性能。图 6-24 所示为采用集成功放 LM386 作信号放大的一个基本电路。LM386 是一种音频集成功放，广泛应用于录音机和收音机中，其外形和引脚的排列如图 6-24（b）所示。LM386 的内部电路构成与图 6-22 所示原理电路基本一致。

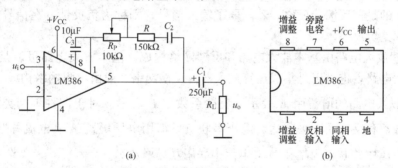

图 6-24 集成功放应用电路

(a) 电路；(b) 外形

在图 6-24（a）电路中，由于是单电源系统，在电路的输出端，电容 C_1 为互补电路输出负半周信号提供电源。电阻 R 和电容 C_2 组成了增益调整电路，调整电阻 R 可以随时改变电路的电压增益。LM386 适用电源电压范围较宽，通常在 $5 \sim 18V$ 范围内均可正常工作，其最大输出功率为 $P_{om} \approx \dfrac{V_{CC}^2}{8R_L}$。当 $V_{CC} = 16V$，$R_L = 32\Omega$ 时，$P_{om} \approx 1W$。

【例 6-3】 电路如图 6-24（a）所示，设集成功放 LM386 内部电路及参数同图 6-22，试求此电路的电压增益调整范围。

解 电路中电容 C_3 将内部电阻 R_5 短路，因此其电路电压增益为

$$A_u \approx 1 + 2 \times \frac{R_6 \mathbin{/\mkern-6mu/} (R_w + R)}{R_4}$$

电路的最大电压增益为

$$A_u = 1 + 2 \times \frac{15 \mathbin{/\mkern-6mu/} (10 + 0.15)}{0.15} \approx 81$$

电路的最小电压增益为

$$A_u = 1 + 2 \times \frac{15 \mathbin{/\mkern-6mu/} 0.15}{0.15} \approx 3$$

因此，此电路的电压增益调整范围为 3～81。

✒ 复习要点

（1）掌握集成负反馈放大器内部电路的组成，和集成运算放大器电路作对比。

（2）集成功放 LM386 内部引入反馈的组态及增益的分析。

（3）将集成功放 LM386 的应用电路与集成运放的应用电路作对比。

本 章 小 结

1. 把放大电路输出回路的电压或电流以串联或并联的方式，回馈到输入回路，并对输入回路的信号产生了影响。这个过程称为反馈。具有这个反馈环节的放大电路称为反馈放大电路。

2. 在反馈放大电路中，从输出回路反馈到输入回路的电量，若加强了放大电路的输入信号，则引入的是正反馈；反之，若削弱了输入信号，则称为负反馈。在信号放大电路中，通常引入的都是负反馈。

3. 负反馈放大电路由基本放大电路和反馈网络构成，基本放大电路可以是由 BJT 组成分立元件放大电路，也可以是集成运算放大器。反馈网络一般由电阻网络构成。

4. 基本放大电路的增益用 $\dot{A}$ 表示，反馈系数用 $\dot{F}$ 表示。对于四种不同类型的负反馈，适用不同的增益和反馈系数去表达。电压串联负反馈用电压增益 $\dot{A}_u$；电流并联负反馈用电流增益 $\dot{A}_i$；电压用并联电阻增益 $\dot{A}_r$，电流串联用互导增益 $\dot{A}_g$。

5. 对于深度负反馈放大电路，可以利用 $\dot{A}_f = \dfrac{1}{\dot{F}}$ 或 $\dot{X}_f \approx \dot{X}_i$ 去估算增益。同时，根据负反馈的类型去估算电路的输入、输出电阻。

6. 放大电路引入负反馈后，虽然增益降低了，但对放大电路的一些性能得到了改善。

7. 当引入负反馈过深时，容易使放大电路产生自激振荡而不能稳定工作。因此，在设计负反馈放大电路时，要留有一定的稳定裕度。

习 题

6.1 反馈放大电路的输出电路部分如图 6-25 所示。试分析：

（1）各个电路分别引入的是电压反馈还是电流反馈？

（2）哪些电路既引入了交流反馈也引入了直流反馈，哪些电路仅引入了交流反馈？

（3）哪些电路的输出电压稳定，哪些电流的输出电流稳定？

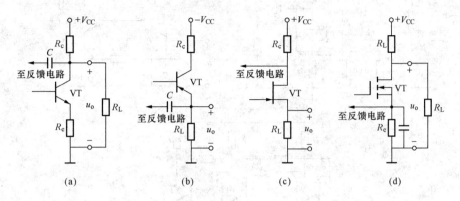

图 6-25 题 6.1 图

6.2 选择合适的答案填入空内。

A. 电压   B. 电流   C. 串联   D. 并联

（1）为了稳定放大电路的输出电压，应引入_____负反馈；

（2）为了稳定放大电路的输出电流，应引入_____负反馈；

（3）为了增大放大电路的输入电阻，应引入_____负反馈；

（4）为了减小放大电路的输入电阻，应引入_____负反馈；

（5）为了增大放大电路的输出电阻，应引入_____负反馈；

（6）为了减小放大电路的输出电阻，应引入_____负反馈。

6.3 判断图 6-26 所示各电路中所引入的反馈的类型是正反馈还是负反馈？是交流反馈还是直流反馈？

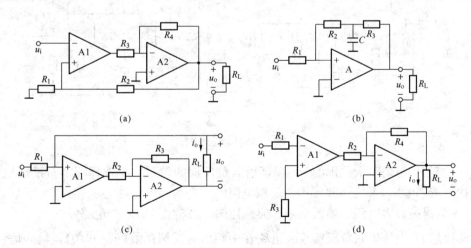

图 6-26 题 6.3 图

6.4 判断图 6-27 所示各电路的交流负反馈类型。并指出哪一个电路能稳定输出电压，哪一个电路能稳定输出电流，哪一个电路引入反馈后，输入电阻提高了，哪一个电路的输入电阻降低了？

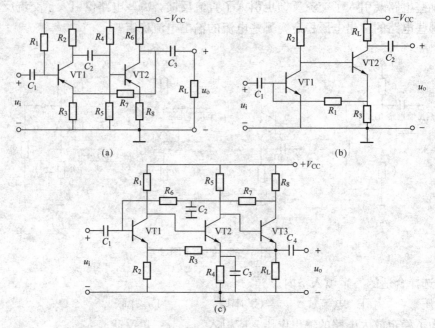

图 6 - 27　题 6.4 图

6.5　判断图 6 - 28 所示各电路的交流负反馈类型。并指出保持输入信号 u_i 不变，而改变负载电阻 R_L 值时，哪一个电路输出电压 u_o 基本保持不变？哪一个电路的输出电压 u_o 要随负载的变化而变化？

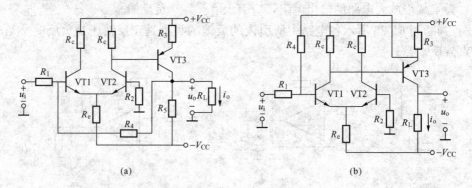

图 6 - 28　题 6.5 图

6.6　当信号源内阻 R_S 很大，为保证引入负反馈的效果，应选择哪类负反馈电路。当信号源内阻 R_S 很小，又应选择哪类负反馈电路？

6.7　为提高放大电路的输入电阻，应选择图 6 - 26 中的哪一个电路？

6.8　已知要电压串联负反馈放大电路在中频区的反馈系数 $\dot{F}_u = 0.01$，输入信号 $\dot{U}_i = 10\text{mV}$，开环电压增益 $\dot{A}_u = 10^4$，试求该电路的闭环电压增益 $\dot{A}_{uf}$、反馈电压 $\dot{U}_f$ 和净输入电压 $\dot{U}_{id}$。

6.9　设图 6 - 27 所示电路为深负反馈放大电路，求其反馈系数并估算其电路增益，并说明引入反馈后输入电阻和输出电阻的变化。

6.10　设图 6-28 所示电路为深负反馈放大电路，求其反馈系数并估算其电路增益，并说明引入反馈后输入电阻和输出电阻的变化。

6.11　设图 6-29 所示电路为深负反馈放大电路，判断电路的交流负反馈类型，求其反馈系数并估算其电路增益，并说明引入反馈后输入电阻和输出电阻的变化。

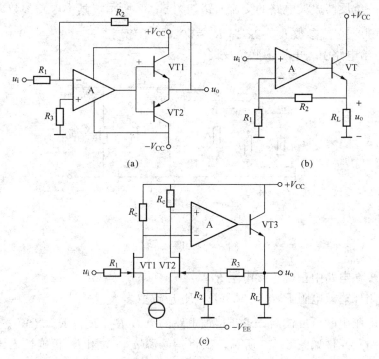

图 6-29　题 6.11 图

6.12　电流并联深负反馈放大电路构成的电流放大电路，如图 6-30 所示。试求：

(1) 反馈系数 $\dot{F}_i = \dfrac{\dot{I}_f}{\dot{I}_o}$ ；

(2) 电流增益 $\dot{A}_{if} = \dfrac{\dot{I}_o}{\dot{I}_i}$ ；

(3) 电压增益 $\dot{A}_{uf} = \dfrac{\dot{U}_o}{\dot{U}_i}$ 。

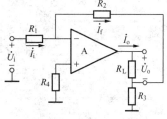

图 6-30　题 6.12 图

6.13　由电流串联深度负反馈放大电路构成的电压—电流转换电路如图 6-31 所示。试求：

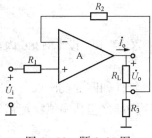

图 6-31　题 6.13 图

(1) 反馈系数 $\dot{F}_r = \dfrac{\dot{U}_f}{\dot{I}_o}$ ；

(2) 互导增益 $\dot{A}_{if} = \dfrac{\dot{I}_o}{\dot{U}_i}$ ；

(3) 电压增益 $\dot{A}_{uf} = \dfrac{\dot{U}_o}{\dot{U}_i}$ 。

6.14　某一负反馈放大电路，在无反馈时通频带 $BW=20\text{Hz}$，且 $f_\text{L}=0$。引入负反馈后，通频带展宽为 $BW_\text{f}=5\text{kHz}$，试求引入的反馈深度。

6.15　某一放大电路，在某一频率信号作用下，放大电路产生了 $180°$ 的附加相移，试回答此时电路是否能有效放大此频率信号，为什么？

6.16　某一负反馈放大电路的交流通路如图 6-32 所示，其中电路参数 $R_\text{b}=10\text{k}\Omega$，$R_\text{c2}=2\text{k}\Omega$，$R_\text{e}=100$，交流参数 $R'_\text{i}=2\text{k}\Omega$，$R'_\text{o}=50\text{k}\Omega$，$BW=20\text{Hz}$，$\dot{A}_\text{u}=1000$，为改善电路性能，需利用 R_f 给电路引入电压串联负反馈。

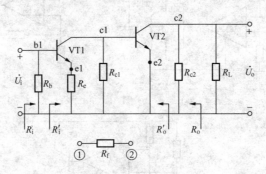

图 6-32　题 6.16 图

试求：（1）在电路中正确连接电阻 R_f；

（2）为使闭环输入电阻 R'_if 达到 $102\text{k}\Omega$，R_f 应选取多大？

（3）引入电压串联负反馈后，求负反馈电路的 $\dot{A}_\text{uf}$，R_if，R'_of，R_of，BW_f。

6.17　电路及元件如图 6-33 所示，试将信号源 u_s，电阻 R_f 正确接入该电路，使电路分别构成：

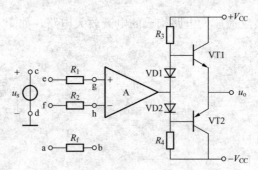

图 6-33　题 6.17 图

（1）电压串联负反馈放大电路；

（2）电压并联负反馈放大电路。

6.18　集成负反馈放大器 LM386 组成的增益可调电路如图 6-34 所示，设 LM386 内部电路及参数如图 6-24 所示，试求电路的电压增益调整范围。

6.19　某两个负反馈放大电路，其环路增益的幅频特性和相频特性如图 6-35（a）、（b）所示，判断这两个负反馈放大电路是否稳定，若稳定则确定其稳定裕度（包括幅值稳定裕度 G_m，相位稳定裕度 φ_m）是多少？

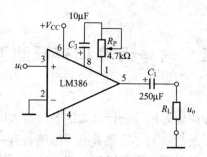

图 6-34 题 6.18 图

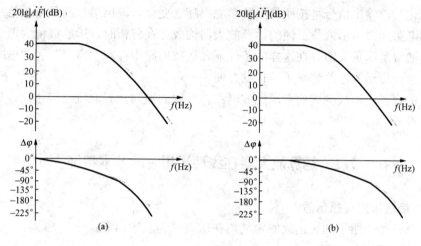

图 6-35 题 6.19 图

第7章 信号运算和有源滤波电路

在前面的几章中，主要介绍能对信号进行放大的各种放大电路。在模拟电子技术中，不仅要求能利用电子电路对信号进行放大，还要求电子电路具有其他的功能。如在本章中首先讲授了能对信号进行运算的电子电路。所谓运算电路，就是所设计的电子电路的输出信号与输入信号满足一定的运算关系，即以电路的输入信号作为自变量，以输出信号作为函数。当输入信号变化时，输出信号将按照某个数学规律随之变化，输出信号就是输入信号的运算的结果。运算电路通常由引入负反馈的运算放大器构成。在分析时，运放被视为理想运放，引入的负反馈通常是深负反馈，在这样的条件下，运放电路中存在"虚短"和"虚断"两个电路特征，这给分析运算电路带来了很大的方便。

本章也讲授了由运放构成的有源滤波电路。有源滤波与无源滤波电路相比，具有不受负载影响的优点。

7.1 运算放大器在线性运用时的基本特征

7.1.1 运放采用理想运放

在第 4 章已经介绍了理想运放的定义，在这里重新表述如下：

集成运放的理想参数是

(1) 开环差模增益 $A_{od} = \infty$；

(2) 差模输入电阻 $R_{id} = \infty$；

(3) 输出电阻 $R_o = 0$

(4) 共模抑制比 $K_{CMR} = \infty$。

实际上，集成运放的技术指标均为有限值，理想化后必然带来一定的误差。但是，在一般的工程计算中，这些误差都是允许的。而且，随着新型集成运放的不断出现，性能指标越来越接近理想，误差也就越来越小。

7.1.2 电路要引入负反馈

信号的运算电路主要由集成运放构成，这便是模拟集成放大电路得名的原因。运算电路的输出信号和输入信号之间要满足一些基本的运算关系，如加、减等。这就要求电路的输出和输入要具有良好的线性关系。但是，根据第 5 章对集成运放的讨论可知，集成运放是一种高增益的放大电路，其输入输出的线性范围很窄，其电压传输特性如图 7-1 所示。

由集成运放电压传输特性可以看到，由于其线性区很窄，其输入端电压稍有变化，它就进入了非线性区，输出电压不是正向电压最大值 $U_{om}(U_{om} \approx +V_{CC})$，就是负向电压最大值 $-U_{om}(-U_{om} \approx -V_{EE})$。为了拓展运放的线性区，在运算放大电路中，必须要引入深负反馈，使之工作在闭环状态。运放引入深负反馈的电路特征，就是电路中用无源器件（网络）将输出端与反向输入端连接起来。

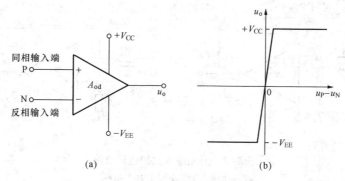

图 7-1　集成运放的电压传输特性

(a) 图形符号；(b) 电压传输特性

7.1.3　集成运放工作在线性区的两个主要特征

在信号运算电路中，必须给运放引入深度负反馈，使其工作在线性区。在深度负反馈条件下，运放的净输入信号近似等于零，即

（1）输出端电压 $u_P - u_N \approx 0$。这相当于运放两个输入端电位近似相同，在理想条件下可以看成 $u_P = u_N$，由电路定义应为两点短路。但实际上，两点之间的阻抗近似为 ∞，又不是短路，所以把这种特征称为"虚短路"。

（2）运放输入端净输入电流 $i_1 \approx 0$。这相当于运放在工作时，其输入端几乎不取用电流，在理想条件下，可以看成 $i_1 = 0$，由电路定义应为两点断路，但实际电路中两点又不是断开，所以把这种特征称为"虚断路"。

"虚短路"、"虚断路"是两个非常重要的概念，它对于分析运放构成的线性电路非常有用。

✐ 复习要点

（1）集成运放用做放大电路时为什么要引入负反馈，若不引入负反馈运放的输出电压处于什么状态？

（2）"虚短路"和实际短路有什么不同，"虚断路"和实际断路有什么不同？

7.2　比例运算电路

比例运算电路，要求电路输出电压与输入电压满足一定的比例关系，即 $u_o = k u_i$。其中，k 为比例系数。

7.2.1　反相输入比例运算电路

实现比例运算的电路如图 7-2 所示，由于输入电压是从运放的反相输入端加入，所以把该电路叫做反相输入比例运算电路。

按第 5 章负反馈的概念，电阻 R_f 连接电路的输入和输出回路，构成了反馈网络，它引入的是深度电压并联负反馈。输入电压 u_I 通过电阻 R 作用于集成运放的反相输入端，因此输出电压 u_O 与 u_I 极性相反。

利用"虚短路"、"虚断路"概念分析电路的输入输出关系。

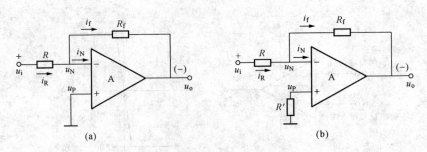

图 7 - 2　反相输入比例运算电路

(a) 未加平衡电阻；(b) 加平衡电阻

由"虚短路"概念，电路中有 $u_N = u_P = 0$，则输出电压 $u_o = -i_F R_f$。

由"虚断路"概念，电路中有 $i_N = 0$，则有 $i_F = i_R = \dfrac{u_i - u_N}{R} = \dfrac{u_I}{R}$

代入公式

$$u_O = -i_F R_f = -\frac{R_f}{R} u_I = k u_I \tag{7-1}$$

式中，$k = -\dfrac{R_f}{R}$ 就是电路的比例系数。改变 R_f 和 R 的值，便可以方便地改变电路的比例系数。

从放大电路角度看，反相输入比例运算电路也是一种反相放大电路。其电压放大倍数等于 $A_u = -\dfrac{R_f}{R}$。

在实际电路中，通常在运放的同相输入端与地之间加一电阻 R'，如图 7 - 2（b）所示。R' 是平衡电阻，加入它是为了保证运放两个输入端的平衡。由"虚断路"的概念，在运放的输入端没有电流流过，因此没有电流流过 R'，在它上面也就没有压降，仍有同相端的电位 $u_P = 0$，所以加了 R' 后电路的输出输入关系不变。

7.2.2　同相输入比例运算电路

同相输入比例运算电路如图 7 - 3 所示。

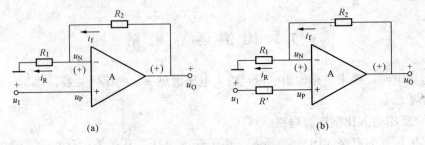

图 7 - 3　同相输入比例运算电路

(a) 未加平衡电阻；(b) 加平衡电阻

在图 7 - 3（a）电路中，电阻 R_1 和 R_2 组成了反馈网络。按第 5 章分析，该电路属于电压串联负反馈电路，其电路输入电阻 $R_{if} = \infty$。

输出电阻 $R_{of} = 0$。

输入电压 u_I 加到了运放的同相输入端，所以输出端电压 u_O 与 u_I 同相。根据"虚短路"的概念，有运放反相输入端电位 u_N 等于同相端电位 u_P，而同相端电位 v_P 就是输入端信号电压 u_I，即

$$u_N = u_P = u_I \qquad\qquad (7 - 2)$$

又根据"虚断路"的概念，流入运放输入端的电流为零，因此有

$$i_F = i_R \qquad\qquad (7 - 3)$$

由以上分析可知，u_I 是 u_O 在电阻 R_1、R_2 支路的分压，即

$$u_I = \frac{R_1}{R_1 + R_2} u_O \qquad\qquad (7 - 4)$$

整理上式得

$$u_O = \left(1 + \frac{R_2}{R_1}\right) u_I \qquad\qquad (7 - 5)$$

上式表明，该电路的输出电压 u_O 与输入电压 u_I 成比例，比例系数

$$k = 1 + \frac{R_2}{R_1} \qquad\qquad (7 - 6)$$

从放大电路角度看，同相输入比例运算电路，也是输出电压与输入电压同相的放大电路，其电压放大倍数等于 $A_u = 1 + \dfrac{R_2}{R_1}$。

在同相输入比例运算电路中，若将输出电压全部反馈到反相输入端，就构成了电压跟随器，如图 7 - 4 所示。

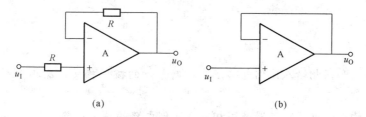

图 7 - 4　电压跟随器

(a) 输入端串接电阻；(b) 输入端未串接电阻

图 7 - 4 给出了电压跟随器的两种常用结构。图 7 - 4 (a) 在运放的输入端串接了电阻，而图 7 - 4 (b) 没有，由于"虚断路"的存在，运放的两个输入端的电流均等于零，所以两个电路的性能是一样的。

电压跟随器的输出电压与输入电压的关系为

$$u_O = u_I \qquad\qquad (7 - 7)$$

这是根据"虚短路"的存在，有

$$u_O = u_N = u_P = u_I \qquad\qquad (7 - 8)$$

由集成运放构成的电压跟随器比由 BJT 构成的射极输出器的跟随性能要好很多。这是由于理想运放的开环差模增益为无穷大，输入电阻也为无穷大，而输出电阻为零。经过深度电压串联负反馈后，这些性能又得到了进一步的提高。

由于在运算电路中，要给运放引入深度电压负反馈，所以，运算电路的输出都可以看成是恒压源，空载与带负载两种情况下，输入输出的运算关系不会改变。

同反相输入比例运算电路一样，在实际电路中，通常在运放的同相输入端加一平衡电阻 R'，如图 7-4（b）所示。由虚断的概念，在运放的输入端没有电流流过，因此没有电流流过 R'，在它上面也就没有压降，仍有同相端的电位 $u_P = u_1$，所以加了 R' 后电路的输出输入关系不变。

【例 7-1】 为了使运放输入端电路参数对称，在实际电路应用时，经常在同相输入端再加一个平衡电阻 R''，如图 7-5 所示。求该电路输入输出电压的关系式。

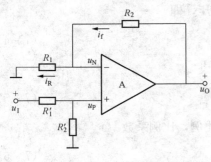

图 7-5　带平衡电路的同相
　　　　输入比例运算电路

解　由于运放"虚断路"的存在（运放输入电阻为无穷大），运放电路不影响信号输入电路，同相输入端 P 点电位 u_P 是电阻 R' 和 R'' 对输入 u_1 的分压，即

$$u_P = \frac{R_2'}{R_1' + R_2'} u_1 \qquad (7-9)$$

而输出端电压 u_O 和 u_P 是满足同相比例关系，即

$$u_O = \left(1 + \frac{R_2}{R_1}\right) u_P = \left(1 + \frac{R_2}{R_1}\right) \frac{R_2'}{R_1' + R_2'} u_1 \qquad (7-10)$$

当 $R_1' = R_1$，$R_2' = R_2$ 时

$$u_O = \frac{R_1 + R_2}{R_1} \frac{R_2'}{R_1' + R_2'} u_1$$

$$u_O = \frac{R_2}{R_1} u_1$$

✒ **复习要点**

（1）反相输入和同相输入比例电路，其比例系数的极性相反，反相输入比例系数为负，同相输入比例系数为正。

（2）由运放构成的电压跟随器是同相输入比例电路的特殊电路。

7.3　加　法　电　路

7.3.1　反相输入比例加法电路

比例加法电路如图 7-6 所示。它可以实现将两个输入信号电压 u_{I1}、u_{I2} 先求比例，然后相加。

此电路仍然属于深度电压并联负反馈。运放两输入端仍存在"虚短"、"虚断"特征。为了获得输出电压 u_O 与输入端电压 u_{I1}、u_{I2} 的关系，可以利用叠加原理。首先，求出 u_{I1}、u_{I2} 分别单独作用时的输出电压，然后将它们相加，便得到两信号共同作用时，输出电压与输入电压的运算关系。

按叠加定理，当考虑 u_{I1} 单独作用时，应令 $u_{I2} = 0$，即将 u_{I2} 输入端接地，如图 7-6（b）所示。由于 R_2 两端电位均为零，所以没有电流流过电阻 R_2，它对电路没有影响。不考虑电阻 R_2 对电路的影响后，电路实质就是 7.2 节介绍的反相输入比例放大电路。若把 u_{I1} 单独作

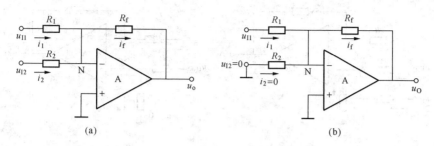

图 7 - 6 反相输入比例加法电路

(a) 两输入端电压共同作用；(b) u_{I1} 单独作用

用电路在输出端产生的电压记作 u_{O1}，则有 $u_{O1} = -\dfrac{R_f}{R_1}u_{I1}$。同理在考虑 u_{I2} 单独作用时（令 $u_{I1} = 0$，电阻 R_1 中不流过电流，对电路没有影响），运放与电阻 R_f、R_2 也构成反相输入比例放大电路，若把此时输出端电压记作 u_{O2}，则有 $u_{O2} = -\dfrac{R_f}{R_2}u_{I2}$。之后，按叠加定理，在两输入信号 u_{I1} 和 u_{I2} 同时作用时，输出端电压应等于两信号单独作用时，在输出端产生的电压分量之和，即

$$u_O = u_{O1} + u_{O2} = -\frac{R_f}{R_1}u_{I1} - \frac{R_f}{R_2}u_{I2} = -\left(\frac{R_f}{R_1}u_{I1} + \frac{R_f}{R_2}u_{I2}\right) \tag{7-11}$$

这是比例加法运算的表达式，式中负号是因为反相输入所引起的。若取比例系数为 1，即选择电阻参数时

$$R_1 = R_2 = R_f$$

输出与输入的表达式变为

$$u_O = -(u_{I1} + u_{I2}) \tag{7-12}$$

如在图 7 - 6 (a) 电路后，再接一级反相电路，则可消去负号，实现完全符合常规的算术加法运算。

图 7 - 6 (a) 所示的电路可以扩展到多个输入端，从而实现多路信号电压进行比例加法运算，即

$$u_O = u_{O1} + u_{O2} + \cdots + u_{ON} = -\left(\frac{R_f}{R_1}u_{I1} + \frac{R_f}{R_2}u_{I2} + \cdots\right) + \frac{R_f}{R_N}u_{IN} \tag{7-13}$$

7.3.2 同相输入比例加法电路

加法电路也可以采用同相输入方式，电路如图 7 - 7 所示。

仍然利用叠加方法求电路的输入输出运算关系。若当 u_{I1} 单独作用时，应将 u_{I2} 输入端接地，如图 7 - 7 (b) 所示。这个电路和例 7 - 1 所示电路完全一致，利用其结果可得 u_{I1} 单独作用电路时，在输出端的电压 u_{O1} 为

$$u_{O1} = \left(1 + \frac{R_f}{R_1}\right)u_P = \left(1 + \frac{R_f}{R_1}\right)\frac{(R_2 /\!/ R')}{R_1 + R_2 /\!/ R'}u_{I1} \tag{7-14}$$

再让 u_{I2} 单独作用，将 u_{I1} 输入端接地，此时在输出端的电压 u_{O2} 为

$$u_{O2} = \left(1 + \frac{R_f}{R_2}\right)u_P = \left(1 + \frac{R_f}{R_2}\right)\frac{(R_1 /\!/ R')}{R_2 + (R_1 /\!/ R')}u_{I2} \tag{7-15}$$

按叠加定理，两个输入信号共同作用时，输出端的电压为

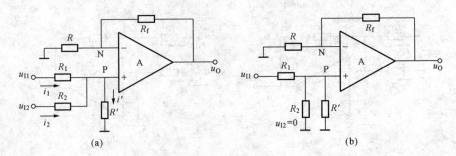

图 7 - 7　同相输入比例加法电路

(a) 两输入端电压共同作用；(b) u_{I1} 单独作用

$$u_{O} = u_{O1} + u_{O2} = \left(1 + \frac{R_{f}}{R_{1}}\right)\frac{(R_{2} /\!/ R')}{R_{1} + (R_{2} /\!/ R')}u_{I1} + \left(1 + \frac{R_{f}}{R_{2}}\right)\frac{(R_{1} /\!/ R')}{R_{2} + (R_{1} /\!/ R')}u_{I2}$$

$$(7 - 16)$$

适当选取电路中的电阻值，可以使以上式中的比例系数得到简化。

复习要点

（1）加法电路分为同相输入方式和反相输入方式两种。

（2）推导电路输入、输出关系式的主要方法是叠加法。

7.4　减　法　电　路

7.4.1　利用二级运放实现减法运算

要实现对输入信号的减法运算，可以采用由两级运放构成的电路来完成，如图 7 - 8 所示。

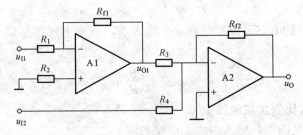

图 7 - 8　两级运放实现减法运算

在图 7 - 8 中，第一级运放为反相输入比例运算电路，根据式（7 - 1）有

$$u_{O1} = -\frac{R_{f1}}{R_{1}}u_{I1}$$

第二级运放为反相输入加法电路，两个输入电压分别为第一级运放的输出电压 u_{O1}，另外一个输入信号电压是 u_{I2}，根据反相输入加法电路输入、输出关系公式有

$$u_{O} = -\frac{R_{f2}}{R_{3}}u_{O1} - \frac{R_{f2}}{R_{4}}u_{I2} = \frac{R_{f2}}{R_{3}} \times \frac{R_{f1}}{R_{1}}u_{I1} - \frac{R_{f2}}{R_{4}}u_{I2} \qquad (7 - 17)$$

在第一级运放电路若 $R_{f1} = R_{1}$，则有第一级的比例系数 $k = 1$，第一级运放实际构成了一

个倒相器，其输出是输入的反相，即 $u_{O1} = -u_{I1}$，在第二级运放中取 $R_3 = R_4 = R$，代入式 (7-17) 则有

$$u_O = \frac{R_{f2}}{R}(u_{I1} - u_{I2})\qquad(7-18)$$

若继续满足条件，$R_{f2} = R$，则有

$$u_O = u_{I2} - u_{I1}\qquad(7-19)$$

从而实现了输出是输入信号的减法运算。

7.4.2 差分式减法运算电路

差分式减法运算电路是利用一级运放实现减法运算的电路，如图 7-9 所示。

要进行运算的两路信号分别由运放的同相和反相输入端送入，这是一种差分输入（也叫双端输入）方式。由于存在着负反馈，电路属于线性电路，因此，可以利用叠加定理分析求解电路输出电压与输入电压之间关系。

当令 u_{I1} 单独作用时，$u_{I2} = 0$。电路实质是一个反相输入比例电路，如图 7-10 (a) 所示。

根据式 (7-1)，输出端电压为 $u_{O1} = -\dfrac{R_f}{R}u_{I1}$。（电阻 $R /\!/ R_f$，只起平衡作用，不影响电路输出输入关系）

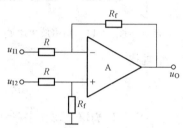

图 7-9 一级运放构成的
减法运算电路

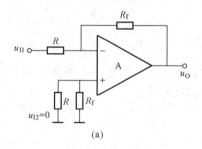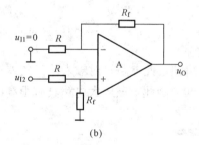

图 7-10 利用叠加定理求电路输入输出关系
(a) 反相输入比例电路；(b) 同相输入比例电路

当 u_{I2} 单独作用时，令 $u_{I1} = 0$。此时电路实质是［例 7-1］所分析的同相输入比例电路，如图 7-10 (b) 所示。根据例 7-1 的分析结果，其输出电压与输入电压的关系为

$$u_{O2} = \frac{R_f}{R + R_f} \times \left(1 + \frac{R_f}{R}\right) \times u_{I2} = \frac{R_f}{R}u_{I2}\qquad(7-20)$$

最后，利用叠加定理就可求出输入信号 u_{I1} 和 u_{I2} 共同作用时，输出电压 u_O。

$$u_O = u_{O1} + u_{O2} = -\frac{R_f}{R}u_{I1} + \frac{R_f}{R}u_{I2} = \frac{R_f}{R}(u_{I2} - u_{I1})\qquad(7-21)$$

若取 $R_f = R$，则有

$$u_O = u_{I2} - u_{I1}\qquad(7-22)$$

从而实现对输入信号的减法运算。减法运算也可以看成是对两个输入信号的差进行放大，所以此电路也广泛用于自动检测仪器中，实现对输入信号的检测。

【例 7-2】 由三运放组成的精密放大电路如图 7-11 所示，试分析该电路的输出信号与

输入信号的关系，并对电路对共模信号的抑制作用加以说明。

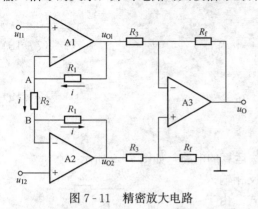

图 7-11　精密放大电路

解　该放大电路分为两级，由运放 A_1、A_2 组成第一级电路，A_3 构成第二级电路，两级均属于差分式电路。在第一级电路中，信号电压分别加到运放 A_1、A_2 的同相输入端，R_1 和 R_2 为电路引入了深度的电压串联负反馈，使得运放 A_1、A_2 的输入端具有"虚短"和"虚断"的特征，即 $u_A = u_{I1}$，$u_B = u_{I2}$，而流过电阻 R_1 和 R_2 的电流相等，因此有

$$u_{I1} - u_{I2} = u_A - u_B = \frac{(u_{O1} - u_{O2})}{2R_1 + R_2}R_2$$

整理得

$$u_{O1} - u_{O2} = \left(1 + \frac{2R_1}{R_2}\right)(u_{I1} - u_{I2})$$

$u_{O1} - u_{O2}$ 作为第二级差分放大电路的输入信号，由于 A_3 两输入端电阻相等，有

$$u_O = -\frac{R_f}{R_3}(u_{O1} - u_{O2})$$

将 $u_{O1} - u_{O2}$ 代入上式，便得到精密放大电路输出电压与输入电压的关系式

$$u_O = -\frac{R_f}{R_3}\left(1 + \frac{2R_1}{R_2}\right)(u_{I1} - u_{I2})$$

由上式可知，此电路只对输入信号的差进行有效放大，而当输入端出现共模信号时，输出电压 $u_{Oc} = 0$。因此，该放大电路具有很高的共模抑制比。

复习要点

（1）可以采用将一个信号倒相后，与另一个信号相加而构成两级运放结构的减法运算电路。

（2）通过信号分别送入运放的同相端和反相端，可以构成由单个运放实现的减法运算电路。

（3）推导减法运算电路的输出与输入信号关系式通常采用电路叠加法。

7.5　积分和微分电路

7.5.1　积分电路

积分运算电路是对输入信号进行积分运算的电路，满足输出电压是输入电压的积分关系，图 7-12 是实现这一功能的电路。

积分运算电路与前面电路最大的不同是，电路中反馈支路由电阻换成了电容，电容 C 构成了电压并联负反馈电路。

由于有深负反馈存在，运放输入端仍然存在"虚短路"、"虚断路"特征。根据"虚短

路"运放反相输入端电位等于同相输入端电位，等于零电位，即

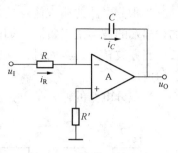

$$u_N = u_P = 0 \qquad (7\text{-}23)$$

由于运放反相输入端电压等于零，因此加到电阻 R 两端的电压就等于输入电压 u_I，所以流过电阻 R 的电流 i_R 为

$$i_R = \frac{u_I}{R} \qquad (7\text{-}24)$$

根据"虚断路"，$i_N = 0$，则有流过电阻 R 的电流 i_R 全部流入电容 C，形成电容电流 i_C，即

图 7-12　积分运算电路

$$i_C = i_R = \frac{u_I}{R}$$

而输出电压 u_O 和电容两端的电压大小相同，极性相反（因为运放反相输入端 N 点的电位为零，所以输出端对地的电压，也可以看成输出端对运放反相输入端 N 点的电压）。而电容两端的电压 u_C 应为流过电容的电流 i_C 的积分，因此有

$$u_O = -u_C = -\frac{1}{C}\int i_C \cdot \mathrm{d}t \qquad (7\text{-}25)$$

将 $i_C = \dfrac{u_I}{R}$ 代入上式，得到

$$u_O = -\frac{1}{C}\int \frac{u_I}{R} \cdot \mathrm{d}t = -\frac{1}{RC}\int u_I \cdot \mathrm{d}t \qquad (7\text{-}26)$$

上式表明，输出电压 u_O 是输入电压的 u_I 的积分。RC 是积分时间常数。由于输入信号是从运算反相端输入，所以输出电压与输入电压是倒相关系。

当输入信号电压 u_I 是阶跃输入，且幅值为 U_S 时，若 $t = t_0$ 时刻，电容上的电压为零，则输出端电压与输入端电压的关系式为

$$u_O = \frac{-U_S}{RC}\int \mathrm{d}t = -\frac{U_S}{\tau}t \qquad (7\text{-}27)$$

上式表明，输出端电压 u_O 随时间是线性负增长，当时间 t 等于积分时间常数 $\tau = RC$ 后，输出电压 u_O 等于信号电压 U_S。当 $t > \tau$ 后，u_O 继续增加，直至接近运放的电源电压，运放进入了饱和区，输出电压不再改变，则积分停止。上述积分过程如图 7-13 所示。

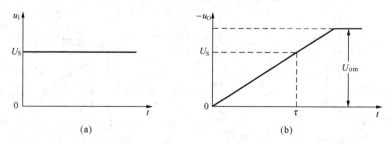

图 7-13　积分电路接入阶跃电压的积分过程
(a) 输入曲线；(b) 输出曲线

积分电路实质上是输入电压 u_I 通过电阻 R 向电容 C 充放电过程，由于理想运放的存在，这个充放电过程是属于恒流充放电。

当积分电路的输入信号是方波时，（假定方波的半周期小于电路积分时间常数 τ）电路的输出端的波形是三角波，如图 7-14 所示。当方波正半周时，输出电压向负方向线性增长，当方波转入负半周时，输出电压向正方向线性增长，如此周期变化，在输出端就形成了三角波形。

当积分电路的输入是正弦波时，输出端电压即为余弦波形，如图 7-15 所示。

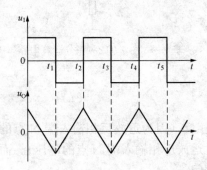

图 7-14 积分电路接入方波信号的输出波形   图 7-15 积分电路接入正弦波信号时的输出波形

【例 7-3】 设积分电路如图 7-12 所示，电路中 $R=10\text{k}\Omega$，$C=5\text{nF}$，输入电压波形如图 7-16（a）所示。在 $t=0$ 时，电容器 C 的初始电压 $U_C(0)=0$，试画出输出电压 u_O 的波形，并标出在 $t=t_1$，$t=t_2$ 时 u_O 的值。

解 在 $t=0$ 时，$u_O(0)=0$，当 $t=40\mu\text{s}$ 时，有

$$u_O(t_1) = -\frac{u_1}{RC}t_1 = -\frac{10 \times 40 \times 10^{-6}}{10 \times 10^3 \times 5 \times 10^{-9}} = -8(\text{V})$$

当 $t=120\mu\text{s}$ 时，有

$$u_O(t_2) = u_O(t_1) - \frac{u_S}{RC}(t_1 - t_2) = -8 - \frac{-5 \times (120 - 40) \times 10^{-6}}{10 \times 10^3 \times 5 \times 10^{-9}} = 0(\text{V})$$

输出电压 u_O 的波形如图 7-16（b）所示。

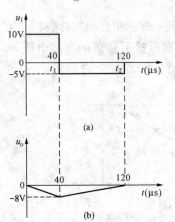

图 7-16 积分电路输入、输出波形
（a）输入；（b）输出

7.5.2 微分电路

将积分电路中的电阻和电容位置互换，并选取比较小的时间常数 $\tau=RC$，便得到了微分运算电路，如图 7-17 所示。

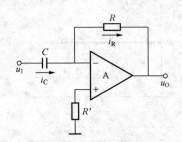

图 7-17 微分运算电路

在数学中，微分是积分的逆运算，实现两种运算的电路也是互补的。在微分运算电路

中，实现反馈的元件是电阻 R，它给电路引入了电压并联深负反馈。由于深负反馈的存在，运放的输入端仍存在"虚短路"和"虚断路"的特征。根据电路知识，流过电容的电流等于电容两端电压对时间的微分，即 $i_C = C\dfrac{du_C}{dt}$。由于"虚短路"，有 $u_N = u_P = 0$，因此，电容 C 两端的电压就等于输入电压，即 $u_C = u_I$。代入电容电流公式，有

$$i_C = C\frac{du_C}{dt} = C\frac{du_I}{dt} \tag{7-28}$$

由于"虚断路"，流入运放反向输入端的电流为零，因此有流过电容的电流 i_C 全部流入反馈电阻 R，形成电流 i_R，即 $i_R = i_C$。

运放输出端电压可以写成在电阻上的压降，因此有

$$u_O = -i_R R = -RC\frac{du_I}{dt} \tag{7-29}$$

上式表明，微分运算电路的输出电压和输入电压满足微分运算关系，式中负号表明电路属于反相输入方式，$\tau = RC$ 是微分常数。

微分运算电路的输出和输入关系，也可解释成为其输出电压与输入电压的变化率成比例。利用微分电路可以进行波形变换，例如将矩形波变换为脉冲波，如图 7-18 所示。

由于微分电路中微分时间常数 $\tau = RC$ 比较小，所以 u_I 对电容 C 的充电是快速完成的，充电结束后，流过电阻 R 的电流降为零，所以输出端电压也迅速降回零。从图 7-18 中看出，电路的输出对输入信号的变化部分非常敏感，而不反映其平稳部分。

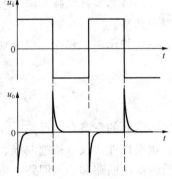

图 7-18　用微分电路做波形变换

【例 7-4】　组合运算电路如图 7-19 所示，试证明该电路的输出表达式为

$$u_O = -\left(\frac{R_2}{R_1} + \frac{C_1}{C_2}\right)u_I - R_2C_1\frac{du_I}{dt} - \frac{1}{R_1C_2}\int u_I\,dt$$

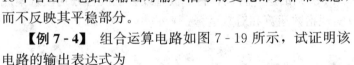

图 7-19　组合运算电路

证明： 由于 R_2、C_2 给运算放大器引入了深电压并联负反馈，所以在运放的输入端存在"虚短"和"虚断"的特征。在 N 点列节点电流方程

$$i_f = i_{c1} + i_{R1} = \frac{u_i}{R_1} + C_1\frac{du_i}{dt}$$

输出电压 u_O 应等于反馈支路上的电压，即等于电阻 R_2 上的电压和电容 C_2 上的电压之和，即

$$u_O = u_{R2} + u_{C2} = -i_F R_2 - \frac{1}{C_2}\int i_F\,dt$$

上式中，$u_{R2} = -i_F R_2 = -\left(\dfrac{u_1}{R_1} + C_1\dfrac{du_1}{dt}\right)R_2 = -\dfrac{R_2}{R_1}v_1 - R_2C_1\dfrac{du_I}{dt}$

$$u_{C2} = -\frac{1}{C_2}\int i_F\,dt = -\frac{1}{C_2}\int\left(C_1\frac{du_I}{dt}\,dt + \frac{u_1}{R_1}\right)dt = -\frac{C_2}{C_1}u_I - \frac{1}{R_1C_2}\int u_1\,dt$$

将其 u_{R1}、u_{C2} 代入 u_O 中，则得到输出电压表达式为

$$u_O = -\left(\frac{R_2}{R_1} + \frac{C_1}{C_2}\right)u_I - R_2 C_1 \frac{\mathrm{d}u_1}{\mathrm{d}t} - \frac{1}{R_1 C_2}\int u_1 \mathrm{d}t$$

此电路通常应用在自动控制系统中，因其输出信号中，包含有对输入信号的比例运算（式中第一项），微分运算（式中第二项），积分运算（式中第三项），所以称其为 PID 调节器。

当在电路中将 R_2 短路，即 $R_2 = 0$，则输出表达式中不包含第二项微分运算，而只有比例运算和积分运算，此时电路为 PI 调节器。

当在电路中将 C_2 短路，即 $C_2 = 0$，则输出表达式中不包含第三项积分运算，而只有比例运算和微分运算，此时电路为 PD 调节器。

根据自动控制系统中的不同要求，可选用不同类型的调节器。在常规调节中，PI 调节器用来提高调节精度，而 PD 调节器则用来加速调节的过渡过程。

🖊 复习要点

（1）在运放电路中，引入电容元件可构成积分或微分电路。

（2）将电容器连接在运放的反馈回路构成积分电路。将电容器连接在运放的输入回路构成微分电路。

（3）将比例、积分、微分电路功能组合在一起，可以构成 PID 调节器电路。

7.6 指数和对数运算电路

由前面的章节介绍可知，在一段范围内，半导体 PN 结的电压电流变化满足指数规律，即其伏安特性曲线为指数曲线。利用 PN 结的这一特性，将二极管或者三极管分别接入集成运放的反馈回路和输入回路，可以实现指数运算和对数运算。

7.6.1 指数运算电路

1. 电路构成

将 PN 结接入电路的输入回路，便可获得基本的指数运算电路，如图 7-20 所示。其中，图 7-20（a）用的是二极管，而图 7-20（b）将集电极和基极短路的 BJT，两个电路的效果是一样的，都是在输入回路中串入一个等效的 PN 结，只是采用 BJT 的电路输入电压信号的动态范围要大于采用二极管的电路。

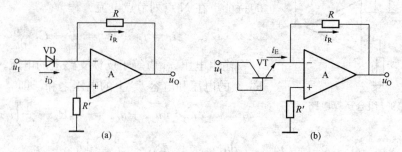

图 7-20 指数运算电路

(a) 用二极管；(b) 用 BJT

2. 基本工作原理

根据半导体基础知识可知，二极管导通以后，其正向电流与端电压的近似关系为

$$i_D \approx I_S e^{\frac{u_D}{U_T}}$$

因为集成运放通过电阻 R 引入了深度电压并联负反馈，其反相输入端为虚地，所以

$$u_D = u_I$$

$$i_R = i_D \approx I_S e^{\frac{u_I}{U_T}}$$

由此输出电压为

$$u_O = -i_R R = -I_S R e^{\frac{u_I}{U_T}} \qquad (7-30)$$

上式表明，电路对输入信号实现了指数运算。

7.6.2　对数运算电路

1. 电路构成

将指数运算电路中的电阻和二极管、三极管互换，便可得到对数运算电路，如图 7 - 21 所示。由于电路中引入了深负反馈，运放输入端仍然存在"虚短"和"虚地"特征，所以在图 7 - 21（b）电路中，虽然 BJT 的基极没有连到集电极，但两点电位相等，仍然相当于在反馈支路中串入一个 PN 结。

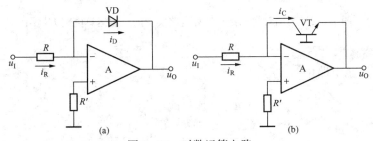

图 7 - 21　对数运算电路

（a）用二极管；（b）用 BJT

2. 工作原理

由于 $u_P = u_N = 0$，为"虚断"，则

$$i_D = i_R = \frac{u_I}{R}$$

因此有

$$I_S e^{\frac{u_D}{U_T}} = \frac{u_I}{R}$$

将上式两端取对数，得到 PN 结两端电压和输入电压的关系式为

$$u_D \approx U_T \ln \frac{u_I}{I_S R}$$

输出电压与 PN 结两端电压数值相等，极性相反，其表达式为

$$u_O = -u_D \approx -U_T \ln \frac{u_I}{I_S R} \qquad (7-31)$$

上式表明，电路对输入信号实现了对数运算。

✒ **复习要点**

（1）利用 PN 结的伏安特性可以构成指数和对数电路。

（2）将 PN 结串联在运放的反馈回路可以构成对数运算电路，将 PN 结串联在运放的输入回路可以构成指数运算电路。

（3）由于 PN 结特性受温度影响较大，所以构成的指数或对数运算电路的运算精度受 PN 结参数的影响。

7.7　乘法和除法运算电路

7.7.1　乘法运算电路

1. 电路构成

利用对数和指数运算的运算法则构成的电路可以实现的乘法运算，电路如图 7 - 22 所示。

图 7 - 22　利用对数和指数运算电路实现的乘法运算电路方框图

2. 工作原理

在图 7 - 23 所示电路中

$$u_{O1} \approx -U_T \ln \frac{u_{I1}}{I_S R}$$

$$u_{O2} \approx -U_T \ln \frac{u_{I2}}{I_S R}$$

$$u_{O3} = -(u_{O1} + u_{O2}) \approx -U_T \ln \frac{u_{I1} u_{I2}}{(I_S R)^2}$$

$$u_O \approx -I_S R e^{\frac{u_{O3}}{U_T}} \approx -\frac{u_{I1} u_{I2}}{I_S R} \tag{7 - 32}$$

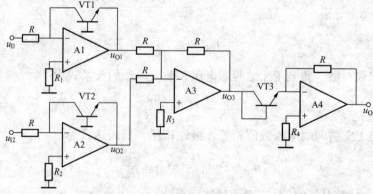

图 7 - 23　乘法运算电路

7.7.2　除法运算电路

若将图 7-22 和图 7-23 所示电路中的求和运算电路用求差运算电路取代，则可得到除法运算电路，其原理框图如图 7-24 所示，按此框图构成的电路，其输出电压可表示为

$$u_O = k \frac{u_{i1}}{u_{i2}}$$

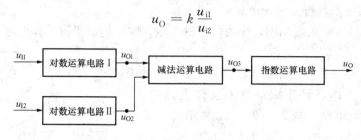

图 7-24　除法运算电路框图

复习要点

（1）利用对数运算电路，指数运算电路、加法运算电路，可以组成乘法运算电路。

（2）利用对数运算电路，指数运算电路、减法运算电路，可以组成除法运算电路。

7.8　模拟乘法器及其应用

7.8.1　模拟乘法器

由于乘法电路有着广泛的应用，目前已将乘法运算电路做成集成电路，称为模拟乘法器。其电路符号如图 7-25 所示。

模拟乘法器有两个输入端，一个输出端，输入及输出均对公共地端而言。输入的两模拟信号是互不相关的信号，输出信号则是输入信号的乘积，即

$$u_O = k u_X u_Y \qquad (7-33)$$

k 为比例系数，也称为乘积增益或标尺因子，对某一模拟乘法器，其值为可大于零，或小于零的固定常数，其量纲为 V^{-1}。

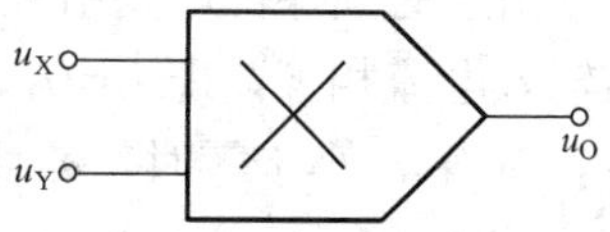

图 7-25　模拟乘法器
电路符号

模拟乘法器对输入信号的极性有一定要求，根据对输入信号极性的要求，乘法器有单象限、两象限和四象限之分，它们对输入信号极性的要求可如图 7-26 所示。

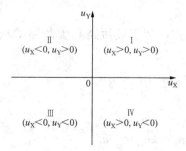

图 7-26　不同模拟乘法器对输入
信号极性的要求

当模拟乘法器要求两个输入信号同极性，如图 7-26 坐标平面的第 Ⅰ、第 Ⅲ 象限，这类乘法器称为单象限乘法器；当模拟乘法器要求两个输入信号不同极性，如图 7-26 坐标平面的第 Ⅱ、第 Ⅳ 象限，这类乘法器称为双象限乘法器；当模拟乘法器对输入信号的极性没有要求，即输入信号可以为坐标平面的四个象限，此类乘法器称为四象限乘法器。

早期的乘法器多为单象限乘法器，而现在广泛使用的变跨导式集成模拟乘法器为四象限模拟乘法器，对输入信号的极性已不再有要求。

　　模拟乘法器本身除了可以完成对两个输入信号实行相乘运算之外，它和运算放大器配合还可以构成其他多种运算电路。

7.8.2　模拟乘法器的应用

　　1. 利用模拟乘法器构成乘方运算电路。

　　将模拟乘法器两输入端相连，作为信号输入端，即可构成平方运算电路，电路连接如图7-27所示。

　　2. 利用模拟乘法器和运算放大器构成除法运算电路

　　将模拟乘法器串联到集成运算的反馈支路中，便可构成除法运算电路，电路如图7-28所示。

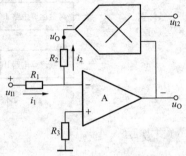

图7-28　除法运算电路

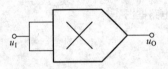

图7-27　平方运算电路

　　由于集成运放引入负反馈，在运放输入端存在虚短路和虚断路特征，即有 $u_N = u_P = 0$，$i_1 = i_2$，因此有

$$\frac{u_{I1}}{R_1} = -\frac{u_X}{R_2} = -\frac{k u_{I2} u_O}{R_2}$$

整理上式，得到输出电压

$$u_O = -\frac{R_2}{k R_1}\frac{u_{I1}}{u_{I2}} \tag{7-34}$$

　　由于必须保证电路引入负反馈，才能实现上述运算，因此在电路中，必须保证反馈电流与输入电流相等，即 $i_f = i_1$，电路才能形成并联负反馈。因此，当 u_{I1} 大于零时，u'_O 要小于零，而当 u_{I1} 小于零时，u'_O 要大于零。由于运放采用反相输入方式，其输出电压 u_O 与输入电压 u_{I1} 相位相反，这样当 u'_O 与 u_O 相位相同时，就能保证 $i_f = i_1$。固要求当模拟乘法器的 $k > 0$ 时，要求 $u_{I2} > 0$，反之，当 $k < 0$ 时，要求 $u_{I2} < 0$，即要求 u_{I2} 与 k 具有相同的符号。

　　由于该电路作除法运算时，对 u_{I2} 的极性有要求，所以图7-28所示电路为两象限除法运算电路。

　　3. 利用模拟乘法器和运算放大器构成开方运算电路

　　模拟乘法器构成的乘方运算电路作为运算的负反馈支路，就可以构成开平方运算电路，如图7-29所示。

　　由于运放负反馈的存在，利用虚短路和虚断路的概念有

$$\frac{u_{I1}}{R} = -\frac{u_X}{R}$$

即

$$u_X = -u_I$$

而乘法器的输出电压 $u_X = k u_O^2 = -u_I$

因此

$$u_O = \sqrt{-\frac{u_I}{k}} \tag{7-35}$$

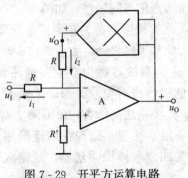

图7-29　开平方运算电路

上式表明，开方运算电路的输出电压 $u_O > 0$，而由于运放采用反相输入方式，及输出电压 u_O 与输入电压 u_1 极性相反，因此要求输入电压 u_1 要小于零，极性为负。由于要满足根号下的数要大于零，所以用于模拟乘法器的增益因子 $k > 0$。由于图 7-29 电路进行开方运算时，其要求输入信号 u_1 是负值，因此图中所标电压电流的方向均是实际方向。

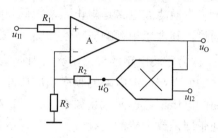

图 7-30　例 7-5 图

【**例 7-5**】　模拟乘法器电路如图 7-30 所示，模拟乘法器增益因子 $k = 0.1\text{V}^{-1}$，试完成：

（1）给出电路输出电压与输入电压信号的关系式；并说明电路所实现运算的类型。

（2）电路对 u_2 的极性是否有要求，为什么？

解　（1）在保证模拟乘法器为运放引入负反馈的条件下，根据运放输入端虚短路和虚断路的特征，有

$$\frac{u'_O}{R_2 + R_3} \times R_3 = u_{I1}$$

或

$$u'_O = \frac{R_2 + R_3}{R_3} u_{I1}$$

而

$$u'_O = k u_O u_{I2}$$

因此有

$$k u_O u_{I2} = \frac{R_2 + R_3}{R_3} u_{I1}$$

则

$$u_O = \frac{R_2 + R_3}{k R_3} \frac{u_{I1}}{u_{I2}}$$

根据输出与输入关系式可知，此电路为同相输入的除法电路，实现对输入信号的除法运算。

（2）模拟乘法器只有为运算放大器引回负反馈，才能实现上述除法运算。而只有当 u'_O 的极性与 u_{I1} 的极性相同，才能在输入回路引入串联负反馈。由于运放采用同相输入方式，其输出电压 u_O 与输入电压 u_{I1} 相位相同，所以 u'_O 应于 u_O 同相位。在本题中，由于 $k > 0$，所以 u_{I2} 也要求大于零，极性为正，电路属于两象限除法运算电路。

✒ **复习要点**

（1）模拟乘法器与运放类似，属于模拟集成电路。

（2）模拟乘法器根据对输入信号极性的不同要求，分为单象限、两象限、四象限乘法器。

（3）模拟乘法器除了自身可完成乘法运算、乘方运算之外，还可以串联到运放的反馈电路中，构成其他运算电路，如除法运算、开方运算等。

（4）由模拟乘法器和运放构成的运算电路，必须要为运放引入负反馈，为了满足这一要求，根据增益因子 k 的极性不同，通常对输入信号的极性有一定的要求。

7.9　有源滤波电路

在电子工程系统中，经常要对信号进行处理。如使用滤波电路可以使所需要的有用频率的信号通过和被放大，而对不需要的无用频率信号进行抑制。所以滤波电路是具有频率选择

性的信号处理电路。

7.9.1　滤波电路的分类

1. 带通滤波电路（BPF）

带通滤波电路是阻止频率较低和频率较高的信号通过。而让信号中间某部分的频率信号通过，其理想幅频响应特性如图 7 - 31（a）所示。图中 f_{p1}、f_{p2} 称为滤波电路的截止频率，$\dot{A}_u$ 称为滤波电路的传递函数。对照第二章，放大电路的频率响应特性，有源滤波电路对信号的处理与放大电路的频率响应特性有相近之处。即滤波电路的传递函数可以看成是放大电路的电压增益；而截止频率 f_{p1}、f_{p2} 对应的是放大电路的下限截止频率 f_L、f_H。滤波器的通带即是放大器的通频带。但是，尽管两个电路的频率响应特性相近，但电路性质和用途是不一样的。放大电路的频率响应特性，是由于构成放大电路的器件参数，如隔直电容的存在，三极管 PN 结电容的存在，导致放大电路不可避免地在低频区和高频区放大倍数要下降。通常要求放大电路的通频带越宽越好，以保证能使各种频率的信号被均匀放大。

而带通滤波电路是用来保证某一段频率信号能被放大并顺利通过电路，对这段频率之外的信号被电路抑制，不能通过电路。通常他的通带是一段有选择的频率区。常在电子电路中用做选频放大器。

2. 带阻滤波电路（BEF）

带阻滤波电路的作用与带通滤波电路对偶，它是抑制全频段信号中某一段频率的信号，阻止这段信号被电路放大并通过电路，其频率响应特性如图 7 - 31（b）所示。从图中可以看出，在阻带这个频段上，电路的传递函数等于零。

3. 低通滤波电路（LPF）

低通滤波电路的频率响应特性与带通和带阻滤波电路不同，它的截止频率只有一个。因此，它是把全频段分成两部分，频率低于 f_p 的信号可以通过，而高于 f_p 的信号被阻止。幅频响应特性如图 7 - 31（c）所示。

4. 高通滤波电路（HPF）

高通滤波电路与低通滤波电路对偶，它的频率响应特性如图 7 - 31（d）所示。它也是把全频段分成两部分，但它与低通滤波电路相反，是使频率高于 f_p 的信号通过，而低于 f_p 的信号被阻止。

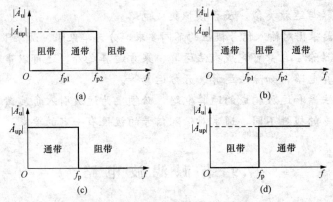

图 7 - 31　理想滤波电路的幅频特性

（a）带通滤波电路；（b）带阻滤波电路；（c）低通滤波电路；（d）高通滤波电路

7.9.2　无源低通滤波电路分析

在电工电路中，用无源元件电阻、电容、电感组成的电路也有滤波作用，这种电路称为无源滤波电路。如在图 7 - 32（a）中，用一个电阻和一个电容串联组成的电路就称无源 RC 低通滤波电路。

在此电路中，电路的传递函数可以表示成

$$\dot{A}_u = \frac{\dot{U}_o}{\dot{U}_i} = \frac{\dfrac{1}{j\omega C}}{R + \dfrac{1}{j\omega C}} = \frac{1}{1 + j\omega RC} \tag{7-36}$$

电路的频率响应特性如图 7 - 32（b）所示。由式（7 - 36）及频率响应特性可以看出，传递函数的值是随角频率 $\omega(1/f)$ 的变化而变化的。即 $\dot{A}_u$ 是信号频率的函数。当信号是直流时，电容 C 的容抗趋于 ∞，因此，传递函数 $\dot{A}_u = 1$，即 $\dot{U}_o = \dot{U}_i$，电路实现了信号的无衰减传送。

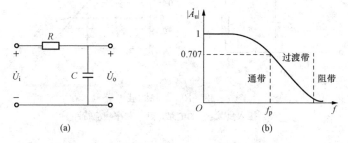

图 7 - 32　RC 低通滤波器及其幅频特性

（a）电路图；（b）幅频特性

在式（7 - 36）中，用 f 表示角频率 ω，并令 $f_0 = \dfrac{1}{2\pi RC}$，同时考虑到电路的通带放大倍数 $\dot{A}_{up} = 1$，则公式变换为

$$\dot{A}_u = \frac{1}{1 + j\dfrac{f}{f_0}} = \frac{\dot{A}_{up}}{1 + j\dfrac{f}{f_0}}$$

$$|\dot{A}_u| = \frac{|\dot{A}_{up}|}{\sqrt{1 + \left(\dfrac{f}{f_0}\right)^2}}$$

当 $f = f_0$ 时，有

$$|\dot{A}_u| = \frac{|\dot{A}_{up}|}{\sqrt{2}} \approx 0.707 |\dot{A}_{up}|$$

当 $f \gg f_0$ 时，$|\dot{A}_u| \approx \dfrac{f_0}{f} |\dot{A}_{up}|$，频率每升高 10 倍，$\dot{A}_u$ 下降 10 倍。如用 dB 表示，即 $20\lg\left|\dfrac{\dot{A}_u}{\dot{A}_{up}}\right| = -20\lg\left|\dfrac{f_0}{f}\right|$，则有频率每升高 10 倍，$\dot{A}_u$ 下降 20dB。

由此可见，实际滤波电路的幅频响应特性并不像图 7 - 31 所示理想低通滤波电路幅频特性，它在通带和阻带之间存在过渡带，过渡带的斜率为$-20\text{dB}/10$倍频。对滤波电路来说，这个过渡带应该越窄越好。由电路 RC 参数确定的 f_0，称为电路的特征频率，它能表达通带与阻带的界限，因此，将 f_0 定义为滤波电路的截止频率 f_p，如其值来表征过渡带的开始，在电路中为输出电压衰减为输入电压 70% 所对应的频率值。

以上分析是滤波电路不接负载时的结论。当将图 7-32 所示 RC 电路接入负载 R_L，电路如图 7-33（a）所示，此时通带传递函数表达式变为

$$\dot{A}_u = \frac{\dot{U}_o}{\dot{U}_i} = \frac{R_L \, /\!/ \, \dfrac{1}{\mathrm{j}\omega C}}{R + R_L \, /\!/ \, \dfrac{1}{\mathrm{j}\omega C}} = \frac{\dfrac{R_L}{R + R_L}}{1 + \mathrm{j}\omega(R \, /\!/ \, R_L)C} \tag{7-37}$$

其频率响应特性如图 7-33（b）虚线所示。

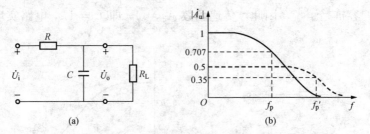

图 7-33　RC 无源滤波电路
（a）接入负载 R_L 的电路；（b）频率响应特性

由幅频特性得到，在输入直流信号时，即 $f=0$ 时，$\dot{A}_{up} = \dfrac{\dot{U}_o}{\dot{U}_i} = \dfrac{R_L}{R + R_L} = \dfrac{1}{2}$。这与不带负载 R_L 相比，通带传递函数的幅值下降了一半。

在式（7-37）中，特征频率　　$f_0 = \dfrac{1}{2\pi(R \, /\!/ \, R_L)C}$

则有　　　　　　　　　　　　$\dot{A}_u = \dfrac{\dot{U}_o}{\dot{U}_i} = \dfrac{\dot{A}_{up}}{1 + \mathrm{j}\dfrac{f}{f_0}}$

即带上负载 R_L 后，电路的截止频率由 $f_p = f_0 = \dfrac{1}{2\pi RC}$ 变为 $f_p' = f_0 = \dfrac{1}{2\pi(R \, /\!/ \, R_L)}$，且一定有 $f_p' > f_p$。

以上表明，RC 无源滤波电路带负载后，通带传递函数的数值减小，通带截止频率升高。可见，无源滤波电路的通带传递函数及其截止频率都随负载变化而变化，这不符合滤波电路的要求，需要进行改进。

7.9.3　有源低通滤波电路构成

有源低通滤波电路如图 7-34 所示，在图 7-34 中，是在由电阻电容组成的无源低通滤波电路和负载之间加了一级由理想运放构成的电压跟随器电路。电压跟随器具有高输入阻抗，低输出阻抗的隔离电路。在分析时，由于理想运放构成的电压跟随器的输入电阻为无穷大，因此，$\dot{U}_C$ 电压不受后面所接电路的影响，仅取决于 RC 值。RC 电路的传递函数式与式（7-36）相同，属于空载状态。由于电压跟随器的输出电阻为零，因此运放的输出电压 $\dot{U}_o$

不受负载 R_L 的影响，始终 $\dot{U}_O = \dot{U}_C$，即电路的幅频特性在
任何负载的情况下都如图 7-33（b）实线所示。

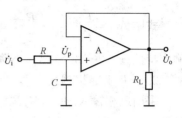

图 7-34 有源低通滤波电路

由于运算放大器在工作时需要外接直流电源，成为有
源器件，因此包含了运放的滤波电路称为有源滤波电路。

在分析有源滤波电路时，工程上习惯在复频域内进行
分析，即通过"拉氏变换"将电压与电流变换成"象函数"
$U(s)$ 和 $I(s)$，因而电阻的 $R(s)=R$，电容的 $Z_C(s)=$
$1/(sC)$，电感的 $Z_L(s)=sL$，输出量与输入量之比称为传递函数，即

$$A_u(s) = \frac{U_o(s)}{U_i(s)}$$

图 7-34 所示电路的传递函数为

$$A_u(s) = \frac{U_o(s)}{U_i(s)} = \frac{U_p(s)}{U_i(s)} = \frac{\dfrac{1}{sC}}{R + \dfrac{1}{sC}} = \frac{1}{1+sRC} \tag{7-38}$$

将 s 换成 $j\omega$，便可得到放大倍数，如式（7-36）。令 $s=0$，即 $\omega=0$，就可得到通带放大
倍数。传递函数分母中 s 的最高指数称为滤波器的阶数。式（7-38）表明，图 7-34 所示电
路包含一个储能元件，为一阶低通滤波器。根据频率特性的基本知识可知，电路中 RC 环节
愈多，阶数愈高，过渡带将愈窄。

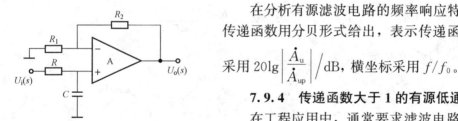

图 7-35 同相输入一阶低通有源滤波电路

在分析有源滤波电路的频率响应特性时，常把
传递函数用分贝形式给出，表示传递函数的纵坐标
采用 $20\lg\left|\dfrac{\dot{A}_u}{\dot{A}_{up}}\right|$ /dB，横坐标采用 f/f_0。

7.9.4 传递函数大于 1 的有源低通滤波器

在工程应用中，通常要求滤波电路通带内的传
递函数大于 1。因此，由运放组成的有源电路，通
常采用一个由运放构成、增益大于 1 的放大电路。运放构成的放大电路可以采用同相输入方
式，也可以采用反相输入方式。

1. 采用同相比例放大器的一阶低通有源滤波电路

由前节分析可知，同相比例放大电路的电压增益为 $1+\dfrac{R_2}{R_1}$，因此电路的传递函数为

$$A_u(s) = \frac{U_o(s)}{U_i(s)} = \left(1 + \frac{R_2}{R_1}\right)U_o(s) = \left(1 + \frac{R_2}{R_1}\right)\frac{1}{1+sRC}$$

令 $f_0 = \dfrac{1}{2\pi RC}$，将 s 代换回 $j\omega$，得到传递函数为

$$\dot{A}_u = \left(1 + \frac{R_2}{R_1}\right)\frac{1}{1 + j\dfrac{f}{f_0}} \tag{7-39}$$

当 $f=f_0$ 时，$|\dot{A}_u| = \dfrac{|\dot{A}_{up}|}{\sqrt{2}}$，$20\lg\left|\dfrac{\dot{A}_u}{\dot{A}_{up}}\right| = -3\text{dB}$

式中 $\dot{A}_{up} = \dfrac{\dot{U}_o}{\dot{U}_P} = 1 + \dfrac{R_2}{R_1}$，即为放大器的增益，$f_0$ 即为通带的截止频率 f_p。当 $f \gg f_p$ 时，响应特性按 $-20\text{dB}/10$ 倍频下降，其幅频响应特性如图 7 - 36 所示。

2. 采用反相比例放大器的一阶低通有源滤波电路

采用反相输入的一阶有源滤波电路如图 7 - 37 所示。电路中 RC 环节由 R_2C 构成。当信号频率 $f=0$ 时，由于电容 C 开路，由运放构成的放大电路为反相比例放大器，其电压增益为 $\dot{A}_u = -\dfrac{R_2}{R_1}$。

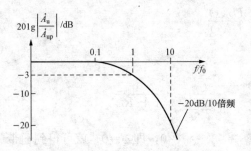

图 7 - 36　一阶低通滤波电路的幅频特性

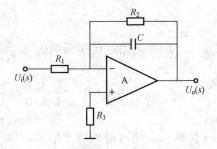

图 7 - 37　反相输入一阶低通有源滤波电路

电路的传递函数为

$$A_u(s) = \frac{R_2 \mathbin{/\!/} \dfrac{1}{sC}}{R_1} = \frac{R_2}{R_1}\frac{1}{1+sR_2C}$$

令 $f_0 = \dfrac{1}{2\pi R_2 C}$，将 s 代换回 $j\omega$，得到传递函数为

$$\dot{A}_u = \frac{\dot{A}_{up}}{1 + j\dfrac{f}{f_0}} = -\frac{R_2}{R_1}\frac{1}{1+j\dfrac{f}{f_0}} \tag{7 - 40}$$

当 $f=f_0$ 时，$|\dot{A}_u| = \dfrac{|\dot{A}_{up}|}{\sqrt{2}}$，$20\lg\left|\dfrac{\dot{A}_u}{\dot{A}_{up}}\right| = -3\text{dB}$

式中 $\dot{A}_u = -\dfrac{R_2}{R_1}$，即为放大器的增益，$f_0$ 即为通带的截止频率 f_p。当 $f \gg f_p$ 时，响应特性按 $-20\text{dB}/10$ 倍频下降，其幅频响应特性如图 7 - 36 所示。

3. 二阶有源低通滤波电路

由一阶有源滤波器的幅频响应特性，通带和阻带之间存在较宽的过渡带，在过渡带内幅频特性的衰减斜率仅为 $-20\text{dB}/10$ 倍频程。要缩窄过渡带，使实际的幅频特性更接近理想特性，可增加 RC 环节，即增加滤波器的阶数。阶数的增加，可加大幅频特性过渡带的衰减斜率。

（1）基本电路。

图 7 - 38 所示为一个基本的二阶有源低通滤波电路。电路仅在输入回路中增加了一节相同的 RC

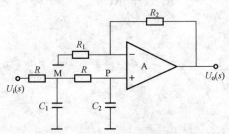

图 7 - 38　简单二阶低通滤波电路

电路，其放大电路的增益仍然为 $1+\dfrac{R_2}{R_1}$。其电路传递函数为

$$A_\mathrm{u}(s) = \left(1+\frac{R_2}{R_1}\right)\frac{U_\mathrm{p}(s)}{U_\mathrm{i}(s)} = \left(1+\frac{R_2}{R_1}\right)\frac{U_\mathrm{p}(s)}{U_\mathrm{M}(s)}\frac{U_\mathrm{M}(s)}{U_\mathrm{i}(s)}$$

$$\frac{U_\mathrm{p}(s)}{U_\mathrm{M}(s)} = \frac{1}{1+sRC}$$

$$\frac{U_\mathrm{M}(s)}{U_\mathrm{i}(s)} = \frac{\dfrac{1}{sC}\Big/\!\!\Big/\left(R+\dfrac{1}{sC}\right)}{R+\left[\dfrac{1}{sC}\Big/\!\!\Big/\left(R+\dfrac{1}{sC}\right)\right]}$$

整理可得

$$A_\mathrm{u}(s) = \left(1+\frac{R_2}{R_1}\right)\frac{1}{1+3sRC+(sRC)^2} \tag{7-41}$$

用 $\mathrm{j}\omega$ 取代 s，且令 $f_0 = \dfrac{1}{2\pi RC}$，得出电压放大倍数表达式为

$$\dot{A}_\mathrm{u} = \left(1+\frac{R_2}{R_1}\right)\frac{1}{1-\left(\dfrac{f}{f_0}\right)^2+\mathrm{j}3\dfrac{f}{f_0}} \tag{7-42}$$

当 $f\approx0.37f_0$ 时，式（7-42）分母的模等于 $\sqrt{2}$，因此可确定通带截止频率为

$$f_\mathrm{p} \approx 0.37f_0$$

当 $f\gg f_\mathrm{p}$ 时，频率每增加 10 倍，电路增益下降 40dB，电路增益在过滤带内的衰减加快，使滤波电路的过渡带变窄，因此二阶滤波电路的性能优于一阶滤波电路。

其幅频响应特性如图 7-39 所示。

（2）引入正反馈的改进型电路。

简单二阶有源滤波电路幅频特性，虽然其过渡带衰减斜率达 $-40\mathrm{dB}/10$ 倍频，但是 f_p 小于 f_0。即在截止频率附近，放大器的增益提前下降，这不符合理想滤波电路的幅频特性。其改进措施是在电路中引入适当的正反馈，使 $f=f_0$ 附近的电压增益数值增大，则可使 f_p 接近 f_0，滤波特性趋于理想。电路如图 7-40 所示。

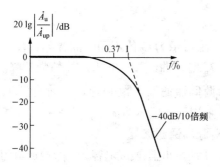

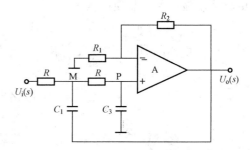

图 7-39　简单二阶低通滤波　　　　　图 7-40　改进型二阶低通有源滤波电路
　　　　　电路的幅频特性

将图 7-40 所示电路中 C_1 的接地端改接到集成运放的输出端，通过这条支路给电路引入了一个电压并联正反馈。当信号频率趋于零时，由于 C_1 的电抗趋于无穷大，因而正反馈很弱。电容 C_2 也相当于开路，放大器的增益 $\dot{A}_\mathrm{up} = 1+\dfrac{R_2}{R_1}$。当信号频率趋于无穷大时，由于 C_2 的电

抗趋于零，因而 $U_p(s)$ 趋于零。可以想象，只要正反馈引入得当，就既可能在 $f=f_0$ 时使电压放大倍数数值增大，又不会因正反馈过强而产生自激振荡。经理论分析可得，电路中 $\dot{A}_{up}$ 的值小于 3 时，电路能稳定工作，而不产生自激振荡。设 $C_1=C_2=C$。M 点的电流方程为

$$\frac{U_i(s)-U_M(s)}{R} = \frac{U_M(s)-U_o(s)}{\frac{1}{sC}} + \frac{U_M(s)-U_p(s)}{R} \tag{7-43}$$

P 点电流方程为

$$\frac{U_M(s)-U_p(s)}{R} = \frac{U_p(s)}{\frac{1}{sC}} \tag{7-44}$$

式（7-43）和式（7-44）联立，解出传递函数

$$A_u(s) = \frac{A_{up}(s)}{1+[3-A_{up}(s)]sRC+(sRC)^2} \tag{7-45}$$

在式（7-45）中，只有当 $A_{up}(s)$ 小于 3 时，即分母中 s 的一次项系数大于零，电路才能稳定工作，而不产生自激振荡。

若令 $s=j\omega$，$f_0=\frac{1}{2\pi RC}$，则电压放大倍数

$$\dot{A}_u = \frac{\dot{A}_{up}}{1-\left(\frac{f}{f_0}\right)^2+j(3-\dot{A}_{up})\frac{f}{f_0}} \tag{7-46}$$

若令 $Q=\frac{1}{3-\dot{A}_{up}}$，则 $f=f_0$ 时

$$|\dot{A}_u| = \left|\frac{\dot{A}_{up}}{3-\dot{A}_{up}}\right| = |Q\dot{A}_{up}| \tag{7-47}$$

可见，Q 的物理意义是：Q 是当 $f=f_0$ 时的电压放大倍数与通带放大倍数之比。

适当地选择电路参数，使 $Q=\left|\frac{\dot{A}_u}{\dot{A}_{up}}\right|$ 取不同的值，其幅频特性也不相同。如图 7-41 所示。Q 称为滤波电路的品质因数。

当 $2<|\dot{A}_{up}|<3$ 时，$|\dot{A}_u|_{f=f_0}>|\dot{A}_{up}|$。图 7-41 所示为 Q 值不同时的幅频特性。Q 值不同时，滤波电路的截止频率 f_p 也不相同。当 $f \gg f_p$ 时，曲线按 $-40\text{dB}/10$ 倍频下降。

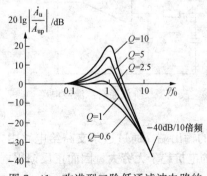

图 7-41 改进型二阶低通滤波电路的幅频特性（不同 Q 值）

同一阶有源低通滤波电路一样，二阶有源低通滤波电路也可以采用反相输入方式。

7.9.5 有源高通滤波器

将图 7-38 所示的电阻换成电容、电容换成电阻就可以得到一阶、二阶高通有源滤波电路，电路如图 7-42 所示。显然，高通滤波电路与低通滤波电路具有对偶性。

图 7-42（a）为一阶高通有源滤波电路，采用同相输入方式。通带放大倍数为 $\dot{A}_{up}=1+\frac{R_2}{R_1}$。电路的传递函数为

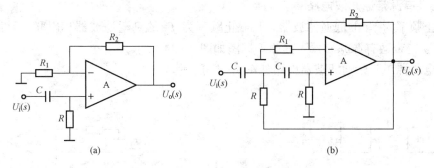

图 7 - 42　高通有源滤波电路

（a）一阶高通有源滤波电路；（b）二阶高通有源滤波电路

$$A_\mathrm{u}(s) == A_\mathrm{up}(s)\frac{(sRC)^2}{1+[3-A_\mathrm{up}(s)]sRC+(sRC)^2} \tag{7-48}$$

电路的截止频率

$$f_\mathrm{p} = \frac{1}{2\pi RC} \tag{7-49}$$

其幅频响应特性如图 7 - 43（a）所示。

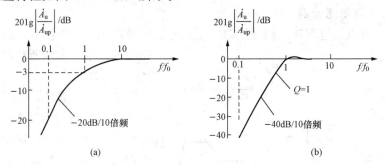

图 7 - 43　高通有源滤波幅频特性

（a）一阶高通有源滤波电路幅频特性；（b）二阶高通有源滤波电路幅频特性

图 7 - 42（b）为改进型二阶高通有源滤波电路，电路增加了一节 RC 电路并引入了正反馈。正反馈提高了在 f_0 附近的电压增益，是通带截止频率 f_p 接近电路特征频率 f_0。通带放大倍数为 $\dot A_\mathrm{up} = 1+\dfrac{R_2}{R_1}$。电路的传递函数为

$$A_\mathrm{u}(s) == A_\mathrm{up}(s)\frac{(sRC)^2}{1+[3-A_\mathrm{up}(s)]sRC+(sRC)^2} \tag{7-50}$$

电路的截止频率

$$f_\mathrm{p} \approx \frac{1}{2\pi RC} \tag{7-51}$$

电路的品质因数

$$Q = \frac{1}{3-\dot A_\mathrm{up}}$$

当 $Q=1$ 时，其幅频响应特性如图 7 - 43（b）所示：当 $f \ll f_\mathrm{p}$ 时，其过渡带的衰减率由一阶电路的 $-20\mathrm{dB}/10$ 倍频变为 $-40\mathrm{dB}/10$ 倍频。

7.9.6　有源带通滤波电路

将截止频率为 f_{p1} 的低通滤波器，与截止频率为 f_{p2} 的高通滤波器相串联，且满足 $f_{p2} <$ f_{p1}，则可获得带通有源滤波器。其原理框图如图 7-44 所示。

压控电压源二阶带通滤波器电路如图 7-45 所示。

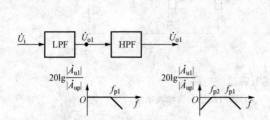

图 7-44　由低通滤波器和高通滤波器
串联组成的带通滤波器

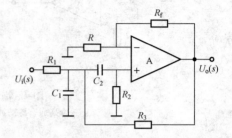

图 7-45　压控电压源二阶带通滤波电路

在图 7-45 中，R_1、C_1 组成了第一级低通滤波电路，其输出信号送到由 R_2、C_2 组成的第二级高通滤波电路。串联传送的信号送到放大器放大。由 R_3 引入正反馈，以加强在 f_0 附近的放大器电压增益。

7.9.7　有源带阻滤波器

带阻滤波器可以通过将输入信号同时作用于低通滤波器和高通滤波器，再将两个滤波器电路的输出信号求和所获得。其原理框图如图 7-46 所示。

图 7-47 为带阻滤波器的典型电路。其中图 7-47（a）为基本电路，图 7-47（b）为引入正反馈的改进型电路。

在图 7-47（a）电路中，通过两个电阻、一个电容构成的 T 型 RC 电路，实现对输入信号进行低通滤波，通过两个电容、一个电阻构成的 T 型 RC 电路，实现对输入信号进行高通滤波。通过运放组成

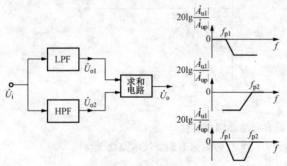

图 7-46　带阻滤波器构成原理框图

的求和电路，将两个经过滤波的信号叠加到一起，即实现了带阻滤波。在图 7-47（b）电路中，通过电阻 R 引回正反馈以加强在 f_0 附近的放大器电压增益。

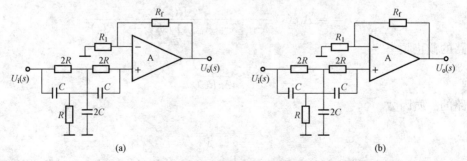

图 7-47　带阻滤波器典型电路
（a）基本电路；（b）改进电路

复习要点

(1) 滤波器按功能分，有几种类型？

(2) 有源滤波和无源滤波的区别在哪里？

(3) 滤波电路的特征频率 f_0 与截止频率 f_p 有何区别？

(4) 滤波电路的阶数由什么因素确定？

(5) 高阶滤波器与低阶滤波器滤波效果有什么不同？

(6) 将多个低阶滤波电路串联，能否获得高阶滤波电路？

本 章 小 结

1. 运算放大电路，属于集成运放的线性应用，因此，运算放大电路中的运放要引入深负反馈，从而保证运放工作在线性区，使其输入输出保持线性运算关系。

2. 在运算电路中，运放被视为理想运放，理想运放在引入深负反馈后，存在"虚短路"和"虚断路"两个特性，它对分析电路非常有益。

3. 根据不同的电路结构，输出电压和输入电压满足不同的运算关系，如比例、加法、减法、指数、对数、积分、微分等。实现同一运算关系的电路结构也可以不同。还可以将某些运算电路组合，形成新的运算电路，如乘法、除法电路。

4. 分析运算电路的输出、输入关系。主要利用"虚短路"和"虚断路"两个电路特征，以及电路叠加定理等方法。

5. 利用运算放大电路的特点，结合 RC 电路构成的有源滤波电路，具有较理想的幅频响应特性。

6. 有源滤波电路根据电路结构不同，可以实现低通、高通、带通、带阻滤波功能。

7. 增加电路中的 RC 环节，可以构成高阶有源滤波电路。高阶有源滤波电路可以在特征频率 f_0 附近的增益衰减加速，使滤波器过渡带变窄，更接近滤波器理想幅频特性。

8. 有源滤波电路的主要参数有通带电压放大倍数 $\dot{A}_{up}$、通带截止频率 f_p。

习　　题

7.1　运放电路如图 7-48 所示。设输出电压由题表 7.1 给出，在表中填入对应的输入电压值。

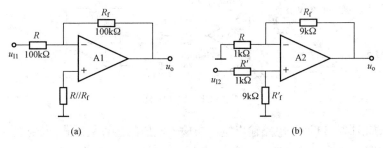

(a)　　　　　　　　　　　　　(b)

图 7-48　题 7.1 图

表 7 - 1　　　　　　　　　　　　　**题 7.1 表**

u_O/V	1	2	4	6
u_{I1}/V				
u_{I2}/V				

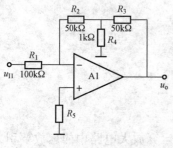

图 7 - 49　题 7.2 图

7.2　图 7 - 49 所示电路可以用低值电阻实现高电压放大倍数。试求：

（1）证明电压放大倍数的计算公式为：$\dot{A}_u = \dfrac{R_2 + R_3 + R_2 R_3/R_4}{R_1}$

（2）根据图中给定电阻参数值确定 $\dot{A}_u$ 值。

7.3　运放电路如图 7 - 50 所示。求各电路输出电压与输入电压的运算关系。

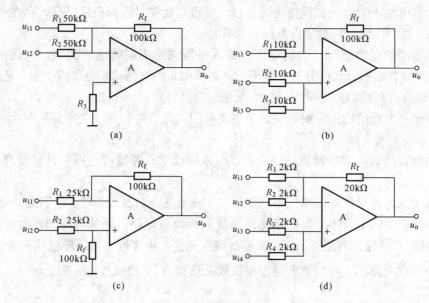

图 7 - 50　题图 7.3

7.4　电路如图 7 - 51 所示。在给定输入信号 u_{i1}，u_{i2} 下，求电路输出电压 u_o。

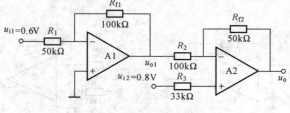

图 7 - 51　题 7.4 图

7.5　试求如图 7 - 52 所示电路输出电压与输入电压的运算关系式。（令 $R_1 = R_2 = R_3 = R$）

7.6　在如图 7 - 53 所示电路中，$R_1 = R_2$，$R_5 = R_6$，$R_7 = R_8 = R_9 = R_{10}$，试求输出电压

与输入电压的运算关系式。

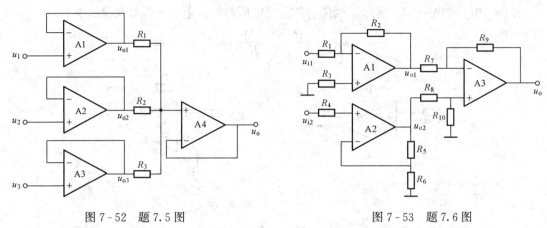

图 7 - 52　题 7.5 图　　　　　　　　　　　图 7 - 53　题 7.6 图

7.7　差分式放大电路及参数如图 7 - 54 所示，其输出电压 $u_O = k(u_1 - u_2)$。给出放大倍数 k 的表达式并求其变化范围。

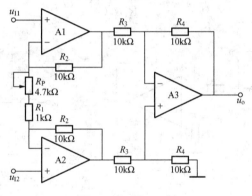

图 7 - 54　题 7.6 图

7.8　积分电路如图 7 - 55 所示。设输入电压的波形由图 7 - 55（b）所示，当 $t = 0$ 时 $u_O = 0$，试画出输出电压 u_{O1}，u_{O2} 的波形。

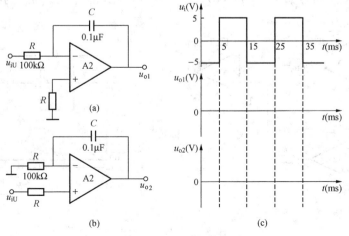

图 7 - 55　题 7.8 图

7.9　试给出图 7-56 所示电路输出电压和输入电压的运算关系。

7.10　电路如图 7-57 所示，试证明其输出电压与输入电压的运算关系式为：

$$u_O = -\frac{R_2}{R_1}u_I - \frac{1}{R_1C}\int u_I\mathrm{d}t$$

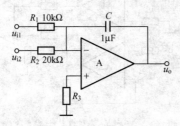
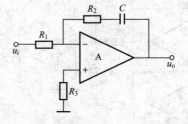

图 7-56　题 7.9 图　　　　　　　　图 7-57　题 7.10 图

7.11　电路如图 7-58 所示，试写出输出电压 u_O 与输入电压 u_I 的运算关系式。

7.12　试推导图 7-59 所示积分电路的输出电压 u_O 与输入电压 u_I 的运算关系式为

$$U_O = -\frac{R_3+R_4}{R_1R_4C}\int U_i\mathrm{d}t$$

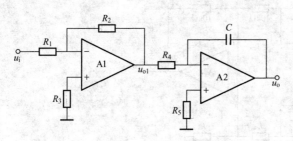
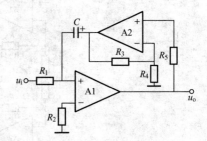

图 7-58　题 7.11 图　　　　　　　　图 7-59　题 7.12 图

7.13　由三个不同的运算电路组成的信号处理电路如图 7-60（a）所示，设电容器 C 上的初始电压 $u_C(0)=0$。试求：

（1）给出 u_{O1}、u_{O2}、u_O 的表达式；

（2）当输入电压信号如图 7-60（b）所示时，试画出 u_{O1}、u_{O2}、u_O 的波形。

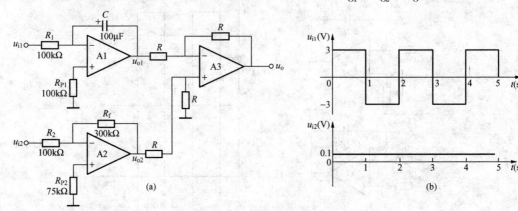

图 7-60　题 7.13 图

7.14　试用对数、指数、加法或减法运算电路设计出 $u_O = \dfrac{u_{I2}}{u_{I1}}$ 和 $u_O = \dfrac{u_{I2}u_{I3}}{u_{I1}}$ 两个原理电路图。

7.15　由模拟乘法器构成的运算电路如图 7-61 所示。已知模拟乘法器的增益因子 $k = 0.1\mathrm{V}^{-1}$，试完成：

（1）给出电路的运算关系式；

（2）说明电路对 u_{I3} 极性是否有要求，为什么？

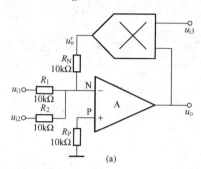 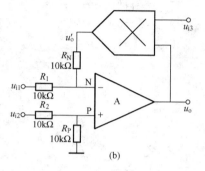

图 7-61　题 7.15 图

7.16　一阶低通有源滤波电路如图 7-62 所示，电路参数 $R = 1\mathrm{k}\Omega$，$R_1 = 1\mathrm{k}\Omega$，$R_2 = 10\mathrm{k}\Omega$，$C = 1\mu\mathrm{F}$，试求：

（1）通带放大倍数 $\dot{A}_{up}$；

（2）通带截止频率 f_p；

（3）当 $f = f_p$ 时，通带放大倍数 $\dot{A}_u$；

（4）试画出该滤波电路的幅频特性。

7.17　一阶高通滤波电路如图 7-63 所示。电路参数 $R_1 = 0.1\mathrm{k}\Omega$，$R_2 = 5\mathrm{k}\Omega$，$R = 0.1\mathrm{k}\Omega$，$C = 5\mu\mathrm{F}$，试求：

（1）通带放大倍数 $\dot{A}_{up}$；

图 7-62　题 7.16 图

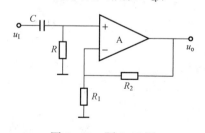

图 7-63　题 7.17 图

（2）通带截止频率 f_p；

（3）当 $f = f_p$ 时，求通带电压放大倍数 $\dot{A}_u$；

（4）试画出该滤波电路的幅频特性。

7.18　有源滤波电路电路如图 7-64 所示，电路中 $R_f = 10\mathrm{k}\Omega$、$R_1 = R_2 = 0.5\mathrm{k}\Omega$、$C_1 = C_2 = 1\mu\mathrm{F}$，试求：

（1）分析该电路是属于哪一类型滤波器，定性画出电路的幅频响应特性。

（2）求其通带放大倍数 $\dot{A}_{up}$；

（3）当 $f \gg f_p$ 后，电压放大倍数随频率的增加如何变化？

7.19　引入多路反馈的改进型、反向输入二阶有源滤波电路如图 7-65 所示，试分析：

（1）求该电路的通带电压放大倍数 $\dot{A}_{up}$ 的表达式；

（2）设图中 $C_1 = C_2 = C$，$R_2 = R_f = R$，求该电路的特征频率 f_0。

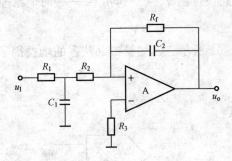 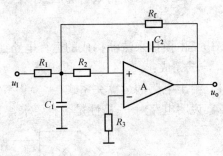

图 7 - 64 　题 7.18 图 　　　　　　　　图 7 - 65 　题 7.19 图

第8章 信号波形产生电路

前几章在分析放大电路时，常采用正弦信号作为信号源，用以设计和分析放大电路的各项性能指标。在实验室和工程实践中，也常用正弦波信号发生器去调试放大电路及其他电子设备。此外，在现代通信、广播、电视系统中使用高频正弦波，作为载波，将音频、视频信号发射出去。正弦波也常用到工业控制系统中，如高频感应加热，超声波焊接等。总之，正弦波信号产生电路应用的很广泛。

能够产生各种频率的正弦波的电子电路，是本章研究的主要内容。正弦波产生电路通常是一种带有正反馈的振荡电路。

8.1 正弦波振荡电路的构成和振荡条件

正弦波振荡电路首先要有一个放大电路。这个放大电路可以是由分立元件三极管构成，也可以是由集成运放构成。其二，振荡电路要包含一个能引入正反馈的反馈网络。所以，也可以说，正弦波振荡电路是一个正反馈的放大电路，不同的是，正弦波振荡电路没有外加输入信号，其放大电路的输入信号，全部来自于电路的输出信号，是一种全反馈电路。除此之外，这个正反馈放大电路还要具有选频功能和稳幅功能。这样，才能成为正弦波振荡电路。

正弦波振荡电路的原理构成如图 8-1 所示。

从结构上看，正弦波振荡电路是一个没有输入信号的正反馈电路。

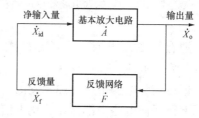

图 8-1 正弦波振荡电路的原理框图

1. 正弦波振荡电路的振荡条件

为使电路在输出端存在一个具有稳定频率和幅值的信号，在设计时，使反馈量和净输入量大小相等，极性相同，即 $\dot{X}_f = \dot{X}_{id}$，在电路的输出端就有正弦信号输出 $\dot{X}_O$。

因为在电路中有，$\dot{X}_O = \dot{A}\dot{X}_{id}$，$\dot{X}_f = \dot{F}\dot{X}_O = \dot{A}\dot{F}\dot{X}_{id}$

因此，要满足振荡条件，必须有

$$\dot{A}\dot{F} = 1 \tag{8-1}$$

在负反馈放大电路中，已经定义 $\dot{A}\dot{F}$ 为反馈电路的环路增益。在环路增益表达式中，开环增益 $\dot{A}$ 和反馈系数 $\dot{F}$ 均为复数表示，它们有大小也有相位，可以表示为 $\dot{A} = A\angle\varphi_a$，$\dot{F} = F\angle\varphi_f$，因此，环路增益又可以表示为

$$\dot{A}\dot{F} = AF\angle\varphi_a + \varphi_f = 1$$

将幅值和相位分别表示有

$$|\dot{A}\dot{F}| = 1 \tag{8-2}$$

$$\varphi_a + \varphi_f = 2n\pi, \quad n = 0, 1, 2, \cdots \tag{8-3}$$

式（8-2）称为振荡的振幅平衡条件，而式（8-3）称为相位平衡条件，这是正弦波振荡电路稳定工作的两个必要条件。

电路的输出 $\dot{X}_o$，经过反馈网络形成反馈量 $\dot{X}_f$，$\dot{X}_f$ 又作为放大电路的输入量 $\dot{X}_{id}$ 重新送入放大电路，经过放大电路放大后，在电路的输出端形成输出量 $\dot{X}_o$，因为电路满足环路增益 $\dot{A}\dot{F} = 1$，此时获得的输出量与刚才送入反馈网络的输出量是一样的。输出量又重新送入反馈网络，形成下一次循环，如此持续下去，在电路的输出端就会形成一个持续的信号 $\dot{X}_o$。

2. 振荡电路的起振和选频功能

以上分析，是振荡电路处于稳定工作时的情况。但是，最开始的起始信号是从哪里来的，理论上可以采用图 8-2 所示的方法去模拟。

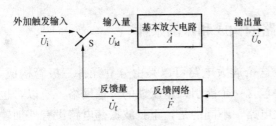

图 8-2 振荡电路的原理触发

首先将开关 S 接在外加触发输入端，$\dot{U}_i$ 是一个具有一定频率、一定幅度的正弦信号。$\dot{U}_i$ 加入电路后，经过放大电路放大到达输出端，形成 $\dot{U}_o$，又通过反馈网络在反馈网络的输出端形成反馈电压 $\dot{U}_f$，由于电路环路增益 $\dot{A}\dot{F} = 1$，$\dot{U}_f$ 是与外加触发信号电压 $\dot{U}_i$ 同频率、同相位、同幅度的正弦电压信号，即 $\dot{U}_f = \dot{U}_i$。此时，将开关 k 倒向 $\dot{U}_f$ 端，$\dot{U}_f$ 就取代 $\dot{U}_i$ 作为放大电路的输入信号，之后电路进入稳定振荡。

但在实际电路中，外加触发信号输入是不存在的，那么最初的激励信号是从哪来的呢？实际上在任何电路中都存在着噪声信号，噪声信号引起电路电量波动，虽然非常微弱，但它们具有多频谱的特征，即在噪声中含有各次正弦谐波分量。这些谐波分量出现在放大电路的输入端，经过放大电路的放大到达输出端，由于有反馈网络的存在，又把输出信号回送到电路的输入端，如果这个反馈是正反馈，即 $\dot{A}\dot{F} > 1$，那么微弱的噪声就会被不断地放大，使得在电路的输出端出现了具有一定幅值的电信号。但是，如果不加限制，在输出端产生的电信号仅仅是被放大了的噪声信号，而不是所需要的具有一定频率的正弦波信号。为解决这一问题，在设计电路时，要使电路具有选频放大功能，具有选频功能的电路，只对噪声中某一指定频率 f_0 的信号构成正反馈，使之 $1 + \dot{A}\dot{F} > 1$，而对于其他频率 $f \neq f_0$ 的信号，构成负反馈，即 $1 + \dot{A}\dot{F} < 1$。这样，在噪声出现后的若干周期后，频率为 f_0 的信号被逐渐放大到一定幅值，而频率 $f \neq f_0$ 的信号被逐渐衰减直到消失。这样，在电路的输出端只存在具有一定幅值的正弦波信号 f_0。以上便是正弦波振荡电路的起振原理。

3. 振荡电路稳幅功能

当电路起振之后，在正反馈的状态下，输出端的信号幅度会越来越大，信号幅度大了之后，由于放大器件的非线性，放大电路的增益 $\dot{A}$ 相对小信号时要减小。由于反馈网络通常是由线性电阻网络构成，反馈系数为常数，所以增益 $\dot{A}$ 的下降将导致环路增益 $\dot{A}\dot{F}$ 下降。当

$\dot{A}\dot{F}$ 下降到 $\dot{A}\dot{F}=1$ 后，输出端信号的幅值不再增长，电路进入了稳定振荡。以上过程称为振荡电路的稳幅过程。

综上所述，一个正弦波振荡电路应该具有放大、反馈、选频和稳幅等四个环节，才能使电路在没有输入信号激励的情况下，靠自身激励将某一频率的信号形成一个稳定振荡过程。

复习要点

(1) 构成正弦波振荡电路要包括四个环节，它们分别是什么？

(2) 正弦波振荡电路引入的反馈是正反馈还是负反馈？

(3) 正弦波振荡电路稳定工作的条件是什么？

8.2 RC 正弦波振荡电路

RC 正弦波振荡电路根据电路结构不同有很多种，本节重点讨论 RC 串并联振荡电路，也常称为文氏电桥振荡电路。

8.2.1 RC 桥式正弦波振荡电路的构成

RC 桥式正弦波振荡原理电路如图 8-3（a）所示。

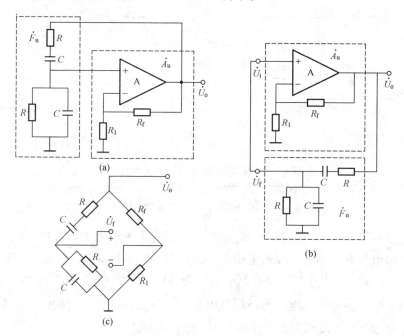

图 8-3　RC 桥式正弦波振荡电路

在这个电路中，放大电路是由集成运放和电阻 R_1、R_f 组成，它们构成了一个电压串联负反馈放大电路。放大电路的输入信号从运放的同相端输入，所以放大电路的输出电压 u_o 与输入电压 u_i 同相，属于同相电压放大电路。

RC 串联和 RC 并联组成了振荡电路的反馈网络。反馈网络的输入取自于输出电压 $\dot{U}_o$，反馈量从 RC 串、并联的连接点取出后，送给放大电路。这个结构满足了正弦波振荡电路的电路构成要求。

图 8-3（b）的电路画法更清晰地表明了构成正弦振荡电路的放大电路和反馈网络。

这个电路结构属于一种桥式电路结构，RC 串联支路、RC 并联支路，电阻 R_f 和电阻 R_1 各构成了四臂电桥的一个臂，电路的输出端和公共地端作为电桥的两个顶点，而电路的输入端（＋）（－）作为电桥另外一对顶点，如图 8-3（b）所示，这就是 RC 串并联正弦波振荡电路，又叫桥式振荡电路的由来。

8.2.2 RC 串并联电路的选频功能

由电阻电容组成的串并联网络，对信号频率的响应是不均匀的，现结合图 8-4 给出的 RC 串并联电路的频率特性做定性分析如下：

（1）当信号频率很低时，电容上的容抗 $\dfrac{1}{j\omega C}$ 很大，远远大于电阻 R。在 RC 串联支路中，就可以忽略电阻的影响，只保留电容 C。而在 RC 并联电路中，又可以忽略电容对电路的影响，只保留电阻 R。由此得到 RC 串并联电路在低频时的等效电路如图 8-4（a）所示。

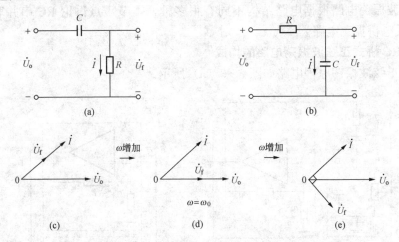

图 8-4 RC 串并联电路频率特性分析

（a）低频时的等效电路；（b）高频时的等效电路；（c）低频时的相位关系；
（d）$\omega = \omega_0$ 时的相位关系；（e）高频时的相位关系

（2）当信号频率很高时，电容上的容抗很小，远远小于电阻 R。这样，在 RC 串联支路中，就可以忽略电容的影响，只保留电阻 R。而在 RC 并联电路中，就可以忽略电阻，只保留电容 C。由此得到 RC 串并联电路在高频时的等效电路如图 8-4（b）所示。

现利用其低频和高频等效电路分析反馈电压 $\dot{U}_f$ 和输出电压 $\dot{U}_o$ 的相位变化关系。在相量图中，以反馈到 RC 串并联电路的输出电压 $\dot{U}_o$ 为基准向量。

由低频等效电路，可画出反馈电压 $\dot{U}_f$ 和输出电压 $\dot{U}_o$ 的相位关系如图 8-4（c）所示。由于是容性电路，所以电流 $\dot{I}$ 超前输出电压 $\dot{U}_o$。而 $\dot{U}_f$ 是电阻上的压降，它和电流同相，因此，在频率很低时，反馈电压 $\dot{U}_f$ 超前输出电压 $\dot{U}_o$。

由高频等效电路，电路保持是容性电路，所以电流 $\dot{I}$ 仍超前于输出电压 $\dot{U}_o$。但此时 $\dot{U}_f$ 是电容上的压降，它应落后电流 $\dfrac{\pi}{2}$，因此，在频率很高时，反馈电压 $\dot{U}_f$ 落后输出电压 $\dot{U}_o$。

高频时反馈电压 $\dot{U}_\mathrm{f}$ 与输出电压 $\dot{U}_\mathrm{o}$ 的相位关系如图 8 - 4（e）所示。

根据以上分析，随着信号角频率 ω 从低频到高频的增加，$\dot{U}_\mathrm{f}$ 从超前 $\dot{U}_\mathrm{o}$ 到落后 $\dot{U}_\mathrm{o}$。因为这个变化是个连续的变化，因此可以推论：当信号变化到中间某一个频率时，应当有 $\dot{U}_\mathrm{f}$ 和 $\dot{U}_\mathrm{o}$ 相位相同。若把这个频率记为 ω_0，则当 $\omega = \omega_0$ 时，$\dot{U}_\mathrm{f}$ 与 $\dot{U}_\mathrm{o}$ 的相位关系如图 8 - 4（d）所示。

根据以上结论，只有对于 $\omega = \omega_0$ 的信号，RC 串并联反馈网络的反馈电压和放大电路的输出电压相位相同，即反馈网络的反馈系数的相移 $\varphi_f = 0$。

下面定量来分析反馈网络的反馈系数的频率特性。根据定义有

$$\dot{F} = \frac{\dot{U}_\mathrm{f}}{\dot{U}_\mathrm{o}} = \frac{R \mathbin{/\!/} \dfrac{1}{\mathrm{j}\omega C}}{R + \dfrac{1}{\mathrm{j}\omega C} + R \mathbin{/\!/} \dfrac{1}{\mathrm{j}\omega C}} \tag{8 - 4}$$

经过整理，可得

$$\dot{F} = \frac{1}{3 + \mathrm{j}\left(\omega RC - \dfrac{1}{\omega RC}\right)} \tag{8 - 5}$$

令 $\omega_0 = \dfrac{1}{RC}$，将其代入上式可得

$$\dot{F}_\mathrm{u} = \frac{1}{3 + \mathrm{j}\left(\dfrac{\omega}{\omega_0} - \dfrac{\omega_0}{\omega}\right)} \tag{8 - 6}$$

由此可得 RC 串并联网络的幅频特性和相频特性

$$F_\mathrm{u} = \frac{1}{\sqrt{3^2 + \left(\dfrac{\omega}{\omega_0} - \dfrac{\omega_0}{\omega}\right)^2}} \tag{8 - 7}$$

$$\varphi_f = -\arctan \frac{\left(\dfrac{\omega}{\omega_0} - \dfrac{\omega_0}{\omega}\right)}{3} \tag{8 - 8}$$

当 $\omega = \omega_0$ 时，由幅频特性表达式可得反馈系数的幅值为

$$F_\mathrm{u} = \frac{1}{\sqrt{3^2 + 0}} = \frac{1}{3} \tag{8 - 9}$$

这是反馈系数的最大值，它代表对频率为 ω_0 的信号，RC 串并联网络可以把输出电压的 1/3 送回放大电路的输入端，而对于其他频率的信号，反馈量很小，甚至等于零。

由相频特性可知，在 $\omega = \omega_0$ 时，$\varphi_f = -\arctan \dfrac{0}{3} = 0$。

这说明 RC 串并联网络对频率为 ω_0 的信号相位移为零，而对于其他频率的信号将会产生较大的相移。

根据以上分析可知，$\omega = \omega_0 = \dfrac{1}{RC}$ 或写成 $f = f_0 = \dfrac{1}{2\pi RC}$，就是在定性分析时提到的使 $\dot{U}_\mathrm{f}$ 和 $\dot{U}_\mathrm{o}$ 相位相同的那一个中间频率，现在确定它由 RC 串并联电路当中的电阻和电容值决定。通常把这个频率就叫做正弦振荡电路的振荡频率。

由于在桥式振荡电路当中，放大器选用的是由运放构成的同相放大器，即放大器的输出与放大器的输入相位相同，满足 $\varphi_A = 0$。因此要满足正弦波振荡的相位平衡条件 $\varphi_a + \varphi_f = 0$，就只有频率为 ω_0 的信号，而且此时反馈系数能获得最大值，即 $F_u = \dfrac{1}{3}$，只要选择放大器的电压增益 $A_u = 3$，就可以使电路的环路增益 $A_u F_u = 1$，满足正弦波振荡的振幅平衡条件。而对于其他 $\omega \neq \omega_0$，都有 $F_u < \dfrac{1}{3}$，不满足振幅平衡条件。这就是说在众多信号频率中，RC 桥式振荡电路只能对 $\omega = \omega_0$ 的信号完成振荡，这就是 RC 串并联电路的选频作用。改变 RC 串并联电路的电阻和电容值，即可改变电路的振荡频率。

【例 8-1】 在图 8-3 所示电路中，若取电阻值 $R = 1\text{k}\Omega$，电容 C 等于 $0.1\mu\text{F}$，求电路的振荡频率 f_0。

解
$$f_0 = \frac{1}{2\pi RC} = \frac{1}{2\pi \times 1000 \times 0.1 \times 10^{-6}} \approx 1592 \ (\text{Hz})$$

电路的振荡频率近似为 1.6kHz。

8.2.3 振荡的建立与稳定

如何能在不加外部触发信号的条件下，靠电路本身的正反馈使电路开始振荡并持续稳定下去，这是本节要讨论的问题。

事实上，在电子电路中存在噪声，例如在接通电源时对电路的冲击。这类噪声的频谱分布很广，有低频也有高频，其中也必然包含 $\omega = \omega_0 = 1/(RC)$ 这样一个频率成分。开始时，这个信号的幅度很微弱，但如果使放大电路的电压增益 $\dot{A}_u = 1 + R_f/R_1$，略大于 3，由于 RC 串并联网络选频功能，对 ω_0 信号反馈网络输出最大的反馈量，即反馈系数 $\dot{F}_u = 1/3$，因此电路的环路增益 $\dot{A}_u \dot{F}_u > 1$，从而使得频率为 ω_0 的信号的输出幅度会越来越大，而对其他频率的信号环路增益均小于 1，它们会越来越小。最后在电路中，只剩下频率为 ω_0 的信号在振荡。当输出幅度达到所要求时，使电路的增益下降为 $\dot{A}_u = 3$，这样电路的环路增益为 $\dot{A}_u \dot{F}_u = 1$，输出信号幅度不再增加而达到了稳定平衡状态。

那么，如何使电路从开始起振时环路增益大于 1，而在达到所要求的输出信号幅度后，环路增益下降到 1，这就是电路的稳幅措施。通常可以在放大电路的负反馈回路里采用非线性元件来自动调整反馈的强弱而达到稳幅的目的。如在图 8-3 所示的桥式振荡电路中，反馈电阻可选用一个温度系数为负的热敏电阻，当输出电压 $\dot{U}_o$ 增加时，通过负反馈回路的电流也随之增加，结果使热敏电阻的阻值减小，负反馈自动加强，使放大电路的增益下降。反之，当 $\dot{U}_o$ 很小时，反馈电流也小，热敏电阻阻值很大，从而使负反馈减弱，放大电路的增益变大。由于热敏电阻的自动调节作用，使放大电路的增益由开始起振时的大于 3，调整到电路稳定振荡时等于 3。

【例 8-2】 在图 8-3 所示电路中，若取电阻值 $R_1 = 1\text{k}\Omega$，反馈电阻 R_f 如何选取，才能保证电路起振？

解 根据正弦振荡电路的振幅平衡条件，电路要能起振必须满足 $AF \geqslant 1$，由于反馈系数 $F_u = 1/3$，所以要求电路增益 $A_u = 1 + \dfrac{R_f}{R_1} \geqslant 3$，因此反馈电阻 R_f 的选取要满足

$$R_\mathrm{f} \geqslant (3-1) \times R_1 = 2R_1 = 2\mathrm{k}\Omega$$

要求 $R_\mathrm{f} \geqslant 2\mathrm{k}\Omega$ 是指在起振时 $R_\mathrm{f} > 2\mathrm{k}\Omega$，在稳定振荡时 $R_\mathrm{f} = 2\mathrm{k}\Omega$。

8.2.4　频率可调的 RC 桥式正弦波振荡电路举例

用正弦波振荡电路构成正弦信号发生器，要使振荡频率能够连续可调，以满足工程和实验要求。为了能做到这一点，常在 RC 串并联电路当中，准备几组电容，通过切换电容，实现振荡频率的粗调。在电阻回路中，串入一个同轴电位器，通过旋转电位器，改变电阻 R 值，实现振荡频率的细调。

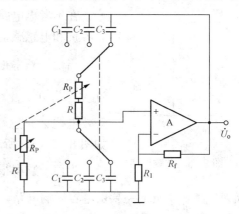

【例 8 - 3】　图 8 - 5 所示电路为频率可调的 RC 桥式振荡电路，已知电路中电容的取值分别为 $0.01\mu\mathrm{F}$、$0.1\mu\mathrm{F}$、$4.7\mu\mathrm{F}$，电阻 $R = 50\Omega$，电位器 $R_\mathrm{W} = 15\mathrm{k}\Omega$，试求振荡频率 f_0 的调节范围？

解　因为振荡频率 $f_0 = \dfrac{1}{2\pi RC}$，

图 8 - 5　频率可调的桥式正弦波振荡电路

当电容 C、电位器 R_P 取最大值时，获得最小振荡频率 f_0min。本电路中最大电容是 $4.7\mu\mathrm{F}$，电位器调到最大时是 $15\mathrm{k}\Omega$，所以最小振荡频率为

$$f_\mathrm{0min} = \frac{1}{2\pi(R + R_\mathrm{P})C_\mathrm{max}} = \frac{1}{2\pi(50 + 15 \times 10^3) \times 4.7 \times 10^{-6}} \approx 2.25(\mathrm{Hz})$$

当电容 C、电位器 R_P 调到零时，电路获得最大振荡频率 f_0max。本电路所接最小电容是 $0.1\mu\mathrm{F}$，所以最大振荡频率为

$$f_\mathrm{0max} = \frac{1}{2\pi RC_\mathrm{min}} = \frac{1}{2\pi \times 50 \times 0.1 \times 10^{-6}} \approx 318\mathrm{kHz}$$

本电路振荡频率 f_0 的调节范围是 $2.25\mathrm{Hz} \sim 318\mathrm{kHz}$。

✒ 复习要点

(1) RC 桥式正弦波振荡电路选频网络和反馈网络是同一个电路吗？

(2) RC 串并联反馈网络的最大反馈系数是多少？它出现在什么条件下？

(3) 在 RC 桥式正弦波振荡电路中，放大器应选用同相放大器还是反相放大器？在稳定振荡时，放大器的增益应该是多大？

(4) RC 桥式正弦波振荡电路起振的信号源是怎样获得的？

(5) RC 桥式正弦波振荡电路是怎样实现稳幅振荡的？

8.3　LC 正弦波振荡电路

LC 正弦波振荡电路与 RC 桥式正弦波振荡电路的组成原则是一致的，电路中都要包括放大电路和选频网络构成的正反馈，只是选频网络在 RC 桥式振荡电路中，是由电阻、电容构成，而在 LC 正弦波振荡电路当中，选频网络是由电感、电容构成的。RC 桥式振荡电路

的振荡频率比较低，一般在几十千赫兹以内，而要想获得一兆赫兹以上的正弦波，一般要采用 LC 振荡电路。

8.3.1　LC 并联回路的频率特性

LC 正弦波振荡电路中的选频网络，多采用 LC 并联网络，如图 8-6 所示。

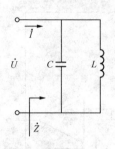

图 8-6　并联网络

在不考虑电路损耗的情况下，LC 并联回路的等效电抗 $\dot{Z}$ 等于电容容抗和电感感抗的并联。下面定性分析电路的频率响应特性。

当信号频率很低时，电容的容抗 $\dot{X}_c = \dfrac{1}{j\omega C}$，要远大于电感的感抗 $\dot{X}_l = j\omega L$，此时主要由电感影响电路，而电容的作用降低，所以等效电抗 $\dot{Z}$ 是感性的，因此在电路中电压要超前于电流，其相量图如图 8-7（a）所示。

当信号频率很高时，电感的感抗 $\dot{X}_l = j\omega L$，要远大于电容的容抗 $\dot{X}_c = \dfrac{1}{j\omega C}$，此时主要由电容影响电路，而电感的作用降低，所以等效电抗 $\dot{Z}$ 是容性的，因此在电路中电流要超前于电压，其相量图如图 8-7（c）所示。

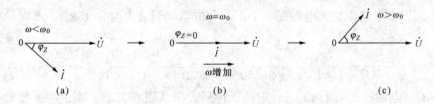

图 8-7　LC 并联电路相量图
(a) 低频时；(b) $\omega=\omega_0$ 时；(c) 高频时

根据以上分析，当频率由低向高变化时，电路中电流由落后电压到超前电压，由于变化的连续性，可以推论，必然存在一个中间频率 ω_0，使得电流和电压相同，其相量图如图 8-7（b）所示。以下可以证明 ω_0 取决于电感和电容值，其计算公式为

$$\omega_0 \approx \frac{1}{\sqrt{LC}} \quad \text{或} \quad f_0 = \frac{1}{2\pi\sqrt{LC}} \tag{8-10}$$

当考虑电路损耗的存在时，各种损耗可以用电阻 R 来表示，则 LC 并联电路的等效电路如图 8-6（b）所示。电路的等效阻抗为

$$\dot{Z} = (R + j\omega L) \mathbin{/\!/} \frac{1}{j\omega C} = \frac{(R + j\omega L)}{R + j\omega L + \dfrac{1}{j\omega C}}$$

考虑到通常有 $R \ll j\omega L$，将上式中 R 忽略并整理为

$$\dot{Z} \approx \frac{\dfrac{1}{j\omega C} j\omega L}{R + j\left(\omega L - \dfrac{1}{\omega C}\right)} = \frac{L/C}{R + j\left(\omega L - \dfrac{1}{\omega C}\right)} \tag{8-11}$$

在电路理论中，当上式满足 $\omega L = \dfrac{1}{\omega C}$ 时，称在 LC 并联电路中产生并联谐振，此时的角

频率 ω 称为谐振频率 ω_0, $\omega_0 = \dfrac{1}{\sqrt{LC}}$。当电路谐振时, 等效电抗 $\dot{Z}$ 具有纯电阻特征, 而且呈现最大值, 即

$$\dot{Z} = \dot{Z}_0 = \frac{L}{RC} \tag{8-12}$$

$\dot{Z}$ 的频率特性如图 8-8 所示, 图 8-8 (a) 为幅频响应特性, 图 8-8 (b) 为相频响应特性。

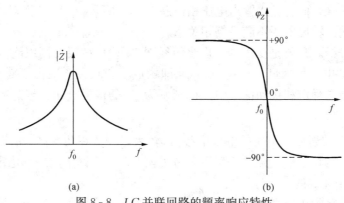

图 8-8 LC 并联回路的频率响应特性

(a) 幅频响应特性; (b) 相频响应特性

从图 8-8 所示 LC 并联回路等效阻抗 $\dot{Z}$ 的频率响应特性可以看到, 首先, 当外加信号频率 $\omega = \omega_0 (f = f_0)$ 时, LC 并联回路发生并联谐振, 谐振结果是, 谐振回路等效阻抗达到最大值; 当 $\omega \neq \omega_0 (f \neq f_0)$ 时, 等效阻抗都将减小。其次, 当电路谐振时, 等效阻抗为纯电阻, 即阻抗角 $\varphi_f = 0$, 电流与电压相位相同。

根据以上分析, 利用 LC 并联回路的频率响应特性, 可以把它作为 LC 正弦波振荡电路的选频和反馈网络。

8.3.2 变压器反馈式振荡电路

1. 电路构成

变压器反馈式振荡电路如图 8-9 所示。

图 8-9 中放大电路是由 BJT 组成的射极偏置共射单管放大电路, 与第 2 章介绍的射极偏置电路不同的是, 放大电路的集电极电阻 R_C 的位置, 在这里是由一个 LC 并联电路替代, 其中 L 是变压器的一次绕组线圈 L_1。变压器有三个绕组线圈, 除 L_1 外还有绕组线圈 L_2 和 L_3, L_3 作为输出绕组, 负责把正弦波信号送到负载 R_L, 而 L_2 即为电路的反馈绕组线圈, 它负责把放大器的输出端信号反馈送到放大电路的输入端, 为了保证电路能够振荡, L_2 引回的反馈必须是正反馈。

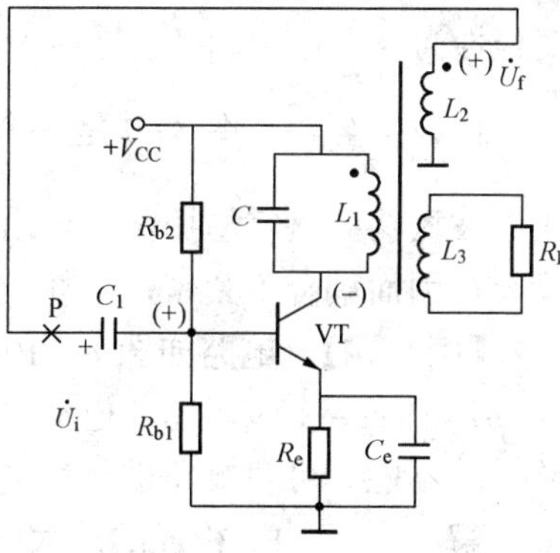

2. 电路工作原理

首先来分析 BJT 共射单管放大电路, 根据第 2 章的分析, 在通频带范围内, 它的电压增益表达式为 $\dot{A}_u = -\dfrac{\beta R'_L}{r_{be}}$。其中 R'_L 是 BJT 的集电极负载, 在第 2 章里, $R'_L =$

图 8-9 变压器反馈时正弦振荡电路

$R_C /\!/ R_L$，由于参数与信号频率无关，所以增益 $\dot{A}_u$ 是个常数。而在图 8-9 所示电路中，集电极负载由电阻 R_C 变成了 LC 并联回路，而根据前面的分析，LC 并联回路的电抗和信号频率有关。由图 8-8 所示的 LC 并联回路的频率响应特性，在信号频率 $f = f_o = \dfrac{1}{2\pi\sqrt{LC}}$ 时，LC 并联回路发生并联谐振，此时，阻抗 Z 为最大值，而且其特性为纯电阻。如把谐振阻抗记为 Z_0，放大电路的增益就可以表达为 $\dot{A}_u = -\dfrac{\beta Z_0}{r_{be}}$。由增益的表达式可知，放大电路对 $f = f_o$ 的信号放大能力最强，而且输入输出电压相位差 180°，即 $\varphi_a = 180°$。而对于其他信号，放大能力会很弱，且输入输出电压不满足倒相关系。

根据以上的分析，只要是变压器二次绕组线圈 L_2 构成的反馈网络能倒相 180°，即 $\varphi_f = 180°$。图 8-9 所示电路可满足 $\varphi_a + \varphi_f = 2n\pi$，即构成了正反馈。又由于对 f_o 的电压增益最大，因此，电路会在噪声和扰动信号中，将频率为 f_o 的信号选出，经过起振过程后，达到稳定振荡。

由于单管 BJT 共射放大电路的电压增益 $\dot{A}_u$ 较大，一般在几十倍，所以变压器反馈正弦波振荡器只要能满足相位平衡条件，就很容易实现振荡。振荡由起振到稳定振荡的过渡是依靠 BJT 的非线性来完成的。

判断正弦波振荡的相位平衡条件，仍然使用在第 5 章介绍的瞬时极性法。做法是：首先把反馈回路断开，如在图 8-9 中 P 点处。断开反馈回路后，在放大器的输入端（P 点右侧）加入极性为正的输入信号 $\dot{U}_i$，然后逐点判断电路中各有关节点的瞬时极性，直至确定反馈电压 $\dot{U}_f$（P 点左侧）的瞬时极性。若 $\dot{U}_f$ 的瞬时极性与 $\dot{U}_i$ 一致，则引入的反馈为正反馈。

对于变压器绕组线圈的瞬时极性，要根据其同名端（绕组线圈标记"·"的一端）的位置来确定。

在图 8-9 电路中，当在输入端加入"＋"极性的 $\dot{U}_i$ 后，对于 $f = f_o$ 的信号放大电路倒相 180°，因此放大电路的输出端 BJT 的集电极瞬时极性为（－），从而使连接这一点的变压器原边绕组线圈 L_1 的非同名端瞬时极性为（－）。而 L_1 的同名端连接直流电源 $+V_{CC}$，在交流电路中这一点是零电位，因此 L_1 的同名端电位高于非同名端电位。根据变压器知识，变压器二次侧绕组 L_2 也应同时满足同名端电位高于非同名端电位，而 L_2 的非同名端电位在电路中是零电位，因此 L_2 的同名端电位高于零电位，由此确定 L_2 的同名端电位，也就是反馈电压 $\dot{U}_f$ 的瞬时极性为（＋）。由于 $\dot{U}_f$ 与 $\dot{U}_i$ 极性一致，所以反馈为正反馈，满足振荡的相位平衡条件。

由以上分析，图 8-9 是一个振荡频率为 $f_o = \dfrac{1}{2\pi\sqrt{LC}}$ 的正弦波振荡电路。变压器反馈式正弦波振荡电路容易振荡，输出电压的波形失真较小。但是由于反馈电压与输出电压靠磁路耦合，因而耦合不紧密，损耗较大，振荡频率的稳定性也较差。

【例 8-4】 电路如图 8-10 所示，电路参数为：$L_1 = L_2 = 1\text{mH}$，$C = 10\text{pF}$，$C_e = C_b = 100\mu\text{F}$，$V_{CC} = 12\text{V}$，BJT 电流放大系数 $\beta = 50$。试判断该电路是否能构成 LC 正弦波振荡电路，若不能，可对电路进行适当修改，使之能产生正弦波振荡，并确定振荡频率 f_o。

解 由于 BJT 构成的放大电路为共射接法，其振幅平衡条件可以满足。再利用相位平衡条件对其进行判断。由于电感 L_1 的电压为反馈电压，利用瞬时极性法，断开 L_1 非同名端

与 VT 的基极连接电路，并在基极加以瞬时极性电压
"＋"，如题解图 8 - 11（a）所示。

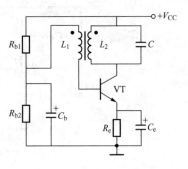

由于 BJT 的倒相，其集电极电位极性为 "－"，从而
电感线圈 L_2 同名端电位高于非同名端电位。根据变压器同
名端的定义，L_1 的同名端电位也高于非同名端电位。由于
L_1 的同名端电位为交流地（电容 C_b 交流短路），因此，其
非同名端电位，也就是反馈电压为 "－"，与基极所加电压
极性相反，为负反馈。因此，该电路接法不满足正弦波振
荡电路的相位平衡条件，需要进行修改。修改方法是：改

图 8 - 10　［例 8 - 4］图

变电感线圈 L_1 或 L_2 的同名端标注，使电路构成正反馈，如题解图 8 - 11（b）所示。满足
相位平衡条件。修改后的正弦波振荡电路的振荡频率为

$$f_0 = \frac{1}{2\pi \sqrt{L_2 C}} = \frac{1}{2 \times 3.14 \times \sqrt{1 \times 10^{-3} \times 10 \times 10^{-12}}} = \frac{10}{6.28} \times 10^6 \approx 1.6 (\text{MHz})$$

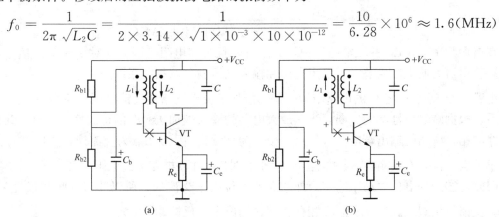

(a)　　　　　　　　　　　(b)

图 8 - 11　［例 8 - 4］题解图

8.3.3　电感反馈三点式振荡电路

1. 电路构成

电感反馈三点式振荡电路如图 8 - 12（a）所示。图 8 - 12（b）所示为电路的交流通路。
从交流通路上看到，电感 L 有首端，中间抽头和尾端三个端点。与变压器反馈式正弦振荡
电路相比较，电路做了如下改进：为了克服变压器反馈时振荡电路中变压器原边绕组线圈和
副边绕组线圈耦合不紧密的缺点，图 8 - 12 所示电路把原边绕组线圈和副边绕组线圈合并为
一个线圈，并把两线圈连接点作为中点抽头连接到直流电源端。电容跨接在整个线圈的两
端，这样可以加强 LC 并联谐振效果。放大电路仍然采用 BJT 共发射极单管放大电路。

从图 8 - 12（b）所示交流通路上看到，电感 L 有首端，中间抽头和尾端三个端点。电
感 L 首端为电路的电压输出端，尾端为反馈电压端，而中间抽头为交流地端，三点式振荡
电路的名称由此而来。

2. 电路工作原理

电路的选频仍然由 LC 并联电路的谐振特性来完成。设 N_1 的电感量是 L_1，N_2 的电感
量是 L_2，N_1 和 N_2 间存在互感 M，所以电路的等效电感为 $L = L_1 + L_2 + 2M$。因此，谐振频
率 f_0 为

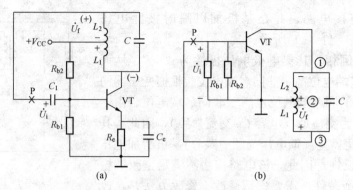

图 8 - 12　电感反馈三点式振荡电路

(a) 电路图；(b) 交流通路

$$f_0 \approx \frac{1}{2\pi\sqrt{LC}} = \frac{1}{2\pi\sqrt{(L_1 + L_2 + 2M)C}} \tag{8-13}$$

在谐振频率下，LC 并联电路呈现最大阻抗，且为纯电阻。因此，对 $f = f_0$ 的信号，放大电路获得最大的电压增益，且输出电压和输入电压满足倒相关系。

电感 L_1、L_2 和电容 C 的电路结构，仍然能保证反馈网络使反馈电压 $\dot{U}_f$ 和输出电压是倒相关系。根据瞬时极性法的判断，当在放大电路的输入端加 $f = f_0$ 的正极性电压时，共射放大电路倒相，电路的输出端电压（①点）极性为（－）。因为②点为交流地，所以②点的电位高于①点。再来看线圈 N_2 上的电压，由于此时 LC 并联电路为纯电阻，$\dot{U}_f$ 与 $\dot{U}_o$ 是串联关系，因此，③点的电位要高于②点，即③点的电位高于交流地，所以③点的瞬时极性为正。因此，反馈电压 $\dot{U}_f$ 与输入电压 $\dot{U}_i$ 相位相同，构成了正反馈。

电感反馈三点式正弦振荡电路的缺点是，反馈电压取自于电感 L_2，电感对高次谐波阻抗大，因而使得输出波形中包含了较大的高次谐波分量，使输出波形不够理想。

8.3.4　电容反馈三点式振荡电路

针对电感反馈三点式振荡电路输出波形存在高次谐波分量的问题，电容反馈三点式振荡电路反馈电压不取自于电感，而取自于电容，由于电容对高次谐波的阻抗很小，使输出波形中的高次谐波分量减少，输出波形的质量得到了提高。电容反馈三点式振荡电路如图 8 - 13 (a) 所示。图 8 - 13 (b) 所示是电路的交流通路。

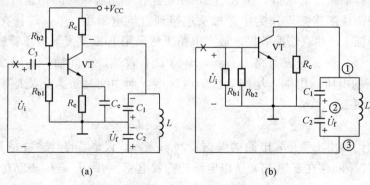

图 8 - 13　电容反馈三点式振荡电路

(a) 电路图；(b) 交流通路

由电路可以看到，输出电压（①点）加到电容 C_1 上，反馈电压（③点）取之于电容 C_2，而②点仍旧是交流地，所以它也是三点式结构。电感 L 和电容 C_1、C_2 构成电路的选频网络，振荡频率 f_0 仍然是 LC 并联电路的并联谐振频率。电路中，总电容 C 为 C_1、C_2 的串联电容，其值为 $C = \dfrac{C_1 C_2}{C_1 + C_2}$。因此，谐振频率 f_0 为

$$f_0 \approx \frac{1}{2\pi \sqrt{LC}} = \frac{1}{2\pi \sqrt{L \dfrac{C_1 \times C_2}{C_1 + C_2}}} \tag{8-14}$$

在谐振频率下，LC 并联电路呈现最大阻抗，且为纯电阻。因此，对 $f = f_0$ 的信号，放大电路获得最大的电压增益，且输出电压和输入电压满足倒相关系。

根据瞬时极性法的判断，当在放大电路的输入端加 $f = f_0$ 的正极性电压时，共发射极放大电路的倒相，电路的输出端电压（①点）极性为（－）。因为②点为交流地，所以②点的电位高于①点。再来看线圈 N_2 上的电压，又由于此时 LC 并联电路为纯电阻，$\dot{U}_f$ 与 $\dot{U}_o$ 是串联关系，因此，③点的电位要高于②点，即③点的电位高于交流地，所以③点的瞬时极性为正。因此，反馈电压 $\dot{U}_f$ 与输入电压 $\dot{U}_i$ 相位相同，构成了正反馈。

✒ 复习要点

（1）LC 正弦波振荡电路是如何实现选频的？
（2）变压器反馈式 LC 正弦波振荡电路中的放大电路一定要求是反相放大电路吗？
（3）电感三点式和电容三点式正弦波振荡电路，哪一个输出波形更好？
（4）采用什么方法判断电路的相位平衡条件？

8.4　矩形波产生电路

矩形波产生电路是能够在电路的输出端产生具有一定周期变化的矩形方波，其振荡周期由电路参数决定。由于在矩形波中包含极其丰富的谐波成分，因此矩形波产生电路也称为多谐振荡电路。

电路利用了理想运放的电压传输特性，即其开环增益为无穷大这一特点，通过比较运放两个输入端的电位变化，周期性的改变输出端电位，从而在电路的输出端获得高、低电平的周期变化，形成矩形波。

8.4.1　方波产生电路

1. 电路的构成

方波产生电路是矩形波产生电路的一种，其基本电路如图 8-14 所示。

在电路中，运放的同相输入端通过电阻 R_1、R_2 为运放引入正反馈，正反馈的引入使输出电平的转换速度更快。在运放的反相输入端，通过电阻 R_3 和电容 C 引入一个延时环节。由于 R_3 和 C 是一个 RC 充放电电路，在电容上的电压 u_c 将随着输出电压 u_o

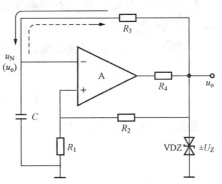

图 8-14　矩形波发生电路

的变化而变化。

2. 电路工作原理

当电路通电后，设运放同相输入端电位大于零。此时由于电容未充电，$u_c = 0$。即运放同相输入端电位高于反相输入端电位，输出电位与同相输入端电位相同。在正反馈的作用下，输出电压很快达到稳压二极管的击穿电压 $+U_Z$。此时，同相输入端电位等于 $\dfrac{R_1}{R_1 + R_2} U_Z$。

令
$$U_{T+} = \frac{R_1}{R_1 + R_2} U_Z \tag{8-15}$$

U_{T+} 称为正阈值电压。

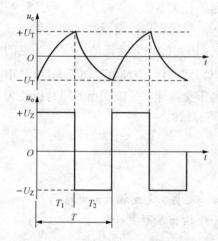

图 8-15 方波发生电路的波形图

与此同时，输出电压通过电阻 R_3 向电容 C 开始充电，充电时间常数为 $\tau = R_3 C$。充电波形如图 8-15 所示。

充电的结果是电容两端电压 u_c 逐渐升高。当电容两端电压达到正阈值电压 $U_{T+} = \dfrac{R_1}{R_1 + R_2} U_Z$ 时，运放的反相输入端电位开始大于同相端输入电位。根据理想运放的电压传输特性，运放的输出端将由 $+U_Z$ 翻转成为 $-U_Z$。此时，同相输入端电位翻转为 $-\dfrac{R_1}{R_1 + R_2} U_Z$。

令
$$U_{T-} = -\frac{R_1}{R_1 + R_2} U_Z \tag{8-16}$$

U_{T-} 称为负阈值电压。

此后，在前一段时间段内电容 C 充满的电荷开始通过电阻 R_3 放电，放电时间常数仍为 $\tau = R_3 C$。放电的结果是电容两端电压 u_c 逐渐下降。放电波形如图 8-15 所示。当电容两端电压达到负阈值电压 $U_{T-} = -\dfrac{R_1}{R_1 + R_2} U_Z$ 时，运放的反相输入端电位开始小于同相端输入电位，运放的输出端将由 $-U_Z$ 翻转成为 $+U_Z$，电容又重新开始充电过程。之后这个电容的充放电过程将周期转换。在充电维持时间内，输出电压 $u_o = +U_Z$，在放电维持时间内，$u_o = -U_Z$。因此，在电路的输出端形成了随时间周期变换的矩形波形。

3. 波形周期及振荡频率的计算

由原理分析可知，输出波形的正半周为电容的充电维持时间，负半周为电容放电的维持时间。充放电时间长度均为 $R_3 C$，而且充放电的起始值和终值对称相等。利用一阶 RC 电路的三要素法，可求出电容充电时间为 T_1、放电时间 T_2，也就是输出波形的高、低电平的维持时间

$$T_1 = T_2 = R_3 C \ln\left(1 + \frac{2R_1}{R_2}\right) \tag{8-17}$$

因此，方波的周期为

$$T = T_1 + T_2$$

而波形的振荡频率 $f = \dfrac{1}{T}$。

根据以上分析，调整电阻 R_1、R_2、R_3 和电容 C 的值都可以改变波形的周期和振荡

频率。

8.4.2 占空比可调电路

通常将矩形波中高电平维持时间 T_h 和振荡周期 T 之比称为波形的占空比。例如，方波的占空比为 $\dfrac{T_1}{T}=0.5$。在电子系统中，经常要求获得占空比可以调整的矩形波，因此有如图 8-16 所示的占空比可调的矩形波发生电路。

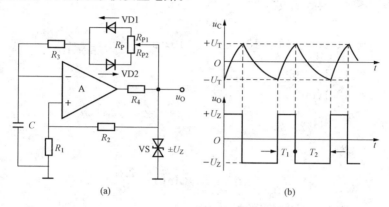

图 8-16 占空比可调的矩形波发生电路

1. 电路构成及工作原理

比较方波产生电路，该电路只是在 RC 充放电回路增加了由二极管 VD1、VD2、可调电阻 R_P 组成的电路。根据二极管的单向导电特性，使得在电容充电时，二极管 VD1 导通，而二极管 VD2 截止，输出电压通过可调电阻上部分 R_{P1} 和电阻 R_3 向电容 C 充电。而在放电时，二极管 VD2 导通，而二极管 VD1 截止，电容通过电阻 R_3 和可调电阻下部分 R_{P2} 放电。这样，改变可调电阻 R_P 滑动端位置，即改变 R_{P1} 和 R_{P2} 的值，就改变了充放电回路的时间常数 τ，使充电时间常数 $\tau_{充}$ 和放电时间常数 $\tau_{放}$ 不相等。由于充电时间决定了波形高电平维持时间 T_1，而放电时间决定了低电平维持时间 T_2，波形高电平和低电平维持时间在一周期内不同，从而改变了波形的占空比。

2. 波形周期及振荡频率的计算

由电路可知，当把二极管看成理想二极管，电容回路充电时间常数 $\tau_{充}=(R_{P1}+R_3)C$，而放电回路的时间常数 $\tau_{放}=(R_{P2}+R_3)C$。根据一阶 RC 电路的三要素法可以解出：

$$T_1 = \tau_{充} \ln\left(1+\frac{2R_1}{R_2}\right)$$

$$T_2 = \tau_{放} \ln\left(1+\frac{2R_1}{R_2}\right)$$

$$T_1 + T_2 \approx (R_P + 2R_3)C\ln\left(1+\frac{2R_1}{R_2}\right) \tag{8-18}$$

波形的振荡频率 $f=\dfrac{1}{T}$

式 (8-18) 表明波形的周期及振荡频率不会因可调电阻 R_P 的滑动端位置不同而改变，它改变的仅仅是矩形波的占空比。

【例 8-5】 在图 8-16 (a) 所示电路中，已知 $R_1=R_2=25\text{k}\Omega$，$R_3=5\text{k}\Omega$，$R_P=100\text{k}\Omega$，

$C=0.1\mu F$，$\pm U_Z=\pm 8V$。试求：

(1) 输出电压的幅值和振荡频率约为多少；

(2) 占空比的调节范围约为多少。

解　(1) 输出电压 $u_o=\pm 8V$

振荡周期

$$T\approx (R_P+2R_3)C\ln\left(1+\frac{2R_1}{R_2}\right)$$

$$=\left[(100+10)\times 10^3\times 0.1\times 10^{-6}\ln\left(1+\frac{2\times 25\times 10^3}{25\times 10^3}\right)\right]s$$

$$\approx 12.1\times 10^{-3}s$$

$$=12.1(ms)$$

振荡频率 $f=\frac{1}{T}\approx 83Hz$

(2) 矩形波的宽度

$$T_1\approx (R_{P1}+R_3)C\ln\left(1+\frac{2R_1}{R_2}\right)$$

其中 $R_{P1}=0\sim 100k\Omega$，所以 T_1 的最小值

$$T_{1min}\approx \left[5\times 10^3\times 0.1\times 10^{-6}\ln\left(1+\frac{2\times 25\times 10^3}{25\times 10^3}\right)\right]s\approx 0.55\times 10^{-3}s$$

T_1 的最大值

$$T_{1max}\approx \left[(5+100)\times 10^3\times 0.1\times 10^{-6}\ln\left(1+\frac{2\times 25\times 10^3}{25\times 10^3}\right)\right]s\approx 11.5\times 10^{-3}s$$

占空比 $\frac{T_1}{T}\approx 0.045\sim 0.95$

✒ 复习要点

(1) 掌握矩形波产生电路的结构特点，运放引入正反馈后给电路带来了哪些影响？

(2) 输出电压为什么能自动进行电平转换？

(3) 阈值电压的作用是什么？

(4) 哪些元件参数决定波形的幅值、周期、振荡频率？

(5) 矩形波的占空比是如何定义的？

8.5　三角波产生电路

8.5.1　基本三角波产生电路的构成及原理

根据前面介绍的由运放组成的积分电路特性，当积分电路的输入是直流信号时，其输出将是具有一定斜率的斜坡函数。因此，只要将方波信号电压作为积分运算电路的输入，在积分运算电路的输出就得到三角波信号电压，如图 8-17 (a) 所示。当方波发生电路的输出电压 $u_{o1}=+U_Z$ 时，积分运算电路的输出电压 u_o 将线性下降；而当 $u_{o1}=-U_Z$ 时，u_o 将线性上升，波形如图 8-17 (b) 所示。

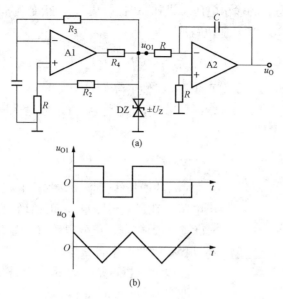

图 8-17 采用波形变换的方法得到三角波

(a) 电路；(b) 波形分析

8.5.2 实际三角波产生电路

1. 电路构成及工作原理

在实际电路中，一般是把基本电路中，两个 RC 充放电延时环节合并成一个以简化电路。实际电路如图 8-18 所示。它是将方波发生电路中的 RC 充、放电回路用积分运算电路来代替。电路的输出通过电阻 R_1 反馈到方波产生电路的同相输入端，而其反向输入端直接接地。

图 8-19 中第一级运放的同相输入端电压与积分电路的输出电压 u_o 有关，同时也与自身的输出电压 u_{o1} 有关。而运放 A1 包含有正反馈，其输出电压 $u_{o1} = \pm U_Z$。这取决于运放 A_1 两输入端电平的大小比较。根据电路叠加原理，集成运放 A1 同相输入端的电位

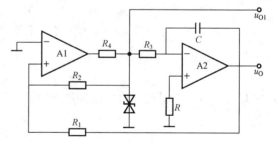

图 8-18 三角波发生电路

$$u_{p1} = \frac{R_2}{R_1 + R_2} u_o + \frac{R_1}{R_1 + R_2} u_{o1} = \frac{R_2}{R_1 + R_2} u_o \pm \frac{R_1}{R_1 + R_2} U_Z$$

当这个电平过零时，将导致运放 A1 的输出改变状态，把这个电平值称为阈值电压，用 $\pm U_T$ 表示，即阈值电压

$$\pm U_T = \pm \frac{R_1}{R_2} U_Z \tag{8-19}$$

积分电路的输入电压是运放 A1 的输出电压 u_{O1}，而且 u_{O1} 不是 $+U_Z$，就是 $-U_Z$，所以输出电压的表达式为

$$u_o = -\frac{1}{R_3 C} u_{o1}(t_1 - t_0) + u_o(t_0) \tag{8-20}$$

式中 $u_o(t_0)$ 为初态时的输出电压。设初态时 u_{o1} 从 $-U_Z$ 跃变为 $+U_Z$，此时 u_o 等于正的阈值电压 $+U_T$，则式（8-19）应改写成

$$u_o = -\frac{1}{R_3 C} U_Z (t_1 - t_0) + U_T \qquad (8-21)$$

积分电路反向积分，u_o 随时间的增长线性下降。

当输出电压下降到 $u_o = -U_T$，再稍减小，U_{o1} 将从 $+U_Z$ 跃变为 $-U_Z$。使得式（8-20）变成为

$$u_o = \frac{1}{R_3 C} U_z (t_2 - t_1) + (-U_T) \qquad (8-22)$$

此时，积分电路正向积分，u_o 随时间的增长线性增大，如图 8-19 所示。同理，一旦输出电压上升到 $u_o = +U_T$，再稍增大，u_{o1} 将从 $-U_Z$ 跃变为 $+U_Z$，回到初态，积分电路又开始反向积分。电路重复上述过程，因此产生自激振荡。

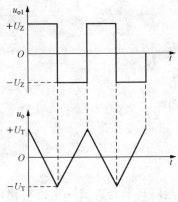

图 8-19 三角波-方波发生
电路的波形图

由以上分析可知，u_o 是由上升斜坡和下降斜坡组成的三角波，幅值为 $\pm U_T$；u_{o1} 是方波，幅值为 $\pm U_Z$，如图 8-19 所示，因此也可称图 8-18 所示电路为三角波—方波发生电路。由于积分电路引入了深度电压负反馈，具有很强的带负载能力，所以在负载电阻相当大的变化范围里，三角波电压几乎不变。

2. 周期及振荡频率

将半周期积分的起始值和终了值代入公式。即可求出波形的周期。根据图 8-19 所示波形可知，正向积分的起始值为 $-U_T$，终了值 $+U_T$，积分时间为二分之一周期，将它们代入式（8-22），得出

$$+U_T = \frac{1}{R_3 C} U_Z \cdot \frac{T}{2} + (-U_T)$$

式中 $U_T = \dfrac{R_1}{R_3} U_Z$，因此可得出振荡周期

$$T = \frac{4 R_1 R_3 C}{R_2} \qquad (8-23)$$

振荡频率

$$f = \frac{1}{T} = \frac{R_2}{4 R_1 R_3 C} \qquad (8-24)$$

调节电路中 R_1 和 R_2 的阻值，可以改变三角波的幅值，由改变 R_1、R_2、R_3 的阻值和 C 的容量，可以改变振荡频率。

复习要点

（1）掌握三角波产生电路的电路结构特点，它是由方波电路与积分电路组合所构成的电路。

（2）实用三角波产生电路为什么可以将方波电路的 RC 充放电电路去掉？

（3）哪些元件参数决定三角波的周期和振荡频率。

本 章 小 结

1. 正弦波产生电路的构成，包括放大电路、反馈网络、选频电路和稳幅环节这四个部分。

2. 正弦波产生电路引入的反馈是正反馈，在稳定振荡时，电路的环路增益要满足 $\dot{A}\dot{F} = 1$。

3. 正弦波振荡电路的起振是靠电路中存在的噪声，在起振时，要满足 $\dot{A}\dot{F} > 1$。

4. 正弦波振荡电路的振荡频率由选频网络决定。正弦波振荡电路的稳幅是靠放大元件的非线性和热敏元件来完成。

5. 正弦波振荡电路分 RC 桥式正弦波振荡电路和 LC 正弦波振荡电路。LC 正弦波振荡电路又分变压器反馈式、电感三点式和电容三点式等不同结构。RC 桥式正弦波振荡电路的振荡频率较低，一般在 1MHz 以下，LC 正弦波振荡电路的振荡频率较高，一般在 1MHz 以上。电容三点式比电感三点式的输出波形更好。

6. 除正弦波振荡电路之外，还有产生非正弦波振荡的电路。包括矩形波产生电路、三角波产生电路。

7. 非正弦波产生电路由运放和 RC 延时环节组成。通过比较运放输入端的电压，设输出电压周期性的改变状态，从而形成各种非正弦的信号电压。

习 题

8.1　试用相位平衡条件判断图 8-20 所示电路是否能够实现正弦波振荡，并简述理由。对不能振荡的电路予以改正，使之能够振荡。

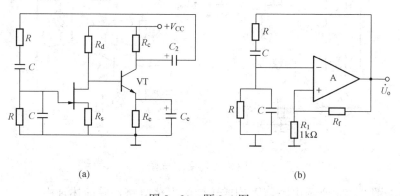

(a)　　　　　　　　　　　　　(b)

图 8-20　题 8.1 图

8.2　对图 8-20（b）所示 RC 桥式正弦波振荡电路，若能满足相位平衡条件，为满足振荡振幅条件，应怎样选取反馈电阻 R_f？

8.3　试用相位平衡条件判断图 8-21 所示电路是否能够实现正弦波振荡，并简述理由。若电路能够振荡，分别给出其振荡频率 f 的计算公式。

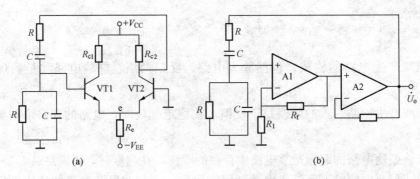

图 8 - 21　题 8.3 图

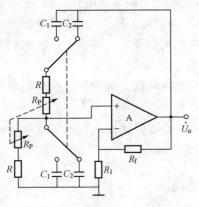

图 8 - 22　题 8.4 图

8.4　频率可调的 RC 桥式正弦波振荡电路及电路参数如图 8 - 22 所示，将振荡频率的调节范围填入题 8 - 4 表。

题 **8.4** 表

	$f_{0min} \sim f_{0max}$
第一挡	$\sim$
第二挡	$\sim$

8.5　试用瞬时极性法判断图 8 - 23 所示变压器反馈式正弦波振荡电路是否满足振荡相位平衡条件，若不满足予以改正，并求电路的振荡频率 f_0。

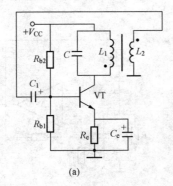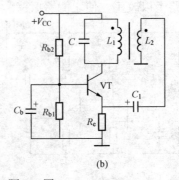

图 8 - 23　题 8.5 图

8.6　判断图 8 - 24 所示电路能否构成正弦波振荡电路，并简述理由。

8.7　试分析图 8 - 25 所示电路是否分别构成电感三点式和电容三点式正弦波振荡电路，简述理由。

8.8　由运放构成的电感三点式和电容三点式正弦波振荡电路如图 8 - 26 所示，试分析电路的相位平衡条件，并计算振荡频率 f_0。

8.9　方波产生电路如图 8 - 27 所示，已知 $R_1 = R_2 = 10k\Omega$，$R_3 = 5k\Omega$，$R_P = 100k\Omega$，$C = 0.1\mu F$、$\pm U_z = \pm 6V$。试求：

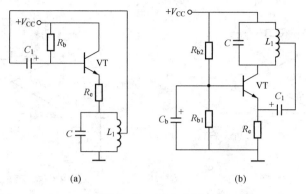

图 8 - 24　题 8.6 图

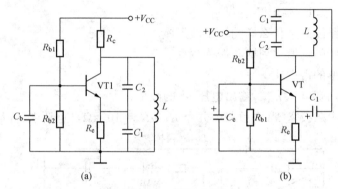

图 8 - 25　题 8.7 图

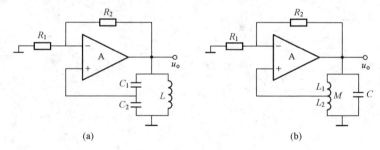

图 8 - 26　题 8.8 图

（1）求输出电压的幅值。

（2）求周期和振荡频率的调节范围。

（3）画出电容两端电压 u_C、输出电压 u_o 的波形。

8.10　非正弦波产生电路如图 8 - 28 所示，已知 $R_1 = R_2 = 10\text{k}\Omega$，$R_3 = 5\text{k}\Omega$，$R_{D1} = 10\text{k}\Omega$，$R_{D2} = 100\text{k}\Omega$，$C = 0.1\mu\text{F}$、$\pm U_Z = \pm 6\text{V}$。试求：

（1）确定该电路能产生什么样的输出波形？

（2）求输出电压的幅值、周期和振荡频率。

（3）求输出波形的占空比。

（4）画出电容两端电压 u_C、输出电压 u_o 的波形。

（5）若令 $R_{D1} = R_{D2} = 100\text{k}\Omega$，重新求解以上四个问题。

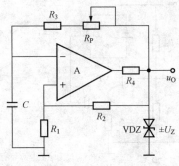

图 8 - 27 题 8.9 图

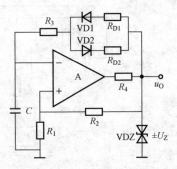

图 8 - 28 题 8.10 图

8.11 非正弦波产生电路如图 8 - 30 所示，已知 $R_1 = R_2 = 20\text{k}\Omega$，$R_4 = 1\text{k}\Omega$，$R_5 = 100\text{k}\Omega$，$C = 0.1\mu\text{F}$、$\pm U_z = \pm 8\text{V}$。试求：

（1）确定该电路能产生什么样的输出波形？

（2）求输出电压的幅值、周期和振荡频率。

（3）求输出波形的占空比。

（4）画出电容两端电压 u_{o1}、输出电压 u_o 的波形。

（5）若将电路中二极管 VD1 短路，并令 $R_4 = R_5 = 100\text{k}\Omega$，重新求解以上四个问题。

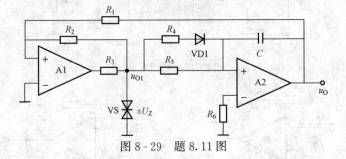

图 8 - 29 题 8.11 图

第9章　直流稳压电源

除了一些手持便携电子设备可以由电池供电外，各类电子电路和电子设备一般由直流稳压电源来供电，直流稳压电源将交流供电网提供的交流电源转换成为稳定的直流电源。随着电子技术的发展，无论是工业电子设备还是民用电子设备的使用越来越广泛，需要直流稳压电源的地方越来越多，特别是一些小功率直流稳压电源已经得到了普及。本章主要介绍单相小功率直流稳压电源的构成和工作原理。

9.1　直流稳压电源的组成

单相小功率直流稳压电源主要包括四个部分：交流降压、整流、滤波、稳压，如图9-1所示。

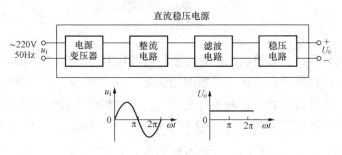

图9-1　单相小功率直流稳压电源

所谓交流信号，就是其大小和方向都在变化的正弦信号，我国供电网的标准是220V/50Hz，220V是正弦交流电压的有效值。而直流稳压信号是指大小不变，方向也不变的电量。由图9-1看到，经过直流稳压电源，正弦交流被转变成为直流，为电子设备提供直流电源。

在构成直流稳压电源四个部分中，交流降压部分就是由一个单相降压变压器来构成，变压器的初级绕组接交流220V电源，经过变压器降压后，次级绕组已经降低了幅度的交流电压送到下一部分整流电路。

✎ 复习要点

（1）单相小功率直流稳压电源由哪几部分电路组成？
（2）直流稳压电源是由电路自己产生的还是由交流电源转变得到的？

9.2　单相整流电路

整流电路的作用就是将交流电变换成为脉动直流。脉动直流是指大小有变化，而方向没有变化的直流。整流电路一般是由半导体二极管构成的。整流电路分半波整流电路和全波整流电路两种。下面分别进行介绍。

9.2.1　单相半波整流电路

1. 电路构成

由一个二极管就可以构成单相半波整流，电路如图 9-2 所示。

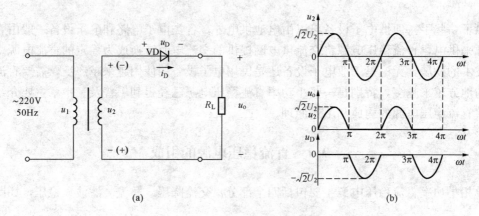

(a)　　　　　　　　　　　　　　　　　　　　　(b)

图 9-2　单相半波整流电路

(a) 电路图；(b) 波形图

电路中的二极管 VD 称为整流二极管，分析时假定其为理想二极管，理想二极管是指当二极管加正向电压时可靠导通，正向导通电阻为零，在二极管上没有电压降，$u_D = 0$。当外加反向电压时，二极管可靠截止，电阻为无穷大，在二极管中没有反向电流，$-i_D = 0$。

降压变压器的初级电压 u_1 通常为交流供电电压 220V/50Hz，变压器次级电压 u_2 的瞬时值可表示为 $u_2 = \sqrt{2}U_2 \sin\omega t$，式中：$U_2$ 是次级电压有效值。

2. 工作原理

在 u_2 的正半周 [图 9-2 (b) 中 u_2 的第一个周期 $\omega t = 0 \sim \pi$] 时，即变压器次级绕组上端为 +，下端为 -，此时二极管 VD 外加了一个正向偏置电压，因此处于导通状态。电流从次级绕组的上端流出，经过二极管 VD，负载电阻 R_L，流回到次级绕组的下端。电流在负载电阻 R_L 上，产生了正向输出电压 u_o，由于二极管是一个理想二极管，当其正向导通时压降为零，因此有

$$u_o = u_2 = \sqrt{2}U_2 \sin\omega t$$

如图 9-2 (b) 中 $\omega t = 0 \sim \pi$ 的波形所示。

在 u_2 的负半周 [图 9-2 (b) 中 u_2 的第一个周期 $\omega t = \pi \sim 2\pi$] 时，即变压器次级绕组下端为（+），上端为（-），此时二极管 VD 外加了一个反向偏置电压，因此处于截止状态，在电路中没有电流流过负载电阻 R_L，因此在 R_L 上不产生电压，即

$$u_o = 0$$

如图 9-2 (b) 中 $\omega t = \pi \sim 2\pi$ 的波形所示。

根据以上分析，在 u_2 的整个周期中，在负载 R_L 上，只获得其正半周，而没有负半周。这样的波形称为脉动直流，脉动直流有大小变化，而没有方向变化。

以上将具有正负方向变化的波形转变成为单一方向变化的过程，就称为整流。

3. 整流电路主要参数

（1）输出电压平均值 U_o。将图 9 - 2（b）中 u_o 的波形用傅里叶级数进行分解后，其中的恒定分量就是 U_o，所以输出电压平均值就是负载电阻 R_L 上的电压平均值。按定义它可表达为

$$U_o = \frac{1}{2\pi}\int_0^{2\pi}\sqrt{2}U_2\sin\omega t\,\mathrm{d}(\omega t) \tag{9 - 1}$$

由 9.1 节分析知，当 $\omega t = 0 \sim \pi$ 时，$u_o = \sqrt{2}U_2\sin\omega t$，当 $\omega t = \pi \sim 2\pi$ 时，$u_o = 0$，所以积分结果为

$$U_o = \frac{\sqrt{2}U_2}{\pi} \approx 0.45U_2 \tag{9 - 2}$$

输出电压平均值 U_o 与整流后的脉动直流电压如图 9 - 3 所示。

（2）输出电流平均值 I_o。输出电流平均值 I_o 定义为流过负载 R_L 的电流平均值，可表示为

$$I_o = \frac{U_o}{R_L} = \frac{0.45U_2}{R_L} \tag{9 - 3}$$

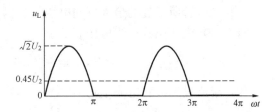

图 9 - 3 半波整流电路输出电压平均值

（3）脉动系数 S。后面的内容会看到，不同结构的整流电路，整流后所获得的输出波形也不相同，因此输出到负载上的电压和电流的平均值也不相同。衡量一个整流电路性能的优劣，往往是把同一个信号整流后，所获得的输出电压、电流的平均值越大越好。所获得输出电压电流越大，说明输出信号的脉动成分越小。为了能定量地反映输出波形的脉动情况，通常采用脉动系数 S 去表示。

脉动系数 S 定义为：整流输出电压基波最大值 $U_{o1m} = \dfrac{\sqrt{2}U_2}{2}$ 与输出直流电压平均值 $U_{o(AV)} = \dfrac{\sqrt{2}U_2}{\pi}$ 的比值，即

$$S = \frac{U_{o1m}}{U_{o(AV)}} \tag{9 - 4}$$

显然，S 越大，整流电路输出电压平均值越小，脉动成分越多，输出波形越不平稳。通过波形分析可以计算出半波整流电路的脉动系数近似等于 1.57，说明其输出电压平均值相对较小。

（4）整流元件的选择。当整流电路的变压器次级电压有效值和负载电阻值确定后，整流元件的选择就是对整流二极管的选择。选择二极管是依据整流电路中，流过二极管的电流平均值和它所承受的最大反向电压来确定二极管的型号。

在单相半波整流电路中，流过二极管的正向平均电流就等于流过负载的电流平均值，即

$$I_{D(AV)} = \frac{U_{o(AV)}}{R_L} \approx \frac{0.45U_2}{R_L} \tag{9 - 5}$$

按此参数选择时，应保证所选择的二极管的最大整流平均电流 I_F（由手册查出）要大于 $I_{D(AV)}$。

由图 9 - 2（b）中二极管两端电压波形可得到，在整流过程中，二极管所承受的最大电

压等于变压器次级电压 u_2 的最大值电压，即 $U_{DR}=\sqrt{2}U_2$，按此参数选择时，应保证所选择的二极管的最高反向电压 U_R（由手册查出）要大于 U_{DR}。

一般情况下，允许电网电压有 $\pm10\%$ 的波动，因此在选用二极管时，应至少保留 10% 的安全系数。

单相半波整流电路结构简单，仅使用了一个二极管作为整流器件。但是在整流过程中，它只利用了交流电压的半个周期，另半个周期完全被去掉，所以其效率低，输出波形中脉动成分大，直流成分低，所以仅适用于输出电流较小，对平稳性要求不高的场合。

【例 9-1】 在图 9-2 所示的单相半波二极管整流电路中，已知输出端负载电阻上的电压平均值为 9V，负载电阻 $R_L=100\Omega$，试求：

(1) 确定变压器次级电压有效值应为多少；

(2) 流过二极管的电流平均值和输出电流平均值是多少；

(3) 二极管所承受的最大反向电压是多少。

解 (1) 求变压器次级电压有效值

$$U_2 = \frac{U_o}{0.45} = \frac{9}{0.45} = 20(V)$$

(2) 求流过二极管电流平均值

$$I_{D(AV)} = I_o = \frac{U_o}{R_L} = \frac{9}{100} = 0.09(A) = 90(mA)$$

(3) 求二极管承受的最大反向电压

$$U_{DRmax} = \sqrt{2}U_2 = \sqrt{2} \times 20 \approx 28(V)$$

9.2.2 单相桥式整流电路

单相半波整流电路实质上是砍掉了交流信号的负半周，而仅仅保留其正半周来达到整流目的，这样做不仅效率低，而且输出波形脉动成分大。能否在整流过程当中，使交流信号的负半周也能得以利用，加入到输出电压中去，从而使效率提高，脉动成分变小，桥式整流电路可以做到这一点。

1. 电路构成

单相桥式整流电路如图 9-4（a）所示。在实际应用时也常采用图 9-4（b）所示的习惯画法和图 9-4（c）所示的简化画法。

电路包括四支整流二极管 VD1～VD4，四只二极管构成了四臂桥式电路，每个二极管构成了电桥的一个臂，如图 9-4（b）所示。电桥的上下两个顶点 a、b 分别接变压器次级绕组的两端，左右两个顶点 c、d 作为整流电路的输出接负载 R_L。每一个顶点分别连两个二极管，其中 a、b 两个顶点所连的二极管极性相反，c、d 两个顶点所连的二极管极性相同，且 c 点为整流后电压正极性输出端，d 点为负极性输出端。

2. 工作原理

如图 9-2（b）所示，在 u_2 的正半周（$\omega t = 0 \sim \pi$）时，即变压器二次绕组上端为"+"，下端为"−"时，电流 [图 9-4（b）中实线箭头所示] 从二次绕组上端，由 a 点进入整流桥。因为在 a 点接 VD1 二极管的阳极和 VD4 二极管的阴极，即 VD1 正向偏置，VD4 反向偏置，所以 VD1 正向导通，VD4 反向截止，电流经二极管 VD1 由 a 点流入 c 点。在 c 点，VD2 由于反向偏置而截止，电流将由上至下流过负载，在负载电阻上产生上正下负的输出

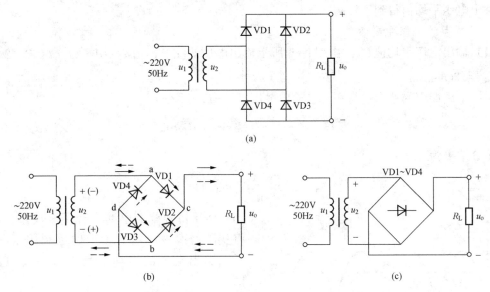

图 9-4 单相桥式整流电路

(a) 电路图；(b) 习惯画法；(c) 简化画法

电压 u_o。电流到达 d 点后，尽管所连接的两个二极管 VD3、VD4 都是阳极，但由于 VD4 的阴极电位（负载上端）高于阳极电位（负载下端），所以 VD4 是处于反向偏置而截止，电流通过二极管 VD3 由 d 点流向变压器二次绕组的下端"一"。

如图 9-2（b）所示，在 u_2 的负半周（$\omega t = \pi \sim 2\pi$）时，即变压器二次绕组下端为"（＋）"，上端为"（－）"时，电流 [图 9-4（b）中虚线箭头所示] 从二次绕组下端，由 b 点进入整流桥。因为在 b 点接二极管 VD2 的阳极和 VD3 的阴极，即 VD2 正向偏置，VD3 反向偏置，所以 VD2 正向导通，VD3 反向截止，电流经二极管 VD2 由 b 点流入 c 点。在 c 点，VD1 由于反向偏置而截止，电流要流过负载，而且与正半周相同，也将是由上至下流过 R_L，在 R_L 产生上正下负的输出电压 u_o。电流到达 d 点后，尽管所连接的两个二极管 VD3、VD4 都是阳极，但由于 VD3 的阴极电位（负载上端）高于阳极电位（负载下端），所以 VD3 是处于反向偏置而截止，电流通过二极管 VD4 由 d 点流向变压器次极绕组的上端"一"。

根据以上分析，在变压器二次电压 u_2 的正半周，整流桥中二极管 VD1、VD3 导通，VD2、VD4 截止，电流经变压器二次绕组、VD1、R_L、VD3 构成回路；在 u_2 的负半周，整流桥中二极管 VD2、VD4 导通，VD1、VD3 截止，电流经变压器二次绕组、VD2、R_L、VD4 构成回路。因此，无论是 u_2 的正半周还是负半周，流过负载 R_L 的电流方向是一致的，所以在整个周期，u_2 在负载上产生的输出电压是同一方向，其波形如图 9-5 所示。

从图 9-5 所示波形中看到，输出电压波形中包含了变压器次级电压的正半周和负半周全部波形，所以桥式整流属于全波整流。全波整流与半波整流相比，提高了效率，也使输出波形中脉动成分减小

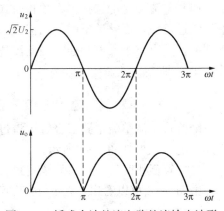

图 9-5 桥式全波整流电路整流输出波形

了，输出电压平均值得到了提高。

3. 桥式整流电路主要参数

（1）输出电压平均值U_o。由图9-5所示输出电压的波形，当$\omega t=0\sim\pi$，$\omega t=\pi\sim2\pi$时，都有$u_\text{o}=\sqrt{2}U_2\sin\omega t$。

对一个周期内的波形进行积分求输出电压平均值，

$$U_\text{o}=\frac{1}{2\pi}\int_0^{2\pi}\sqrt{2}U_2\sin\omega t\,\text{d}(\omega t) \tag{9-6}$$

积分结果为

$$U_\text{o}=\frac{2\sqrt{2}U_2}{\pi}\approx0.9U_2 \tag{9-7}$$

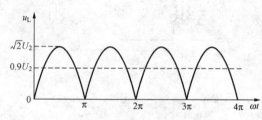

图9-6 全波整流电路输出电压平均值

由于桥式整流电路实现了全波整流，它将变压器次级电压的负半周也利用了起来，所以输出电压的平均值是半波整流电路的两倍。

输出电压平均值U_o与整流后的脉动直流电压如图9-6所示。

（2）输出电流平均值I_o。在桥式全波整流电路中，流过负载R_L的电流平均值，可表示为

$$I_\text{o}=\frac{U_\text{o}}{R_\text{L}}=\frac{0.9U_2}{R_\text{L}} \tag{9-8}$$

式（9-8）说明，在变压器次级电压相同，负载也相同的情况下，由于输出直流电压平均值提高了，所以输出电流的平均值也提高了，全波整流电路输出电流的平均值也是半波整流电路的2倍。

（3）脉动系数S。由于全波整流电路输出直流电压的平均值提高了，其脉动系数S必然降低。可以证明，全波整流电路的脉动系数为

$$S=\frac{U_\text{olm}}{U_\text{o(AV)}}=\frac{2}{3}\approx0.67 \tag{9-9}$$

与半波整流电路脉动系数$S=1.57$相比，显然，全波整流电路输出电压的脉动减少了很多。

（4）整流元件的选择。在单相桥式全波整流电路中，在变压器次级电压整个周期，都有电流流过负载，而整流桥中的二极管，因为是在一个周期内轮流导通，即每个二极管在一个周期内，只有半个周期导通，因此流过二极管的平均电流只有流过负载电阻上的电流平均值的一半，即

$$I_\text{D(AV)}=\frac{U_\text{o}}{2R_\text{L}}\approx\frac{0.9U_2}{2R_\text{L}}=\frac{0.45U_2}{R_\text{L}} \tag{9-10}$$

即桥式全波整流电路二极管中流过的平均电流与半波整流电路二极管中流过的平均电流相同。电流波形如图9-7所示。

二极管截止时管子两端要承受最大的反向电压，如图9-8所示。

由图9-8可以看出，在u_2的正半周，VD1、VD3导通，VD2、VD4截止，此时VD2、VD4所承受到的最大反向电压为u_2的最大值，即$U_\text{DR}=\sqrt{2}U_2$。同样，在u_2的负半周，

VD2、VD4 导通，VD1、VD3 截止，VD1、VD3 所承受到的最大反向电压仍为 u_2 的最大值。因此，桥式整流电路二极管所承受的最大反向电压与半波整流电路相同，同为 $U_{DR} = \sqrt{2}U_2$。

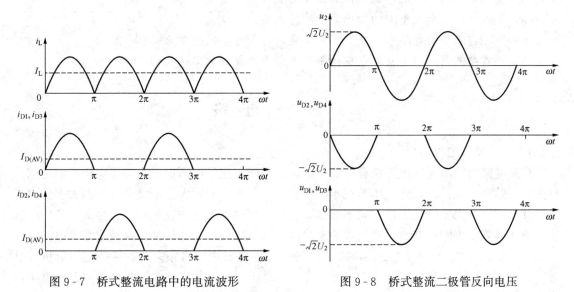

图 9 - 7　桥式整流电路中的电流波形　　　　图 9 - 8　桥式整流二极管反向电压

与单相半波整流电路相比，在相同的变压器次级电压下，桥式全波整流电路输出电压电流平均值提高了一倍，并因此降低了脉动系数。而且桥式全波整流电路对整流二极管的参数要求和半波整流电路是一样的，特别现在，已把整流桥按照各种不同性能指标做成了集成电路元件，使用更加方便，因此得到了广泛应用。

【例 9 - 2】　在图 9 - 4（b）所示的单相桥式全波二极管整流电路中，已知输出端负载电阻上的电压平均值为 9V，负载电阻 $R_L = 100\Omega$，试求：

（1）求变压器次级电压有效值；

（2）求输出电流平均值；

（3）求流过二极管的电流平均值；

（4）求二极管所承受的最大反向电压。

解　（1）变压器次级电压有效值

$$U_2 = \frac{U_o}{0.9} = \frac{9}{0.9} = 10(\text{V})$$

（2）输出电流平均值

$$I_L = \frac{U_o}{R_L} = \frac{9}{100} = 0.09(\text{A}) = 90(\text{mA})$$

（3）二极管电流平均值

$$I_{D(AV)} = \frac{I_L}{2} = \frac{U_o}{2R_L} = \frac{9}{2 \times 100} = 0.045(\text{A}) = 45(\text{mA})$$

（4）二极管承受的最大反向电压

$$U_{DRmax} = \sqrt{2}U_2 = \sqrt{2} \times 10 \approx 14(\text{V})$$

✒ **复习要点**

（1）整流电路的主要作用是什么？

（2）整流电路的输出波形属于什么性质的直流？

（3）半波整流和全波整流的输出波形有什么不同？

（4）单相桥式整流电路中，整流二极管是同时导通，同时截止吗？

（5）桥式整流电路输出直流电压的平均值是半波整流电路的几倍？

9.3 滤波电路

9.3.1 滤波电路简介

整流电路的输出电压虽然没有了负半周，已不属于交流电压而成为直流电压，但是这个直流属于脉动直流，其幅度大小是在不断变化的，其中含有较大的谐波成分。而大多数电子线路及电子设备需要的是不仅方向不改变，大小幅度也不变化的直流电源。因此整流后的脉动直流，还需要去除其谐波成分而成为平稳的直流，完成这个作用的电路就是滤波电路。

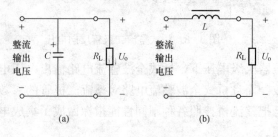

滤波电路有很多种，一般是由电抗元件组成，利用电抗元件的储能作用，在电源电压升高时，能把部分能量存储起来，而在电源电压降低时，在把这部分能量释放出来，使负载电压比较平稳。常用的储能元件是电容器 C 和电感器 L，由单一电容和单一电感就可以构成最简单的无源滤波电路，如图9-9所示。

图 9-9　简单滤波电路

(a) 电容滤波电路；(b) 电感滤波电路

图9-9（a）所示电路称为电容滤波电路，图9-9（b）所示电路称为电感滤波电路。这两种滤波电路结构简单，非常适用，可以满足一般需要。但如果认为滤波效果仍不理想时，可以采用如图9-10所示的复式滤波电路，它们的滤波效果会更理想。

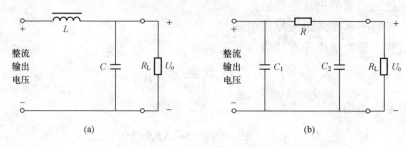

图 9-10　复式滤波电路

9.3.2 电容滤波电路

1. 滤波原理

电容滤波电路是最常见也最简单的滤波电路，只要在整流电路的输出端（即负载电阻的两端）并联一个电容即构成电容滤波电路。滤波电路所用电容器，容量较大，一般为电解电容器，在接线时要注意电解电容器的正负极。

　　图 9 - 11 所示电路为桥式全波整流，电容滤波电路，下面对此电路的滤波过程进行分析。

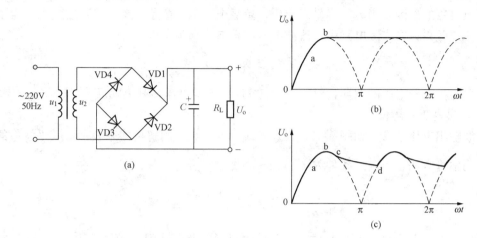

图 9 - 11　桥式全波整流电容滤波电路
（a）电路图；（b）不接负载时的输出电压波形图；（c）接负载时的波形图

　　首先分析滤波电路不接负载电阻 R_L 时，滤波电容 C 两端电压随整流输出电压变化过程，其变化过程如图 9 - 11（b）所示。图 9 - 11（b）中虚线脉动波形为不加电容时整流电路的输出电压波形。当 $\omega t = 0$ 时，接通电源电压。在第一个波形上升时，根据前面被整流电路的分析可知，此时整流桥中，二极管 VD1、VD3 导通，VD2、VD4 截止，整流输出电压直接加到了电容器 C 上，电容器两端电压随整流输出电压变化，如图 9 - 11（b）中 0～a 段波形。这实质上是整流输出电压对电容器进行充电（理想情况）。当整流输出电压到达最大值 $\sqrt{2}U_2$ 后，（电容两端电压即输出电压也到达最大值）开始下降，由于滤波电容 C 的容量较大，其两端电压，即输出电压的下降速度低于整流输出电压的下降速度，如图 9 - 11（b）虚线所示 a～b 段。这样就造成了二极管 VD1 和 VD2 的阴极电压都高于阳极电压，使得它们都处于反向偏置而截止。电容器 C 被充满的电荷由于没有了放电回路，其两端电压变被保持下来，不随整流输出电压的变化而变化，如图 9 - 11（b）实线所示，是一条平稳的直线。也就是由于电容的存在，使得整流输出电压脉动部分被滤掉而获得了幅值和方向均不变化的直流电压。有输出电压波形可知，输出电压平均值

$$U_o = \sqrt{2}U_2 \approx 1.4U_2 \tag{9 - 11}$$

　　当给滤波电路加上负载电阻 R_L 后，电路的工作情况将有所变化，输出电压波形如图 9 - 11（c）所示。由于电容器 C 并联了负载电阻 R_L，使电容器 C 在 VD1、VD2 截止后，有了放电回路，因此输出电压将按放电回路时间常数 $\tau = R_L C$ 的速度放电，放电的结果使输出电压 U_o 逐渐下降，如图 9 - 11（c）实线 ab 段所示。

　　当输出电压降到 b 点后，此时整流输出电压又上升到大于电容两端电压，使得二极管 VD2、VD4 开始导通，整流输出电压通过二极管 VD2、VD4 又开始向电容充电，使得输出电压又随整流输出电压的变化而变化，如图 9 - 11（c）中实线 bc 段波形所示。

　　随着整流输出电压的周期性变化，上述过程将重复进行，因此在电压输出端产生了输出电压如图 9 - 11（c）实线波形所示。这个输出波形相比没接滤波电容的整流电路输出电压波

形，脉动成分被滤出很多，波形基本平稳。但很显然，滤波效果取决于放电时间常数 $\tau = R_L C$，τ 越大，滤波后输出电压越平稳，滤波效果越好，这就是电容滤波电路要选取大容量的电解电容器的原因。当电容容量确定后，负载电阻 R_L 值将直接影响滤波效果。为了达到满意的滤波效果，在实际电路中，滤波电容的选取应满足条件

$$R_L C \geqslant (3 \sim 5) \frac{T}{2} \qquad (9\text{-}12)$$

式中：T 为供电网电压的周期，对于工频 50Hz 的电源电压，其周期 $T = 20\text{ms}$。

2. 输出电压平均值

滤波输出电压波形，如图 9-11（c）实线所示，难于用解析式来表示。其平均值的获得通常采用估算方法，当满足条件 $R_L C \geqslant (3 \sim 5) \frac{T}{2}$ 时，有

$$U_o \approx 1.2 U_2 \qquad (9\text{-}13)$$

式中：U_2 是变压器二次电压有效值。

【例 9-3】 在图 9-11（a）所示桥式整流电容滤波电路中，输出电压平均值 $U_o = 12\text{V}$，负载电阻 $R_L = 100\Omega$，试求：

(1) 变压器二次电压 U_2；

(2) 滤波电容的容量。

解 （1）变压器二次电压有效值为

$$U_2 \approx \frac{U_o}{1.2} = \frac{12}{1.2} = 10(\text{V})$$

(2) 电容器的容量

$$C = (3 \sim 5) \frac{20 \times 10^{-3}}{2} \times \frac{1}{100} = 300 \sim 500(\mu\text{F})$$

✎ 复习要点

(1) 滤波电路的主要作用是什么？

(2) 滤波电路主要由何种元件构成？

(3) 为达到较好的滤波效果，应采用大容量的电容器还是小容量的电容器？

(4) 负载电阻 R_L 和滤波电路的滤波效果有关吗？

(5) 经过滤波电路以后，输出电压平均值和只经过整流得到的输出电压平均值相比，哪一个更高？

9.4 稳 压 电 路

由整流滤波电路的分析结果看到，输出电压的平均值取决于变压器二次电压有效值，所以当电网电压波动时，输出电压平均值将随之产生相应的变化。另一方面，由于整流滤波电路内阻的存在，当负载变化时，内阻上的电压将产生变化，输出电压的平均值也将随之产生相应的变化。因此，整流滤波电路输出电压会随电网电压的变化而变化，会随负载电阻的变化而变化。这不符合电子电路和电子设备对直流电源的要求。

因为电网电压的波动是客观存在，直流电源也要为不同的电子设备供电，即它的负载是不同的。如何能在这样的情况下，使输出电压保持稳定，必须要采取稳压措施而获得稳定好的直流电压。

9.4.1 稳压二极管稳压电路

1. 电路构成

由稳压二极管 VS 和一个 R 便可以组成稳压电路，如图 9-12 所示，其中，电阻 R 称为限流电阻。稳压二极管稳压电路是一种最简单的直流稳压电路。

图 9-12（b）是在第 1 章介绍过的稳压二极管的特性曲线。由第 1 章内容知，稳压管正常工作在反向击穿区，即稳压二极管的阴极接高电位，阳极接低电位，当两极电位差大于稳压管的稳压值 U_Z 时，稳压管被击穿。击穿后流过稳压管的反向电流 I_Z 急剧增加，此后电流增量 ΔI_Z 很大，只引起很小的电压变化 ΔU_Z，也就是说，稳压管两电极之间的电压是稳定的，基本不随外电路电压的变化而变化。稳压管稳压电路正是利用稳压管的这个特性来实现稳压的。

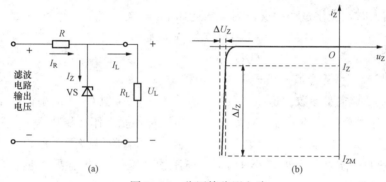

图 9-12 稳压管稳压电路

(a) 电路图；(b) 特性曲线

2. 稳压原理

在图 9-12（a）电路中，满足

$$U_I = U_R + U_o \tag{9-14}$$

$$I_R = I_Z + I_L \tag{9-15}$$

即滤波电路输出电压加到了限流电阻 R 和负载电阻 R_L 的串联电路上，而流过限流电阻 R 的电流分流成为流过稳压二极管的电流 I_Z 和流入负载的电流 I_L。

由 9.3 节内容知，滤波电路输出电压不稳定，主要由两个原因造成，一个原因是供电网电压波动，另一个原因是负载电阻变化。稳压管稳压电路如何克服这两个问题，实现输出电压稳定呢？

（1）首先看电网电压波动。设电网电压升高，当电网电压升高时，稳压管稳压电路的输入 U_I（滤波电路的输出）也随之升高，同时引起输出电压 U_o 呈现升高趋势。但是因为 U_o $=U_Z$，根据稳压管的伏安特性，U_Z 的增大将使 I_Z 急剧增大，流过限流电阻的电流 I_R 也将随着 I_Z 的增加而增加。I_R 的增加导致在限流电阻 R 上的压降 U_R 增加，根据式（9-14），U_R 的增加将削弱输出电压 U_o 的增加趋势，使之稳定。这个过程可描述如下：

电网电压 $\uparrow \rightarrow U_I \uparrow \rightarrow U_o(U_Z) \uparrow \rightarrow I_Z \uparrow \rightarrow I_R \uparrow \rightarrow U_R \uparrow$

$U_o \downarrow \leftarrow$

当电网电压下降时，变化过程相反，可简单描述如下：

$$电网电压 \downarrow \rightarrow U_I \downarrow \rightarrow U_o(U_Z) \downarrow \rightarrow I_Z \downarrow \rightarrow I_R \downarrow \rightarrow U_R \downarrow$$
$$U_o \uparrow \longleftarrow$$

（2）再看负载电压的变化。设负载电阻 R_L 减小，当电网电压不变，负载电阻 R_L 减小时，将导致输出电流 I_L（流过负载 R_L）增加，从而引起电流 I_R 的增加，I_R 的增加导致在整流滤波电路的内阻和限流电阻 R 上的压降增加，输出电压 U_o 必然有减小趋势。但是由于 U_o 的下降，即稳压管两端电压 U_Z 下降，根据稳压管的伏安特性，U_Z 的下降使 I_Z 急剧减小，从而使 I_R 随之减小，而 I_R 的减小降低了在限流电阻上的压降 U_R，根据式（9 - 14），U_R 的减小弥补了输出电压 U_o 的下降，实现了输出电压的稳定，即

$$R_L \downarrow \rightarrow U_o(U_Z) \downarrow \rightarrow I_Z \downarrow \rightarrow I_R \downarrow$$
$$U_o \uparrow \longleftarrow$$

上述过程也可以解释为：输出电流由于负载电阻减小而增加的部分，完全由流过稳压管的电流减小而补充，从而使流过限流电阻 R 的电流保持不变，因此维持了输出电压的稳定。

当 R_L 值增大时，变化过程相反，简单描述如下：

$$R_L \uparrow \rightarrow U_o(U_Z) \uparrow \rightarrow I_Z \uparrow \rightarrow I_R \uparrow$$
$$U_o \downarrow \longleftarrow$$

3. 稳压二极管的主要参数和限流电阻的选择

（1）稳压二极管主要参数。稳压二极管主要参数有稳压值 U_Z，最小稳压电流 I_Z，最大稳压电流 I_{ZM}。流过稳压管的电流只有大于 I_Z，稳压管才能工作在稳压区。流过稳压管的电流最大不能大于最大稳压电流 I_{ZM}，如果大于 I_{ZM}，稳压管将被烧毁。所以，稳压电路工作时，流过稳压管的电流要大于 I_Z，小于 I_{ZM}。稳压管稳压值为 U_Z，要根据稳压电路的输出电压 U_o 来选取稳压管。

（2）限流电阻的选择。

限流电阻的选择就是保证稳压管工作在稳压区。因为流过限流电阻的电流 $I_R = I_Z + I_L$，如果限流电阻 R 的阻值太大，则流过 R 的电流 I_R 很小，当负载电流 I_L 增大时，稳压管的电流可能要小于最小稳压电流，从而脱离稳压区，失去稳压作用。

如限流电阻 R 值太小，则 I_R 很大，当负载电阻 R_L 很大或开路时，I_R 都流向稳压管，可能超过稳压管的最大稳压电流而导致稳压管损坏。

设稳压管允许的最大稳压电流 I_{ZM}，最小稳压电流 I_Z，稳压电路最大输入电压为 U_{Imax}，最小输入电压为 U_{Imin}，最大负载电流为 I_{Lmax}，最小负载电流 I_{Lmin}，要使稳压管能正常稳压，必须要满足下面的条件：

（1）输入电压最高且负载电流最小时，流过稳压管的电流值最大，此时电流不能超过最大稳压电流 I_{ZM}，即

$$\frac{U_{Imax} - U_Z}{R} - I_{Lmin} < I_{ZM} \tag{9 - 16}$$

或

$$R > \frac{U_{Imax} - U_Z}{I_{ZM} + I_{Lmin}} \tag{9 - 17}$$

（2）当输入电压最低和负载电流最大时，流过稳压管的电流值最小，此时电流不应小于最小稳压电流 I_Z，即

$$\frac{U_{\text{Imin}}-U_{\text{Z}}}{R}-I_{\text{Lmax}}>I_{\text{Z}} \qquad (9\text{-}18)$$

或
$$R<\frac{U_{\text{Imin}}-U_{\text{Z}}}{I_{\text{Z}}+I_{\text{Lmax}}} \qquad (9\text{-}19)$$

【例 9 - 4】 桥式整流电容滤波稳压管稳压电路如图 9-13 所示。设稳压管参数 $U_{\text{Z}}=6\text{V}$，$I_{\text{ZM}}=40\text{mA}$，$I_{\text{Z}}=5\text{mA}$；稳压电路最大输入电压 $U_{\text{Imax}}=15\text{V}$，最低输入电压 $U_{\text{Imin}}=12\text{V}$；负载变化范围为 $R_{\text{L}}=300\sim600\Omega$。试选择限流电阻 R 的阻值。

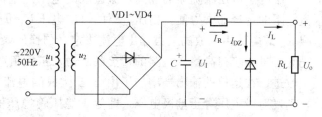

图 9-13 桥式整流电容滤波稳压管稳压电路

解 由给定条件知，负载电流 I_{L} 的变化范围为

$$I_{\text{Lmin}}=\frac{U_{\text{Z}}}{R_{\text{Lmax}}}=\left(\frac{6}{600}\right)\text{A}=0.01\text{A}=10\text{(mA)} \Big\}$$

$$I_{\text{Lmax}}=\frac{U_{\text{Z}}}{R_{\text{Lmin}}}=\left(\frac{6}{300}\right)\text{A}=0.02\text{A}=20\text{(mA)} \Big\}$$

根据式（9-17）和式（9-19）

$$R>\frac{U_{\text{Imax}}-U_{\text{Z}}}{I_{\text{ZM}}+I_{\text{Lmin}}}=\frac{15-6}{(40+10)\times10^{-3}}=180(\Omega)$$

$$R<\frac{U_{\text{Imin}}-U_{\text{Z}}}{I_{\text{Z}}+I_{\text{Lmax}}}=\frac{12-6}{(5+20)\times10^{-3}}=240(\Omega)$$

所以，限流电阻 R 的取值范围为 $180\sim240\Omega$。

9.4.2 串联反馈式稳压电路

由稳压管和限流电阻组成的稳压电路，虽然电路结构简单，但受稳压管最小稳压电流 I_{Z} 的限制，输出电流较小，且输出电压由稳压管稳压值 U_{Z} 决定，不可调节。串联反馈式稳压电路对此进行了改进，它利用 BJT 的电流放大作用，增大了负载电流，在电路中引入深度电压负反馈，此输出电压更加稳定，通过改变反馈网络的反馈系数，使输出电压连续可调。

1. 电路构成

串联反馈式稳压电路的原理电路如图 9-14 所示。

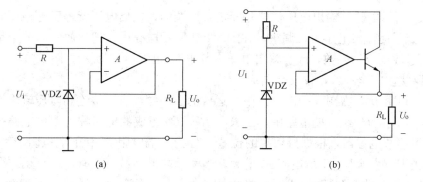

图 9-14 串联反馈式稳压电路

(a) 电路图；(b) 改进后的电路图

由图 9-14（a）看到，其电路结构就是在稳压管稳压电路和负载电阻之间串了一级由运放构成的电压跟随器电路。由第五章的内容可知，电压跟随器是一个深度电压串联负反馈电路，所以其输出电压非常稳定，且近似等于输入电压，而且其输入电阻很高，输出电阻很低。由于有了电压跟随器的隔离，流过限流电阻的电流 I_R 没有分流，全流入稳压管，使得限流电阻的选择非常方便。稳压电路的输出电压 U_o 仍然等于稳压管的稳压值，但流过负载电阻 R_L 的电流由运放的最大输出电流决定，与稳压管的稳压电流无关。

为了进一步提高稳压电路的带负载能力，扩大负载电流 I_L 的范围，图 9-14（b）电路做了改进，在运放的输出端增加了由 BJT 构成的电流放大电路。BJT 接成了射极输出器电路，其发射极电压等于基极电压，即等于稳压管稳压值 U_Z。但其发射极电流就是流入负载的电流，它等于基极电流的 β 倍，而基极电流是运放的输出电流，因此，图 9-14（b）所示电路可以把图 9-14（a）所示电路的负载电流变化范围扩大 β 倍。

由于 BJT 管和负载电阻在电路中是串联的，在电路中又引入了电压串联负反馈，所以把这个电路称为串联反馈式稳压电路。

2. 稳压原理

在串联反馈稳压电路中，限流电阻 R 和稳压管组成了基准稳压电路，稳压管的稳压值即为基准稳压值，记作 U_{REF}，送入运放的同相输入端 P，运放的同相输入端电压成为电路的基准电压。电路的输出电压全部反馈到运放的反相输入端 N，当输出电压变化时，电路可以以它为基准，自动调整运放的净输入信号 $U_{id}=V_P-V_N=U_{REF}-U_o$，当输出电压产生波动，偏离基准电压，运放的净输入电压的负向调整，使输出电压保持稳定。其调整过程可简述如下：

当输出电压升高时，有

$$U_o \uparrow \rightarrow V_N \uparrow \rightarrow U_{id}$$
$$U_o \downarrow \longleftarrow$$

当输出电压下降时，有

$$U_o \downarrow \rightarrow V_N \downarrow \rightarrow U_{id}$$
$$U_o \uparrow \longleftarrow$$

由此可见，电路是靠引入深度电压负反馈来稳定输出电压的。

3. 输出电压可调电路

图 9-14 所示电路其输出电压仍然是固定不可调的，输出电压就等于有稳压管所确定的基准电压。为了使输出电压可以调整，在图 9-14 所示电路中，把运放引入的全反馈改成部分反馈，通过改变反馈系数，改变输出电压。其电路如图 9-15 所示。图 9-15（a）和图 9-15（b）电路接法完全一致，仅仅是画法不同。

与图 9-14 相比，在图 9-15（a）中，运放的反馈端没有直接连到电压输出端，而是连接到了由 R_1、R_2、R_P 组成的电路中，由 R_1、R_2、R_P 组成的电路称为取样电路。在取样电路中 R_P 是可调节电位器，根据滑动端的位置，分为上端电阻 R'_P 和下端电阻 R''_P。滑动端上滑时，上端电阻 R'_P 减小，下端电阻 R''_P 增大，当滑动端滑到最上端时，$R'_P=0$，$R''_P=R_P$；当滑动端下滑时，上端电阻 R'_P 增大，下端电阻 R''_P 减小，当滑动端滑到最下端时，$R'_P=R_P$，$R''_P=0$。总是满足 $R_P=R'_P+R''_P$。

取样电路和运放一起构成同相输入电压串联负反馈放大电路，取样电路是反馈网络。其

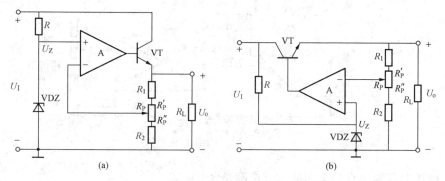

图 9 - 15　输出电压可调的串联反馈式稳压电路

(a) 画法一；(b) 画法二

反馈系数等于

$$F_{\mathrm{u}} = \frac{U_{\mathrm{f}}}{U_{\mathrm{o}}} = \frac{R_2 + R_{\mathrm{P}}''}{R_1 + R_{\mathrm{P}} + R_2}$$

由于运放引入深负反馈，在其输入端存在"短路"特征，所以有其反相端电位等于同相输入端电位，即

$$U_{\mathrm{f}} = F_{\mathrm{u}} U_{\mathrm{o}} = U_{\mathrm{Z}} \tag{9 - 20}$$

因此有

$$U_{\mathrm{o}} = \frac{1}{F} U_{\mathrm{Z}} \tag{9 - 21}$$

将反馈系数公式代入式（10 - 21），输出电压 U_{o} 可以表达为

$$U_{\mathrm{o}} = \frac{R_1 + R_2 + R_{\mathrm{P}}}{R_2 + R_{\mathrm{P}}''} U_{\mathrm{Z}} \tag{9 - 22}$$

由式（9 - 22）可以看出，当调节取样电路当中的电位器 R_{P}，就可以方便地改变输出电压，当电位器 R_{P} 滑动端调至最上端时（$R_{\mathrm{P}}' = 0$，$R_{\mathrm{P}}'' = R_{\mathrm{P}}$），$U_{\mathrm{o}}$ 达到最小值，当电位器 R_{P} 滑动端调至最下端时（$R_{\mathrm{P}}' = R_{\mathrm{P}}$，$R_{\mathrm{P}}'' = 0$），$U_{\mathrm{o}}$ 达到最大值。其输出电压的调节范围为

$$U_{\mathrm{omin}} = \frac{R_1 + R_2 + R_{\mathrm{P}}}{R_2 + R_{\mathrm{P}}} U_{\mathrm{Z}} \tag{9 - 23}$$

$$U_{\mathrm{omax}} = \frac{R_1 + R_2 + R_{\mathrm{P}}}{R_2} U_{\mathrm{Z}} \tag{9 - 24}$$

【例 9 - 5】　直流稳压电源电路如图 9 - 16 所示，电路中稳压管 VDZ 的稳压值 $U_{\mathrm{Z}} = 6\mathrm{V}$，电阻 $R_1 = 2\mathrm{k}\Omega$，$R_2 = 3\mathrm{k}\Omega$，可调电位器 RP 电阻 $R_{\mathrm{P}} = 3\mathrm{k}\Omega$。试求：

(1) 求输出直流电压 U_{o} 的可调节范围；

(2) 当电位器 RP 滑动到中间位置时，输出直流电压 U_{o} 等于多少。

解　(1) 输出直流电压 U_{o} 的调节范围。

当滑动端位于电位器最上端时，输出直流电压为最小值，即

$$U_{\mathrm{omin}} = \frac{R_1 + R_2 + R_{\mathrm{P}}}{R_2 + R_{\mathrm{P}}} U_{\mathrm{Z}} = \frac{2 + 3 + 3}{3 + 3} \times 6 = 8(\mathrm{V})$$

当滑动端位于电位器最上端时，输出直流电压为最大值，即

$$U_{\mathrm{omax}} = \frac{R_1 + R_2 + R_{\mathrm{P}}}{R_2} U_{\mathrm{Z}} = \frac{2 + 3 + 3}{3} \times 6 = 16(\mathrm{V})$$

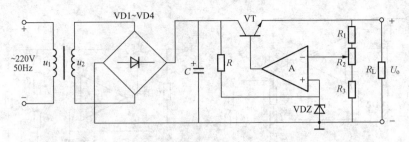

图 9 - 16

直流稳压电源输出直流电压的调节范围是 8～16V。

（2）当电位器滑动端滑动中间位置时，输出直流电压为

$$U_{\mathrm{o}} = \frac{R_1 + R_2 + R_\mathrm{P}}{R_2 + \dfrac{R_\mathrm{P}}{2}} U_\mathrm{Z} = \frac{2 + 3 + 3}{2 + \dfrac{3}{2}} \times 6 \approx 13.7(\mathrm{V})$$

复习要点

（1）经过整流滤波后的直流电压不稳定的原因是什么？

（2）在稳压管稳压电路中，没有限流电阻 R，稳压管能稳压吗？为什么？

（3）限流电阻的选取和负载电阻 R_L 有关吗？

（4）串联稳压电路与稳压管稳压电路相比有什么优点？

（5）串联稳压电路的基准电压是何种电路提供的？

（6）串联稳压电路当中引入了哪一种负反馈？

（7）串联稳压电路当中的 BJT 起什么作用？它应该是大功率管还是小功率管？

（8）串联稳压电路的输出电压可以调整吗？

9.5　集成电路三端稳压器及应用

9.5.1　三端稳压器简介

同运算放大器一样，小功率稳压电路通常也做成集成电路，称为稳压器。在集成稳压器中，利用集成电路的特点，对稳压电路做了很多改进，如增加启动电路和保护电路，使稳压电路的性能得到了提高。

常用集成稳压器的外形如图 9 - 17 所示。

稳压器属于大功率器件，工作时温度较高，所以其外形制造要考虑自身散热和安装散热器。其封装形式有金属封装和塑料封装两种，如图 9 - 17（a）、（b）所示。图 9 - 17（c）是集成稳压器的电路图形符号。

集成稳压器有三个引出端子，分别称为输入端 1、输出端 2、公共端 3，因此，常把集成电路稳压器称为三端稳压器。使用时，输入端连接滤波电路的输出，输出端接负载，公共端是输入、输出的公共地。金属封装的稳压器，如图9 - 17（a）所示，金属封装的稳压器外壳兼做公共端，以便于散热。

目前使用比较多的三端稳压器是型号为 78ХХ 系列产品和 79ХХ 系列产品，型号中

"78"代表输出正电压系列，"79"
代表输出负电压系列，"××"代
表输出电压的等级。目前，78××
系列稳压器和 79×× 系列稳压器
各有 7 个电压等级，分别为 5V、
6V、9V、12V、18V 和 24V；
−5V、−6V、−9V、−12V、
−18V和−24V。如型号为 7805 的
三端稳压器，输出电压为 +5V、
型号为 7905 的三端稳压器输出电

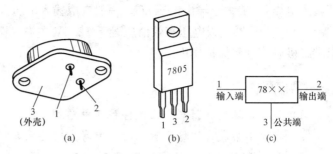

图 9 - 17　常用集成稳压器
(a) 金属封装；(b) 塑料封装；(c) 电路图形符号
1—输入端；2—输出端；3—公共端

压为−5V 三端稳压器电流输出范围为 0.1～3A。

9.5.2　三端稳压器的使用

　　三端稳压器的使用接线非常简单，如图 9 - 18 所示。其中图 9 - 18（a）为 78×× 系列接线，图 9 - 18（b）为 79×× 系列接线。

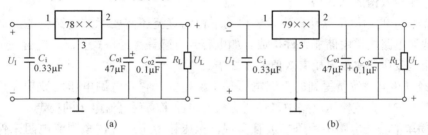

图 9 - 18　三端稳压器的应用
(a) 78×× 系列接线；(b) 79×× 系列接线

　　为了提高三端稳压器的工作性能，使用时常在其输入端和输出端接电容器。在三端稳压器的输入端接电容 C_i，用以抵消由于滤波电路的输出到三端稳压器的输入引线过长而引起的电感效应，以防止电路产生的自激振荡，C_i 一般小于 $1\mu F$。在三端稳压器输出端接电容器 C_{o1}，是为了近一步减小输出脉动和低频干扰，C_{o1} 的取值可以较大，范围在 $10\sim100\mu F$ 之间。输出端接电容器 C_{o2} 是为了消除输出电压中的高频噪声干扰，其值一般小于 $1\mu F$。

　　由桥式整流、电容滤波和三端稳压器构成的典型直流稳压电源，如图 9 - 19 所示。

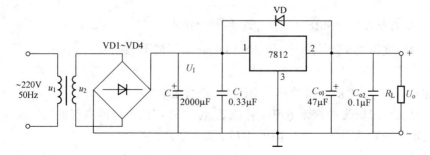

图 9 - 19　三端稳压器构成的直流电源

　　图 9 - 19 是一个能向电子设备提供 +12V 的直流稳压电路，为使三端稳压器正常工作，

其输入电压 U_I 要大于输出电压 U_o，一般选取输入电压大于输出电压 $2\sim3$V，本电路可选取 $U_I=15$V。变压器次级电压有效值应等于 12.5V 左右。图 9-19 中跨接三端稳压器输入和输出端二极管 VD 起保护作用。

复习要点

（1）集成三端稳压器与分立元件稳压电路相比有什么优点？

（2）在使用集成三端稳压器的时候要考虑哪些问题？

（3）78 系列的三端稳压器和 79 系列的有什么区别？

本 章 小 结

1. 常用的小功率直流稳压电路由降压、整流、滤波、稳压四部分组成。

2. 整流电路主要由整流二极管构成的桥式全波整流电路，其输出直流电压平均值为变压器次级电压有效值的 0.9 倍。

3. 整流电路的输出是脉动直流，要得到平稳的直流还需要滤波电路去滤除波形中的脉动部分。滤波电路主要由储能元件构成，如电容、电感等。经桥式整流、电容滤波后所得到的直流电压是变压器次级电压有效值的 1.2 倍。

4. 仅经过整流滤波所得到的直流电压是不稳定的，它随电网电压的波功和负载的变化而变化。因此，在直流稳压电路中，还要有稳压电路来实现直流电压的稳定。

5. 最简单的稳压电路由稳压二极管实现，稳压管稳压通过调整限流电阻来保证稳压管工作在稳压区。稳压管工作在稳压区的条件是：$I_{Z0}\leqslant I_Z<I_{Zmax}$。

6. 为了扩大稳压电路的电流输出并使输出直流电压可以调整，一般采用串联反馈式稳压电路。在串联反馈式稳压电路中，增加了电压负反馈，使输出电压更加稳定，同时利用调节反馈系数来改变输出电压值。

7. 集成电路三端稳压器，目前在小功率直流稳压电源中，使用很普通。它使用起来非常简便，只要确定其输入端、输出端和公共地端就可以应用在电路中。

习 题

9.1 二极管整流电路如图 9-20（a）所示。试求：

（1）设降压变压器次级电压 $u_2=\sqrt{2}\times10\sin\omega t$，其波形如图 9-20（b）所示，画出整流电路的输出电压 u_o 波形。

（2）计算负载 R_L 上所获得的直流电压 U_o 和直流电流 I_L。

（3）计算流过二极管的直流电流平均值 $I_{D(AV)}$，并在图中标出电流的实际流向。

（4）确定二极管承受的最大反向电压 U_{DRmax} 是多大。

9.2 二极管整流电路如图 9-21 所示，设降压变压器次级电压 $u_2=\sqrt{2}\times10\sin\omega t$，其波形如图 9-20（b）所示。试求：

（1）画出整流电路的输出电压 u_L 波形。

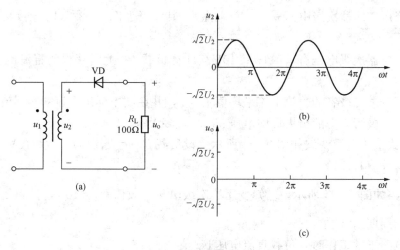

图 9 - 20　题 9.1 图

（2）计算负载 R_L 上所获得的直流电压 U_L 和直流电流 I_L。

（3）计算流过二极管的直流电流平均值 $I_{D(AV)}$，并在图中标出电流的实际流向。

（4）确定二极管承受的最大反向电压 U_{DRmax} 是多大。

9.3　为构成二极管桥式整流电路，在图 9 - 22 中断开处正确连接二极管 VD1～VD4。

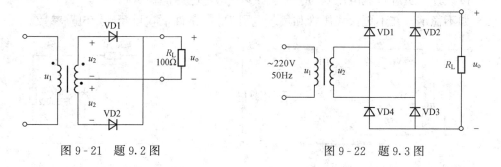

图 9 - 21　题 9.2 图　　　　　　　　　图 9 - 22　题 9.3 图

9.4　单相桥式整流电路如图 9 - 23 所示。试回答：

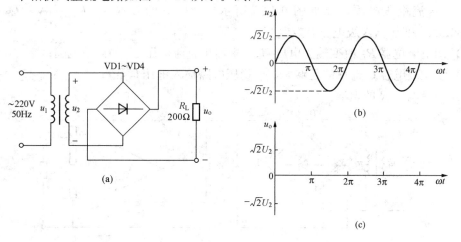

图 9 - 23　题 9.4 图

（1）设降压变压器次级电压 $u_2 = \sqrt{2}U_2\sin\omega t$，其波形如图 9-23（b）所示，画出整流电路的输出电压 u_o 波形。

（2）设变压器次级电压有效值 $U_2 = 10\text{V}$，计算负载 R_L 上所获得的直流电压 U_o 和直流电流 I_L。

（3）计算流过二极管的直流电流平均值 $I_{D(AV)}$，并在图中标出电流的实际流向。

（4）确定二极管承受的最大反向电压 U_{DRmax} 是多大。

9.5　桥式整流电容滤波如图 9-24 所示。设负载 R_L 上直流电压 $U_o = 12\text{V}$，试确定变压器次级电压有效值 U_2。

9.6　电路如图 9-24 所示，已知变压器次级电压有效值 $U_2 = 10\text{V}$，且满足 $R_L \geqslant \dfrac{3T}{2}$（$T$ 为电网电压的周期）。试求：

（1）求电路正常工作时，负载直流电压 U_o 值。

（2）求负载电阻 R_L 开路时 U_o 值。

（3）求电容虚焊时 U_o 值。

（4）求整流二极管 VD2 和电容同时虚焊时 U_o 值。

9.7　稳压管稳压电路如图 9-25 所示。设稳压管参数为 $U_Z = 6\text{V}$，$I_{Z0} = 3\text{mA}$，$I_{Zmax} = 40\text{mA}$，稳压电路输入直流电压 $U_I = 12\text{V}$。试分析：

（1）按设计，负载直流电压 U_o 应该是多少？这个电压能稳定吗？

（2）如不稳定，在不更换稳压管和负载电阻 R_L 的条件下，重新确定电路参数。

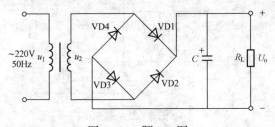

图 9-24　题 9.5 图

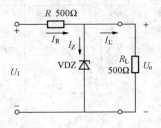

图 9-25　题 9.7 图

9.8　直流稳压电源电路如图 9-25 所示。稳压管的参数为：$U_Z = 3\text{V}$，$I_{Z0} = 5\text{mA}$，$I_{Zmax} = 50\text{mA}$，变压器次级电压有效值 $U_2 = 15\text{V}$。试求：

（1）调节电位器 R_P 改变输出电压 U_o，求输出直流电压 U_o 的调节范围；

（2）设滤波电容 C 选择的足够大，求稳压电路输入电压 U_I 值；

（3）选择电阻 R 的阻值。

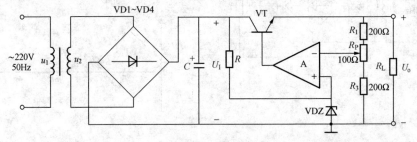

图 9-26　题 9.8 图

9.9 BJT 三极管串联稳压电路如图 9 - 27 所示。试求：

(1) 分析稳压电路的工作原理；

(2) 设变压器次级电压 u_2 的有效值等于 20V，求稳压电路输入电压 U_1 值；

(3) 设稳压管稳压值 $U_Z = 3V$，$U_{BE2} = 0.6V$，计算输出直流电压 U_o 的调节范围。

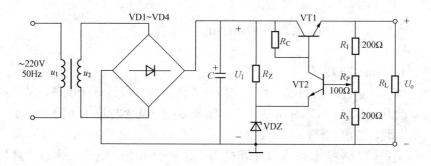

图 9 - 27 题 9.9 图

9.10 三端稳压器电路如图 9 - 28 所示。试确定输出直流电压 U_{o1}、U_{o2} 值。

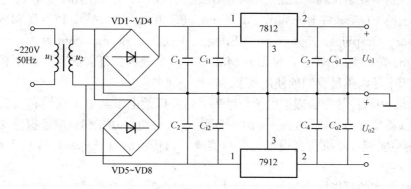

图 9 - 28 题 9.10 图

附录 A　Multisim9 仿真软件在模拟电子电路中的应用

A. 1　Multisim9　简　介

A. 1. 1　Multisim9 概述

早在 20 世纪 60 年代，人们就开始研究用计算机分析和设计电子电路，从而产生了电子电路计算机辅助设计 CAD（Computer Aided Design）的概念与技术。随着电子技术和计算机技术的飞速发展，目前，已经全面发展到了电子设计自动化 EDA（Electronic Design Automation）的时代。EDA 技术是指以计算机为工作平台，融合电子技术、计算机技术、信息处理及智能化技术的最新成果，进行电子产品的自动化设计。EDA 技术的应用范围很广，包括机械、电子、通信、航空航天、化工、矿产、生物、医学和军事等各个领域。该技术已在各大公司、企事业单位和科研教学部门广泛使用。EDA 工具层出不穷，目前进入我国并具有广泛影响的 EDA 软件有 EWB、Multisim、PSPICE、OrCAD、PCAD、Protel、Viewlogic、Mentor、Graphics、Synopsys、LSIlogic、Cadence 和 MicroSim 等。

Multisim9 是一美国 NI 公司推出的 Multisim 一个版本。目前而言，它并不是最新的版本，但是该版本足以满足我们的使用需要。

Multisim9 用软件的方法虚拟电子与电工元器件以及电子与电工仪器和仪表，通过软件将元器件和仪器集合为一体。它是一个原理电路设计、电路功能测试的虚拟仿真软件。利用 Multisim9 可以实现计算机仿真设计与虚拟实验，与传统的电子电路设计与实验方法相比，具有如下特点：

（1）设计与实验可以同步进行，可以边设计边实验，修改调试方便；

（2）设计和实验用的元器件及测试仪器仪表齐全，可以完成各种类型的电路设计与实验；

（3）可以方便地对电路参数进行测试和分析；

（4）可以直接打印输出实验数据、测试参数、曲线和电路原理图；

（5）实验中不消耗实际的元器件，实验所需元器件的种类和数量不受限制，实验成本低，实验速度快，效率高；

（6）设计和实验成功的电路可以直接在产品中使用。

Multisim9 提供的功能有：

（1）提供了一个庞大的元件数据库；

（2）提供原理图输入接口；

（3）提供全部的数模 SPICE（Simulation Program with Integrated Circuit Emphasis）仿真功能；

（4）提供 VHDL/Verilog 设计接口与仿真功能；

（5）提供 FPGA/CPLD 综合、RF 射频设计功能；

（6）提供后处理功能；

（7）可以进行从原理图到 PCB 布线工具包（如：Electronics Workbench 的 Ultiboard）的无缝数据传输。

A.1.2　Multisim9 主窗口

启动 Multisim9 之后，将会出现如图 A-1 所示的主窗口。通常情况下，它包括图 A-1 中所示的主菜单栏、标准工具栏、元件工具栏、视图工具栏、主工具栏、仿真工具栏、仪表工具栏、电路激活标签和电路窗口共九个功能部分。

菜单栏
Circuit1 - Multisim - [Circuit1]
File Edit View Place Simulate Transfer Tools Reports Options Window Help
标准工具栏
元件工具栏
主工具栏
仿真工具栏
视图工具栏
仪表工具栏
电路窗口
电路激活标签
Circuit1
For Help, press F1

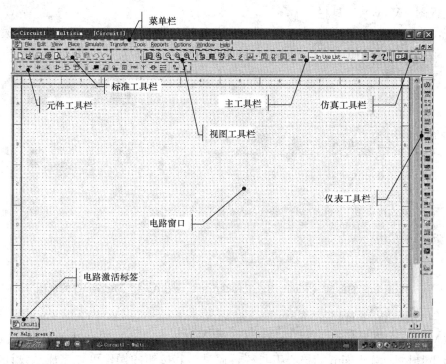

图 A-1　Multisim9 主界面

通过对各部分的操作可以实现电路图的输入、编辑，并根据需要对电路进行相应的观测和分析。用户可以通过菜单或工具栏改变主窗口的视图内容。

1. Multisim9 的菜单栏

Multisim9 提供的菜单栏具体选项如图 A-2 所示，通过菜单可以对其所有功能进行操作。这些选项的功能和 Windows 操作平台下一些常用工具软件的相近功能类似，这里不做详细介绍。

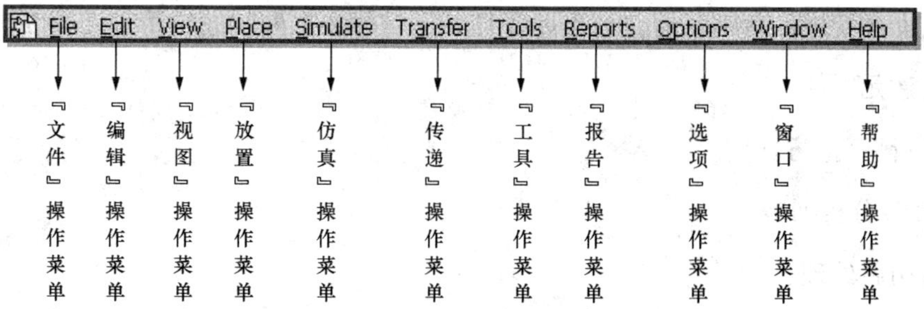

File Edit View Place Simulate Transfer Tools Reports Options Window Help
「文件」操作菜单
「编辑」操作菜单
「视图」操作菜单
「放置」操作菜单
「仿真」操作菜单
「传递」操作菜单
「工具」操作菜单
「报告」操作菜单
「选项」操作菜单
「窗口」操作菜单
「帮助」操作菜单

图 A-2　Multisim9 的菜单栏

2. Multisim9 的工具栏（Toolbars）

　　Multisim9 提供了多种工具栏，并以层次化的模式加以管理，用户可以通过 View 菜单中的选项方便地将顶层的工具栏打开或关闭，再通过顶层工具栏中的按钮来管理和控制下层的工具栏。通过工具栏，用户可以直接使用软件的各项功能。

　　（1）标准（Standard）工具栏

　　包含常见的文件操作和编辑操作，如图 A-3 所示。

　　（2）视图（View）工具栏

　　该视图（View）工具栏如图 A-4 所示，它实际上就是 Multisim2001 中的缩放（Zoom）工具栏。可以使用户方便地调整所编辑电路的视图大小。

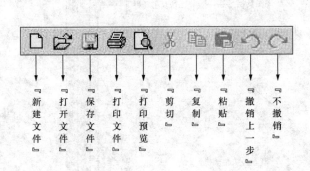

图 A-3　Multisim9 的标准（Standard）工具栏　　　　　图 A-4　Multisim9 的视图（View）工具栏

　　（3）主（Main）工具栏

　　主（Main）工具栏如图 A-5 所示，它实际上就是 Multisim2001 中的设计（Design）工具栏。该工具栏是 Multisim 的核心工具栏，通过对其按钮的操作可以完成从设计电路到完成分析电路的全部工作。

图 A-5　Multisim9 的主（Main）工具栏

　显示/隐藏设计工具箱

　显示/隐藏电子表格栏

　数据库管理。启用元器件数据库管理器、进行数据库的编辑管理工作。

　新建元器件

　运行/停止仿真

　图/分析列表

　启用后处理

　电气规则测试

▦ 显示面包板

🔲 将在 Ultiboard 中所作的修改标记到正在编辑的电路中

🔲 将 Multisim 中电路的修改标记到已经存在 Ultiboard 中

[--- In Use List --- ▾] 使用元件列表

🦎 Multisim 官方网站

❓ 帮助

（4）仿真（Simulation）工具栏

仿真（Simulation）工具栏如图 A-6 所示。利用该工具栏中的两个按钮可以直接控制电路仿真的开始、结束和暂停。

（5）元件（Components）工具栏

元件工具栏如图 A-7 所示，共有 18 个按钮，每一个按钮对应一类元器件，其分类方式和 Multisim 元器件数据库中的分类相对应，通过按钮上的图标就大致清楚该类元器件的类型。这里的每一个按钮又可以开关下层的工具栏，下层工具栏是对该类元器件更细致的分类工具栏。

图 A-6　Multisim9 的仿真（Simulation）工具栏

另外，在元件工具栏中有实际元器件和虚拟元器件之分。它们之间的主要区别是：实际元器件是现实存在的元器件，它的型号、参数值以及封装都与现实相对应，在设计中选用这类元器件不仅可以使设计仿真与实际情况有良好的对应关系，还可以直接将设计导出到 Ultiboard 中进行 PCB 设计。而虚拟元器件在现实世界无对应元器件，它的参数值是该类元器件的典型值，用户可以根据设计需要自行修改器件模型的参数值，这类元器件只能用于仿真，故称为虚拟元器件。在元件工具栏中虚拟元器件的按钮有底色，而实际器件的按钮没有底色。需要注意的是，并非所有的元器件都设有虚拟元器件。

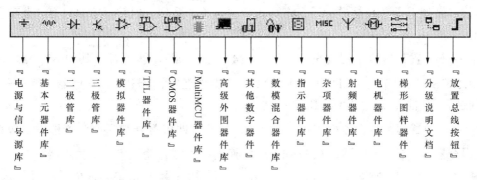

图 A-7　Multisim9 的元件（Components）工具栏

✛ 单击放置电源按钮（Place Source），即可打开信号源库。包括：电源、电压信号源、电流信号源、函数控制信号源、控制电压源、控制电流源等 6 个系列。

〰 单击放置基本元件按钮（Place Basic），即可打开基本元件库。包括：基本虚拟元件、定额虚拟元件、3D 虚拟元件、电阻器、表面安装电阻、电阻排、电位器、电容器、电解电容器、表面安装电容器、表面安装电解电容器、可变电容器、电感器、表面安装电感器、可变电感器、开关、变压器、非线性变压器、复数（或 Z）负载、继电器、连接器、插槽、其他功能器件等 23 个系列。

单击放置二极管按钮（Place Diode），即可打开二极管库。包括：虚拟二极管、二极管、稳压二极管、发光二极管、二极管整流桥、肖特基二极管、晶闸管、双向晶闸管、三端双向晶闸管、变容二极管、PIN 二极管等 11 个系列。

单击放置晶体管按钮（Place Transi-stor），即可打开晶体管库。包括：虚拟晶体管、NPN 晶体管、PNP 晶体管、NPN 达林顿管、NPN 达林顿管阵列、阻尼 NPN 晶体管、阻尼 PNP 晶体管、晶体管阵列、绝缘栅双极型晶体管（IGBT）、N 沟道结型场效应管、N 沟道耗尽型 MOS 场效应管、P 沟道耗尽型 MOS 场效应管、N 沟道结型场效应管、P 沟道结型场效应管、N 沟道 MOS 功率管、P 沟道 MOS 功率管、CMOS 功率管对、UJT 管、有温度模型的 NMOS 场效应管等 20 个系列。

单击放置模拟器件按钮（Place Analog），即可打开模拟器件库。包括：虚拟运放电路、运算放大器、诺顿运算放大器、比较器、宽带放大器、特殊功能器件等 6 个系列。

单击放置 TTL 器件按钮（Place TTL），即可打开 TTL 器件库。包括：74STD、74S、74LS、74F、74ALS、74AS 等 6 个系列。

单击放置 CMOS 器件按钮（Place CMOS），即可打开 CMOS 器件库。包括：CMOS-4V、74HC-2V、CMOS-5V、74HC-4V、CMOS-14V、74HC-5V、Tinylogic-2V、Tinylogic-3V、Tinylogic-4V、Tinylogic-4V、Tinylogic-5V 等 11 个系列。

这是 MultiMCU 器件库。教育版中该库呈灰色，未予激活。

单击放置高级外围器件按钮（Place Advanced Periherals），即可打开高级外围器件库。包括：微型键盘、液晶显示屏、终端、杂项等 4 个系列。但教育版中只有"杂项"是被激活的。

单击放置其他数字器件按钮（Place Misc Digital），即可打开其他数字器件库。包括：TIL、DSP、FPGA、PLD、CPLD、MCU、微处理器、VHDL、存储器、线性驱动器、线性接收器、线性无线收发器等 12 个系列。

单击放置模数混合器件按钮（Place Mixed），即可打开数模混合器件库。包括：虚拟数模混合器件、555 定时器、A/D、D/A 转换器、模拟开关、单稳态触发器等 5 个系列。

单击放置指示器件按钮（Place Indicator），即可打开指示器件库。包括：电压表、电流表、探针、蜂鸣器、灯泡、虚拟灯泡、数码显示管、光柱显示器等 8 个系列。

单击放置杂项器件按钮（Place Miscellane—ous），即可打开杂项器件库。包括：虚拟杂项器件、传感器、光耦合器、石英晶体、电子管、保险丝、3 端稳压模块、稳压模块、双向稳压二极管、升压变压器、降压变压器、升降压变压器、有损传输线、无损传输线 1、无损传输线 2、滤波器、MOSFET 驱动器、推挽功率放大器、杂项功率器件、脉宽调制

（PWM）控制器、网络器件、其他杂项等 22 个系列。

单击放置射频器件按钮（Place RF），即可打开射频器件库。包括：射频电容器、射频电感器、射频 NPN 型晶体管、射频 PNP 晶体管、射频 N 沟道耗尽型 MOS 场效应管、隧道二极管、带状线、铁氧体磁珠等 8 个系列。

单击放置电机器件按钮（Place Elec—tromechanical），即可打开电机器件库。包括：检测开关、瞬时开关、辅助开关、同步触点、线圈和继电器、线性变压器、保护装置、输出装置等 8 个系列。

这类器件因电路图近似梯子型而得名。单击其按钮（Place Ladder Diagram），即可打开。包括：横挡、输入输出基准电源组、继电器、接触器、计数器、计时器、输出线圈等 7 个系列。

单击放置分级文档按钮（Place Hierarchical Block），即弹出"打开"对话框，可从中选取相应文档。

单击放置总线按钮（Place Bus），光标即变为带黑点的十字花，在电路工作区单击即出现一个小黑方块，移动鼠标即拖出一条虚线，再次单击又出现一个黑方块，再移动鼠标时，可以任意改变拖出虚线的方向。双击，虚线变为粗的黑线，这就是总线。

（6）仪器（Instruments）工具栏

仪器（Instruments）工具栏如图 A-8 所示。它集中了 Multisim 为用户提供的所有虚拟仪器仪表，用户可以通过按钮选择所需要的仪器对电路进行观测。

仪器（Instruments）工具栏在图 A-1 中是竖向排列的，可以用鼠标拖动成横向排列，如图 A-8 所示。

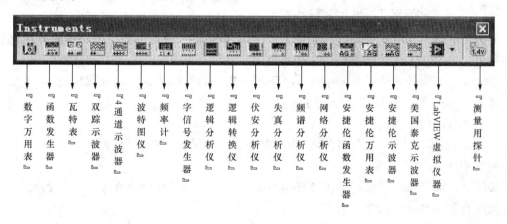

图 A-8 Multisim9 的仪器（Instruments）工具栏

A.2 Multisim9 的分析仿真功能

Multisim9 具有很强的电路分析和仿真功能。这里只从初学者的角度谈谈简单的电路分析和仿真。

1. 利用虚拟仪器仪表进行测量

图 A-8 列出了 Multisim9 为用户提供的 20 中虚拟仪器仪表，用户可以通过按钮选择所需要的仪器对电路进行仿真实验结果的观测。此外，Multisim9 还在图 A-7 的【指示器件库】中为用户定义了电压表和电流表。在这些仪表中，初学者应该熟练掌握那些最基本的电子测量工具，比如：数字万用表、函数发生器、各种示波器、波特图仪、失真分析仪、测量用探针和电压表及电流表。由于这些虚拟仪器都是和实际仪器仪表功能相对应的常用设备，所以这里对它们的使用方法不再过多介绍。初学者如果需要进一步深入学习，可以参考其他关于如何使用 Multisim 仿真软件的参考书目。

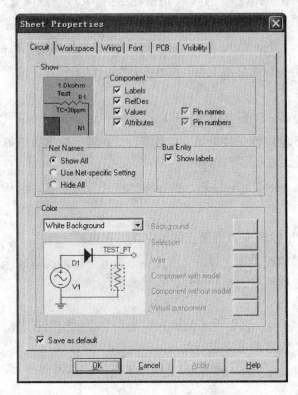

图 A-9　Multisim9 中电路节点编号的显示

2. 电路节点的编号

要对电路进行详细分析，必须确定电路中每一个节点的名称。在进行原理图输入和编辑的时候，Multisim9 已经自动对每个节点进行了编号，单击菜单【Options】→【Sheet Properties…】，将会弹出如图 A-9 所示的对话窗口。在【Circuit】选项卡上，找到【Net Names】所包围的区域，选中"Show All"前的单选框，将会在电路中显示全部节点的编号。若选中【Hide All】，将会在电路中隐藏全部节点的编号。

要修改节点编号，只要用鼠标双击电路图中相应的连接线，然后在弹出【Net】对话窗口的【Net Name】中修改节点号就可以了。

3. Multisim9 的电路分析

Multisim9 除了可以用虚拟仪器仪表对电路仿真结果进行测量分析外，还为用户提供了许多的电路分析功能。

如图 A-10 所示，用鼠标单击【Simulate（仿真）】菜单中的【Analysis（分析）】，就可以看到所有的仿真分析功能显示列表。

限于篇幅，这里只介绍几种做常用的分析方法，其余的分析方法读者可以参阅专业的 Multisim 软件仿真书籍。

（1）直流工作点分析（DC Operation Point Analysis）

直流工作点分析也称静态工作点分析。电路的直流分析是在电路中电容开路、电感短路时，计算电路的直流工作点，即在恒定激励条件下求电路的稳态值。

电路工作时，无论是大信号还是小信号，都必须给半导体器件以正确的偏置，以便使其工作在所需的区域，这就是直流分析要解决的问题。了解电路的直流工作点，才能进一步分

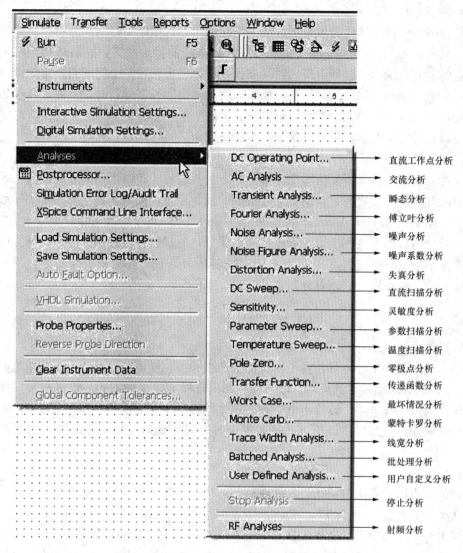

图 A-10　Multisim9 中电路分析功能的显示

析电路在交流信号作用下电路能否正常工作。求解电路的直流工作点在电路分析过程中是至关重要的。

（2）交流分析（AC Analysis）

交流分析是在正弦小信号工作条件下的一种频域分析。它计算电路的幅频特性和相频特性，是一种线性分析方法。Multisim 9 在进行交流频率分析时，首先分析电路的直流工作点，并在直流工作点处对各个非线性元件做线性化处理，得到线性化的交流小信号等效电路，并用交流小信号等效电路计算电路输出交流信号的变化。在进行交流分析时，电路工作区中自行设置的输入信号将被忽略。也就是说，无论给电路的信号源设置的是三角波还是矩形波，进行交流分析时，都将自动设置为正弦波信号，分析电路随正弦信号频率变化的频率响应曲线。

（3）瞬态分析（Transient Analysis）

瞬态分析是一种非线性时域分析方法，是在给定输入激励信号时，分析电路输出端的瞬态响应。Multisim9 在进行瞬态分析时，首先计算电路的初始状态，然后从初始时刻起，到某个给定的时间范围内，选择合理的时间步长，计算输出端在每个时间点的输出电压，输出电压由一个完整周期中的各个时间点的电压来决定。启动瞬态分析时，只要定义起始时间和终止时间，Multisim9 可以自动调节合理的时间步进值，以兼顾分析精度和计算时需要的时间，也可以自行定义时间步长，以满足一些特殊要求。

（4）傅立叶分析（Fourier Analysis）

傅立叶分析是一种分析复杂周期性信号的方法。它将非正弦周期信号分解为一系列正弦波、余弦波和直流分量之和。根据傅立叶级数的数学原理，周期函数 $f(t)$ 可以写为

$$f(t) = A_0 + A_1\cos\omega t + A_2\cos2\omega t + \cdots + B_1\sin\omega t + B_2\sin2\omega t + \cdots$$

傅立叶分析以图表或图形方式给出信号电压分量的幅值频谱和相位频谱。傅立叶分析同时也计算了信号的总谐波失真（THD），THD 定义为信号的各次谐波幅度平方和的平方根再除以信号的基波幅度，并以百分数表示：

$$\mathrm{THD} = \left\{ \frac{\left[\sum_{i=2}U_i^2\right]^{\frac{1}{2}}}{U_1} \right\} \times 100\%$$

（5）噪声分析（Noise Analysis）

电路中的电阻和半导体器件在工作时都会产生噪声，噪声分析就是定量分析电路中噪声的大小。Multisim9 提供了热噪声、散弹噪声和闪烁噪声等 3 种不同的噪声模型。噪声分析利用交流小信号等效电路，计算由电阻和半导体器件所产生的噪声总和。假设噪声源互不相关，而且这些噪声值都独立计算，总噪声等于各个噪声源对于特定输出节点的噪声均方根之和。

（6）失真分析（Distortion Analysis）

信号的失真通常是由电路增益的非线性与相位不一致造成的放大电路输出。增益的非线性将会产生谐波失真，相位的不一致将产生互调失真。Multisim9 失真分析通常用于分析那些采用瞬态分析不易察觉的微小失真。如果电路有一个交流信号，Multisim9 的失真分析将计算每点的二次和三次谐波的复变值；如果电路有两个交流信号，则分析三个特定频率的复变值，这三个频率分别是：(f_1+f_2)，(f_1-f_2)，$(2f_1-f_2)$。

（7）直流扫描分析（DC Sweep Analysis）

直流扫描分析是根据电路直流电源的变化，计算电路相应的直流工作点。在分析前可以选择直流电源的变化范围和增量。在进行直流扫描分析时，电路中的所有电容视为开路，所有电感视为短路。

在分析前，需要确定扫描的电源是一个还是两个，并确定分析的节点。如果只扫描一个电源，得到的是输出节点值与电源值的关系曲线。如果扫描两个电源，则输出曲线的数目等于第二个电源被扫描的点数。第二个电源的每一个扫描值，都对应一条输出节点值与第一个电源值的关系曲线。

（8）参数扫描分析（Parameter Sweep Analysis）

参数扫描分析是在用户指定每个参数变化值的情况下，对电路的特性进行分析。在参数扫描分析中，变化的参数可以从温度参数扩展为独立电压源、独立电流源、温度、模型参数

和全局参数等多种参数。显然，温度扫描分析也可以通过参数扫描分析来完成。

（9）灵敏度分析（Sensitivity Analysis）

用于分析电路特性对电路中的元器件参数的敏感程度。一般直流灵敏度分析的仿真结果以数值形式显示，交流灵敏度分析的仿真结果以图表形式显示。

A.3　Multisim9 应用举例

A.3.1　BJT 晶体管的输出特性

BJT 晶体管的输出特性曲线是指在基极电流 i_B 一定的条件下，集电极与发射极间的电压 u_{CE} 和集电极电流 i_C 之间的关系曲线，用函数关系式可表示为

$$i_C = f(u_{CE})\big|_{i_B=常数}$$

在进行仿真时，可以采用传统的逐点测量法进行测量。但是，这种方法相当复杂。如果采用直接扫描分析方法进行测量，仿真过程会变得非常简单。

图 A-11 为 BJT 晶体管输出特性的测试电路，图中晶体管选用 2N2924，为得到测试结果，输入回路加直流电流源，输出回路加直流电压源。

测试电路连接好之后，设置直流扫描参数具体步骤如下：

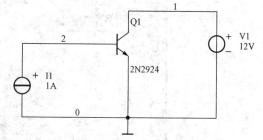

图 A-11　BJT 晶体管输出特性的测试电路

（1）首先在【Analysis Parameters】选项卡下设置。

选择【Simulate】→【Analysis】→【DC Sweep】，弹出对话窗口，如图 A-12 所示。在【Analysis Parameters】选项卡下【Source1】选项中设置：

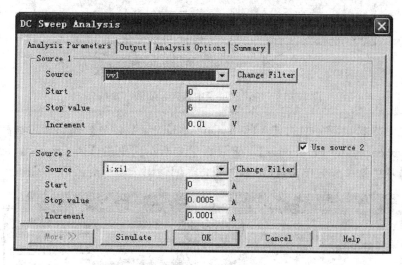

图 A-12　BJT 晶体管输出特性直流扫描分析参数设置对话窗口

Source：vv1，即管压降 u_{CE}，作为显示坐标的横轴。

Start value：0V；

Stop value：6V；

Increment：0.01V。

选择使用【Source2】，将图 A-12 所示对话窗口中【Use source2】复选框内打"√"即可。在【Source2】选项中设置：

Source：i：xi1，即基极电流 i_B，作为显示坐标的纵轴。

Start value：0A；

Stop value：0.0005A；

Increment：0.0001A。

（2）切换到【Output】输出选项卡中设置。

单击左下角【More】按钮，得到扩大的输出变量页，如图 A-13 所示。

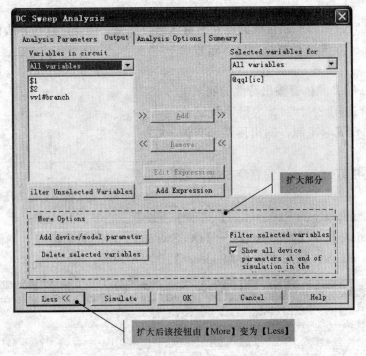

图 A-13　输出选项卡中被扩大的输出变量页

单击图 A-13 扩大部分中的【Add device/model Parameter】按钮，出现一个新的对话窗口【Add device/model Parameter】，如图 A-14 所示。单击【Parameter】选项的下拉按钮，从众多选项中选中 ic。单击【OK】按钮，返回输出选项卡对话窗口界面。

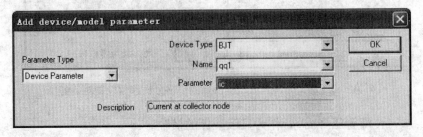

图 A-14　增加器件/模型参数对话窗口

（3）仿真得到 BJT 晶体管的输出特性曲线。

在输出选项卡上将【Variables in circuit】列表框中的"@qq1 [ic]"通过【Add】按钮选择到【Selected variables for】列表框中，选择"@qq1 [ic]"作为输出变量，即 BJT 的集电极电流 i_C。单击图 A-13 中的【Simulate】按钮，可得到 BJT 晶体管的输出特性曲线，如图 A-15 所示。

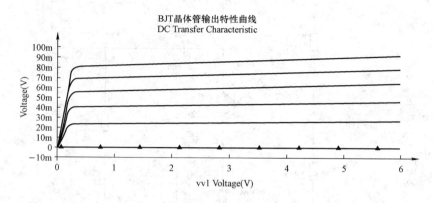

图 A-15 BJT 晶体管输出特性曲线

至此，关于 BJT 晶体管输出特性曲线的仿真就结束了。读者可以从仿真结果中清楚地看到，图 A-15 中波形与前面章节中讲到的 BJT 输出特性曲线基本一致，各区的特性也体现的非常明显。这一仿真实例对于初学者理解 BJT 的输出特性曲线应该会有很大的帮助。

A.3.2 射极偏置共发射极基本放大电路仿真分析

下面再以模拟电子电路中最典型的电路之一——射极偏置共发射极基本放大电路为例，来介绍一下 Multisim9 其他仿真方法的应用。

1. 绘制电路图

具体电路结构如图 A-16 所示。图中 BJT 晶体管型号选 2N2222，交流输入信号为10mV、频率 1kHz，其他电路元器件参数如图 A-16 所选。为便于对比观察输出效果，使用虚拟示波器将输入信号的波形接入 A 通道，输出信号的波形接入 B 通道，这样就可以实现输入、输出信号同时观察。

2. 对电路进行静态分析

选择【Simulate】→【Analysis】→【DC Operating Point …】后，弹出一个新的对话窗口如图 A-17 所示。

在【Output】选项卡中选择要分析的节点，从左侧的列表框选到右侧的列表框，本电路结构选择节点 $1、节点 $3、节点 $4、节点 $5 和节点 $6 作为要分析的节点。单击选项卡下面的【Simulate】按钮，可得到电路的直流工作点分析结果，即静态工作点相应结果，如图 A-18 所示。

根据电路图 A-16 所示参数，通过理论计算可得 $V_B \approx 2V$、$V_E \approx 1.3V$、$U_{CE} \approx 7.02V$，而 $V_C = U_{CE} + V_E \approx 8.3V$。这几个参数 V_B 即为节点 $3、$V_E$ 即为节点 $4、$V_C$ 即为节点 $1、节点 $5 和节点 $6 分别对应电路的交流输出端和交流输入端，所以显然静态仿真结果与理论计算及分析结果是相当吻合的。

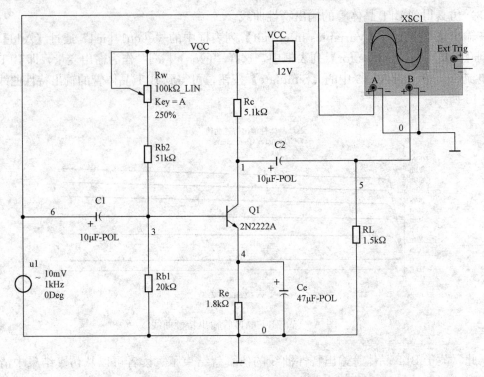

图 A-16　射极偏置共发射极基本放大电路仿真电路图

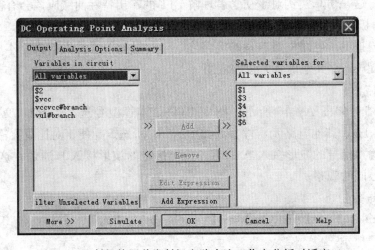

图 A-17　射极偏置共发射极电路直流工作点分析对话窗口

3. 对电路进行动态分析

（1）观察输入交流信号时的输入输出波形

按图 A-6 所示的仿真开关电路就开始仿真运行。双击图 A-16 中接入的示波器图标，会在主界面上弹出虚拟示波器显示及控制面板。当然，为了能得到一个显示清晰的输入输出波形，还需适当设置控制面板中【Timebase】、【Channel A】及【Channel B】的数值。如下面图 A-19 就是图 A-16 的输入输出波形显示结果。

从图 A-19 中，读者不仅可以直观看到原来很小的交流输入信号，经过射极偏置共发射

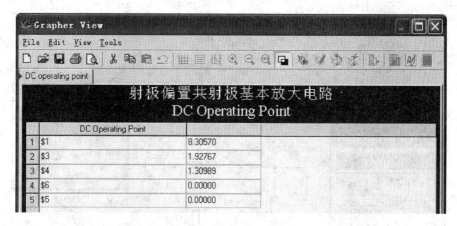

图 A - 18　射极偏置共发射极电路直流工作点分析结果

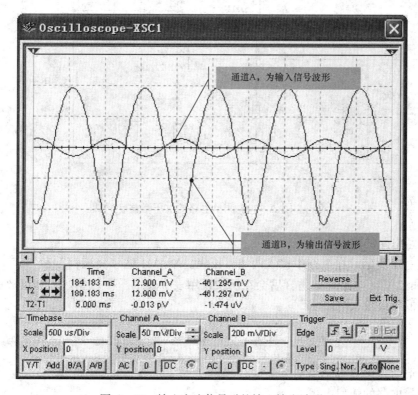

图 A - 19　输入交流信号时的输入输出波形

极基本放大电路作用，电压幅值被放大了很多后通过耦合电容 C_2 送到了输出端，而且还可以观察到被放大的输出信号和原来幅值很小的输入信号之间存在一个反相关系，这就是为什么在前面学习时强调的共射极放大电路电压增益为负值的根本原因所在。

（2）测量电路的电压增益 $\dot{A}_u$

为了得到电路的电压增益，可以在电路中接入两块万用表，万用表都选用"交流档"和"V"，如图 A - 20 所示。电路开始仿真后会在两块万用表中显示图中数据，根据读数就可以直接计算出电路的电压增益：

$$|\dot{A}_{u}| = \left|\frac{\dot{U}_{o}}{\dot{U}_{i}}\right| = \frac{U_{o}}{U_{i}} = \frac{295.028\text{mV}}{10\text{mV}} = 29.5028 \approx 30$$

该测量值与理论计算结果基本一致。

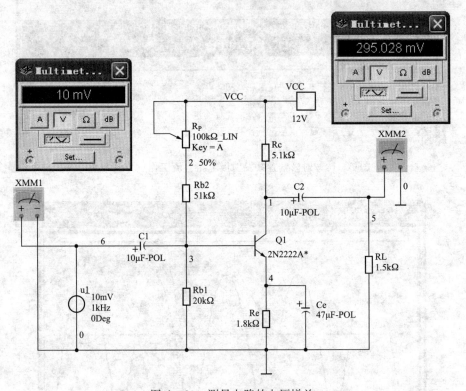

图 A - 20   测量电路的电压增益

（3）测量电路的输入电阻 R_i

如图 A - 21 所示，在电路中接入两块万用表。XMM1 选"交流档"和"V"，XMM2 选"交流档"和"A"。电路开始仿真后会在两块万用表中显示图中数据，根据读数就可以直接计算出电路的等效输入电阻

$$R_{i} = \left|\frac{\dot{U}_{i}}{\dot{I}_{i}}\right| = \frac{U_{i}}{I_{i}} = \frac{10\text{mV}}{3.109\mu\text{A}} \approx 3.2\text{k}\Omega$$

该测量值与理论计算结果基本一致。

（4）测量电路的输出电阻 R_o

电路连接如图 A - 22 所示。在电路输出端接入一块万用表，选"交流档"和"V"。分别测量两种情况下输出电压的取值，一种情况是在负载电阻 RL 接入时测量，测量结果如图 A - 22（a）所示，$U_o = 295.028\text{mV}$；一种情况是在不接入负载电阻 RL，即输出端开路时测量，测量结果如图 A - 22（b）所示，$U_{oL} = 1.268\text{V}$。根据二者之间的关系可以算出电路的等效输出电阻

$$R_{o} = \left(\frac{U_{oL}}{U_{o}} - 1\right)R_{L} = \left(\frac{1.268\text{V}}{295.028\text{mV}} - 1\right) \times 1.5\text{k}\Omega \approx 5.0\text{k}\Omega$$

该测量值与理论计算结果基本一致。

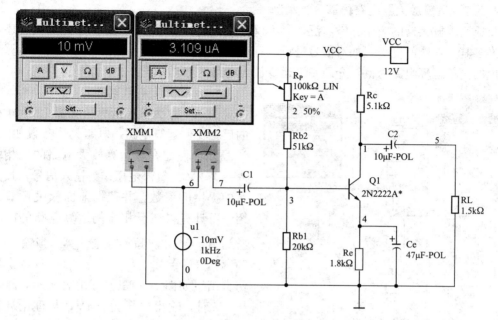

图 A-21　测量电路的输入电阻

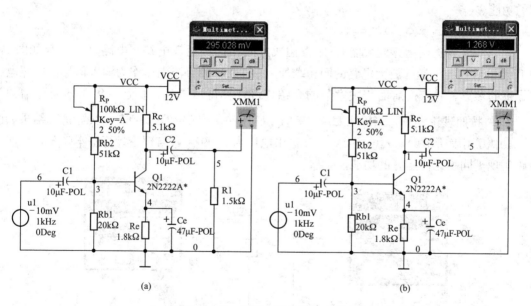

图 A-22　测量电路的输出电阻

(a) 带负载时输出电压显示；(b) 开路时输出电压显示

4. 观察电路参数变化对输出波形的影响

在电路中输入端有一可变电阻器 R_P。双击图 A-16 中接入的示波器图标，在主界面上弹出虚拟示波器显示及控制面板。然后利用控制键 "key=A"，上下调整 R_P 接入电路中阻值的大小，从而改变电路输出端的波形，输出端波形会相应地出现饱和失真和截止失真这两种非线性失真。该现象读者可自行通过仿真电路调试得出，在此不再赘述。

A. 3. 3 　运算放大器电路仿真分析举例

集成运算放大器的应用非常广泛，它不仅能够构成对信号进行放大的电路，而且还可以构成许多其他功能的电路，如对信号进行运算的电子电路等。本节就以两个由集成运算放大器构成的简单运算电路为例，介绍一下运算放大电路的仿真分析方法。

1. 反相比例运算电路

图 A-23 为选用运算放大器 LM324 构成的反相比例运算电路，电路具体参数如图 A-23 所示。假如在该运算放大电路的反相端加入一个 2V 的直流电压作为输入信号，按照电路中提供的参数，并依据前面相关章节的介绍，可计算得该反相比例运算电路的闭环增益为 $\dot{A}_{uf}=-2$。按照理论计算，当输入 $U_I=2V$ 时，$U_O=A_{uf}\cdot U_I=-2\times2=-4V$。实际仿真结果如图 A-23 中万用表所示，输入电压 2V 时，输出电压为 $-4V$，与理论计算结果完全一致，说明该电路实现了反相比例运算的功能。

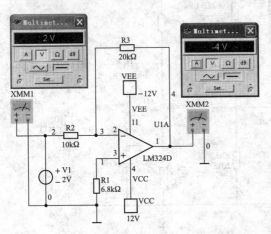

图 A-23 　反相比例运算电路及仿真结果显示

2. 同相比例运算电路

图 A-24 为选用运算放大器 LM324 构成的同相比例运算电路，电路具体参数如图 A-24 所示。假如在该运算放大电路的同相端加入一个 2V 的直流电压作为输入信号，按照电路中提供的参数，并依据前面相关章节的介绍，可计算得该同相比例运算电路的闭环增益为 $\dot{A}_{uf}=3$。按照理论计算，当输入 $U_I=2V$ 时，$U_O=A_{uf}\cdot U_I=3\times2=6V$。实际仿真结果如图 A-24 中万用表所示，输入电压 2V 时，输出电压为 5.997V，与理论计算基本吻合，说明该电路实现了同相比例运算的功能。

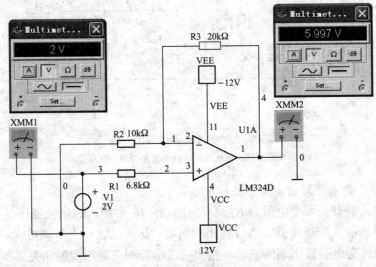

图 A-24 　同相比例运算电路及仿真结果显示

A.4 小 结

电路仿真技术与传统的电路实验相比较，具有快速、安全、节省材料、节省空间等诸多方面优点，大大提高了工作效率。Multisim9 软件是一款非常好用的电子电路仿真软件，它大大缩短了电路设计的周期。

本章对 Multisim9 软件的相关内容做了简要的介绍，旨在为初学者开辟一条入门的通道。对于本书中所介绍的全部模拟电子电路知识点，均可以用 Multisim9 软件进行仿真实验。因此，建议读者在参考相关专业 Multisim 仿真软件参考资料的基础上多做些相关实验，会对学习大有益处。

部 分 习 题 解 答

第 1 章

1.1　（1）A （2）C （3）C （4）A

1.2　（1）N 型半导体 （2）变厚 （3）在 P 区 （4）不是 （5）单向导电

1.3　（1）C （2）C （3）C

1.4　（a）二极管导通　$U_O = 5V$　　（b）二极管截止　$U_O = 0V$

（c）二极管导通 $U_O = -6V$ （d）二极管截止　$U_O = -9V$

1.5

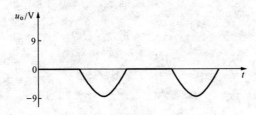

1.6

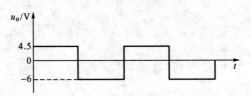

1.7

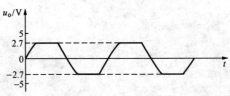

1.8　断开时，U_R 为 1.38V；闭合时 U_R 为 4.5V

1.9　$0.24k\Omega < R < 1.2k\Omega$

1.10

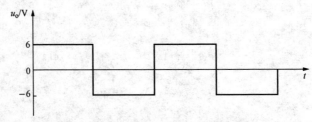

1.11　（1）X：集电极、Y：基极、Z：发射极、NPN 管；

（2）X：发射极、Y：基极、Z：集电极、PNP 管。

1.12 （a）X：基极、Y：集电极、Z：发射极、NPN 管，$\beta=50$；

（b）X：基极、Y：发射极、Z：集电极、PNP 管，$\beta=80$。

第 2 章

2.1 100mV，0.2ms，5000Hz

2.2 （1）$u_i=10\sin\omega t$ （mV），$u_o=5\sin\omega t$ （V）

（2）$A_u=500$

（3）同相

2.3 （1）$u_o=2\sin\omega t$ （V）

（2）$A_u=200$

（3）反相

2.4 （1）$A_u=100$；（2）倒相

2.5 （1）$A_u=100$；$A_i=200$；$A_r=200k\Omega$；$A_g=0.1s$

（2）$20\lg100=40dB$；$20\lg200=46dB$；

2.6 $R_i=200k\Omega$

2.7 $R_o=200\Omega$

2.8 放大电路 2

2.9 $A_{uL}=A_{uH}=20\lg707=57dB$

2.10 （1）截止失真、减小 R_b；

（2）饱和失真、增大 R_b。

2.11 （1）饱和失真、增大 R_b；

（2）截止失真、减小 R_b。

2.12 （1）$I_C=0.1mA$、$V_{CE}=9.8V$、截止区

（2）$I_C=2.4mA$、$V_{CE}=5.2V$、放大区

（3）$I_C=4.85mA$、$V_{CE}=0.3V$、饱和区

2.13 （a）无、交流短路；

（b）有；

（c）无、直流偏置不正确；

（d）无、基极回路无直流通路。

2.14 （1）

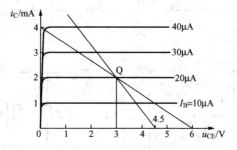

（2）$I_{BQ}=20\mu A$、$I_{CQ}=2mA$、$U_{CEQ}=3V$；

（3）$\beta=100$；

（4）空载 $U_{om} \approx 3V$，带负载 $U_{om} \approx 1.5V$。

2.15（1）

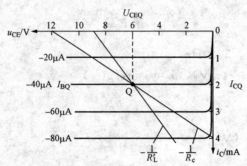

$I_{BQ}=40\mu A$、$I_{CQ}=2mA$、$U_{CEQ}=6V$；

（2）$V_{CC}=12V$、$R_b=300k\Omega$、$R_c=3k\Omega$、$R_L=3k\Omega$；

（3）$\beta=50$

（4）空载 $U_{om} \approx 6V$，带负载 $U_{om} \approx 3V$。

2.16

（1）直流通路

（2）小信号等效电路

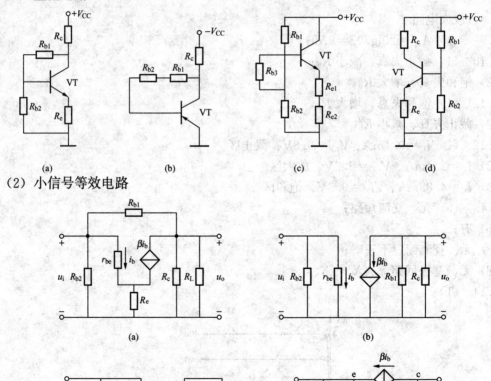

2.17 (1)

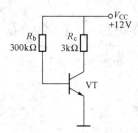

(2) $I_{BQ} = \dfrac{12}{300} = 40\mu A \quad I_{CQ} = 40 \times 50 = 2mA$

$U_{CEQ} = 12 - 2 \times 3 = 6V$

(3)

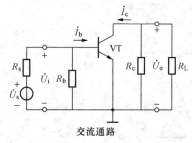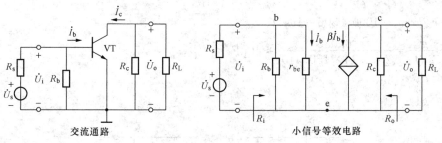

交流通路   小信号等效电路

(4) $r_{be} = 200 + (1+50)\dfrac{26}{2} = 0.86k\Omega \quad \dot{A}_u = -\dfrac{50 \times 1.2}{0.86} \approx -69.77$

$R_i \approx r_{be} = 0.86k\Omega \quad R_o = 3k\Omega$

2.18 (1)

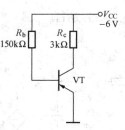

(2) $I_{BQ} = -40\mu A \quad I_{CQ} = -1.2mA \quad U_{CEQ} = -2.4V$

(3)

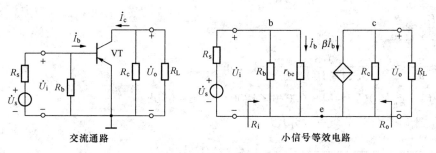

交流通路   小信号等效电路

(4) $r_{be} = 200 + (1+30)\dfrac{26}{1.2} \approx 0.87k\Omega$、$\dot{A}_u = -\dfrac{30 \times 1}{0.87} \approx -34.5$、$R_i \approx 0.87k\Omega$、$R_o =$

$2\text{k}\Omega$、$\dot{A}_{\text{us}}=-\dfrac{0.87}{0.87+0.1}\times34.5\approx-30.9$

2.19　（1）$\dot{A}_{\text{um}}=100$、$f_{\text{L}}=1000\text{Hz}$、$f_{\text{H}}=100\text{MHz}$

（2）37dB、20dB

（3）$\dfrac{\pi}{4}$、$-\dfrac{\pi}{4}$、$\dfrac{\pi}{2}$、$-\dfrac{\pi}{2}$

2.20　（1）无

（2）$f_{\text{L}}=0$、$f_{\text{H}}=10\text{kHz}$

（3）$\dot{A}_{\text{us}}=1000$

（4）1000

2.21　$g_{\text{m}}=\dfrac{I_{\text{EQ}}}{26}\approx\dfrac{1}{26}=0.038\text{s}$，$r_{\text{b'e}}=(1+\beta)\dfrac{26}{I_{\text{EQ}}}=(1+30)\times\dfrac{26}{1}=806\Omega$、

$r_{\text{bb'}}=r_{\text{be}}-r_{\text{b'e}}=1000-806=194\Omega$、

$C_{\text{b'e}}\approx\dfrac{g_{\text{m}}}{2\pi f_{\text{T}}}=\dfrac{0.038}{2\times3.14\times150\times10^{6}}\approx40\text{pF}$

2.22　$C_{1}>16\mu\text{F}$

2.23　（1）

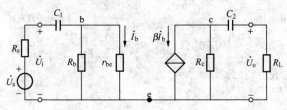

$f_{\text{L}}=\dfrac{1}{2\pi\times0.96\times10^{3}\times4.7\times10^{-6}}\approx35.28\text{Hz}$

（2）

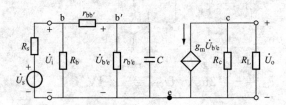

$g_{\text{m}}=\dfrac{I_{\text{EQ}}}{26}\approx\dfrac{2}{26}=0.076\text{s}$

$C_{\text{b'e}}\approx\dfrac{g_{\text{m}}}{2\pi f_{\text{T}}}=\dfrac{0.076}{2\times3.14\times100\times10^{6}}\approx121\text{pF}$

$C_{\text{b'c}}'=(1+g_{\text{m}}R_{\text{L}}')C_{\text{b'c}}=(1+0.076\times1200)\times0.6=55\text{pF}$

$C=C_{\text{b'e}}+C_{\text{b'c}}'=121+55=176\text{pF}$

$f_{\text{H}}=\dfrac{1}{2\pi\times(300/\!/660)\times176\times10^{-12}}\approx4.35\text{MHz}$

(3)

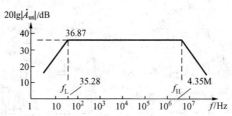

2.24　(1) 在直流通路中开路，利用 R_e 稳定静态工作点；在交流通路中短路，提高电路的电压增益。

(2)

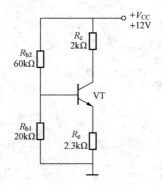

(3)　$I_{CQ} = \dfrac{3-0.7}{2.3} = 1\text{mA}$　$I_{BQ} = \dfrac{1}{50} = 20\mu\text{A}$

$U_{CEQ} = 12 - 1 \times (2+2.3) = 7.7\text{V}$

(4)

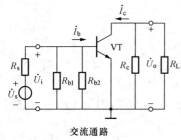

交流通路

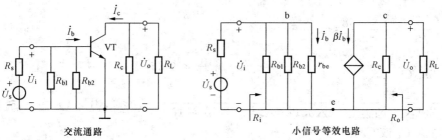

小信号等效电路

(5)　$r_{be} = 200 + (1+50)\dfrac{26}{1} = 1.5\text{k}\Omega$　$\dot{A}_u = -\dfrac{50\times1}{1.5} \approx -33.3$

$R_i = R_{b1} /\!/ R_{b2} /\!/ r_{be} \approx 1.5\text{k}\Omega$　$R_O = R_c = 2\text{k}\Omega$

$\dot{A}_{us} = \dfrac{R_i}{R_S+R_i} = -\dfrac{1.5}{0.5+1.5} \times 33.3 \approx -25$

2.25　(1) 不变

(2) 不变

2.26　(1) 相同、I_{CQ}、U_{CEQ}不变，I_{BQ}略有减小

(2)

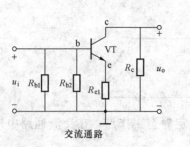 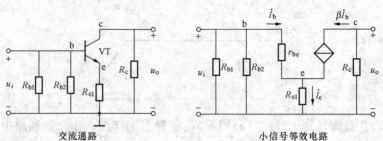

交流通路　　　　　　　　　　　　　小信号等效电路

(3) $r_{be}=200+(1+100)\dfrac{26}{1}=2.8\text{k}\Omega$

$$\dot{A}_u=-\dfrac{100\times1}{2.8+(1+100)\times0.3}=-\dfrac{100}{2.8+30.3}=-\dfrac{100}{33.1}\approx-3$$

$R_i=20\text{k}\Omega/\!/60\text{k}\Omega/\!/33.1\text{k}\Omega\approx10.3\text{k}\Omega \quad R_O=2\text{k}\Omega$

$$\dot{A}_{us}=\dfrac{R_i}{R_s+R_i}\dot{A}_u=-\dfrac{10.3}{0.5+10.3}\times3\approx-2.86$$

2.27　(1)

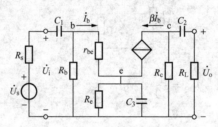

(2) $C_e'=\dfrac{C_e}{1+\beta}=\dfrac{50}{1+50}\approx0.98\mu\text{F}$

$$C=\dfrac{C_1C_e'}{C_1+C_e'}=\dfrac{1\times0.98}{1+0.98}\approx0.5\mu\text{F}$$

$$f_{L1}=\dfrac{1}{2\pi RC}=\dfrac{1}{2\times3.14\times1.6\times10^3\times0.5\times10^{-6}}\approx199\text{Hz}$$

$$f_{L2}=\dfrac{1}{2\pi(R_c+R_L)C_2}=\dfrac{1}{2\times3.14\times(2+2)\times10^3\times1\times10^{-6}}\approx39.8\text{Hz} \quad f_L=f_{L1}\approx199\text{Hz}$$

(3) 加大 C_1 或 C_3

2.28　(1)

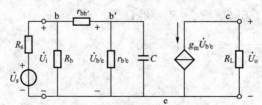

(2) $C_{b'c}'=(1+g_mR_L')C_{b'c}=(1+0.038\times10^3)\times5=195\text{pF}$

$C=C_{b'e}+C_{b'c}'=45+195=240\text{pF}$

$$f_H = \frac{1}{2\pi(R_s + r_{bb'}) /\!/ r_{b'e}C} = \frac{1}{2 \times 3.14 \times (0.1 + 0.2) /\!/ 1.3 \times 10^3 \times 240 \times 10^{-12}} \approx 2.76MHz$$

2.29　(1) $I_{BQ} = \dfrac{15}{50 + (100 + 1) \times 1} \approx 0.1mA$　$I_{CQ} = 0.1 \times 100 = 10mA$

$V_{CEQ} = 15 - 10 \times 1 = 5V$

(2) 截止失真

(3)

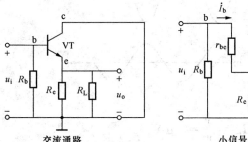 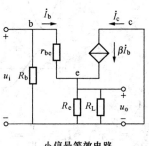

交流通路　　　　　　　　　小信号等效电路

(4) $\dot{A}_u = \dfrac{(1+\beta)R_L'}{r_{be} + (1+\beta)R_L'} = \dfrac{101 \times 0.5}{1 + 101 \times 0.5} \approx 0.98$

$R_i = R_b /\!/ [r_{be} + (1+\beta)R_L'] = 50 /\!/ [1 + (1+100) \times 0.5] \approx 25k\Omega$

$R_o = R_e /\!/ \dfrac{r_{be}}{1+\beta} = 1 /\!/ \dfrac{1}{101} \approx 10\Omega$

2.30　(1) 共集；

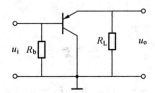

(2) $I_{BQ} = \dfrac{16}{120 + (1+60) \times 1} \approx 88\mu A$、$I_{CQ} = 0.088 \times 60 \approx 5.28mA$

$U_{CEQ} = 16 - 5.28 \times 1 = 10.72V$

(3) $r_{be} = 200 + (1+60) \times \dfrac{26}{5.28} \approx 500\Omega$

$\dot{A}_u = \dfrac{(1+60) \times 1}{0.5 + (1+60) \times 1} \approx 0.99$　$\dot{A}_i \approx \beta = 60$

(4) $R_i = R_b /\!/ [r_{be} + (1+\beta)R_L'] = 120 /\!/ [1 + (1+60) \times 1] \approx 40.4k\Omega$

$R_o = R_e /\!/ \dfrac{r_{be}}{1+\beta} = 1000 /\!/ \dfrac{500}{61} \approx 8.1\Omega$

2.31　(1) $I_{BQ} = \dfrac{12}{300 + (1+50) \times 1} \approx 34\mu A$，$I_{CQ} = 0.034 \times 50 \approx 1.7mA$

$U_{CEQ} = 15 - 1.7 \times 4 = 8.2V$

(2) $\dot{A}_{u1} = -\dfrac{50 \times 3}{1} = -150$　$\dot{A}_{u2} = \dfrac{(1+50) \times 3}{1 + (1+50) \times 1} \approx 3$

(3)

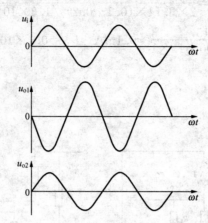

2.32　（1）共基

（2）$I_{CQ} = \dfrac{3-0.7}{2.3} = 1\text{mA}$　$I_{BQ} = \dfrac{1}{50} = 20\mu A$

$U_{CEQ} = 12 - 1 \times (2+2.3) = 7.7\text{V}$，同习题 2.24

（3）$\dot{A}_u = \dfrac{50 \times 1}{1.5} = 33.3$

$R_i = R_e \mathbin{/\mkern-5mu/} \dfrac{r_{be}}{1+\beta} = 2.3 \mathbin{/\mkern-5mu/} \dfrac{1.5}{1+50} \approx 29\Omega$

$R_O \approx R_c = 2\text{k}\Omega$

$\dot{A}_{us} = \dfrac{29}{100+29} \times 33.3 \approx 7.5$

第 3 章

3.1　（1）$I_{BQ1} = \dfrac{12}{100+(1+50)\times 1} \approx 79\mu A$、$I_{CQ1} = 79 \times 50 \approx 3.95\text{mA}$

$U_{CEQ} = 12 - 3.95 \times 1 = 8.05\text{V}$

（2）$I_{CQ2} = \dfrac{4-0.7}{3.3} = 1\text{mA}$、$I_{BQ2} = \dfrac{1}{50} = 20\mu A$、

$U_{CEQ} = 12 - 1 \times 6.3 = 5.7\text{V}$

（3）$\dot{A}_{u1} = \dfrac{(1+50)\times 0.5}{1+(1+50)\times 0.5} \approx 0.96$　$\dot{A}_{u2} = -\dfrac{50 \times 1.57}{1} = -78.5$

$\dot{A}_u = \dot{A}_{u1}\dot{A}_{u2} = 0.96 \times (-78.5) \approx -75.5$

$R_i \approx 1 + (1+50) \times 0.5 = 26.5\text{k}\Omega$

$R_o \approx R_5 = 3\text{k}\Omega$

3.2　（1）静态参数与题 3.1 计算结果一致；动态参数 $\dot{A}_{u1} = -135.5$，$\dot{A}_{u2} = 0.97$，$\dot{A}_u = -132$，$R_i \approx 1\text{k}\Omega$，$R_o \approx 80\Omega$

（2）略

3.3　（1）$I_{B1Q} = 20\mu A$，$I_{C1Q} = 1\text{mA}$，$U_{CE1Q} = 6\text{V}$，$I_{C2Q} \approx 1\text{mA}$，$U_{CE2Q} = 3\text{V}$

（2）略

(3) $\dot{A}_{u1}=-50\times\dfrac{4/\!/[1+(1+30)\times0.1]}{1}\approx-100$

$\dot{A}_{u2}=-\dfrac{30\times1}{1+30\times0.1}=-7.5$

$\dot{A}_{u}=\dot{A}_{u1}\dot{A}_{u2}=(-100)\times(-7.5)=750$

$R_i\approx1\mathrm{k\Omega}$

$R_o\approx1\mathrm{k\Omega}$

3.4　(1) $I_{B1Q}=100\mu A$, $I_{C1Q}=1\mathrm{mA}$, $U_{CE1Q}=6.9\mathrm{V}$, $I_{C2Q}=3.2\mathrm{mA}$, $U_{EC2Q}=3.68\mathrm{V}$

(2) $\dot{A}_u=166.7$, $R_i=1\mathrm{k\Omega}$, $R_o=1\mathrm{k\Omega}$

3.5　(1) 略

(2) $\dot{A}_{u1}=\dfrac{30\times1.5}{1}=45$　$\dot{A}_{u2}=-\dfrac{50\times3}{1.5}=-100$

$\dot{A}_u=\dot{A}_{u1}\dot{A}_{u2}=45\times(-100)=-4500$

$R_i\approx1\mathrm{k\Omega}$　$R_o\approx3\mathrm{k\Omega}$

3.6　第二个

3.7　(1) $A_{ud}=\dfrac{1}{2}\times\dfrac{50\times2/\!/2}{1}=25$、$A_{uc}=-\dfrac{50\times2\mathrm{k}/\!/2\mathrm{k}}{1+2\times(1+50)\times1}=-0.485$、

$K_{CMR}=\dfrac{25}{0.485}\approx51.5$ (34dB)

(2) $R_i\approx2\mathrm{k\Omega}$, $R_O\approx2\mathrm{k\Omega}$

3.8　(1) $I_{C1Q}=I_{C2Q}=1\mathrm{mA}$, $U_{CE1Q}=U_{CE2Q}=10\mathrm{V}$

(2) $A_{ud}=50$, $\dot{A}_{uc}=0$, $K_{CMR}=\infty$

(3) $R_i=2\mathrm{k\Omega}$, $R_o=4\mathrm{k\Omega}$

3.9　(1) $I_{C1Q}=I_{C2Q}=3\mathrm{mA}$, $I_{C3Q}=6\mathrm{mA}$, $U_{CE1Q}=U_{CE2Q}=U_{CE3Q}=6\mathrm{V}$

(2) $A_{ud}=50$、$A_{uc}=0$、$K_{CMR}=\infty$　(3) $R_i\approx2\mathrm{k\Omega}$, $R_O\approx4\mathrm{k\Omega}$

3.10　(1) $I_{C1Q}=I_{C2Q}=1\mathrm{mA}$, $I_{B1Q}=I_{B2Q}=10\mu A$, $U_{CE1Q}=U_{CE2Q}=12-1\times5+0.7=7.7\mathrm{V}$

(2) 空载 $A_{ud}\approx-500$、带负载 $A_{ud}\approx-167$

(3) $R_i=2\mathrm{k\Omega}$, $R_o=10\mathrm{k\Omega}$

3.11　题3.7图：$u_o=500\mathrm{mV}$

题3.8图：$u_O=10\times50=500\mathrm{mV}$

3.12　(1) $I_{C1Q}=I_{C2Q}=0.75\mathrm{mA}$, $U_{CE1Q}=U_{CE2Q}=7.5\mathrm{V}$, $I_{C3Q}=7.5\mathrm{mA}$, $U_{CE3Q}=6\mathrm{V}$, $I_{C4Q}=1.5\mathrm{mA}$, $U_{CE4Q}=15\mathrm{V}$

(2) $\dot{A}_u\approx-40$　$R_i=2\mathrm{k\Omega}$, $R_o=\dfrac{1.2}{50}=24\Omega$

3.13　(1) 略

(2) 电压为零

(3) 无电压放大，有电流放大

第4章

4.1　(a) P沟道耗尽型 JFET　　(b) P沟道耗尽型 MOSFET

(c) P 沟道增强型 MOSFET　　(d) N 沟道耗尽型 JFET

(e) N 沟道耗尽型 MOSFET　　(f) N 沟道增强型 MOSFET

4.2 (1) 耗尽型 (2) N 沟道　(3) 夹断电压 $V_P = -4V$

4.3 (1) 增强型　(2) 沟道　(3) 开启电压 $V_T = -2V$

4.4 (a) 能　(b) 不能　(c) 不能　(d) 能

4.5 (1)

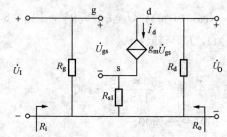

(2) $\dot{A}_u = -\dfrac{g_m R_d}{1 + g_m R_{S1}} = -\dfrac{3 \times 10}{1 + 3 \times 1} = -\dfrac{30}{4} = -7.5$

(3) $R_i = R_g = 20M\Omega$　$R_o = R_d = 10k\Omega$

4.6 (1)

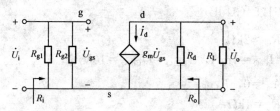

(2) $\dot{A}_u = -g_m R_L' = -1 \times 10 /\!/ 10 = -5$

(3) $R_i = R_{g1} /\!/ R_{g2} = 2M /\!/ 2M = 1M\Omega$　$R_O = R_d = 10k\Omega$

4.7 (1)

(2) $\dot{A}_u = \dfrac{g_m R_L'}{1 + g_m R_L'} \approx 1$

(3) $R_i = R_{g3} + R_{g1} /\!/ R_{g2} = 10M + 100k /\!/ 100k \approx 10M\Omega$, $R_o = R_s /\!/ \dfrac{1}{g_m} \approx 200\Omega$

4.8 (1) $I_{D1Q} = I_{D2Q} = 2mA$, $I_{D3Q} = 4mA$

(2) $\dot{A}_{ud} = -25$, $\dot{A}_{uc} = 0$

(3) $R_i = \infty$, $R_o = 10k\Omega$

第 5 章

5.1 （1）图（a）、（d）为 NPN；图（b）、（c）为 PNP （2）见图解 5.1 （3）$\beta=1500$

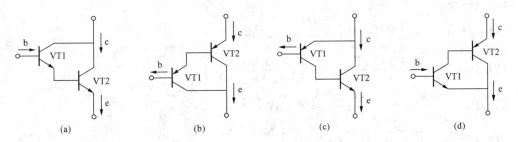

图解 5.1

5.2 输入级、中间级、输出级和偏置电路四部分。输入级通常采用差分式电路、中间级复合管共射放大电路、输出级采用甲乙类互补对称电路、偏置电路采用微电流源电路。

5.3 （1）$I_1 \approx \dfrac{V_{CC}-U_{BE}}{R}=\dfrac{12-0.7}{1}=11.3\text{mA}$

（2）镜像电流源 $U_{BE1}=U_{BE2}$，微电流源 $U_{BE2}=U_{BE1}-U_{R_e}$，$U_{BE2}<U_{BE1}$，$I_2<I_1$。

5.4 $I_{C2}=I_{C4}=I_{R_e}=\dfrac{12-1.2}{5.4}=2\text{mA}$，

5.5 （1）$u_o \approx u_i$、$i_o \approx \beta i_i$

（2）$u_{omax} \approx V_{CC}-U_{CES}$，$i_{omax} \approx \dfrac{V_{CC}-U_{CES}}{R_L}$

（3）无，存在交越失真

（4）$P_o=\dfrac{1}{2}\times\dfrac{U_{om}^2}{R_L}=\dfrac{1}{2}\times\dfrac{5^2}{8}\approx1.56\text{W}$

（5）$P_{om}=\dfrac{1}{2}\times\dfrac{(V_{CC}-U_{CES})^2}{R_L}\approx\dfrac{1}{2}\times\dfrac{12^2}{8}=9\text{W}$

5.6 （1）$P_{om}=\dfrac{1}{2}\times\dfrac{(V_{CC}-U_{CES})^2}{R_L}=\dfrac{1}{2}\times\dfrac{(12-2)^2}{8}=6.25\text{W}$

（2）$P_o=\dfrac{1}{2}\times\dfrac{U_{om}^2}{R_L}=\dfrac{1}{2}\times\dfrac{8^2}{8}=4\text{W}$

5.7 （1）$P_V \approx 0$

（2）$P_V=\dfrac{2V_{CC}U_{om}}{\pi R_L}=\dfrac{2\times12\times7}{3.14\times8}\approx6.69\text{W}$

（3）$P_{Vm}=\dfrac{2V_{CC}^2}{\pi R_L}=\dfrac{2\times12^2}{3.14\times8}\approx11.46\text{W}$

5.8 （1）$U_{CEm}=2V_{CC}=24\text{V}$

（2）$P_{Tm}=\dfrac{V_{CC}^2}{\pi^2 R_L}=\dfrac{12^2}{3.14^2\times8}\approx1.83\text{W}$

（3）出现在 $U_{om}\approx0.6V_{CC}=7.2\text{V}$ 时。

5.9 （1）$P_{om}=\dfrac{1}{2}\times\dfrac{V_{CC}^2}{R_L}=\dfrac{1}{2}\times\dfrac{16^2}{4}=32\text{W}$

(2) $P_{Tm}=0.2P_{om}=6.4W$

(3) $P_{Vm}=\dfrac{2V_{CC}^2}{\pi R_L}=\dfrac{2\times16^2}{3.14\times4}\approx40.76W$

(4) $\eta\approx78.5\%$

5.10　(1) $P_o=\dfrac{1}{2}\times\dfrac{U_{om}^2}{R_L}=\dfrac{1}{2}\times\dfrac{10^2}{4}=12.5W$

(2) $P_T=\dfrac{1}{R_L}\left(\dfrac{V_{CC}U_{om}}{\pi}-\dfrac{U_{om}^2}{4}\right)=\dfrac{1}{4}\times\left(\dfrac{16\times10}{3.14}-\dfrac{10^2}{4}\right)\approx6.49$

(3) $P_V=\dfrac{2V_{CC}U_{om}}{\pi R_L}=\dfrac{2\times16\times10}{3.14\times4}\approx25.48W$

(4) $\eta=\dfrac{P_o}{P_V}=\dfrac{12.5}{25.48}=49\%$

5.11　$V_{CC}\geqslant10V$

第 6 章

6.1　(1) a 电压反馈　b 电压反馈　c 电流反馈　d 电流反馈

(2) a 交流反馈　b 交流反馈　c 交、直流反馈　d 交、直流反馈

(3) a、b 稳定输出电压　c、d 稳定输出电流

6.2　(1) A　(2) B　(3) C　(4) D　(5) B　(6) A

6.3　(a) 交、直流电压串联负反馈 (b) 直流电压正反馈

(c) 交、直流电流并联负反馈　(d) 交、直流电流串联负反馈

6.4　(a) 电压串联负反馈，稳定输出电压，提高输入电阻

(b) 电流并联负反馈，稳定输出电流，降低输入电阻

(c) 电压串联负反馈，稳定输出电压，提高输入电阻

6.5　(a) 电压并联负反馈，负载电阻改变时，输出电压基本保持不变

(b) 电流并联负反馈，输出电压随负载的变化而变化

6.6　当信号源内阻 R_s 很大，应选择电压并联或电流并联反馈电路，
当信号源内阻 R_s 很小，应选择电压串联或电流串联反馈电路。

6.7　图 (a)、图 (d)

6.8　$\dot{A}_{uf}=100$，$\dot{U}_f\approx1V$，$\dot{U}_{id}\approx0$

6.9　(a) $\dot{F}_u=\dfrac{R_3}{R_3+R_7}$，$\dot{A}_{uf}=1+\dfrac{R_7}{R_3}$，输入电阻提高，输出电阻降低。

(b) $\dot{F}_i=\dfrac{R_3}{R_1+R_3}$，$\dot{A}_{if}=1+\dfrac{R_3}{R_1}$，输入电阻降低，输出电阻提高。

(c) $\dot{F}_u=\dfrac{R_2}{R_2+R_3}$，$\dot{A}_{uf}=1+\dfrac{R_3}{R_2}$，输入电阻提高，输出电阻降低。

6.10　(a) $\dot{F}_g=-\dfrac{1}{R_4}$，$\dot{A}_{rf}=-R_4$，输入电阻降低，输出电阻降低。

(b) $\dot{F}_i=\dfrac{R_3}{R_3+R_4}$，$\dot{A}_{if}=1+\dfrac{R_4}{R_3}$，输入电阻降低，输出电阻提高。

6.11　(a) 电压并联负反馈，$\dot{F}_g=-\dfrac{1}{R_2}$，$\dot{A}_{rf}=-R_2$，输入电阻 $R_{if}=R_1$，输出电阻 $R_{of}=0$

(b) 电压串联负反馈，$\dot{F}_u = \dfrac{R_1}{R_1 + R_2}$，$\dot{A}_{uf} = 1 + \dfrac{R_2}{R_1}$，输入电阻 $R_{if} = \infty$，输出电阻 $R_{of} = 0$

(c) 电压串联负反馈，$\dot{F}_u = \dfrac{R_2}{R_3 + R_2}$，$\dot{A}_{uf} = 1 + \dfrac{R_3}{R_2}$，输入电阻 $R_{if} = \infty$，输出电阻 $R_{of} = 0$

6.12　(1) $\dot{F}_i = -\dfrac{R_3}{R_3 + R_2}$，　(2) $\dot{A}_{if} = -\left(1 + \dfrac{R_2}{R_3}\right)$

(3) $\dot{A}_{uf} = -\dfrac{R_L}{R_1}\left(1 + \dfrac{R_2}{R_3}\right)$

6.13　(1) $\dot{F}_r = R_3$　(2) $= \dfrac{1}{R_3}$　(3) $= \dfrac{R_L}{R_3}$

6.14　$1 + \dot{A}\dot{F} = 250$

6.15　不能，因为负反馈已变为正反馈。

6.16　(1) ①连 e1，②c2；(2) $R_f = 1.9\text{k}\Omega$；

(3) $R_{if} = 9.1\text{k}\Omega$，$R'_{of} = 980\Omega$，$R_{of} = 658\Omega$，$BW_f = 1.02\text{kHz}$

6.17　(1) 构成电压串联负反馈：u_o 连 b 点、a 点连 h 点、c 点连 e 点、f 点连 d 点；

(2) 构成电压并联负反馈：u_o 连 b 点、a 点连 h 点、c 点连 f 点、e 点连 d 点。

6.18　当 $R_P = 0$ 时，电压增益最大为 $A_u = \dfrac{2R_6}{R_4} = \dfrac{2 \times 15}{0.15} = 200$

当 $R_P = 4.7\text{k}\Omega$ 时，电压增益最小为

$$A_u = \frac{2R_6}{R_4 + R_5 /\!/ R_w} = \frac{2 \times 15}{0.15 + 1.35 /\!/ 4.7} \approx 25$$

电压增益调节范围 25~200。

6.19　图 (a) 不稳定；图 (b) 稳定，$G_m = -20\text{dB}$、$\varphi_m > 45°$

第 7 章

7.1　表 7.1

u_O/V	1	2	4	6
u_{I1}/V	-0.1	-0.2	-0.4	-0.6
u_{I2}/V	0.1	0.2	0.4	0.6

7.2　(1) 证略　(2) $\dot{A}_u = -26$

7.3　(a) $u_O = -2(u_{I1} + u_{I2})$

(b) $u_O = \dfrac{1}{2}(11u_{I2} + 11u_{I3} - 20u_{I1})$

(c) $u_O = 4(u_{I2} - u_{I1})$

(d) $u_O = \dfrac{21}{2}(u_{I3} + u_{I4}) - 10(u_{I1} + u_{I2})$

7.4　$u_O = 1.8\text{V}$

7.5　$u_O = \dfrac{1}{3}(u_{I1} + u_{I2} + u_{I3})$

7.6 $u_O = 2u_{i2} + u_{i1}$

7.7 $k = -\dfrac{R_4}{R_3}\left(1 + \dfrac{2R_2}{R_1 + R_w}\right)(u_{i1} - u_{i2})$ $4.5 < |k| < 21$

7.8

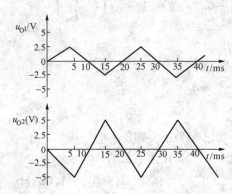

7.9 $u_O = -\dfrac{1}{R_1 C}\displaystyle\int u_{I1}\, dt - \dfrac{1}{R_2 C}\displaystyle\int u_{I2}\, dt$

7.10 略

7.11 $\dfrac{R_2}{R_1 R_4 C}\displaystyle\int u_1 dt$

7.12 略

7.13 (1) $u_{O1} = -\dfrac{1}{R_1 C}\displaystyle\int_0^t u_1(t)\, dt + u_1(0)$; $u_{O2} = -\dfrac{R_{f1}}{R_2}u_2$; $u_O = u_{O2} - u_{O1}$

(2)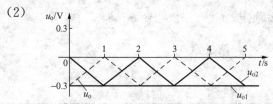

7.14 (1)

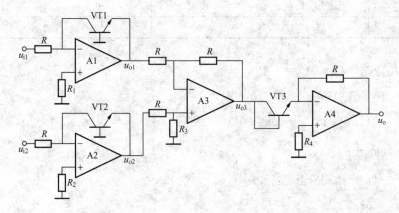

(2)

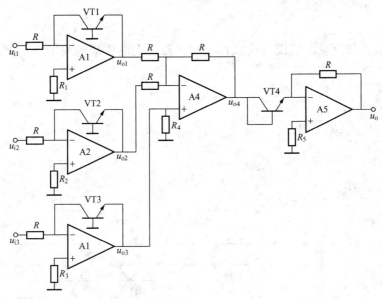

7.15 a：(1) $u_O = -10 \times \dfrac{u_{I1} + u_{I2}}{u_{I3}}$

(2) 为保证运放引入负反馈，要求 $u_{I3} > 0$。

b：(1) $u_O = 10 \times \dfrac{u_{I2} - u_{I1}}{u_{I3}}$

(2) 为保证运放引入负反馈，要求 $u_{I3} > 0$。

7.16

(1) 通频带放大倍数 $A_{up} = 11$

(2) 电路截止频率 $f_p = 159\text{Hz}$

(3) $\dot{A}_u = 7.8$

(4) 略

7.17

(1) 通频带放大倍数 $A_{up} = 51$

(2) $f_0 = 318.5\text{Hz}$

(3) $\dot{A}_u = 36$

(4) 略

7.18

(1) 反向输入二阶低通有源滤波电路；

(2) $A_{up} = -10$

(3) 频率每增加 10 倍，电压放大倍数下降 40 分贝。

7.19

(1) $A_{up} = -\dfrac{R_f}{R_1}$

(2) $f_0 = \dfrac{1}{2\pi RC}$

第 8 章

8.1　（a）能

（b）不能，选频反馈网络没有构成正反馈，而放大电路却构成了正反馈，将运放两输入端外接电路互换

8.2　$1+\dfrac{R_f}{R_1}\geqslant 3$

$R_f\geqslant(3-1)R_1=2R_1=2k\Omega$

8.3　（a）能，振荡频率 $f=\dfrac{1}{2\pi RC}$

（b）能，振荡频率 $f=\dfrac{1}{2\pi RC}$

8.4　表 8.4

	$f_{0min}\sim f_{0max}$
第一挡	$\dfrac{1}{2\pi(R+R_w)C_1}\sim\dfrac{1}{2\pi RC_D1}$
第二挡	$\dfrac{1}{2\pi(R+R_w)C_2}\sim\dfrac{1}{2\pi RC_2}$

8.5　（a）不满足，将变压器初级绕组同名端改在绕组上端。

（b）不满足，$f_0=\dfrac{1}{2\pi\sqrt{L_1C}}$

8.6　（a）不能，不满足振荡的振幅平衡条件

（b）能，共基极电感三点式

8.7　（a）能，共基极电感三点式

（b）不能，放大电路没有直流通路

8.8　（a）同相输入电容三点式，$f_0=\dfrac{1}{2\pi\sqrt{L\dfrac{C_1\times C_2}{C_1+C_2}}}$

（b）同相输入电感三点式，$f_0=\dfrac{1}{2\pi\sqrt{(L_1+L_2+2M)C}}$

8.9　（1）$u_0=\pm 6V$

（2）$U_{T\pm}=\pm 3V$

（3）$T_1=2.2ms$　$f_1=455Hz$

$T_2=24.2ms$　$f_2=41Hz$

$41Hz<f<455Hz$

（4）参考图 8-16（b）

8.10　（1）矩形波

（2）$u_0=\pm 6V$

$T=T_1+T_2=1.65+11.55=13.2ms$

$f=75Hz$

(3) $\dfrac{T_1}{T}=0.125$

(4) 参考图 8-16（b）

(5) 方波，$u_o=\pm 6\text{V}$，$T=23.1\text{ms}$，$f=43\text{Hz}$，$\dfrac{T_1}{T}=0.5$

8.11　(1) 锯齿波

(2) a. 三角波，b. $U_{om}=\pm 8\text{V}$；$T=20\text{ms}$；$f=50\text{Hz}$，c. $\dfrac{T_1}{T}=0.5$，d. 参考图 8-19

第 9 章

9.1　(1)

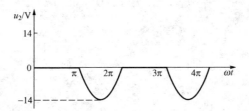

(2) $U_o=-4.5\text{V}$

$I_L=45\text{mA}$

(3) $I_{D(AV)}=45\text{mA}$

(4) $U_{DRmax}=\sqrt{2}\times 10\text{V}\approx 14\text{V}$

9.2　(1)

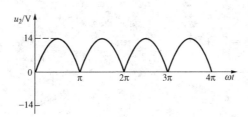

(2) $U_o=9\text{V}$

$I_L=90\text{mA}$

(3) $I_{D(AV)}=45\text{mA}$

(4) $U_{DRmax}=2\sqrt{2}\times 10\text{V}\approx 28\text{V}$

9.3

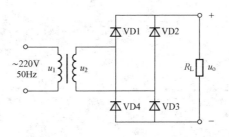

9.4 （1）

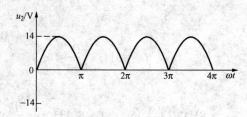

（2）$U_o = 9\text{V}$

$I_L = 45\text{mA}$

（3）$I_{D(AV)} = 22.5\text{mA}$

（4）$U_{DRmax} = \sqrt{2} \times 10\text{V} \approx 14\text{V}$

9.5　$U_2 \approx 10\text{V}$

9.6　（1）$U_o = 12\text{V}$

（2）$U_o = 14\text{V}$

（3）$U_o = 9\text{V}$

（4）$U_o = 4.5\text{V}$

9.7　（1）$U_o = 6\text{V}$；不稳定，因为 $I_{DZ} = I_R - I_L = 0 < I_Z$。

（2）为使输出电压稳定，限流电阻的选择范围为 $150\Omega < R < 400\Omega$，取 $R = 300\Omega$。

9.8　（1）$5\text{V} \leqslant U_o \leqslant 15\text{V}$

（2）$U_I = 18\text{V}$

（3）$500\Omega < R < 3\text{k}\Omega$

9.9　（2）$U_I = 24\text{V}$

（3）$6\text{V} \leqslant U_o \leqslant 18\text{V}$

9.10　$U_{o1} = 12\text{V}$，$U_{o2} = -12\text{V}$

参 考 文 献

[1] 清华大学电子学教研组，童诗白，华成英．模拟电子技术基础．3 版．北京：高等教育出版社，2000.
[2] 华中科技大学电子技术课程组，康华光．电子技术基础模拟部分，5 版．北京：高等教育出版社，2005.
[3] 浙江大学电子学教研室，邓汉馨，郑家龙．模拟电子技术基本教程．北京：高等教育出版社，1986.
[4] 王远．模拟电子技术．北京：机械工业出版社，1994.
[5] 华中理工大学电子学教研室，陈大钦，杨华，模拟电子技术基础．北京：高等教育出版社，2000.
[6] 清华大学电子学教研组，杨素行．模拟电子技术简明教程，2 版．北京：高等教育出版社，1998.
[7] 华成英．电子技术．北京：中央广播电视大学出版社，1996.
[8] 邮电部教育司．电子技术基础．北京：人民邮电出版社，1996.
[9] 孙肖子，张企民．模拟电子技术基础．西安：西安电子科技大学出版社，2001.
[10] 高吉祥，高天万．模拟电子技术．北京：电子工业出版社，2004.
[11] 林涛，林薇，顾英华．电路与模拟电子技术基础．北京：科学出版社，2004.
[12] 李祥臣，卢留生副．模拟电子技术基础教程．北京：清华大学出版社．北方交通大学出版社，2005.
[13] 全国电子技术基础课程指导小组，童诗白，何金茂．电子技术基础试题汇编（模拟部分）．北京：高等教育出版社，1992.
[14] 陈洪明．电子技术基础模拟部分习题全解，4 版．北京：中国建材工业出版社，2003.
[15] 李景宏，刘淑英．电路与电子学习题解答与实验指导．北京：电子工业出版社，2005.
[16] 刘志军．模拟电路基础实验教程．北京：清华大学出版社，2005.
[17] 沈小丰．电子技术实践基础．北京：清华大学出版社，2005.
[18] 王济浩．模拟电子技术基础．北京：清华大学出版社，2009.